Linux
综合实训案例教程
第2版

陈智斌 梁鹏 肖政宏 编著

清华大学出版社
北京

内 容 简 介

本书由浅入深地讲解了 Linux 系统的安装与基本使用、基本 shell 命令、shell 命令进阶、shell 脚本编程基础和进阶、用户管理、文件和文件系统管理、磁盘分区与配额管理、逻辑卷管理、进程管理、日常维护、网络配置与安全管理、DNS 服务器和 WWW 服务器等知识内容。通过大量精心设计的案例把各个知识点有机地组织起来，以清晰具体的操作步骤带领读者综合运用所学知识完成实际任务。为辅助教师教学和方便学生自学，本书为所有综合实训案例和重要的基础实训示例录制了微课视频，全书微课视频总时长约 1700 分钟，并且提供了开展实训所需的完整配套课件和素材。

本书可作为高等院校计算机类专业 Linux 操作系统的实训教材，也可作为学生的自学用书，亦可供相关技术人员参考使用。

本书封面贴有清华大学出版社防伪标签，无标签者不得销售。

版权所有，侵权必究。举报：010-62782989，beiqinquan@tup.tsinghua.edu.cn。

图书在版编目 (CIP) 数据

Linux 综合实训案例教程／陈智斌，梁鹏，肖政宏编著 . —2 版 . —北京：清华大学出版社，2023.8（2024.8 重印）

ISBN 978-7-302-63392-1

Ⅰ．①L… Ⅱ．①陈… ②梁… ③肖… Ⅲ．①Linux 操作系统－教材 Ⅳ．①TP316.89

中国国家版本馆 CIP 数据核字 (2023) 第 066837 号

责任编辑：刘向威　张爱华
封面设计：文　静
责任校对：申晓焕
责任印制：杨　艳

出版发行：清华大学出版社
网　　址：https://www.tup.com.cn, https://www.wqxuetang.com
地　　址：北京清华大学学研大厦 A 座　　邮　编：100084
社 总 机：010-83470000　　邮　购：010-62786544
投稿与读者服务：010-62776969, c-service@tup.tsinghua.edu.cn
质 量 反 馈：010-62772015, zhiliang@tup.tsinghua.edu.cn

印 装 者：三河市龙大印装有限公司
经　　销：全国新华书店
开　　本：185mm×260mm　　印　张：24　　字　数：467 千字
版　　次：2016 年 6 月第 1 版　2023 年 8 月第 2 版　印　次：2024 年 8 月第 2 次印刷
印　　数：1501～2500
定　　价：79.00 元

产品编号：097181-01

第 2 版前言

Linux 是自由软件的一片沃土，它既为那些被广泛应用的基础软件提供了充足的养分，又使各式各样的奇思妙想获得了生根发芽和成长的可能。不过，正因为 Linux 软件生态的多样性，当初学者步入其中，面对林林总总的技术和工具时，除了好奇之外，难免会困惑于应如何取舍极为分散庞杂的知识点，并形成为己所用的知识体系。其实这也是 Linux 操作系统实际教学面临的重要问题。鉴于此，编者编写并于 2016 年出版了本书第 1 版，旨在通过足够丰富的例子，特别是可供逐步对照操作的案例，让学生能独立开展训练。这些案例按照教学过程精心设计，学生在完成基础实训后，便能够根据案例中的操作步骤指引进行练习。而且，许多案例前后连贯且彼此呼应，能有效辅助学生构建和巩固其知识体系。

本书第 1 版出版后曾 6 次重印，并在多层次的高校相关课程中被选为教材。如果说本书第 1 版试图以案例梳理并描绘一个符合实际教学需要的 Linux 知识网络，那么第 2 版则着力于强化学生在该网络中学习的能动性及教学双方的互动性。改版后本书最显著的变化是在每个实训中加入了若干"思考 & 动手"题，并且在每个案例中都新增了"检查点"或"拓展练习"。设置这些练习题的目的是检验学生能否正确理解所学知识；更是希望学生能从中领悟如何在学习过程中提出问题，又如何通过动手探究问题的答案。

例如，本书第一个"思考 & 动手"题介绍了一款制作思维导图的自由软件，以此引导学生思考和理解"自由软件"的概念。与大多数介绍 Linux 发展背景和自由软件概念的内容一样，书中阐述了自由软件的定义及其与 Linux 的关系，可是这样显然不够。对于初学者来说，自由软件（也包括 Linux 本身）似乎过于陌生和遥远，未有亲身的体验和具体的印象，难免会把这些概念当成抽象的、为完成考核要求而必须了解的"知识点"而已。其实还可以去问：日常生活中是否有一些可供人们使用的自由软件？希望当学生看见本书所有的"知识结构"图均能通过自由软件绘制，同时在学习和生活中运用自由软件绘制出自己想要的思维导图，这时才能对自由软件的概念及其价值有更为深刻的认识。

也就是说，本次改版增设各种思考题不仅希望学生能够通过书中问题检验自身所学，更希望他们具备一定的问题意识，学会通过发问探索更多未知，并且练习通过动手实践获取新知。相信当学生能够真正提出自己的问题并自行动手验证其解答时，便不再过多地受限于 Linux 庞杂的知识点，日后能自如地持续学习并应对挑战。而在课程实训中这些思考的过程和结果，也将更为有机地成为学生个人知识体系的一部分，并有可能促成其职业能力的发展。

以上便是本书改版的基本方向，它来自于当下教学环境发生的深刻变化。就以 Linux 操作系统教学为例，互联网和市面上已有无数相关资料和大量书籍，学生可以轻易获得海量乃至过载的资源。因此，教师作为知识传播者的作用不可避免地被弱化。面对这一时代背景，应如何强化教师在实训课堂中引导思考、解答疑难和督促考核的作用，是本次改版着力探索的现实问题。

笔者认为，教材不仅需要以一种适合教学实践的方式组织并呈现知识，更可被视作教师实施教学的媒介，让教师的引导、解答和督促作用延伸至课内外的每个学习情境。这既与当下教师角色转换的时代背景相适应，也与基于互联网技术开展教学改革的潮流相契合。以上观点最终体现在本次改版增设的各种"思考&动手"题上。希望这次改版不仅是内容上的迭代更新，更是适应教学环境转变的一种探索，尝试为改革传统课堂教学提供支持。

然而，长期的实训和实验课教学经历让笔者深知，即使借助发达的即时通信技术，教师也难以具体且细微地为每个学生讲解实际操作中的问题，而且这些问题有时又是相似或相通的。因此，本书还配有微课视频，对所有实训案例及其"检查点""拓展练习""思考&动手"题以及重要示例等进行了详细的讲解。它们可供学生自学参考。教师可提示学生先行对照视频检查操作中的错误，然后再更有针对性地回答问题。

本书共有 15 个实训，每个实训分为基础实训和综合实训两部分，前者为后者的知识准备训练。教师可根据授课目标和实际情况安排进度和练习内容。这里分享笔者的授课安排，教师可根据教学实际灵活调整。每次实训课可分为三部分（时间分配比例按需设置）。首先，可通过互联网教学平台（如超星学习通等）布置随堂活动，要求学生完成与上次教学内容相关的某个案例练习。如果时间受限，可要求学生只完成至某个指定的步骤。学生需上传操作结果截图获取课程积分，教师可在课上或课后进行审核。其次，可根据书中基础实训内容及各示例讲授本次授课的知识要点，期间可安排一些重要示例的练习。最后，布置本次实训的练习作业并做必要的引导和提示。作业可根据实际情况设定任务量，可有选择地安排完成示例练习和"思考&动手"题，以及完成前面随堂活动中案例练习的剩余部分及其"拓展练习"等。

适当安排随堂的案例练习有巩固知识、平时考核和激发学生进入课堂学习状态等多重目的。从实际教学情况来看，由于每个示例和案例都已被多届学生反复验证和修正，而且案例有着明确清晰的操作步骤，大部分学生能够较为顺利地在随堂活动中完成部分或整个案例的练习，从而可保证在课堂上有较为饱满的训练量。而且，学生在随堂活动中收获课程积分，与同伴互助及请教老师，能强化其课堂学习的获得感和参与感。

在操作系统版本和教学内容选取方面，本书以"VMware 虚拟机 +Red Hat Enterprise Linux（RHEL）8.5"为实训平台，已充分考虑了高校实训课堂的实际条件，所选取的教学内容基本为各种 Linux 发行版本共有，并且最大限度与更低版本的 RHEL 兼容。除丰富的微课视频外，本书还提供了完整的教学课件（PPT、思维导图文件等）以及练习所需全部文件（配置文件、脚本代码文件、应用程序等）。

  本书的编写和改版离不开来自各方的支持，在此表示衷心的感谢。广东技术师范大学计算机科学学院的领导和老师们给予了许多帮助，特别是黄华盛老师和廖秀秀老师无私分享了宝贵的实际教学经验。软件工程专业、物联网工程专业和人工智能专业等多届学生对本书内容的持续反馈和深入交流探讨，让笔者真正感受到教学相长之乐趣，也是持续修订本书内容的最大动力。清华大学出版社对本书的出版给予了大力支持。最后，感谢所有致力于自由软件开发与传播的志愿者的无私奉献。

  由于作者水平有限，书中疏漏之处在所难免，敬请广大读者批评指正。

陈智斌
2022 年 10 月 9 日于广州

第 1 版前言

互联网与大数据时代造就了 Linux 的高速发展及广泛的行业应用,包括 IBM、Oracle 在内的知名计算机企业纷纷推出了相关产品和支持服务,而互联网与计算机行业对于 Linux 专业技术人才的需求也呈逐年上升的趋势。鉴于 Linux 的重要性和发展前景,同时也为进一步培养学生的工作能力,各高校的计算机类专业均开设了 Linux 相关课程,其主要教学目的在于培养学生的 Linux 系统应用与管理技能,同时也为后续的大数据应用、Linux 程序设计、嵌入式系统开发等相关课程提供必要的技术准备。

笔者从 2005 年开始讲授与 Linux 操作系统有关的课程。从长期的教学实践来看,Linux 操作系统是一门强调实验和训练的课程,需要让学生在实训中理解知识和锻炼技能。然而 Linux 操作系统的教学内容有两个重要特点:一是知识点众多且彼此分散,知识点间缺乏明显的组织结构;二是许多知识点的内容十分庞杂,一个话题,甚至一个命令或者软件的内容足以展开为一本书、一门课程来详细讨论。为此,如何针对高等院校计算机类相关专业的实训教学需要,恰当地选取且有机地组织教学内容,是 Linux 操作系统课程教学的重要问题。

在此背景之下,我们以案例式实训教学为出发点编写了本书。实训教学首先需要有大量可供练习的示例,为此本书总共提供了 200 多个示例供教学中学生操作和练习。而且,本书还给出了 40 多个综合实训案例,目的是希望学生在练习时不仅仅停留在对简单示例的模仿,更强调通过具体的案例综合运用已学的知识和技能来分析和解决问题,完成实际任务。本书的综合实训案例既是对某个实训专题内容的综合,也是对所学知识内容的综合。许多案例之间前后连贯,彼此呼应,逐步深入,以使学生对 Linux 操作系统有一个渐进的、系统性的认识。

本书共分 18 个实训,每个实训均包括以下 4 部分。

(1)实训要点:该部分指出本实训的内容提纲和知识重点。教师可就此向学生提出学习目标和介绍实训的初步安排。

(2)基础实训内容:该部分围绕某个实训专题介绍应用背景及预备知识,学生可通过具体示例的学习初步掌握一些基础知识和技能,为后面的案例学习做准备。

(3)综合实训案例:每个实训均安排 2~3 个综合实训案例。每个综合实训案例设定一个具体的实训任务,在简要回顾相关知识以及对实训准备作基本说明后,给出了详细的操作步骤。教师可在课堂上根据步骤指引带领学生练习案例,学生也完全可以依据操作步骤自行完成案例学习。案例最后还给出必要的总结、对比和讨论，帮助学生理解前面操作的依据及其结果。

（4）实训练习题：每个实训将安排若干练习题，练习题是基础实训内容以及综合实训案例的加强或延伸，便于学生进一步巩固所学知识和提高技能水平。本书附有实训练习题参考答案，以便于学生自学和教师检查其学习情况。

在利用本书开展教学时，可采取如下两种形式安排授课。第一种授课形式是每周安排学生学习一个实训专题，前半部分可先介绍基础实训内容，期间学生可通过基础实训内容中的示例进行练习。后半部分可根据每周课时的情况有选择地安排练习综合实训案例，也可安排学生在课后根据案例自行练习。第二种授课形式是在课程的前半部分安排学习基础实训内容和一部分的综合实训案例，在课程的后半部分或者学期末安排集中式综合实训，完成剩余的综合实训案例内容。全书内容可分为如下三大部分，可根据实际课时计划有所选择地安排讲授和学习。

（1）第一部分（实训1～实训5）：介绍Linux的基本使用、shell命令运用与shell脚本的编写。其中，shell脚本的编写属于高级系统管理的重要内容，在课时充足的情况下，建议全部讲授。也可先介绍shell脚本编程基础（实训4），在后续实训内容中涉及shell脚本编程进阶（实训5）时再有选择地补充介绍。

（2）第二部分（实训6～实训13）：介绍了系统管理中各个方面的基础内容，建议全部讲授。

（3）第三部分（实训14～实训18）：介绍了网络配置、网络安全及3种典型的网络服务器应用。实训16可作为机动内容视课时是否充足再作安排。

本书假设读者已有操作系统、计算机网络等基础理论的相关知识。为便于读者自学，本书已在必要的地方介绍了与本书有关的预备知识。读者只需具备基本的计算机操作知识和技能即可按照本书的编排顺序完成自学。由于每个实训练习题均为基础实训内容和综合实训案例的加强或延伸，因此首先应以基础实训内容中的示例及综合实训案例进行练习，然后再完成附加的实训练习题。为便于教学活动开展以及读者自学，本书是以VMware虚拟机为基础运行Linux系统，书中所有示例及案例均已在Red Hat Enterprise Linux 6.0系统中完成并通过测试。

本书由陈智斌负责主要的编写工作，梁鹏和肖政宏参与了实训1、实训2的讨论和编写工作。林智勇教授对本书的编写工作提出了许多宝贵的意见，曾文老师为本书的出版工作提供了帮助，在此表示衷心的感谢。最后应感谢所有致力于自由软件开发与传播的志愿者们的无私奉献。

由于作者水平所限，书中疏漏之处在所难免，恳请广大读者批评指正。

陈智斌

2016年5月

目　录

实训 1　Linux 简介与使用 …………………………………………………… 1
  1.1　知识结构 …………………………………………………………………… 1
  1.2　基础实训 …………………………………………………………………… 2
      1.2.1　Linux 起源和发展的三要素 ……………………………………… 2
      1.2.2　预备知识 …………………………………………………………… 3
  1.3　综合实训 …………………………………………………………………… 8

实训 2　初步使用 shell ……………………………………………………… 21
  2.1　知识结构 …………………………………………………………………… 21
  2.2　基础实训 …………………………………………………………………… 22
      2.2.1　Linux 的基本结构 ………………………………………………… 22
      2.2.2　字符终端与 shell 命令 …………………………………………… 24
      2.2.3　基本 shell 命令 …………………………………………………… 27
      2.2.4　vim 编辑器 ………………………………………………………… 36
  2.3　综合实训 …………………………………………………………………… 38

实训 3　shell 命令进阶 ……………………………………………………… 45
  3.1　知识结构 …………………………………………………………………… 45
  3.2　基础实训 …………………………………………………………………… 45
      3.2.1　通配符与特殊符号 ………………………………………………… 46
      3.2.2　正则表达式 ………………………………………………………… 48
      3.2.3　重定向和管道 ……………………………………………………… 54
  3.3　综合实训 …………………………………………………………………… 57

实训 4　shell 脚本编程基础 ………………………………………………… 64
  4.1　知识结构 …………………………………………………………………… 64
  4.2　基础实训 …………………………………………………………………… 65

　　　　4.2.1　shell 脚本简介 ………………………………………………… 65
　　　　4.2.2　创建和执行 shell 脚本 ………………………………………… 65
　　　　4.2.3　变量的类型 …………………………………………………… 68
　　　　4.2.4　变量的赋值和访问 …………………………………………… 70
　　　　4.2.5　变量的运算 …………………………………………………… 72
　　　　4.2.6　一些特殊符号 ………………………………………………… 75
　　4.3　综合实训 …………………………………………………………… 77

实训 5　shell 脚本编程进阶 …………………………………………………… **87**
　　5.1　知识结构 …………………………………………………………… 87
　　5.2　基础实训 …………………………………………………………… 88
　　　　5.2.1　分支选择结构 ………………………………………………… 88
　　　　5.2.2　循环结构 ……………………………………………………… 93
　　　　5.2.3　观察 shell 脚本的执行过程 …………………………………… 95
　　5.3　综合实训 …………………………………………………………… 97

实训 6　用户管理 …………………………………………………………… **105**
　　6.1　知识结构 …………………………………………………………… 105
　　6.2　基础实训 …………………………………………………………… 105
　　　　6.2.1　用户管理的基本内容 ………………………………………… 105
　　　　6.2.2　用户账户管理 ………………………………………………… 106
　　　　6.2.3　用户组群管理 ………………………………………………… 109
　　　　6.2.4　主要管理命令 ………………………………………………… 110
　　　　6.2.5　用户账户切换 ………………………………………………… 117
　　6.3　综合实训 …………………………………………………………… 118

实训 7　文件管理 …………………………………………………………… **126**
　　7.1　知识结构 …………………………………………………………… 126
　　7.2　基础实训 …………………………………………………………… 126
　　　　7.2.1　Linux 的文件类型 …………………………………………… 126
　　　　7.2.2　文件的权限 …………………………………………………… 132
　　　　7.2.3　与文件有关的应用 …………………………………………… 136
　　7.3　综合实训 …………………………………………………………… 142

实训 8　文件系统管理 …… 155

8.1　知识结构 …… 155
8.2　基础实训 …… 156
 8.2.1　文件系统简介 …… 156
 8.2.2　文件系统的挂载和卸载 …… 157
 8.2.3　文件系统的创建 …… 164
8.3　综合实训 …… 167

实训 9　硬盘分区与配额管理 …… 177

9.1　知识结构 …… 177
9.2　基础实训 …… 178
 9.2.1　硬盘分区管理 …… 178
 9.2.2　硬盘配额管理 …… 184
9.3　综合实训 …… 194

实训 10　逻辑卷管理 …… 205

10.1　知识结构 …… 205
10.2　基本实训 …… 206
 10.2.1　逻辑卷的应用背景 …… 206
 10.2.2　基本概念 …… 206
 10.2.3　管理过程 …… 207
10.3　综合实训 …… 219

实训 11　进程管理 …… 229

11.1　知识结构 …… 229
11.2　基础实训 …… 230
 11.2.1　监视进程 …… 230
 11.2.2　进程与信号 …… 236
 11.2.3　调整进程优先级 …… 238
 11.2.4　守护进程 …… 240
11.3　综合实训 …… 243

实训 12　日常维护 …… 253

12.1　知识结构 …… 253

    12.2 基础实训 …………………………………………………………… 254
        12.2.1 作业管理 …………………………………………………… 254
        12.2.2 软件安装和维护 …………………………………………… 264
    12.3 综合实训 …………………………………………………………… 273

实训 13 网络配置与安全管理 …………………………………………… 283
    13.1 知识结构 …………………………………………………………… 283
    13.2 基础实训 …………………………………………………………… 284
        13.2.1 网络参数设置 ………………………………………………… 284
        13.2.2 防火墙基本配置 ……………………………………………… 290
        13.2.3 SELinux 简介 ………………………………………………… 296
    13.3 综合实训 …………………………………………………………… 304

实训 14 DNS 服务器 ……………………………………………………… 316
    14.1 知识结构 …………………………………………………………… 316
    14.2 基础实训 …………………………………………………………… 317
        14.2.1 域名系统中的名称查询 ……………………………………… 317
        14.2.2 基本配置工作 ………………………………………………… 324
    14.3 综合实训 …………………………………………………………… 334

实训 15 WWW 服务器 …………………………………………………… 348
    15.1 知识结构 …………………………………………………………… 348
    15.2 基础实训 …………………………………………………………… 349
        15.2.1 WWW 简介 …………………………………………………… 349
        15.2.2 基本配置工作 ………………………………………………… 351
    15.3 综合实训 …………………………………………………………… 361

实训 1　Linux 简介与使用

1.1　知识结构

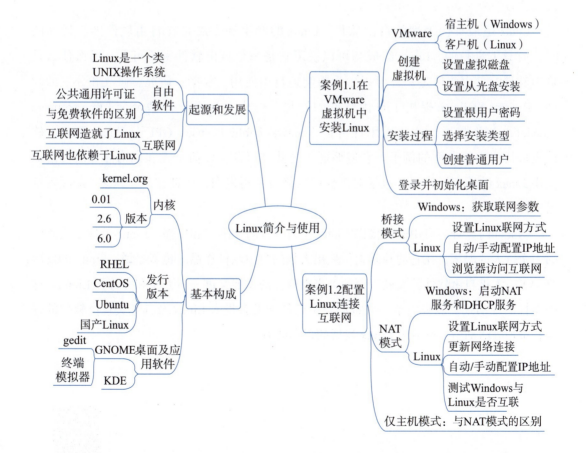

1.2 基础实训

1.2.1 Linux 起源和发展的三要素

Linux 是一个著名的类 UNIX（UNIX-like）操作系统，起初它由 Linus Torvald 于 1991 年编写并发布其内核。随后在互联网众多志愿合作者的共同努力下，时至今日已获得巨大的成功，被广泛应用于网络服务器、嵌入式设备、个人计算机等领域。

理解 Linux 的起源和发展有三个最为重要的要素：UNIX 操作系统、自由软件（free software）以及互联网。首先，Linux 是一个类 UNIX 操作系统，或者说它是一个类似于 UNIX 的操作系统，这在于其初创作者 Linus Torvalds 最初所编写的 Linux 是以 Minix 为基础的，而 Minix 是由 Andrew S. Tanenbaum 所编写的类 UNIX 操作系统，主要用于教学和科研。然而，为什么 Linux 能够从众多操作系统中脱颖而出，由一个试验性作品发展成为一个被全世界普遍接受并使用的操作系统？为什么 Linux 能够在竞争激烈的计算机行业中获得广泛应用并取得巨大的成功？要回答上述问题就需要讨论关于 Linux 起源和发展的另外两个要素：自由软件及互联网。

Linux 是最具代表性的自由软件。Linux 的诞生和发展是在自由软件推广运动的时代背景下进行的。Linux 的成功可以说跟它是一个自由软件密不可分。那么什么是自由软件？自由软件是一种可以不受限制地自由使用、复制、研究、修改和分发的软件。Richard Stallman 提出了自由软件的思想，他成立自由软件基金会（free software foundation）并撰写了公共通用许可证（general public license，GPL）。Linux 是自由软件发展历史中最典型的例子。它遵循通用公共许可证，任何个人和机构都可以自由地使用 Linux 的所有源代码，包括对源代码的修改和再发布，因此出现了众多 Linux 发行版本。

与此同时，许多自由软件借助 Linux 作为平台向外推广和传播。Linux 就像自由软件的一个巨大的温床，在它的基础上衍生出大量的自由软件作品。也就是说，Linux 的发展驱动了一大批自由软件的发展，而各类自由软件的发展又进一步充实和完善了 Linux。这种良性的互动式发展吸引了一大批自由软件开发者投入 Linux 及其相关自由软件的开发和维护等活动中，形成了 Linux 发展的根本动力。

> **思考 & 动手：生活中的自由软件**
>
> 人们日常生活中使用的似乎都是各种商业软件，尽管有时它们也是免费的。自由软件除了 Linux 之外，还有没有一些日常好用的例子？这里介绍一款用于绘制思维导图的自由软件：Freeplane。以下是它的官方网站以及软件介绍：

https://docs.freeplane.org/home.html

容易找到软件下载链接，下载直接可在 Windows 下运行的 exe 文件并安装试用（可到清华大学出版社官方网站下载本书配套资源）。注意，安装完成后会自动检查系统是否已经安装 Java 运行环境，如果没有会调出下载页面，按默认下载安装后即可运行 Freeplane。

本书各实训"知识结构"部分均使用 Freeplane 制作而成。读者可以用 Freeplane 打开本书附带的思维导图文件并继续补充，打造属于自己的 Linux 学习笔记。

Linux 能够得到发展并取得成功的另一个关键，在于它正好切合了互联网发展的时代脉搏。互联网的发展历程，本身就伴随着 Linux 的不断发展和完善的过程，互联网发展最为蓬勃的三十年，也正是 Linux 不断得到应用及推广的三十年。

可以看到，一方面，Linux 成功的大背景在于互联网的兴起，互联网为开发和完善 Linux 提供了必要的平台，Linux 本身正是互联网发展的产物。无数参与者通过互联网加入与 Linux 有关的各种活动中，不仅仅是软件开发和维护，更多参与者从事与 Linux 有关的推广和应用活动，他们通过互联网构成了庞大的协作群体。另一方面，由于 Linux 是一个自由的类 UNIX 操作系统，它是互联网发展所需要的基础性软件，也是最为关键的系统软件之一。Linux 为无数有想法且欲付诸实践但又缺乏资金的计算机专业人员、互联网创业者提供了操作系统平台以及一系列的工具软件，它对于计算机以及互联网行业的创业活动来说是至关重要的。可以说，互联网造就了 Linux，而互联网也依赖于 Linux。

由此可以说，UNIX、自由软件和互联网是 Linux 诞生、发展并获得巨大成功的三个最为重要的因素。

1.2.2 预备知识

关于 Linux 的各种内容和话题十分庞杂，下面针对初学者作为普通用户在使用 Linux 之前介绍一些基本的预备知识，也为后面开展实训提供初步的知识准备。在以后的各个实训中，将陆续介绍各种与 Linux 有关的内容和话题。

1. 内核

当讨论 Linux 时，其实所指有两个含义：一个是指独立维护和发布的 Linux 内核；另一个则是指各种 Linux 的发行版本，即由 Linux 内核、shell 环境、桌面软件、各类系统软件和应用软件共同构成的一个完整的 Linux 操作系统。以下是 Linux 内核的官方网站，可以在该网站中获取最新的 Linux 内核：

http://www.kernel.org/

Linux 内核一直在发展。Linux 内核的第一个版本 0.01 版于 1991 年发布，而在本书基本成稿时（2022 年 10 月初），Linux 内核的最新稳定版本已是 6.0。不过，尽管 Linux 内核发展速度很快，但一些旧有的内核版本至今仍然被广泛地使用和研究，例如 Linux 内核的 2.6 版本。

2. 发行版本

目前 Linux 的发行版本数不胜数，原因在于 Linux 本身的自由性和开放性，使得各种企业、组织、团队甚至个人都可通过现有的自由软件平台和工具，根据实际目的发行出各具特色的 Linux 发行版本。经过了三十年的发展和选择，一些发行版本最终得到了用户及行业的认可。它们分别应用在服务器、个人计算机、移动设备等场合。

Linux 发行版本可分为企业版本、企业支持的社区版本以及完全社区驱动版本三种。企业版本由某个商业企业发行并向用户提供完整的维护和支持服务。为了促进 Linux 事业的发展，许多从事 Linux 业务的公司会向某些 Linux 社区提供支持，由此开发出企业支持的 Linux 社区版本。企业支持的社区版本和完全社区驱动版本都是由网络社区团队负责开发和维护的，相关企业不对其提供商业服务。下面列举部分较为流行的 Linux 发行版本，留待读者后续了解和比较。

（1）Red Hat Enterprise Linux（http://www.redhat.com）。Red Hat Enterprise Linux（RHEL）是由红帽公司（Redhat Inc.）提供的 Linux 企业发行版本，也是当今重要的和流行的 Linux 发行版本。对应地，Fedora（https://getfedora.org/）是由红帽公司支持的社区发行版本。

（2）CentOS（https://www.centos.org/）。CentOS 是指 community enterprise operating system，它属于 Linux 社区发行版本。目前 CentOS 已属于红帽公司的一个项目，分为 CentOS Linux 和 CentOS Stream 两种。CentOS Linux 按照 RHEL 源码重新编译并发布，但由于商业策略的调整 CentOS Linux 将逐渐由 CentOS Stream 所替代。这也意味着 CentOS Linux 及其有关软件更新等服务未来不再被支持。值得一提的是，CentOS 创始人 Gregory Kurtzer 启动了一个名为 Rokey Linux 的项目（Rocky McGaugh 是 CentOS 的联合创始人）。与之前 CentOS 一样，Rokey Linux 是一款与 RHEL 完全一致的操作系统。此外，目前也有一些与 CentoOS 完全兼容的 Linux 可供替代。

（3）Ubuntu（http://www.ubuntu.com）。Ubuntu 是一款由 Canonical 公司支持、基于 Debian 的社区支持版本。Debian 是另一款知名的 Linux 发行版本。Ubuntu 长期致力于 Linux 桌面操作系统的开发和推广活动。

更为详尽的 Linux 发行版本的比较和受关注程度的排名可参考网站：http://distrowatch.com/。

> **思考＆动手：了解国内 Linux 操作系统发展现状**
> 国内有哪些重要的 Linux 发行版本？可上网了解基本情况，浏览这些 Linux 的官方网站，看看它们具有怎样的愿景和目标。

3. 桌面及应用软件

Linux 桌面建立在 X-Window（http://www.x.org/）的基础上。X-Window 也并非 Linux 所独有，其实质是一套图形化用户界面的标准。于是不同的组织根据 X-Window 开发出适合 Linux 的桌面系统。GNOME（http://www.gnome.org/）和 KDE（http://www.kde.org/）是两款常用的桌面。许多 Linux 发行版本默认选择安装 GNOME，用户也可以选择安装和使用 KDE 等其他的桌面。

【注意】与 Windows 操作系统不一样，Linux 桌面由一组自由软件组成，它们与 Linux 内核是分离且相互独立的。这对用户来说意味着 Linux 桌面就像普通的应用软件一样只是可选项，而且可以自行决定安装哪个版本的 Linux 桌面软件。

以往的商业 UNIX 操作系统由于主要用在服务器以及大规模计算环境，支持的应用软件往往十分单一。Linux 在发展初期也主要应用在上述领域。但是由于其开放性，逐渐发展出一批稳定、易用的应用软件，它们在各大 Linux 发行版本中都能找到，成为 Linux 操作系统普及化的重要动力。

与 Windows 桌面类似，Linux 桌面也附有一些日常软件，例如文件管理器、归档和压缩软件等。可以根据个人需要额外安装一些应用软件，表 1.1 列出与日常生活和学习密切相关的较为流行和常用的 Linux 应用软件，它们都具有友好和便于操作的图形化界面，读者可以有所选择地安装和使用。需要注意的是，对于图形用户界面的应用软件，需要运行在某个特定的桌面系统上，因此部分应用软件可能只能在 GNOME 桌面或 KDE 桌面上运行。此外，随着 Linux 的推广和流行，许多知名软件都不仅仅只支持 Windows 操作系统，也会推出它们的 Linux 版本。

表 1.1 部分较为流行和常用的 Linux 应用软件

软件类别	常用软件
办公软件	OpenOffice、WPS Office、LibreOffice
文本编辑器	vim、gedit、Emacs
浏览器	Firefox、Chrome
PDF 阅读器	Evince、Adobe Reader、Foxit Reader

介绍了以上一些 Linux 的背景和预备知识后，现在正式开始 Linux 学习之旅了。学习

Linux 的最佳途径永远是使用它，不仅仅是在课堂上，或者在自学本课程时，更重要的是在平时利用一切机会使用 Linux。对于初学者来说，尽管现在 Linux 软件很丰富，用户界面也较为友好，但是在使用习惯上始终与 Windows 操作系统有所差异，由于学习和适应本身需要有一个过程，在该过程中会遇到各种各样的问题需要解决，因此初学者需要有一定的耐心来去适应新的环境。

【**注意**】正确的操作是相似的，但错误的操作却各有各的原因。学习过程中不免需要请教老师和同学排查问题。在讨论时应给出完整的操作过程，最好能录屏演示，以便对方更有效率地进行分析。而且，还应注意如果并非使用与对方相同版本的系统和软件，务必告知对方相关信息。

下面通过一个示例练习如何使用本书常用的两款软件：GNOME 终端和 gedit。

例 1.1　登录系统并简单使用 GNOME 终端和 gedit。这里先使用已有的
RHEL 进行演示和讲解。首先介绍以根用户（root）为例登录系统。启动 RHEL 后如图 1.1 所示，根用户不在用户列表之中。单击"未列出？"，输入用户名 root，然后单击"下一步"按钮准备输入密码。

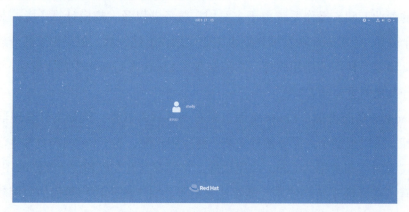

图 1.1　用户登录界面

如图 1.2 所示，注意在输入密码验证登录前，首先单击"登录"按钮旁的齿轮图标，检查是否已经选中"标准（Wayland 显示服务器）"。若选中其他显示服务器则本示例后面的操作要做适当调整。例如，如果选中"经典（X11 显示服务器）"，那么可以在桌面右击调出 GNOME 终端。

下面介绍 GNOME 终端和 gedit 的简单使用。GNOME 终端是系统默认的终端软件，终端概念将留到下一实训再详细介绍。登录系统后，单击桌面右上角的"活动"按钮或按 super 键（Windows 键），如图 1.3 所示，在顶部搜索框中输入 terminal 的字样，系统将会列出可选的软件列表，第一项即为 GNOME 终端（后面简称终端），而其他软件若要选用还需安装。

图 1.2　选取显示服务器

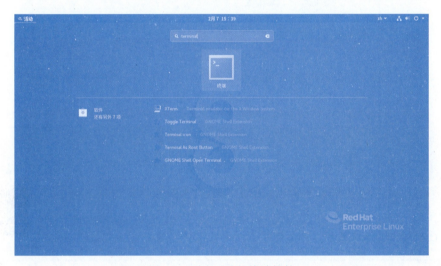

图 1.3　列出可选的终端软件

单击"活动"按钮后，终端也可直接在软件的收藏夹中直接调取。在日常操作中经常需要同时打开多个终端，这时较好的办法是在同一个窗口下选择菜单"文件"→"新建标签页"，即可新建多个标签页以同时操作，如图 1.4 所示。

图 1.4　具有多个标签页的终端窗口

同样可以在搜索框中输入 gedit 调出文本编辑器。gedit 的使用十分简单但功能丰富，特别是能够自动识别各种编程语言代码。如图 1.5 所示，除可以在程序底部状态栏查看当前光标的行列位置外，还可以看到所选用的高亮模式，双击其中一项可切换至对应的模式。

图 1.5　gedit 的高亮模式设置

思考 & 动手：调用截图工具和文件管理器

请在 Linux 中调用其自带的截图工具截取当前的操作状态并且保存起来，然后调用 GNOME 的文件管理器，查看该截图。

1.3　综合实训

案例 1.1　在 VMware 虚拟机中安装 Linux

1. 案例背景

深入学习 Linux 的第一件事情往往是安装系统。与 Linux 发展的早期不一样，如今以默认方式安装某个 Linux 发行版本变得极为简便，Linux 与众多硬件的兼容性也比以往有了大幅提高。即使是初学者，按照引导提示一步步操作也可完成 Linux 系统的安装，而在安装过程中一些较为高级的配置内容（如硬盘分区设置等）可以按默认方式设置或跳过，本书后续内容将会介绍。

为便于后续各种实训内容的开展，推荐读者在虚拟机上安装和使用 Linux。本书所指的虚拟机是指对计算机裸机的一种模拟。即由某种软件，如 VMware、Virtualbox 等，提供一个可安装并运行某种操作系统的虚拟硬件平台。为便于日后学习，一般在 Windows 操作系统安装 VMware 等软件，然后通过 VMware 等软件创建虚拟机并在虚拟机中安装 Linux 操作系统。这时运行 Windows 操作系统的计算机称为宿主机（host），而运行 Linux 系统的虚拟机称为客户机（guest）。

本案例将以 VMware Workstation 16（后面简称 VMware）为基础，介绍如何安装 Red Hat Enterprise Linux 8.5（后面简称 RHEL）操作系统。在以后的各实训内容中，也将以 VMware 和 RHEL 为基础展开讨论。其余与 RHEL 关系较为密切的 Linux 发行版本，例如 CentOS、Fedora 等 Linux 操作系统的安装以及使用基本均可参考本案例进行。读者可以自行选择安装和使用。

2. 操作步骤讲解

第 1 步：创建虚拟机。启动 VMware，选择菜单"文件"→"新建虚拟机"，启动新建虚拟机向导，如图 1.6 所示。用户可按典型配置创建虚拟机，也可以自定义配置创建虚拟机。本案例选择典型配置创建虚拟机，然后单击"下一步"按钮。

第 2 步：设定安装来源。如图 1.7 所示，可选择稍后安装操作系统，也可指定安装光盘的所在路径。此处选择"稍后安装操作系统"单选按钮，然后单击"下一步"按钮。

图 1.6　启动新建虚拟机向导

图 1.7　设定安装来源

第 3 步：选择所要安装的操作系统类型。设置结果如图 1.8 所示，然后单击"下一步"按钮。

第 4 步：设定虚拟机名称和系统安装路径。通过 VMware 虚拟机所安装的操作系统并不依赖于宿主机的物理硬件，已经安装好的操作系统在宿主机中被保存为一组文件，可直接将其复制或移动到任意位置，重新利用 VMware 打开其中的 .vmx 文件即可使用。为方便日后维护和管理，因此建议不要安装在 Windows 的系统分区中。配置示例如图 1.9 所示。

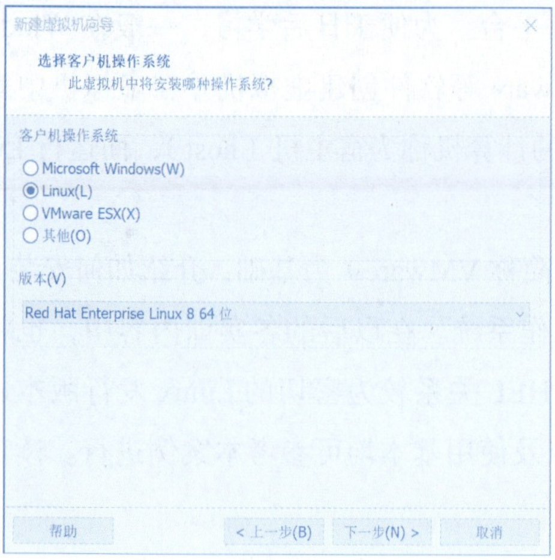

图 1.8　选择所要安装的操作系统类型 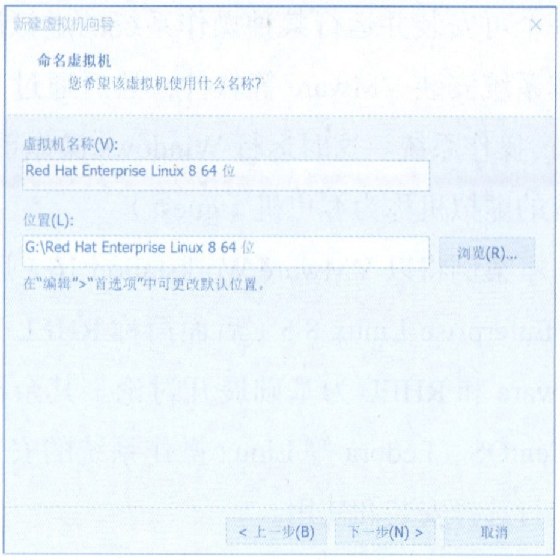　　　图 1.9　设定虚拟机名称和系统安装路径

第 5 步：指定磁盘容量。磁盘大小可按默认设置，也可取更大的容量，如图 1.10 所示。注意选择"将虚拟磁盘拆分成多个文件"单选按钮，这样为日后移动虚拟机文件提供方便。

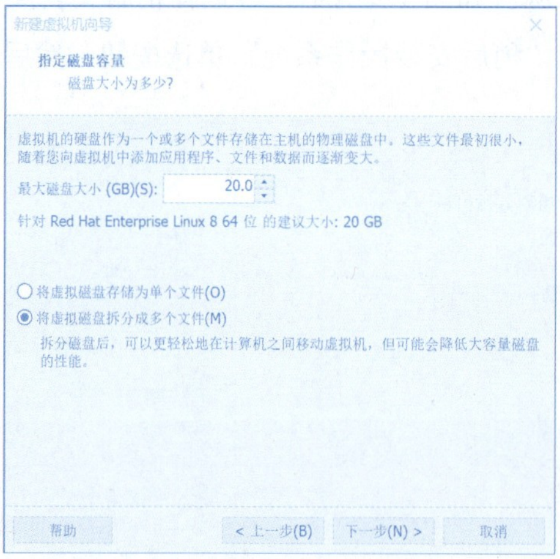

图 1.10　指定磁盘容量

第 6 步：确认虚拟机配置。一系列的配置已经完成，VMware 将显示配置列表，确认无误后单击"完成"按钮即可生成虚拟机。在虚拟机未有启动的情况下，可通过菜单"虚拟机"→"设置"弹出"虚拟机设置"对话框，并对虚拟机各项硬件参数重新进行配置。

第 7 步：设置 Linux 安装光盘 ISO 映像文件路径。在启动虚拟机之前需要指出 Linux 系统安装光盘的 ISO 映像文件（.iso 文件）的路径位置。如图 1.11 所示，在"虚拟机设置"对话框中选择"硬件"列表中的"CD/DVD（SATA）"选项，然后在"连接"选项区域选择"使用 ISO 映像文件"单选按钮，单击"浏览"按钮后通过弹出的"文件"对话框选择所要使用的 Linux 系统安装光盘。注意，设置 CD/DVD 设备状态为"启动时连接"。

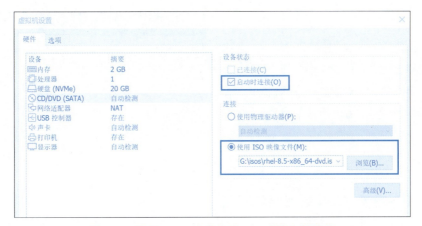

图 1.11　设置 Linux 安装光盘 ISO 映像文件路径

第 8 步：启动虚拟机。利用 VMware 菜单"虚拟机"→"电源"→"启动客户机"启动刚创建的虚拟机。虚拟机将根据设定的安装光盘进行引导并进入系统安装启动界面，如图 1.12 所示。单击该界面后即进入虚拟机环境，可以通过 Ctrl+Alt 组合键返回 Windows 系统中。通过上下键选择第一项 Install Red Hat Enterprise Linux 8.5，然后按 Enter 键正式进入安装过程。

图 1.12　安装启动界面

在此期间安装程序会检查硬件并启动一些服务，然后正式进入安装过程，首先将询问安装过程要使用的语言，然后在"语言"列表底部文本框中输入 ch，即可检索获得"简体中文"选项，单击"继续"按钮进入"安装信息摘要"界面。

第 9 步：确认安装信息。一般而言会有多个地方需要完成信息补充，在界面上已经标注，如图 1.13 所示。

第 10 步：设置根用户密码。根用户（root）是 Linux 中具有最高权限的用户账户，因此需要设定较强的密码以保护系统安全。在"安装信息摘要"界面中选择"根密码"，显示界面如图 1.14 所示。密码设置好后单击"完成"按钮返回。

图 1.13 "安装信息摘要"界面

图 1.14 设置根用户密码

第 11 步：选择磁盘分区布局。返回"安装信息摘要"界面后，选择"安装目的地"，进入界面如图 1.15 所示。对于初学者，在 VMware 上安装 Linux 时，建议直接使用安装程序所提供的默认分区布局，因此直接单击"完成"按钮返回即可。

第 12 步：选择系统安装类型。返回"安装信息摘要"界面后，选择"软件选择"，进入界面如图 1.16 所示，默认安装类型为"带 GUI 的服务器"，这正好符合学习需求。然后可勾选附加安装的一些软件，例如"FTP 服务器""网络服务器""性能工具""基本网页服务器""系统工具"等。当然也可以暂不勾选，留待后面再安装。同样，选择好后单击"完成"按钮返回"安装信息摘要"界面。

图 1.15 选择磁盘分区布局

图 1.16 选择系统的基本环境和附加软件

检查点：完成其余安装前配置工作

到目前为止已经初步完成了基本的安装前配置，可以在"安装信息摘要"界面单击"开始安装"按钮正式安装系统，也可以继续细化配置。可创建名为 study 的用户，启用网络并按默认设置主机名，设置好当前所在时区。设置结果如图 1.17 所示。

图 1.17　安装前配置的结果

第 13 步：正式安装。安装过程是自动完成的。安装结束后将提示重启系统。重启之后将出现如图 1.18 所示的引导界面，选择第一项并按 Enter 键继续启动系统。

图 1.18　系统重启后的引导界面

第 14 步：结束配置并登录系统。系统启动完成后，用户最后需要确认接受许可协议，结果如图 1.19 所示。此时单击"结束配置"按钮完成整个安装过程。

图 1.19　完成安装过程

第15步：登录系统并初始化 GNOME 桌面。登录系统过程参考例 1.1。用户第一次登录系统并使用 GNOME 桌面时，GNOME 将引导用户逐步设置包括所用语言、输入法、位置服务、在线账户等，可根据需要自行设置，此处不再赘述。最终会看到如图 1.20 所示的提示，表明安装和基本配置已经完成。

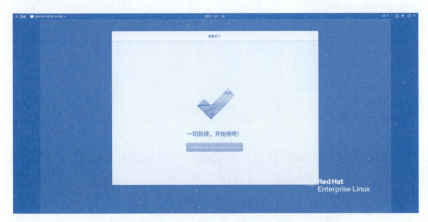

图 1.20　安装和基本配置正式完成

3. 总结

至此，初步完成了 RHEL 的安装。Linux 有多种安装和运行方式，可以说通过虚拟机安装并运行 Linux 是一种对初学者最为友好的方式。特别是 VMware 等虚拟机软件还提供了如 VMware Tools 等辅助功能。在安装 RHEL 时 VMware Tools 已经默认安装在系统中，它能提供很多便利。例如随虚拟机窗口大小自动调整 RHEL 的显示分辨率。原本从虚拟机回到宿主机需要使用 Ctrl+Alt 组合键，通过 VMware Tools 则可直接切换而无须组合键。不仅如此，VMware Tools 还支持 Windows 与 Linux 间共享剪贴板的数据。在学习中会逐渐熟悉并掌握这些功能的使用。

4. 拓展练习：保存和管理虚拟机快照

在学习过程中难免会出现各种误操作，而保存系统快照能退回至误操作之前的系统状态。如图 1.21 所示，当安装完 Linux 系统后，可以利用 VMware 虚拟机的"拍摄快照"功能保存一个系统快照，以便在必要时让系统还原到最初的状态。

请使用 Linux 系统的"设置"功能，按照自己的喜好自定义系统环境并保存为另一个快照。然后可以调取快照管理器（见图 1.22），尝试把系统还原至刚安装完毕时的状态，最后再次前进至设置好自定义环境的系统状态。

【注意】保存虚拟机快照对于初学者来说非常有用，应养成在一些重要的配置完成后保存系统快照的习惯。

图 1.21　保存系统快照　　　　　　　　图 1.22　快照管理器

案例 1.2　配置 Linux 连接互联网

1. 案例背景

本案例主要演示如何利用 VMware 所提供的虚拟网络设备为 Linux 系统配置一个可连接互联网的环境。VMware 为虚拟机提供如下三种联网方式。

（1）桥接（bridge）模式。此种方式适合宿主机已连接到局域网，且局域网中有空闲的 IP 地址可供分配的情形。可以看作虚拟机与宿主机共存于同一个物理局域网中。

【注意】同一局域网中的其他计算机中运行的虚拟机如果也采用桥接模式联网，则这些虚拟机之间也相当于通过物理局域网相连。

（2）NAT（network address translation，网络地址转换）模式。VMware 提供了 NAT 设备以及 DHCP（dynamic host configuration protocol）服务器组建虚拟网络，虚拟机通过 NAT 设备与宿主机在虚拟网络中相连，即虚拟机与宿主机并不共存于物理局域网。使用 NAT 模式联网的虚拟机能从虚拟 DHCP 服务器自动获得虚拟网络中的 IP 地址。

（3）仅主机（host-only）模式。与 NAT 模式类似，但仅有虚拟网络内的机器能访问虚拟机，即该虚拟网络是私有的，不能与外网连通。

为使 Windows 系统与 Linux 系统相连，这三种方式在 Windows 中均有对应的网络连接。如图 1.23 所示，一个典型的安装了 VMware 虚拟机的 Windows 系统，在"控制面板"→"网络和 Internet"→"网络连接"中会列出两个 VMware 网络接口：VMnet1 和 VMnet8。显然，桥接模式使用的并不是上述两个接口，而是物理网卡（这里就是 WLAN 网卡）。

【注意】为使后面的练习能顺利开展，请务必检查确认 Windows 的 NAT 模式网卡状态为"已启用"（默认为 VMnet8）。这一设置在后面各实训的相关练习中不再重复。

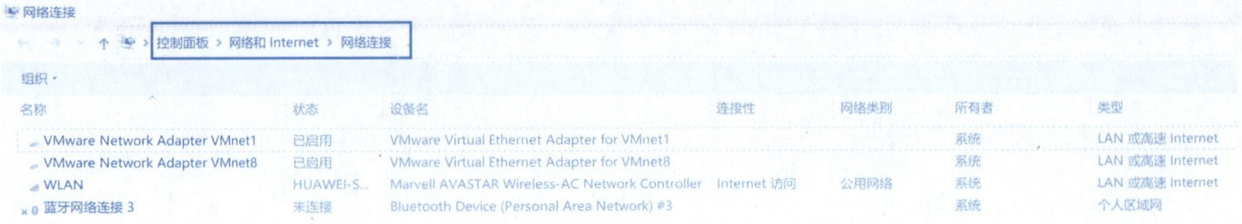

图 1.23 三种联网方式在 Windows 中的对应网络连接

那么如何得知 VMnet1 和 VMnet8 对应哪种联网方式？可以打开 VMware 菜单"编辑"→"虚拟网络编辑器"，如图 1.24 所示，会发现 VMnet1 的类型为"仅主机模式"，而 VMnet8 的类型为"NAT 模式"。本案例主要以桥接模式介绍 Linux 如何与 Windows 相连。

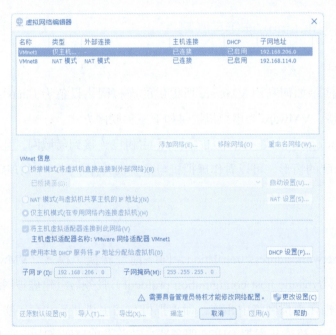

图 1.24 虚拟网络编辑器

【注意】作为准备，应自行查看当前系统的网络环境。需要特别注意的是，查得的网络参数自然很可能会与此处有所不同，而且这些网络参数在使用过程中也可能发生变化。因此，在后面进行所有与网络有关的练习之前，都应当先确定所用的网络参数，并且让练习操作与之一致。

2. 操作步骤讲解

第 1 步：获取 Windows 系统连接互联网的参数。在 Windows 中调用应用程序"命令提示符"并执行命令 ipconfig/all，查看物理网络中的 IP 地址、子网掩码、默认网关以及 DNS 服务器等并做记录，如图 1.25 所示。后面需要使用这些参数设置 Linux 网络环境。顺便指出，在 Windows 10 中通过在任务栏搜索 cmd 即可调用"命令提示符"应用。

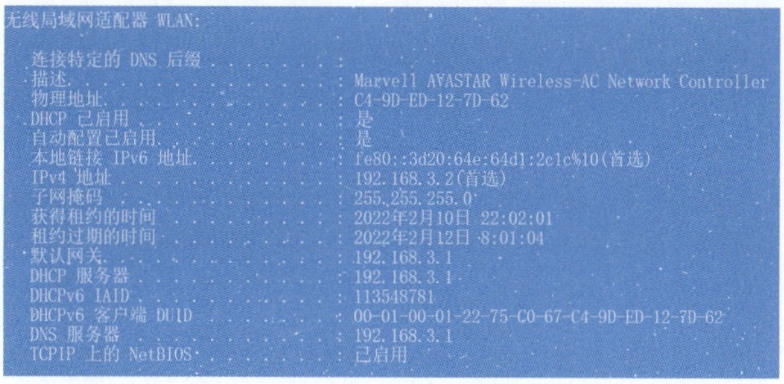

图 1.25　查看 Windows 系统中网络接口 WALN 的连接参数

Windows 系统的 VMnet8（NAT 模式）网卡也能够按以上方式查看，此处从略。

第 2 步：设置 Linux 系统联网方式为桥接模式。通过菜单"虚拟机"→"设置"弹出虚拟机设置对话框，选择"网络适配器"选项，然后选择"桥接模式"单选按钮，在"设备状态"选项区域勾选"已连接"和"启动时连接"复选框，并且勾选"复制物理网络连接状态"复选框，然后单击"确定"按钮退出，如图 1.26 所示。

图 1.26　选择"桥接模式"联网

第 3 步：查看 Linux 系统被分配的 IP 地址。进入 Linux 系统，参考例 1.1 的方法搜索"设置"并选择"网络"选项，单击图 1.27 左图标记的齿轮图标，即可进入详细设置页面。如图 1.27 右图所示，因为当前 Windows 系统的 IP 地址设置为 192.168.3.2，而子网掩码为 255.255.255.0，所以 Linux 系统自动分配的 IP 地址为 192.168.3.23。选择图 1.27 右图中的"IPv4 地址"，即可进入更为详细的参数设置页面。

图 1.27　查看 Linux 网络连接参数

第 4 步：测试 Linux 是否可连接互联网。RHEL 的默认浏览器为 Firefox，参考例 1.1 的方法即可调用该应用。如果能访问各大型互联网站，自然说明配置已成功。

检查点：桥接模式下手动设置 IP 地址

前面用最简单的方法实现了 Linux 以桥接模式连接互联网。不过要更深入理解桥接模式的特点以及与其他模式的区别，还需要手动配置 Linux 的 IP 地址。事实上，根据当前子网掩码的设置可知，不必一定设置 Linux 的 IP 地址为 192.168.3.23，可以是诸如 192.168.3.13 的 IP 地址，前提是该地址可用，并且子网掩码及（默认）网关等应与 Windows 的网络设置一致。

参考第 3 步调出网络连接的 IPv4 设置页，如图 1.28 所示。可自行手动设置一个可用的 IP 地址，并思考图 1.28 中问号处应填入什么参数。设置完成后，单击"应用"按钮保存设置。然后单击图 1.27 左图的"打开"按钮使连接关闭，再重新单击该按钮重启接口以使新设置生效。当设置成功后，在图 1.27 左图中可见到新设置的 IP 地址，并可以用新的 IP 地址访问互联网。

图 1.28　在桥接模式下手动设置 IP 地址

接着讨论 NAT 模式下的网络环境配置。利用 NAT 模式提供的 DHCP 服务同样能快速设置 Linux 的网络连接。操作步骤如下。

第 5 步：检查 Windows 服务中的 VMware NAT Service 以及 VMware DHCP Service 这两个服务是否已经启动。如果没有则需要启动。具体方法可通过"控制面板"→"系统和安全"→"管理工具"，找到"服务"应用的快捷方式启动配置。如图 1.29 所示，找到对应服务后启动它们。

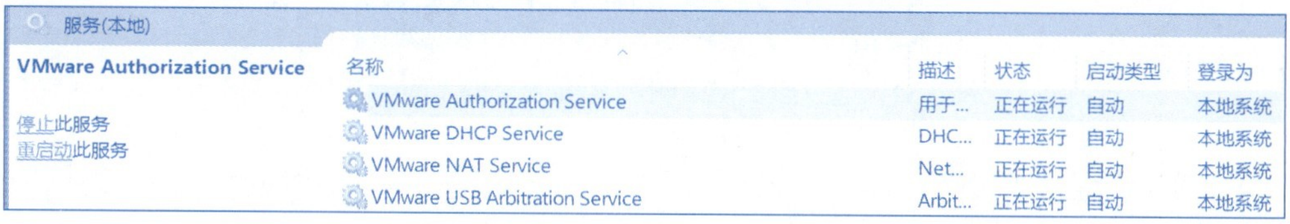

图 1.29　启动 NAT 服务及 DHCP 服务

第 6 步：在 Linux 中更新网络连接。首先参考第 2 步，设置虚拟机使用 NAT 模式联网。然后同样参考前面的步骤进行配置。注意，如果已完成了以上检查点，需要在 Linux 的 IPv4 设置页中重新把联网方式设置为 DHCP 方式，然后参考检查点中介绍的方法刷新网络连接即可。配置结果如图 1.30 所示。

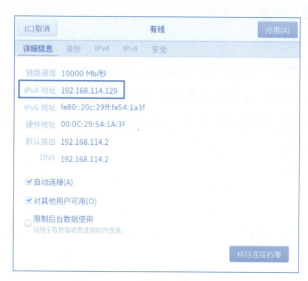

图 1.30　NAT 模式下的配置结果

【注意】以上 IP 地址也是自动分配的，因此在后面其他练习和案例的讲解中会有所不同。

第 7 步：测试 Windows 与 Linux 是否互联。现在 Linux 已通过 NAT 模式联网，从图 1.30 中能查看到 Linux 的 IP 地址。检查图 1.23 中 Windows 的网络连接 VMnet8 是否已启用，如果已经启用则说明 Windows 系统也连接在 NAT 虚拟网络。可以在 Windows

中用"命令提示符"输入如下命令测试两个系统是否互联（见图 1.31）。

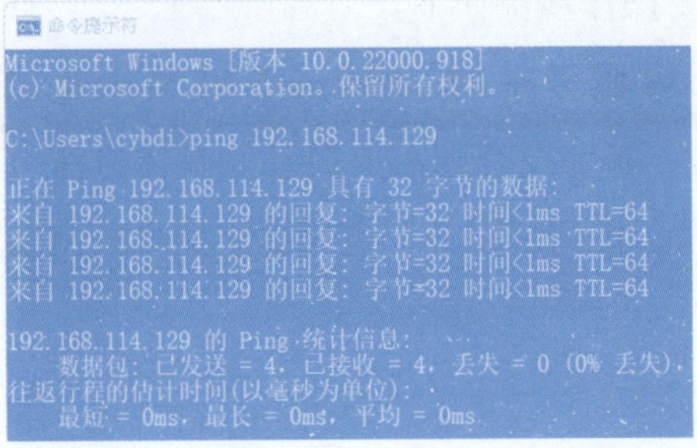

图 1.31　通过虚拟网络测试 Windows 与 Linux 互联

3. 总结

如前所述，Linux 系统与 Windows 系统之间可以通过三种方式进行相连，其中桥接模式和 NAT 模式最为常用。注意，无论哪种方式，实际都让宿主机（Windows 系统）和客户机（Linux 系统）共处于某个网络之中。这个网络中自然还可以有其他计算机系统，例如当同时启动两个 Linux 虚拟机时，这两个 Linux 系统同样可以通过物理/虚拟网络互联。因此，这里的三种联网方式实际对应三个计算机网络，理解好这一点并区分清楚对应的网络参数，便能正确地设置虚拟机联网。

4. 拓展练习：配置 Linux 系统使用仅主机模式联网

把 Linux 系统配置为"仅主机模式"联网，注意启用 Windows 对应的网络连接。这时 Windows 系统与 Linux 系统能够互相通信吗？请通过具体操作加以测试。另外，Linux 通过"NAT 模式"和"仅主机模式"联网有何区别？请同样通过具体操作进行说明。

实训 2　初步使用 shell

2.1　知识结构

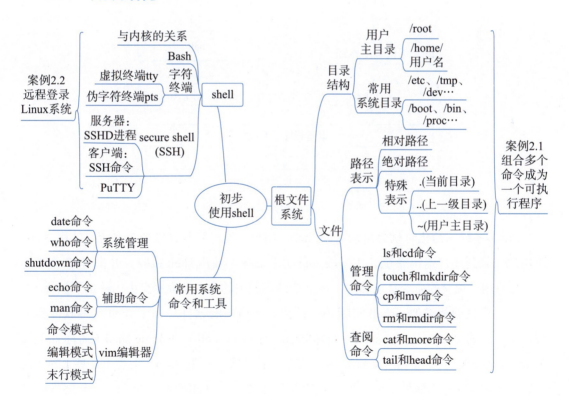

2.2 基础实训

2.2.1 Linux 的基本结构

1. 内核与 shell

如果要对 Linux 系统结构做一个最简单的划分，那就是将 Linux 分为内核（kernel）和"外壳"（shell）两部分。可以通过图 2.1 了解 Linux 内核与 shell 之间的关系。Linux 的内核负责系统资源的分配与管理，其中包括进程控制子系统、文件系统、设备管理子系统等，它们分别负责某一方面的工作。在内核之外，有应用程序和用户需要使用系统资源。对于应用程序，它通过系统调用界面获得内核的服务，而用户则通过 shell 向内核发出各种命令，以此使用各种系统资源。因此，对于系统管理员来说，许多工作需要通过 shell 来完成。本书中的大部分实训内容，也是通过 shell 来完成的。shell 就是用户使用 Linux 各种功能的基本界面。

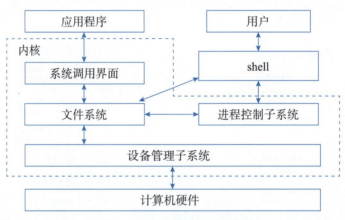

图 2.1 Linux 操作系统基本结构

Linux 系统初始化时就会自动启动 shell。用户可通过字符终端登录系统并使用 shell。从用户登录到用户退出系统，用户输入的每个命令都要由 shell 接收，并由 shell 负责解释。如果用户提交的命令是正确的，shell 会调用相关的命令及程序交由内核负责执行。

与图形桌面相类似，shell 实际是一种独立于内核的软件。关于 shell 这种软件实际有许多种，如 Bourne-Again shell（简称 Bash，流行的 shell）、Bourne shell（简称 sh）、c shell（简称 csh）、korn shell（简称 ksh）等。Linux 默认使用 Bash，但也有一些 Linux 发行版本使用 ksh 等其他的 shell。要知道现在所在系统的 shell 类型，可利用字符终端登录系统后用命令查看当前系统使用的 shell 类型，实际得到的结果是 Bash 的程序文件位置：

```
[root@localhost ~]# echo $SHELL
/bin/bash
```

2. 根文件系统

要理解 Linux 的基本结构，除了要理解 Linux 内核与 shell 之间的关系之外，根文件系统也是一个重点内容。与 Windows 操作系统形式上类似（实质有很大差异），Linux 也通过树状文件系统结构组织文件，并称这种文件系统为"根文件系统"（root file system），因为它是寻找所有文件以及其他文件系统的起点。如图 2.2 所示，根文件系统的顶端是根目录（root directory），以"/"表示，它有时会被简称为"根"。在根目录之下有若干子目录，如 /root、/home、/etc 等，从树的递归结构可知这些子目录下面同样会有低一级的子目录，而文件应在树结构中的叶节点处。

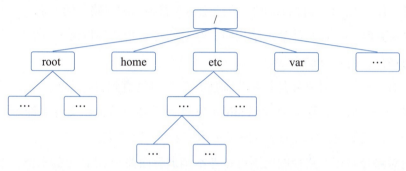

图 2.2　根文件系统的树状结构示意图

图 2.2 所示的根文件系统结构广泛使用在各种版本的 UNIX 及类 UNIX 操作系统中，它们都基本符合文件系统层次结构标准（filesystem hierarchy standard，FHS），但存在着一些差异。结合本实训课程所讨论的内容，这里列出一些根文件系统中较为重要的二级目录及其基本含义和作用，其中一些术语将在后续各实训中详细介绍。

/boot：存放系统引导时所需的文件，包括 Linux 内核以及引导装载程序（boot loader）等。

/bin（binary）：存放可执行程序。

/dev（device）：存放设备文件和特殊文件。

/etc：存放系统配置文件。

/home：普通用户的主目录所在位置。

/lib：存放基本共享库文件和内核模块。

/mnt（mount）：用于为需要挂载的文件系统提供挂载点。

/proc（process）：存放与内核和进程有关的信息。

/root：根用户的主目录。

/tmp（temporary）：存放临时性文件。

/usr（user）：存放可共享的只读数据文件。

/var（variable）：存放各类数据文件。

3. 文件路径的表示

使用文件系统或对文件进行某种操作时经常需要确定两点信息。一是当前目录，也称为工作目录，即指出用户当前在文件系统中哪个目录位置进行操作。用户可以使用 cd 命令将当前目录切换为其他目录。例如 root 用户登录系统后默认以 /root 为当前目录，但 root 可通过 cd 命令切换至 /etc 目录，此时 root 用户的当前目录为 /etc。

另一个需要确定的信息则是文件路径。文件在文件系统中的位置可以通过文件路径来表示。对于树状结构的文件系统，文件路径可表示为从某一树节点出发，沿树的分支到达目标文件或目录所在节点的路径。

初学者在使用 Linux 文件系统时，要注意绝对路径与相对路径的区别。

（1）绝对路径。在根文件系统结构中，绝对路径是指从根目录（/）出发直到目标文件或目录的路径，例如 /etc/inittab。

（2）相对路径。相对路径是指从当前所在目录出发直到目标文件或目录的路径。假如当前目录为 /etc 目录，那么要找到 inittab 文件只需要直接给出文件名即可，可不给出前面的 /etc/，也就是说，此时的文件路径实际可表示为文件名。

关于绝对路径与相对路径的区别可参考本实训后面关于 cd 命令的示例。在文件路径表示中有几个表示目录的特殊符号需要注意。

- ~：表示用户的主目录，即以用户名称命名的，专属于该用户的目录。
- .：表示当前目录。
- ..：表示上一级目录。

2.2.2 字符终端与 shell 命令

1. 字符终端的概念

前面已经指出，shell 是一个用于解释用户命令的软件。但用户在什么地方输入命令？又是从什么地方获取执行命令过程中的输出信息？这里需要引出字符终端的概念。用户是通过字符终端使用 shell 的，或者说 shell 运行在字符终端中。例如 Linux 中默认使用的 shell 是 Bash，它的执行文件是 /bin/bash，称运行在字符终端中的 /bin/bash 程序为 bash 进程。

下面再来对字符终端进行详细讨论。终端原指用户与计算机系统交互的一整套设备，包括键盘和显示器等。Linux 对终端设备进行模拟，为用户提供了与计算机系统交互的虚拟界面，并称其为虚拟终端（virtual terminal）。这些虚拟终端各自独立，但共享着同一套键盘和显示器等输入输出设备。

RHEL 8.5 默认有 6 个虚拟终端（不同系统数量也许不一样），可以通过按 Ctrl+Alt+F1 ～ F6 组合键实现虚拟终端间的直接跳转，也可以通过 Alt+ ← / → 键实现相邻终端的切换

（若切换至桌面后需再次使用 Ctrl+Alt+F*n* 组合键切换至其他终端）。默认情况下虚拟终端为字符界面，所以也被称为字符终端。字符终端也被表示为 tty，原来是指电传打字机（teletype）的意思。这些字符终端会被编号标记为 tty1、tty2 等。如图 2.3 所示，可通过上述组合键切换至某个字符终端并登录系统。注意，在字符终端中输入密码时密码并不可见。

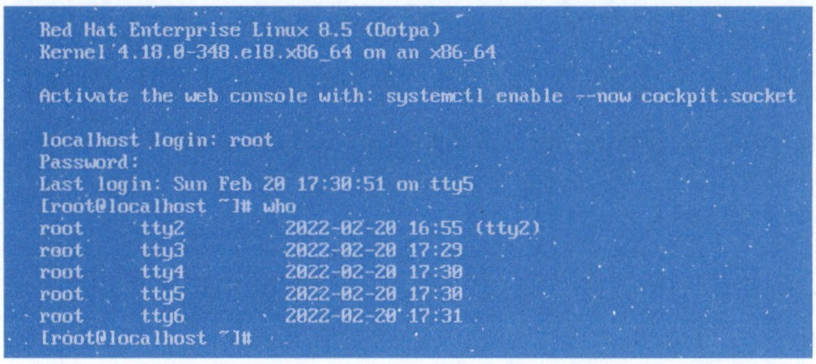

图 2.3 从 Linux 的字符终端登录系统

思考 & 动手：字符终端与桌面

当前系统中按 Ctrl+Alt+? 组合键会调出桌面？请尝试逐个 tty 终端进行切换并登录，实现类似于如图 2.3 所示的登录效果。登录后输入命令 tty 加以标记。可用 who 命令列出用户当前已在哪些终端上登录。输入命令 tty 可以查看当前登录在哪个终端上。

从以上操作可见，本质上桌面和字符终端都是用户交互界面。虽然日常使用中 GNOME 等桌面十分有用，但它在 Linux 中其实只是一个应用软件。事实上，可以不启动桌面而只使用字符终端与系统交互。

许多人会将字符终端贴上"落后"的标签，毕竟图形界面已被广泛使用，普通用户和初学者并不习惯通过字符终端使用计算机。而且，随着现今 Linux 桌面的不断发展和应用程序的逐渐丰富，对于普通用户来说字符终端在许多场合中的确并不是必需的。甚至即使需要输入命令，也可以使用图形化界面下所提供的"终端模拟器"（如例 1.1 介绍的 GNOME 终端），它更便于复制或粘贴命令行。

不过，由于 shell 在 Linux 中的重要性使得字符终端仍然是 Linux 系统管理工作中用得最多的工具。从图 2.1 所示的 Linux 操作系统基本结构中可发现 shell 在 Linux 中的作用远非一个用户操作界面那么简单。总的来说，shell 首先是一个解释器，对命令进行解释并交由内核执行，与命令有关的输入输出处理就需要依靠字符终端来实现。此外，用户还能利用 shell 脚本编程语言写出具有强大系统管理功能的程序，这将在后续的实训中介绍。由于 shell 必须运行在某种字符终端下，因此系统管理工作就离不开字符终端。再者，在后面学习中可发现，Linux 中许多软件实际并不提供图形界面，必须通过这些软件在字符终端中提供的命令行界面进行操作。由此可见字符终端工具对于学习 Linux 的必要性。

2. shell 命令的基本格式

当用户通过字符终端登录系统后，shell 便显示命令行界面并等待用户的输入。在 shell 中，命令行界面往往表示为一条辅助和提示用户输入命令的字符串，因此这条字符串也被称为命令提示符（command prompt）。命令提示符有许多表达形式，可以附带用户名和主机名称等信息，也可以很简洁，一般通过 #、$、%、> 等符号来表示结尾。例如 Bash 默认的提示符是 # 或 $ 等符号。注意，不同的 Linux 发行版本其默认的命令提示符可能也会有所不同。以下是 RHEL 中一个典型的命令提示符：

```
[root@localhost etc]#
```

其中，root@localhost 是指 root 用户通过主机名为 localhost 的机器登录到系统，即通过本地使用 Linux，而当前目录为 /etc。

Linux 中的一个命令包含三个基本要素：命令名、选项和参数。本质上命令名是指用户要运行的某个程序的名称。用户通过设定选项指出命令要执行的特定功能，参数是执行命令或指定某个选项时所需要的输入值，因此参数需要放在命令名或某个选项的后面。选项和参数不是必需的，许多命令有默认的选项和参数，当不给出特定选项和参数时，就会以默认选项和参数来执行命令。一般来说，选项带有符号"-"，如"-a"，而参数没有"-"。但也有特例，在学习具体示例时会指出。此外，命令的选项和参数可以有多个。如果需要指定多个选项，可把后面不接参数的选项组合在一起来表示，如"-abc"。但是，对于后面需要给出参数的选项要单独表示。因此，总的来说，命令的一般表达格式如下：

```
命令名    -a    参数 1 -b    参数 2 -c    参数 3
```

本书中后面给出的每个命令的定义都会特别说明其选项后面是否需要给出参数以及参数的类型和格式。

【注意】命令名、选项、参数都要区分大小写，它们通过空格或制表符（按 Tab 键获得）分隔。此外初学者经常容易犯的错误是混淆选项和参数，需注意区分。

为什么要用空格或制表符把命令名、选项和参数隔开？因为 shell 作为命令的解释器，以空格或制表符作为间隔标志来读取命令行，如果它们没有用空格或制表符隔开，从语法上就会被 shell 认为是一个独立的整体，显然无法解释而只能返回错误提示。

一条完整的命令输入完毕后即可通过按 Enter 键提交给 shell 执行。然而对于初学者，经常出现的另一个错误是没有给出完整的参数。这时命令因为缺少参数而不能马上执行，而 shell 会认为用户还要继续输入而一直在等待。此时可按 Ctrl + C 组合键来撤销本次输入，也可以继续输入直至完毕后按 Ctrl+D 组合键来表示输入结束，这样 shell 将会获取全部输入并作为命令行执行。

此外应注意，可多使用 Bash 中提供的自动补全功能辅助命令输入。所谓自动补全功能，是指当用户输入一部分命令时，可以通过按 Tab 键让 Bash 自动补全剩余部分。如果有多个补全的可能，Bash 将会把这些可能项列举出来供用户选择。以下是自动补全功能的示例。

例 2.1 自动补全功能演示。当用户输入 ls 之后按 Tab 键，Bash 将列出所有以 ls 开头的 shell 命令：

```
[root@localhost ~]# ls              <== 输入 ls 之后直接按 Tab 键
ls          lscpu       lsiio       lslocks     lsmd        lsns        lsscsi
（省略部分显示结果）
```

如果输入 ls 之后先按空格键再按 Tab 键，则确认了命令已经输入完毕，由于 ls 命令用于列出目录中的文件内容，此时提示内容将变成如下结果：

```
[root@localhost ~]# ls              <== 输入 ls 之后先按空格键再按 Tab 键
公共 /                  .bash_history           .ICEauthority
（省略部分显示结果）
```

2.2.3 基本 shell 命令

1. 一些约定

下面介绍一些常用的基本命令。这些命令是一些在日常使用和管理系统时经常用到的工具。掌握这些命令是学好 Linux 所必需的，因此要求能熟练使用。除个别命令只通过示例直接表达它的用法之外，在介绍大部分命令时都会给出相关的定义。书中根据实际需要，在其定义中给出了部分重要选项，可通过使用后面介绍的 man 命令获得某条命令的详细且完整的说明手册。又由于许多 shell 命令及其选项被表示为英文单词的缩写，本书在说明命令和选项时将会附注部分命令及选项的英文全称，它们表示在命令及选项名称后面的括号中，以帮助读者理解和记忆这些命令及其选项。注意，命令定义中方括号中的内容是可选的。实际上，读者查阅每个命令的说明手册时可发现许多命令的严格定义中有多种表示格式，为便于初学者理解，对它们简化和整合后只给出一种表示格式，读者需要结合后面的选项说明和示例去理解命令格式。注意，重要的并不是记忆这些命令定义，而是在练习中结合这些定义去领会命令的用途和用法。

本书在解释某种命令操作时，会在命令行及后面的执行过程内容中附有一些中文注释，这些注释以"<=="为起始标志，需要留意阅读并与执行过程内容本身区分。后面的实训内容中将会介绍一些配置文件，也会附上一些中文注释，但会使用配置文件所定义的注释符在文件中添加注释。由于命令的执行过程内容有时会包含许多输出信息，本书会对这些信息有所选择地显示，而在被省略的输出信息的位置上注有"（省略部分显示结果）"以及下一步操作的提示，练习时也需要注意这些地方。

2. 文件管理命令

以下结合一些示例讨论文件管理命令的使用。注意练习时需要按照次序执行这些示例。

（1）ls（list）命令。

功能：显示目录内容，默认显示当前目录的文件列表。如果所给参数是文件，则仅列出该文件的有关信息。

格式：

ls　　［选项］　　［文件或目录路径］

重要选项：

- -a（all）：列出目录中所有项，包括以"."开始的项（以点开头的为隐藏文件）。
- -l（list）：以列表形式显示文件。由于该选项较为常用，默认使用别名"ll"代替"ls -l"。
- -R（recursive）：用于递归列出子目录中的内容，注意选项名称使用的是大写字母 R。
- -d（directory）：仅列出目录本身的信息，而非列出目录中的文件列表信息。

例 2.2　ls 命令的三种使用方式对比，注意对比以下三条命令的结果差异。

```
[root@localhost ~]# ls  -a  /root   <== 显示 /root 目录下的所有文件
图片  anaconda-ks.cfg  .cache    .ICEauthority
```
（注意以点开头的为隐藏文件，省略部分显示结果）

```
[root@localhost ~]# ls  -al  /root <== 列表显示 /root 目录下的所有文件
总用量 48
dr-xr-x---.   15    root root    4096    2月    20    20:43        .
dr-xr-xr-x.   17    root root    267     2月    20    17:05        ..
drwxr-xr-x.   2     root root    6       2月    7     22:25        公共
```
（省略部分显示结果）

```
[root@localhost ~]# ls  -R  /root   <== 递归显示子目录及其以下的内容
/root:
公共   视频   文档   音乐   anaconda-ks.cfg
模板   图片   下载   桌面   initial-setup-ks.cfg
/root/公共：
```
（省略部分显示结果）

此外，使用 -d 选项能查看目录本身的信息：

```
[root@localhost ~]# ls  -dl          <== 仅显示 /root 目录本身的信息
dr-xr-x---. 15 root root 4096 2月  20 20:43 .
```

（2）cd（change directory）命令。

功能：更改当前目录，如果不给出参数，默认跳转至用户的主目录。

格式：

cd　　［选项］　　［文件或目录路径］

例 2.3 比较绝对路径与相对路径。注意如下命令中关于目录的特殊符号的使用。

```
[root@localhost ~]# cd  /proc/        <== 从 /root 跳转至 /proc
[root@localhost proc]# cd  1           <== 切换至 /proc/1,注意使用的是相对路径
[root@localhost 1]# pwd
/proc/1
[root@localhost 1]# cd  ..             <== 从 /proc/1 转上一级目录
[root@localhost proc]# cd  ~           <== 直接跳转至主目录(/root)
[root@localhost ~]# pwd
/root
```

(3) pwd (print working directory) 命令。

功能:显示当前目录(也称为工作目录)的完整路径。

也许有些读者会好奇为什么会有 pwd 这样的命令,毕竟使用诸如 Windows 的文件资源管理器时,似乎不用担心不知道当前操作是在文件系统的哪个位置。可是正如前面强调的,桌面以及附属应用软件并不是 Linux 必须运行的程序。如果限定在字符终端上使用文件系统,随着访问层次的不断深入,会出现这样的命令提示符:

```
[root@localhost network-scripts]#
```

pwd 命令能随时告诉用户所在位置,好让用户不容易"迷路":

```
[root@localhost network-scripts]# pwd
/etc/sysconfig/network-scripts
```

如果正在桌面使用伪字符终端进行练习,可使用组合键切换至真正的字符终端,重新练习前面的命令示例,对比一下两种字符终端在使用上存在怎样的差异。

(4) stat 命令。

功能:获得关于某文件的基本信息。

格式:

```
stat   文件或目录路径
```

(5) touch 命令。

功能:更新一个文件的访问和修改时间,如果没有对应文件则新建该文件。

格式:

```
touch   文件或目录路径
```

例 2.4 touch 命令的使用。注意两次使用 stat 命令的返回结果在文件时间属性上的差异。

```
[root@localhost ~]# touch  test  <== 创建文件 /root/test,当前目录是 /root,只需给出文件名
[root@localhost ~]# stat   test
  File: "test"
```
(省略部分显示结果,留意最后一行显示的创建时间)
```
最近访问:2022-02-22 17:29:47.484454696 +0800
最近更改:2022-02-22 17:29:47.484454696 +0800
最近改动:2022-02-22 17:29:47.484454696 +0800
```

创建时间：2022-02-22 17:29:47.483454715 +0800
[root@localhost ~]# touch test   <== 这次是改变文件的时间属性
[root@localhost ~]# stat test   <== 注意利用touch命令创建的是普通空文件
  File: "test"
（省略部分显示结果，对比之前结果，可发现时间属性的确发生改变）
最近访问：2022-02-22 17:33:07.761761562 +0800
最近更改：2022-02-22 17:33:07.761761562 +0800
最近改动：2022-02-22 17:33:07.761761562 +0800
创建时间：2022-02-22 17:29:47.483454715 +0800

（6）mkdir（make directories）命令。

功能：创建目录。

格式：

mkdir   目录路径

重要选项：

-p（parents）：连续创建多层目录。如"-p subdir1/subdir2"，如果目录subdir1不存在，则也会创建subdir1后在其下创建目录subdir2。

（7）mv（move）命令。

功能：移动或重命名文件或目录。

格式：

mv   [选项]   源文件或目录路径   目标文件或目录路径

重要选项：

- -b（backup）：若存在同名文件，覆盖前先备份原来的文件。
- -f（force）：强制覆盖同名文件。

例 2.5 mv命令的使用。留意最后目录中是否多了一个备份文件（文件末尾有~符号）。

```
[root@localhost ~]# mkdir   testdir            <== 首先创建testdir目录
[root@localhost ~]# cd   testdir/              <== 利用相对路径切换至testdir目录
[root@localhost testdir]# touch   test1   test2 <== 在testdir目录创建两个文件
[root@localhost testdir]# ls                    <== 检查创建文件的结果
test1    test2
[root@localhost testdir]# mv  -b  test1   test2 <== 实际是将test1改名为test2
mv: 是否覆盖"test2"？ y <== 按y表示覆盖
[root@localhost testdir]# ls  <== 查看结果，实际上test2变成了备份文件test2~
test2    test2~                                 <== 而test1变成了test2
```

（8）cp（copy）命令。

功能：复制文件或目录。

格式：

cp   [选项]   源文件或目录路径   目标文件或目录路径

重要选项：

- -f（force）：强制覆盖同名文件。
- -b（backup）：若存在同名文件，则覆盖前先备份原来的文件。
- -r（recursive）：以递归方式复制文件，用于复制源目录内的内容。

例 2.6 cp 命令的使用。基于例 2.5 的结果继续。留意下面对目录内容的复制需要使用 -r 选项。注意，对于 mv 和 cp 命令，如果目标文件或目录不与源文件或目录在同一个目录下，则可以只指出移动或复制到哪个目录下，按默认移动或复制的结果与源文件及目录同名。

```
[root@localhost ~]# cp  testdir/  testdir2    <== 试图将 testdir 目录的内容复制为 testdir2
cp: 未指定 -r；略过目录 'testdir/'                  <== 结果显示不成功
[root@localhost ~]# cp  -r  testdir/  testdir2   <== 加入 -r 选项
[root@localhost ~]# ls  -l  testdir  testdir2    <== 可以发现两个目录内容相同
testdir:
总用量 0
-rw-r--r--. 1 root root 0 2月  23 15:56 test2
-rw-r--r--. 1 root root 0 2月  23 15:56 test2~

testdir2:
总用量 0
-rw-r--r--. 1 root root 0 2月  23 16:06 test2
-rw-r--r--. 1 root root 0 2月  23 16:06 test2~
[root@localhost ~]# cp  -r  /root/testdir/  /tmp/   <== 只指出要复制到 /tmp 目录下
[root@localhost ~]# ls  /tmp/testdir/   <== 按默认复制结果与源文件及目录同名
test2   test2~
```

（9）rm（remove）命令。

功能：删除文件或目录。

格式：

rm [选项]   文件或目录路径

重要选项：

- -f（force）：强制删除文件。
- -r（recursive）：rm 命令默认只删除文件，-r 选项以递归方式删除目录。

例 2.7 以递归方式删除整个目录及其内容。基于例 2.6 的结果继续。假设在 /root 下有 testdir2 目录并对其进行删除，注意需要使用 -r 选项。

```
[root@localhost ~]# rm  testdir2/
rm: 无法删除 'testdir2': 是一个目录
[root@localhost ~]# rm  -r  testdir2/
rm: 是否进入目录 'testdir2/'? y
rm: 是否删除普通空文件 'testdir2/test2'? y
rm: 是否删除普通空文件 'testdir2/test2~'? y
```

```
rm: 是否删除目录 'testdir2/'？y
```

（10）rmdir 命令。

功能：删除空目录。

格式：

```
rmdir    [选项]     目录路径
```

例 2.8 尝试使用 rmdir 删除非空目录。基于例 2.7 的结果继续。注意，要求被删除目录为空，如果里面有文件，则要使用 "rm -r" 命令。

```
[root@localhost ~]# ls  testdir/
test2   test2~
[root@localhost ~]# rmdir  testdir/
rmdir: 删除 'testdir/' 失败：目录非空
[root@localhost ~]# rm  -rf  testdir/       <== 不经过确认就全部删除内容
[root@localhost ~]#
```

3. 文件查阅命令

（1）cat（concatenate）命令。

功能：显示或连接文件。

格式：

```
cat    [选项]     文件路径
```

重要选项：

-n（number）：显示行号。

cat 命令可以用于连接（concatenate）多个文件的内容，具体将在下一个实训介绍。此处先给出利用 cat 命令显示文件内容的示例。

例 2.9 显示文件 /etc/inittab 的内容，并且在显示结果上附加行号。显示行号的功能在配置文件及程序代码文件的定位中很有用。结果显示这个文件已经"不再被使用"。

```
[root@localhost ~]# cat  -n  /etc/inittab
     1   # inittab is no longer used.
     2   #
     3   # ADDING CONFIGURATION HERE WILL HAVE NO EFFECT ON YOUR SYSTEM.
```
（省略部分显示结果）

（2）more 命令。

功能：分屏显示文本文件的内容。首先显示一个屏幕的内容，若还有内容则按 Enter 键再显示下一行，按空格键显示下一屏的内容。可按 Ctrl+C 组合键中途退出。

格式：

```
more    文件路径
```

（3）tail 命令。

功能：显示文本文件的结尾部分，默认显示文件的最后 10 行。

格式：

`tail　　[选项]　　文件路径`

重要选项：

-n：该选项后面需给出数字参数，用于指定显示的行数。

此外还有 head 命令，用法与 tail 命令类似，此处不再赘述。

思考＆动手：文件查阅工具的选择

前面介绍的几个命令都能提供文件查阅功能，但对于查阅不同类型的文件来说，有些命令会更好用。例如日志就是一种事件记录的文件，每行为一条记录，文件内容的长度按事件发生的时间不断增长。假如现在要查阅日志文件 /var/log/messages 中的最新记录，应该用哪个命令？如果要翻阅整个日志记录，又应该用哪个命令？

（4）wc（word count）命令。

功能：依次显示文本文件的行数、字数和字符数。

格式：

`wc　　[选项]　　文件列表`

重要选项：

- -c（character）：显示文件的字节数。
- -l（line）：显示文件的行数。
- -w（word）：显示文件的单词数。

例 2.10 统计当前日志文件 /var/log/messages 和 /var/log/secure 中的记录数。

```
[root@localhost ~]# wc  -l  /var/log/messages  /var/log/secure
  21657   /var/log/messages                     <==messages 中的记录数
    339   /var/log/secure
  21996 总用量
```

4. 部分系统管理命令

（1）date 命令。

功能：查看或修改系统时间。

格式：

`date　　[MMDDhhmm[YYYY]]`

重要选项：

-s：该选项后面需给出用于表示时间的字符串。

例 2.11 修改当前系统时间。就以 2022 年 2 月 22 日 15:30 为例，以下几种时间格式都可以，但显然使用选项 -s 更灵活。

```
[root@localhost ~]# date  022215302022        <== 要给出完整的时间表示
2022年 02月 22日 星期二 15:30:00 CST
[root@localhost ~]# date  02222022            <== 命令会读作 MMDDhhmm
2022年 02月 22日 星期二 20:22:00 CST           <== 不是要设置的时间
[root@localhost ~]# date  -s  "2022-02-02 15:30"
2022年 02月 02日 星期三 15:30:00 CST
[root@localhost ~]# date  -s  "02/22/2022 15:30" <== 用月日年方式表达时间
2022年 02月 22日 星期二 15:30:00 CST
[root@localhost ~]# date  -s  "2022/02/22 15:30" <== 也可以按习惯的方式表达时间
2022年 02月 22日 星期二 15:30:00 CST
```

【**注意**】练习完毕后记得重新还原为当前时间。

（2）who 命令。

功能：列出当前系统的登录用户。

重要选项：

- -q：显示当前所有登录的用户名称和在线人数。
- -r：显示当前系统的运行级别。

例 2.12 who 命令的使用。注意，在 RHEL 8.5 中，每个伪字符终端已不再记为一行用户。首先在 GNOME 桌面新建终端操作：

```
[root@localhost ~]# who
root     :0           2022-02-24 16:32 (:0)
```

然后以 root 用户从字符终端 tty4 处登录，然后在桌面另外再新建一个终端，输入如下命令：

```
[root@localhost ~]# who
root     :0           2022-02-24 16:32 (:0)      <== 通过桌面登录
root     tty4         2022-02-24 16:37
```

可发现返回结果只新增一行，对应于从 tty4 登录的 root 用户。

除 who 命令外，在 RHEL 中还有更短的命令 w 可供使用，功能也基本与 who 命令相似，可自行尝试使用。

（3）shutdown 命令。

功能：关闭、重启系统。

格式：

```
shutdown    [选项]    [时间]
```

重要选项：

- -r（reboot）：重启系统。

- -h（halt）：关闭系统。
- -P（poweroff）：关闭系统同时关闭电源。

以上选项后面均可给出数字参数指定多少分钟之后执行操作，也可以通过"小时:分钟"的格式来表示时间参数，如"15:25"等。

例2.13 关闭系统。如果要求立即关闭系统，可使用命令：shutdown -h now。

```
[root@localhost ~]# shutdown                <== 默认 1 min 之后关闭系统
Shutdown scheduled for Fri 2022-02-25 17:07:37 CST, use 'shutdown -c' to cancel.
[root@localhost ~]# shutdown  -c            <== 取消关闭系统
[root@localhost ~]# date
2022年 02月 25日 星期五 17:18:28 CST
[root@localhost ~]# shutdown  10     <== 对比时间可知命令要求 10 min 后关闭系统
Shutdown scheduled for Fri 2022-02-25 17:28:34 CST, use 'shutdown -c' to cancel.
[root@localhost ~]# shutdown  -c
```

此外，也可直接使用 reboot、halt 和 poweroff 等命令分别代替 shutdown 命令实现立即对系统的重启、关闭和断电。

5. 辅助命令

（1）clear 命令。

功能：清除当前终端的屏幕内容。

（2）echo 命令。

功能：在当前终端显示一行文本内容。

格式：

echo　文本内容

例2.14 利用 echo 命令显示文本内容。

```
[root@localhost ~]# echo  hello  world
hello world
```

（3）man（manual）命令。

功能：显示命令的使用说明手册。

格式：

man　命令名

例2.15 查阅 cat 命令的手册。如果要快速查询一个命令有哪些选项，则可以简单地采用 --help 选项，但最完整的信息在该命令的说明手册中。

```
[root@localhost ~]# man  cat
（手册显示内容略，按上下键移动光标，按 Q 键退出）
# cat  --help
[root@localhost ~]# cat  --help               <== 快速查阅 cat 命令的帮助
```

用法：

```
cat  [选项]... [文件]...
```
功能：连接所有指定文件并将结果写到标准输出。

（省略部分显示结果）

（4）history 命令。

功能：查看 shell 命令的历史记录。如果不使用数字参数，则将查看所有 shell 命令的历史记录。如果使用数字参数，则将指定查看最近执行过的若干 shell 命令。

格式：

```
history    [命令行数]
```

例 2.16 显示最近 5 条命令。

```
[root@localhost 桌面]# history 5
  249  clear
  250  man cat
  251  cat --help
  252  shutdown --help
  253  history 5
```

（5）alias 命令。

功能：显示和设置命令的别名。若不给出参数则默认显示当前环境定义的别名。

格式：

```
alias      [别名='命令内容']
```

例 2.17 显示系统中所有命令的别名。

```
[root@localhost ~]# alias
alias   cp='cp -i'                          <== 介绍 cp 命令时已提及
（省略部分显示结果）
alias   l.='ls -d .* --color=auto'          <== 显示所有的隐藏文件
alias   ll='ls -l --color=auto'             <== 此命令别名经常被使用
alias   ls='ls --color=auto'
```
（省略部分显示结果）

现在知道，经常使用的命令如 cp、ls、mv 等实际上都已经附加了一些选项，特别是附加了与显示颜色有关的选项。这就是为什么使用 ls 命令时，目录标记为蓝色的原因。除此之外，还有其他什么颜色用于标记文件类型呢？可分别跳转至 /etc 目录、/dev 目录和 /bin 目录，列出其中文件。结合前面关于这三个目录的介绍，可以初步总结出不同文件类型在终端上对应的显示颜色。

2.2.4 vim 编辑器

1. vim 简介

vi 是 visual 的缩写。vi 编辑器是 UNIX 下使用广泛的文本编辑器，而 vim 则是 vi 的升级版（vi improve）。早在 1976 年 vi 就已经被发布，而时至今天 vim 编辑器基本还是沿用当初的使用方法，只是功能更为强大。

不同的 Linux 发行版本可能还会提供其他文本编辑器供人们使用，如 gedit、Emacs、nano 等，从易用性的角度来看，vim 并非最为友好易用的文本编辑器，但 vim 却是 Linux 中最基本的编辑器，这是有原因的。在后面的许多实训任务中，如硬盘配额管理、制订周期性作业计划等，可以看到，许多命令和软件都默认调用 vim 编辑器供用户编辑配置文件。因此，vi 编辑器是系统管理员必须熟练掌握的基本工具之一。再者，基于短小精悍的 vi 且功能增强后的 vim 编辑器能够很好地支持 shell 脚本或 C 程序的编写，因此也深得程序开发人员的喜爱。

2. vim 的基本使用方法

vim 编辑器相当于 Windows 中的"记事本"，但由于运行在字符终端下，因此其使用方法与具有图形界面的文本编辑器有所不同（最大的不同是鼠标没用了）。vim 编辑器有三种工作模式：命令模式、文本编辑模式和末行模式。图 2.4 显示了这三种模式之间是如何切换的，下面分别对 vim 的三种工作模式进行讨论。

（1）命令模式。在命令提示符后直接输入格式为"vim [文件路径]"的命令即可启动 vim 编辑器并直接进入命令模式，其中文件路径用于指定所要编辑的文件的所在位置，如果文件不存在，则会创建一个新文件。最令初学者困扰的是，vim 编辑器的内置命令往往表示为一个字母，而且按下该命令的字母后也不会在屏幕上有所显示，而是直接处理该命令。常用的命令有如下几种。

图 2.4　vim 编辑器的三种模式

① i：从当前位置开始输入字符，当前位置的字符将后移（可以用单词 insert 辅助记忆），vim 编辑器进入文本编辑模式，编辑器底部将显示"-- 插入 --"。

② a：从当前位置的下一个位置开始输入字符（可以用单词 append 辅助记忆），vim 编辑器同样会进入文本编辑模式。

③ / 字符串：按下 / 键后，屏幕底部出现 /，在其后输入要搜索的字符串，按 Enter 键后 vim 编辑器从当前位置向文件尾部搜索，并定位在第一个匹配搜索字符串的地方。

④ n：定位至下一个匹配搜索字符串的地方。

（2）文本编辑模式。利用命令模式中的命令进入文本编辑模式后，便可在 vim 编辑器中进行文字处理。如果按 Esc 键，则重新回到命令模式。

（3）末行模式。在命令模式中按冒号":"可进入末行模式，此时 vim 会在编辑器底部显示":"作为该模式的命令提示符，用户在提示符后可输入的主要命令有如下几种。

① w 文件路径：写入到指定路径下的文件。

② wq：写入到启动 vim 编辑器时指定的文件并退出 vim 编辑器。

③ q：退出 vim 编辑器，如果当前文件未保存编辑器会提示。

④ q!：不保存文件而直接退出 vim 编辑器。

在执行上述命令时如果存在错误，vim 也会在编辑器底部显示相关错误，此时实际已经执行了一次末行模式中的命令，根据图 2.4 可知，vim 编辑器又重回到命令模式。

思考 & 动手：vim 编辑器的使用

vim 编辑器是阅读和修改系统各类配置文件的基本工具之一，许多工具的操作方法也跟 vim 编辑器相似。初学者需要在实际应用中多使用。马上动手试试如何使用 vim 编辑器。

（1）利用 vim 编辑器新建一个文本，新增一行后输入"hello vi"，保存为 vitest 后退出。

（2）在通过命令 man 查阅手册时，可按给出字符串搜索和定位，其方法即为 vim 编辑器中查找内容的方法，可打开 ls 命令的手册，查找关于 -i 选项的说明。

2.3 综合实训

案例 2.1 组合多个命令成为一个可执行程序

1. 案例背景

在前面的基础实训中列举了一系列的文件管理命令，然而实际应用中需要在具体场景中完成某项工作，如文件的成批转移或备份等工作，它要求懂得如何综合运用文件管理命令。另外，这些工作有时需要反复执行，尽管随着操作熟练度的提高，输入这些命令效率更高了，但这种重复性命令输入操作十分枯燥。有没有办法提高工作的效率呢？在这个案例中，通过把文件内容复制至临时目录 /tmp 的操作任务，讲解文件管理命令的综合运用过程，以及如何用一种简单方法实现操作自动化。

2. 操作步骤讲解

第 1 步：预备练习。以下练习命令将创建目录 testdir 并将其复制至 /tmp 下后确认复制结果：

```
[root@localhost ~]# cd                              <== 保证跳转至主目录
[root@localhost ~]# mkdir  testdir                  <== 新建 testdir 目录
[root@localhost ~]# touch  testdir/test             <== 新建 test 文件
[root@localhost ~]# cp -r testdir /tmp/testdir-bak  <== 将 testdir 目录复制至 /tmp
[root@localhost ~]# ls  -l  /tmp/testdir-bak/       <== 列出复制结果
总用量 0
-rw-r--r--. 1 root root 0 3月   2 15:50 test
```

然后可以把 testdir 及其备份目录 /tmp/testdir-bak 强制删除：

```
[root@localhost ~]# rm  -rf  testdir/
[root@localhost ~]# rm  -rf  /tmp/testdir-bak/
```

检查点：整理主目录中的截图文件

已经照着书中的命令练习过不少例子了，现在可以脱离课本，尝试自行整理主目录，把之前练习后留下的文件（例如 "图片" 目录里的截图）移动至临时目录 /tmp 下。

练习应注重命令的自由运用，即使出现错误也都可以灵活处理。在每次进行文件管理操作时，可不断通过 ls 等命令进行结果确认。同时，为避免录入过长路径名，也可以尽量使用 cd 命令跳转到与目标文件和目录较近的位置进行操作。

接着使用 vim 编辑器录入上面输入过的文件操作命令并对其成批执行。

第 2 步：把文件操作命令组合为一个文件。在 /root 下用 vim 编辑器新建文件 cptotmp，并录入以上操作命令前半部分的每行一个命令，如图 2.5 所示，然后保存退出。

图 2.5　使用 vim 编辑器录入命令

第 3 步：为 cptotmp 文件添加执行权限。在文件管理器中选中 cptotmp 文件，调出其属性，如图 2.6 所示，选择 "权限" 选项卡，勾选 "允许作为程序执行文件" 复选框后退出。

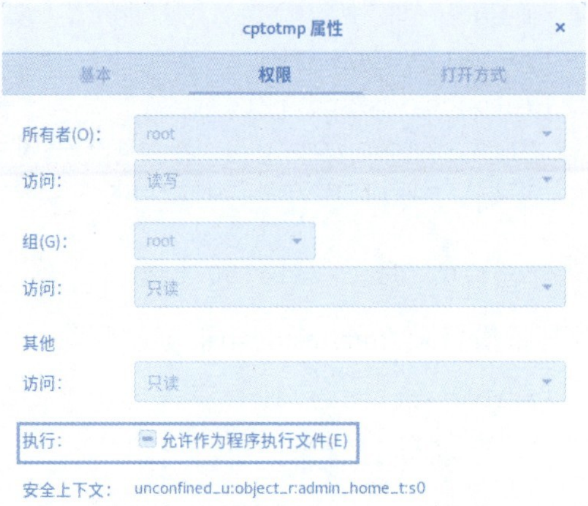

图 2.6 为 cptotmp 文件添加执行权限

第 4 步：确认 testdir 及其备份目录 /tmp/testdir-bak 已经被删除。与通过桌面操作能马上看到操作结果不同，在字符终端下需要不时使用 ls、cat 等命令确认操作是否成功。例如删除文件后可用 ls 命令确认删除操作是否正确：

```
[root@localhost ~]# ls   testdir   /tmp/testdir-bak  <== 操作后确认是否已正确删除
ls: 无法访问 'testdir': 没有那个文件或目录
ls: 无法访问 '/tmp/testdir-bak': 没有那个文件或目录
```

第 5 步：作为程序执行命令组合 cptotmp，并达到手动输入其中命令的效果。

```
[root@localhost ~]# ll  cptotmp                       <== 确认已有 cptotmp
-rwxr--r--. 1 root root 91 3月   2 16:23 cptotmp
[root@localhost ~]# ./cptotmp                         <== 在 cptotmp 所在目录操作
总用量 0
-rw-r--r--. 1 root root 0 3月   2 16:15 test
```

这时可以自行查看 testdir 及其备份目录 /tmp/testdir-bak 又分别出现在 /root 和 /tmp 当中，由此确认 cptotmp 的执行效果。

3. 总结

由于当前已介绍的命令和功能并不多，因此这个案例仅仅给出了一个演示性的操作过程。在后面学习更多内容后，将能进行各种实用操作。尽管如此，已经能够看到，组合多个命令成为一个可执行程序，能够减少重复输入命令的烦琐和可能错误。事实上，这里所学的基本 shell 命令与后面介绍的更多、更丰富的 shell 命令功能和 shell 脚本语言结合起来，便能实现各种具有实用意义的复杂应用了。

4. 拓展练习：自动备份和删除文件的可执行程序

既然可以用程序自动新建和复制文件，当然也可以自动删除文件。请仿照以上三个步骤，同样用 vim 编辑器新建文件 deltestdir，实现对 testdir 及其备份

目录 /tmp/testdir-bak 的自动删除。这样便可以反复执行 cptotmp 和 deltestdir，实现内容自动备份和删除。

案例 2.2　远程登录 Linux 系统

1. 案例背景

前面所讨论的内容均是在通过本地字符终端 / 伪字符终端使用 Linux 系统中的 shell，实际上还可远程登录到某个 Linux 系统并使用它所提供的 shell。这两种使用 shell 的方式在本质上是一样的。在 Linux 系统中一般采用 SSH（secure shell）协议实现远程访问。

OpenSSH 是基于 SSH 协议的一组自由软件，它包括 sshd 命令（SSH 服务器程序）、ssh 命令（SSH 客户端程序）、scp 命令（远程文件传输工具）等。在 RHEL 系统中默认安装 OpenSSH 的相关服务器和客户端软件。

为更好地讲解字符终端、shell 和远程登录等概念，本案例将演示如何通过 VMware 宿主机（Windows 系统）远程登录访问虚拟机（Linux 系统），即宿主机作为 SSH 客户端，而虚拟机作为 SSH 服务器。用户在 Windows 系统中通过终端软件运行 SSH 客户端程序，以此连接 Linux 的 SSH 服务器并向其提供用户账户名和密码，验证成功后 Linux 系统会为用户创建一个 shell 进程（默认是 bash 进程）。

2. 操作步骤讲解

第 1 步：检查 Linux 中 SSH 服务是否已经开启。在字符终端中输入如下命令：

```
[root@localhost ~]# systemctl  status  sshd
● sshd.service - OpenSSH server daemon       <== 如果圆点为绿色，则表明服务正常
   Loaded: loaded (/usr/lib/systemd/system/sshd.service; enabled; vendor preset: enabled)
   Active: active (running) since Thu 2022-03-03 16:07:59 CST; 17s ago
     Docs: man:sshd(8)
           man:sshd_config(5)
 Main PID: 6367 (ssh)                        <==SSH 服务器的进程 ID
    Tasks: 1 (limit: 11087)
   Memory: 1.3M
   CGroup: /system.slice/sshd.service        <== 下面的命令很长，因此只显示部分内容
           └─6367 /usr/sbin/sshd -D -oCiphers=aes256-gcm@openssh.com,chacha20-p>

3月 03 16:07:59 localhost.localdomain systemd[1]: Starting OpenSSH server daemon...
3月 03 16:07:59 localhost.localdomain sshd[6367]: Server listening on 0.0.0.0 port 22.
3月 03 16:07:59 localhost.localdomain sshd[6367]: Server listening on :: port 22.
```

```
3月 03 16:07:59 localhost.localdomain systemd[1]: Started OpenSSH server
                daemon.
lines 1-15/15（END）
```

以上结果反映了当前 SSH 服务的状态。有关服务的启动和关停等操作将在后面的实训中更为详细地介绍。注意，服务器当前按默认监听编号为 22 的端口。一般按默认 SSH 服务是允许通过 Linux 防火墙的。为简单起见，这里跳过在 Linux 上有关的防火墙设置。

【注意】 如果实验环境为 RHEL 6，则需要使用如下命令查看 SSHD 服务是否已开启：

```
[root@localhost ~]# service sshd status
openssh-daemon（pid 2123）正在运行 ...
如果并没有启动，则可使用如下命令启动：
[root@localhost ~]# service sshd start
```

第 2 步：获取 Linux 的 IP 地址。本案例中虚拟机采用 NAT 模式连接网络。注意，应先参考案例 1.2 配置 Linux 正确连接网络。然后通过如下命令查看 Linux 的 IP 地址：

```
[root@localhost ~]# ifconfig
ens160: flags=4163<UP,BROADCAST,RUNNING,MULTICAST>  mtu 1500
    inet 192.168.114.147  netmask 255.255.255.0  broadcast 192.168.114.255
（省略部分显示结果）
```

可知当前 Linux 系统所配置的 IP 地址为 192.168.114.147。

第 3 步：检查 Windows 是否可以与 Linux 连通。同样参考案例 1.2 首先确保 Windows 连接 NAT 网络的网卡（虚拟网卡 VMnet8）已经启用，可在 Windows 的命令提示符中通过 ping 命令测试：

```
C:\Users\cybdi>ping  192.168.114.147     <== 注意填写 Linux 在 NAT 网络的 IP 地址

正在 Ping 192.168.114.147 具有 32 字节的数据：
来自 192.168.114.147 的回复：字节=32 时间=1ms TTL=64
来自 192.168.114.147 的回复：字节=32 时间=1ms TTL=64
来自 192.168.114.147 的回复：字节=32 时间<1ms TTL=64
来自 192.168.114.147 的回复：字节=32 时间<1ms TTL=64

192.168.114.147 的 Ping 统计信息：
    数据包：已发送 = 4，已接收 = 4，丢失 = 0（0% 丢失），
往返行程的估计时间（以毫秒为单位）：
    最短 = 0ms，最长 = 1ms，平均 = 0ms
```

如果在 Windows 中收到来自 Linux 的答复，则说明两者已连通。

第 4 步：Windows 通过 SSH 客户端连接 Linux。这里使用开源软件 PuTTY，首先从如下网址下载软件 PuTTY：

https://www.chiark.greenend.org.uk/~sgtatham/putty/

容易找到下载链接，此处不再赘述。采用的 PuTTY 版本号为 0.76（免安装版，文件名为 putty.exe），配置界面如图 2.7 所示。

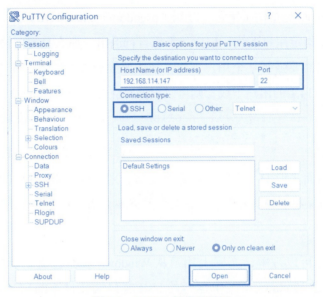

图 2.7　PuTTY 的配置界面

输入 Linux 的 IP 地址后，注意端口（Port）按默认设置为 22，单击 Open 按钮后，会因为第一次连接而出现一个对话框，询问用户是否信任现在所连接的系统，单击 Accept 按钮接受即可，如图 2.8 所示。然后按提示输入用户名和密码，验证通过后便可在 Windows 中借助 PuTTY 提供的终端向 Linux 提交 shell 命令。

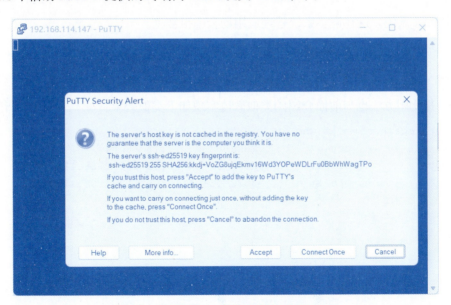

图 2.8　从 Windows 利用 PuTTY 登录 Linux

第 5 步：利用 who 命令查询当前在线用户，此时结果可以是这样：

```
[root@localhost ~]# who
root     tty4         2022-03-03 16:16 (tty4)
root     pts/2        2022-03-03 17:47 (192.168.114.1)
```

其中，第二行中的 pts 是指伪（字符）终端（pseudo-terminal slave）。

第 6 步：强制指定用户下线。用户如果想自行退出，那么只需要输入 exit 命令即可。作为管理员，可能需要强制某个用户下线，如按照第 5 步的结果，如果需要让主机来自 IP 地址为 192.168.114.1 的用户下线，则可以根据对应的终端名称 pts/2 向其发送信号：

```
[root@localhost ~]# pkill -SIGKILL -t pts/2         <== 按实际给出终端名
[root@localhost ~]# who
root     tty4         2022-03-03 16:16 (tty4)       <== 重新验证可发现少了一个在线用户
```

pkill 命令与后面实训 11 介绍的 kill 命令类似，用于向特定进程或终端发送信号。观察可发现，当发送强制下线信号发出后，对应的终端会马上自动关闭。

3. 总结

通过以上操作可以理解，实际上用户从 Windows 系统远程登录 Linux 系统需要有两个终端，一个是 Windows 系统中运行的 SSH 客户端软件（PuTTY），而另一个则是 Linux 系统中的运行 bash 进程的终端（pts/2）；前者负责接受用户输入的命令并传送至 SSH 服务器，而后者则负责运行 bash 进程并由其处理用户的命令。

有时候可以利用 SSH 服务从宿主机（Windows 系统）登录并使用虚拟机（Linux 系统）中运行的 shell，这样就不需要在两套系统中反复切换，为后面练习 shell 命令提供一点方便。事实上，由于受地理条件的限制，管理员往往需要通过 SSH 服务远程访问并控制某个 Linux 系统，这在许多系统管理应用场合中很常见。

4. 拓展练习：使用 VMware 的 SSH 客户端

其实 VMware 也自带了连接 SSH 服务的功能（菜单"虚拟机"→"连接到 SSH"），其使用方法也与前面介绍的类似。请实现如下类似效果：

```
[root@localhost ~]# who
root     tty4         2022-03-03 16:16 (tty4)
study    pts/4        2022-03-04 15:43 (192.168.114.1)
root     pts/1        2022-03-04 16:02 (192.168.114.1)
```

实训 3 shell 命令进阶

3.1 知识结构

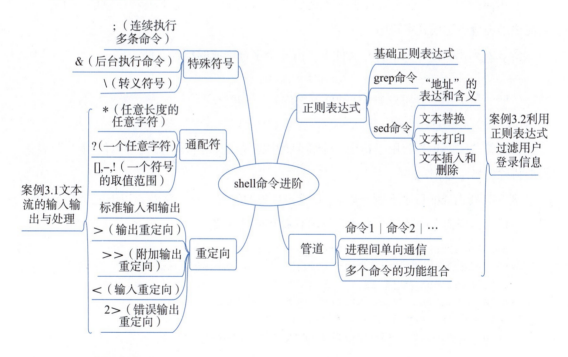

3.2 基础实训

在初步学习了基本的 shell 命令后，这次实训将深入到一些关于 shell 的高级内容，包括一些通配符和部分 shell 特殊符号、正则表达式、命令的重定向功能以及管道功能等。配合这些高级内容，就能写出较为复杂的 shell 命令，为后面的高级系统管理的学习做准备。

3.2.1 通配符与特殊符号

1.通配符

为了表示某种含义的文件名或路径名称，Linux shell 提供了一组通配符（wildcard character）供用户使用。利用这些通配符，能够更为灵活地实现各种与文件或文件系统有关的 shell 命令操作。

（1）通配符"*"：用于表示任意长度的任何字符，它是常用的通配符。

例 3.1 列出 /etc 目录下文件扩展名为 .conf 的文件。

```
[root@localhost ~]# ls  /etc/*.conf
/etc/asound.conf              /etc/libaudit.conf   /etc/request-key.conf
/etc/brltty.conf              /etc/libuser.conf    /etc/resolv.conf
/etc/chrony.conf              /etc/locale.conf     /etc/rsyslog.conf
/etc/dleyna-server-service.conf /etc/logrotate.conf /etc/sensors3.conf
```
（省略部分显示结果）

（2）通配符"?"。

使用通配符"*"会获得很多无关的结果，通配符"?"用于表示任意的一个字符，它能更准确地表达模式字符串。

例 3.2 列出 /etc 目录下所有文件主名由三个字符构成的配置文件。

```
[root@localhost ~]# ls  /etc/???.conf
/etc/nfs.conf  /etc/pcp.conf  /etc/yum.conf
```

（3）通配符"[]" "-" "!"。

通配符"[]"和"-"用于指定一个符号的取值范围，在方括号内可以使用"!"表达需要排除的指定范围。

例 3.3 列出 /etc 目录下所有以 a、b 或 c 开头的配置文件。注意，以下三个命令的结果是一样的，即命令中的三个模式字符串具有相同的含义。

```
[root@localhost ~]# ls  /etc/[a-c]*.conf
/etc/asound.conf  /etc/brltty.conf  /etc/chrony.conf
[root@localhost ~]# ls  /etc/[abc]*.conf
/etc/asound.conf  /etc/brltty.conf  /etc/chrony.conf
[root@localhost ~]# ls  /etc/[!d-z]*.conf
/etc/asound.conf  /etc/brltty.conf  /etc/chrony.conf
```

思考＆动手：文件扩展名与通配符的使用

跟 Windows 有所不同，文件的扩展名并不是 Linux 管理文件必需的。例如以 .conf 为文件扩展名只是一种约定而非规定，事实上：

```
[root@localhost etc]# ls  /etc/*.cnf
```

```
/etc/my.cnf
```

my.cnf 其实也是一个配置文件，而且还有很多配置文件其实并没有扩展名。

不过一般来说大家都会遵守扩展名使用习惯对文件命名，这样能方便他人了解文件的类型。例如，查看目录 /etc/profile.d 的内容，就可以发现其中的文件一般都以 .sh 或 .csh 为扩展名。请问：

（1）如何列出该目录中所有的 sh 文件？

（2）如何列出该目录中所有的 csh 文件？

（3）如何列出该目录中所有的 csh 文件和 sh 文件？

2. 特殊符号

除通配符外，shell 使用了许多特殊字符，它们都带有某种特殊的含义和功能。本次实训中所使用的特殊符号可参见表 3.1，其中分号（;）；符号（&）以及转义符号（\）在本节介绍，与输入/输出重定向有关的符号（>、>>、<、<<），以及管道符号（|）等将在本实训的后续内容中介绍。其他 shell 特殊符号将在对应的实训内容中具体再做介绍。

表 3.1 本次实训所使用的 shell 特殊符号

符　　号	意义及功能
;	连续执行多条命令
&	后台执行命令
\	转义符号，用于表示通配符和特殊符号本身
>, >>	输出重定向和附加输出重定向
<, <<	输入重定向和附加输入重定向
|	管道功能

（1）分号";"。

分号用于分隔多个命令并使它们能够连续执行。这时输出结果将是这些命令连续执行后的结果。

例3.4 连续执行 date 和 who 两个命令。实际效果是利用 date 命令为 who 命令的输出结果补充时间信息。

```
[root@localhost ~]# who; date
study    pts/4        2022-03-04 15:43 (192.168.114.1)
root     tty5         2022-03-05 15:12
root     pts/0        2022-03-05 15:13 (192.168.114.1)
2022 年 03 月 05 日 星期六 15:14:44 CST
```

（2）符号"&"。

符号"&"用于指定当前命令在后台执行，即将要执行的命令并不占用前台，用户可继续输入下一个命令。在理解前台和后台的概念时，不妨试想一下启动 vim 字符编辑器后程序将占用整个终端，这时称 vim 在前台执行。像 vim 这样的程序必须在前台与用户交互，但一些命令并不需要跟用户交互，它们便可在后台执行，这时可以在命令最后加入符号"&"达到此目的。这样做的好处自然是让用户可以继续使用前台输入其他命令。

例 3.5 后台执行大文件复制。假设存在文件 file（练习时可自行创建）需要复制到 /tmp 目录下，如果因文件较大而需要较长时间才能完成复制，则可以让操作在后台执行，执行时返回的显示结果是该命令的作业号以及进程 PID 号。操作在后台执行完毕后，将会在前台提示。

```
[root@localhost ~]# cp  file  /tmp/filetmp &      <== 自行准备一个较大文件
[2] 63495
[root@localhost ~]#                                <== 此处继续按 Enter 键
[2]-  已完成            cp -i file /tmp/filetmp    <== 将报告命令执行完毕
```

（3）转义符号"\"。

通配符和特殊符号在 shell 中被解释为某种含义和功能，因此当要表示这些符号本身时，需要使用转义符号"\"。

例 3.6 利用 echo 命令在屏幕中输出 \。由于 \ 本身是特殊字符，因此需要多加一个 \ 作为转义符号实现该目的。

```
[root@localhost ~]# echo  \
> （可按 Ctrl+C 组合键结束）
[root@localhost ~]# echo  \\
\
```

3.2.2 正则表达式

1. 正则表达式的作用

正则表达式（regular expression）是一种用于表示某种模式的字符串，它包含了一些正则表达式符号的组合来表示模式。正则表达式被广泛地使用在系统管理中，原因在于许多场合中系统会向用户提供大量的数据，如命令的输出结果、配置文件和日志文件记录内容等。然而用户可能只对其中一部分内容感兴趣，这时就需要利用正则表达式来对这些数据进行过滤，以此获取想要的信息内容。

【注意】正则表达式需要与前面所讨论的通配符进行区分，它们会使用部分相同的特殊符号，如"*"等，但它们的实际含义未必是一样的，而且两者使用场合也是不同的。通配符用于表示一组文件及其路径，因此需要结合 ls、cp 等文件操作命令来使用，然而这些命令实际并不直接支持正则表达式的使用。正则表达式是用于过滤和查找文本数据，它需要应用在 grep、sed 等文本过滤和处理工具中。

下面通过介绍 grep 命令来具体讨论正则表达式的作用。

命令名：grep（global regular expression print）。

功能：从指定文件或标准输出中过滤符合模式的文本，默认显示所有符合模式的文本行。

格式：

grep ［选项］ '模式字符串' 文件列表

重要选项：

- -n：输出行号。
- -i（ignore-case）：忽略大小写。
- -v：反转匹配（invert-match），即过滤不符合模式字符串的内容。

如果 grep 命令中的模式字符串没有使用特殊符号，简便起见有时会省略使用单引号（''）而直接表达模式字符串。如下示例用于讨论 grep 命令的用法和正则表达式的作用，其中所用到的正则表达式符号将在后面再做解释。

例 3.7 查找 /etc/inittab 文件中的设置行。设置行即非注释行，注释行是以符号"#"开头的文本行。

```
[root@localhost etc]# cat   fstab      <== 可见到该配置文件中既有配置行也有注释行

#
# /etc/fstab
# Created by anaconda on Mon Feb  7 13:31:40 2022
```
（省略部分显示结果）
```
[root@localhost etc]# grep  -v '^#' /etc/fstab    <== 只过滤注释行

/dev/mapper/rhel-root   /                       xfs     defaults        0 0
UUID=ea504926-8a41-4104-b923-02599aa7b551 /boot xfs     defaults        0 0
/dev/mapper/rhel-swap   none                    swap    defaults        0 0
```

2. 基础正则表达式符号

从以上示例可见，使用正则表达式的关键是要利用正则表达式符号准确表达模式字符串。表 3.2 列举了部分基础正则表达式（basic regular expression，BRE）符号，它们能够满足本次实训学习的基本要求。此外还有扩展的正则表达式，感兴趣者可自行查阅相关资料。

表 3.2 基础正则表达式符号

符　号	意　义	例　子
.	匹配任意的单个字符	a.a 表示如 aba、aza 这样的字符串
\	匹配一个正则表达式符号	\\ 表示符号 \
*	匹配 0 至无穷个的前置元素	a* 表示 0 到无穷个 a
\{m, n\}	匹配至少 m 个，至多 n 个前置元素	a\{2,4\} 表示 aa、aaa 或 aaaa

续表

符 号	意 义	例 子
[ ]	匹配一个包含在取值范围内的字符	[a-c] 表示字符 a、b 或 c
[^]	匹配一个不包含在取值范围内的字符	[^abc] 表示 a、b 和 c 以外的字符
\(\)	匹配一个子字符串	\(abc\) 表示字符串 abc
^	匹配文本行的起始部分	^a 表示以 a 开头的文本行
$	匹配文本行的结尾部分	a$ 表示以 a 结尾的文本行

下面结合 grep 命令以及后面将要介绍的 sed 命令，通过一些示例演示正则表达式的使用。首先需要指出的是，正如编程解决一个问题时往往会有多种方法，一个正则表达式应用问题同样可以有多种表达式可用，它们有的简单，有的复杂。这里为了便于初学者对照表 3.2 理解正则表达式的用法，在后面的示例和案例中往往采取严格的（因此也较为烦琐的）正则表达式，读者学习之后不难发现其实很多例子给出的正则表达式可以有更简单的表达，不妨自己在练习中大胆尝试和发掘各种解法。

例 3.8 基础正则表达式的使用。首先利用文本编辑工具创建一个文件 file，内容如下：

```
[root@localhost ~]# cat  file
hellohello
helloww
helloww \
```

然后利用正则表达式做如下过滤操作：

```
[root@localhost ~]# grep  '\(hello\)'  file    <== 过滤包含有字符串 hello 的文本内容
hellohello
helloww
helloww \
[root@localhost ~]# grep  '\(hello\)\{2,3\}'  file   <== 过滤包含 2 个或 3 个 hello 的文本
hellohello
```

请对比如下两条命令的差异：

```
[root@localhost ~]# grep  '\(hellow.\)'  file            # 含有至少一个 w
helloww
helloww \
[root@localhost ~]# grep  '\(hellow*\)'  file            # 可以不含有 w
hellohello
helloww
helloww \
```

最后，过滤含有特殊符号"\"的字符串：

```
[root@localhost ~]# grep '\\' file
helloww \
```

除表 3.2 之外，基础正则表达式还提供了许多特殊字符，见表 3.3。

表 3.3　基础正则表达式的常用特殊字符

符　　号	意　　义
[[:upper:]]	匹配大写字母 A～Z
[[:lower:]]	匹配小写字母 a～z
[[:digit:]]	匹配数字 0～9
[[:blank:]]	匹配空格或制表符

3. sed 命令

sed 命令比 grep 命令功能更强大，不仅可以过滤文本，而且更常用于文本的转换处理。它把要处理的文本看作输入流（input stream），而文本来自于文件或者命令的输出（配合后面介绍的管道工具使用）。

sed 命令的使用自然要比 grep 命令更为复杂，跟 vim 字符编辑器一样甚至有专门的书籍介绍 sed 命令。这里介绍 sed 命令的一些重要用法。为更好地讲解 sed 命令的用法，将在例 3.8 的基础上以具体例子介绍常用的 sed 命令的用法。

（1）文本替换。

使用 sed 命令时，需要通过其编辑命令指出要对文本做何种处理。文本替换是 sed 命令最常见的应用，首先通过例 3.9 说明其基本语法。

例 3.9　使用 sed 命令替换文本。假定文件 file 修改如下：

```
[root@localhost ~]# cat  file
hellohello
helloww
helloww \
helloww \\
```

以下命令把文件 file 中的 ww 替换为 world：

```
[root@localhost ~]# sed  's/ww/world/'  file
hellohello
helloworld
helloworld \
helloworld \\
[root@localhost ~]# cat  file    <== 注意 file 内容不变，只为 sed 命令提供文本流
hellohello
helloww
helloww \
helloww \\
```

从例 3.9 可知，sed 命令中用于文本替换的一般语法格式为：

sed　'地址 s/ 被替换文本 / 新文本 /'　[输入文件]

其中，"地址"（address）这个概念在以上操作中并没有使用，它可以用来限定处理文本

的范围，请参考例 3.10。

例 3.10 替换指定地址范围的文本。

```
[root@localhost ~]# cat  -n  file              <== 不妨先打印行号且确定 file 的内容
     1  hellohello
     2  helloww
     3  helloww \
     4  helloww \\
[root@localhost ~]# sed  '1,3s/ww/world/'  file <== 只替换第 1～3 行范围内的文本
hellohello
helloworld
helloworld \
helloww \\
[root@localhost ~]# sed  '4s/ww/world/'  file   <== 只替换第 4 行的文本
hellohello
helloww
helloww \
helloworld \\
[root@localhost ~]# sed  '4!s/ww/world/'  file  <== 替换除第 4 行之外的文本
hellohello
helloworld
helloworld \
helloww \\
```

注意，事实上"地址"还可以指正则表达式。作为地址的正则表达式其格式为"/ 正则表达式 /"。这里先举一个简单的例子，例如继续之前的操作，把所有含有 \\ 的文本行中的 ww 替换为 world：

```
[root@localhost ~]# cat  file
hellohello
helloww
helloww \
helloww \\
[root@localhost ~]# sed  '/\\\/s/ww/world/'  file  <== 正则表达式 \\ 表达为地址 /\\/
hellohello
helloww
helloworld \
helloworld \\
```

表 3.4 简单地总结了 sed 命令中"地址"的含义。

表 3.4 sed 命令中"地址"的含义

地　　址	所　指　文　本
/ 正则表达式 /	符合表达式模式的文本
正整数 a	第 a 行文本
起始地址 , 结束地址	从起始地址到起始地址的文本

续表

地　　址	所 指 文 本
地址！	除地址所指文本之外的其他文本
$	最后一行文本

（2）文本打印。

编辑命令 p 往往需要配合选项 -n 一起使用。sed 命令的 -n 选项是指只输出被处理的文本行而省略冗余的信息。sed 命令用于文本打印的一般语法格式为：

```
sed    '地址p'   -n   [输入文件]
```

例 3.11　打印符合地址条件的文本。继续使用前面用过的 file 文件（文本内容不变）。

```
[root@localhost ~]# sed '$p' -n file      <== 打印最后一行文本
helloww \\
[root@localhost ~]# sed '/\(hellow.\)/p' -n file <== 对比例3.8, 效果相同
helloww
helloww \
helloww \\
[root@localhost ~]# sed '/\(hellow*\)/p' -n file <== 留意例3.8的结果
hellohello
helloww
helloww \
helloww \\
[root@localhost ~]# sed -n '/\\/!p' file   <==/\\/与！组合为一个新地址
hellohello
helloww
[root@localhost ~]# sed -n '/\\\{2\}/!p' file  <== 打印不含 \\ 的文本行
hellohello
helloww
helloww \
```

思考 & 动手：文本信息过滤的多种方法

利用 grep 命令和 sed 命令打印文本实质就是按某种条件过滤信息。现在知道，有多种方法打印前面例 3.11 中 file 文件中第一行：hellohello。例如：

```
[root@localhost ~]# grep  hellohello  file
hellohello
```

或者

```
[root@localhost ~]# sed  -n  '/\(hellohello\)/p'  file
hellohello
```

你能够想出一种以上的其他方法吗？不止一种解决方法正是使用 shell 命令处理问题具有灵活性的体现。

（3）文本插入和删除。

与 vim 字符编辑器一样，编辑命令 a 和 i 可用于插入文本，使用命令 a 会将文本附加在地址所指文本之后（append），而使用命令 i 会将文本插入地址所指文本之前。

例 3.12 插入文本的用法。通过在最后一行之前和之后分别插入一行文本，可对比编辑命令 a 和 i 的使用区别。

```
[root@localhost ~]# sed '$a\hellohello' file      <== 注意是 \hellohello 而非
                                                      /hellohello
hellohello
helloww
helloww \
helloww \\
hellohello                                        <== 在最后一行之后插入
[root@localhost ~]# sed '$i\hellohello' file
hellohello
helloww
helloww \
hellohello                                        <== 在最后一行之前插入
helloww \\
```

也可以插入空白行，注意以下命令中的 '1i\' 在反斜杠后要有空格：

```
[root@localhost ~]# sed '1i\ ' file               <== 在第一行插入了空白行

hellohello
helloww
helloww \
helloww \\
```

最后介绍的编辑命令 d 用于删除文本行，可知其用法与前面介绍的编辑命令是类似的，例如以下命令按照模式 hellow 删除了所有相关行：

```
[root@localhost ~]# sed '/\(hellow.\)/d' file
hellohello
```

当然，这种删除只是对从 file 文件输出的文本流内容的删除，而 file 文件内容本身并没有变化。如何真正实现删除或改写 file 文件的特定内容呢？这部分内容在 3.2.3 节介绍。

3.2.3 重定向和管道

在之前的讨论中，预设了一个执行 shell 命令的基本前提：用户利用键盘输入命令而命令的输出结果将显示在屏幕上。这时 shell 将键盘当作标准输入设备，同时以显示终端作为标准输出设备。如图 3.1 所示，重定向功能就是要改变这种默认设置，即命令可从其他文件或设备中获得输入，同时命令的输出结果也能够重定向到其他文件或设备上。

图 3.1 输入/输出重定向示意图

常用的命令重定向有如下若干类型：输出重定向、附加输出重定向、错误输出重定向、附加错误输出重定向、输入重定向。下面分别对它们进行介绍。

1. 输出重定向和附加输出重定向

输出重定向和附加输出重定向把命令的标准输出重新定向到指定文件中。这样，该命令的输出就不显示在屏幕上，而是写入指定文件。使用输出重定向和附加输出重定向的一个目的是保存命令执行的结果。输出重定向与附加输出重定向的区别在于，附加输出重定向把命令的标准输出重新写入指定文件的末尾，而不像输出重定向那样覆盖原文件的内容。输出重定向和附加输出重定向的使用格式如下：

- 输出重定向：

命令及其选项和参数　　>　　重定向文件

- 附加输出重定向：

命令及其选项和参数　　>>　　重定向文件

例 3.13 将当前的日期信息重定向输出到文件 record 中。注意通过示例中的时间记录对比输出重定向与附加输出重定向的差异。如果 record 文件并不存在，则会自动新建。

```
[root@localhost ~]# date > record        <== 结果输出重定向至文件 record
[root@localhost ~]# cat record
2022 年 03 月 08 日 星期二 17:38:03 CST
[root@localhost ~]# date >> record        <== 继续写入到文件末尾
[root@localhost ~]# cat record            <== 留意时间信息写入的先后次序
2022 年 03 月 08 日 星期二 17:38:03 CST
2022 年 03 月 08 日 星期二 17:38:13 CST
[root@localhost ~]# date > record         <== 将把原来的内容覆盖
[root@localhost ~]# cat record
2022 年 03 月 08 日 星期二 17:38:27 CST
```

2. 错误输出重定向和附加错误输出重定向

默认命令执行的所有信息将输出到显示终端上，利用错误输出重定向功能可将命令执行过程中产生的报错信息与结果输出信息区分开来，并且单独把这些报错信息保存起来，这样会使命令的执行结果更有条理和便于管理。错误输出重定向和附加错误输出重定向的使用格式如下：

- 错误输出重定向：

命令及其选项和参数　　2>　　重定向文件

● 附加错误输出重定向：

命令及其选项和参数　2>>　重定向文件

例3.14　记录执行命令时的错误信息。假定fil这个文件并不存在，通过错误输出重定向可将有关错误信息保存起来，而正常的输出并不受到影响。

```
[root@localhost ~]# ls -l /root/file /root/fil   <==报错信息和正常信息都输出到屏幕
ls: 无法访问'/root/fil': 没有那个文件或目录
-rw-r--r--. 1 root root 40 3月  6 14:56 /root/file
[root@localhost ~]# ls -l /root/file /root/fil 2> error  <== 只输出正常信息
-rw-r--r--. 1 root root 40 3月  6 14:56 /root/file
[root@localhost ~]# cat error                    <== 查看错误信息
ls: 无法访问'/root/fil': 没有那个文件或目录
```

3. 输入重定向

输入重定向把命令的标准输入重新定向到指定文件中。这样，该命令就从指定文件而不是从键盘中获取输入数据。输入重定向对于需要从特定某些文件（如日志、脚本等）中获取信息的命令十分有用。输入重定向的使用格式如下：

命令及其选项和参数　<　重定向文件

例3.15　cat命令与输入重定向。首先新建两个文件：

```
[root@localhost ~]# echo file1 > file1
[root@localhost ~]# echo file2 > file2
```

可以利用输入重定向让cat命令以文件为输入设备：

```
[root@localhost ~]# cat file1
file1
[root@localhost ~]# cat < file1      <==file1作为输入文件而非cat命令的参数
file1
```

如果同时给出参数和输入文件，则显示参数所指文件内容而非输入文件内容：

```
[root@localhost ~]# cat file1 < file2
file1
[root@localhost ~]# cat file2 < file1
file2
```

4. 管道

管道是一种连接命令的工具，它可以实现进程间的单向通信。管道可以把一系列命令连接起来，这意味着第一个命令的输出会通过管道传给第二个命令作为它的输入，第二个命令的输出又会作为第三个命令的输入，以此类推。显示在屏幕上的是命令行中最后一个命令的输出（如果命令行中未使用输出重定向）。通过管道功能，能够将多个命令组合起来，从而实现复杂的功能。管道功能的使用格式如下：

命令1及其选项和参数 | 命令2及其选项和参数　|…

例 3.16 分屏显示目录列表。由于 /etc 目录中的文件和子目录很多，可以通过管道将列表结果传送给 more 分页显示。这个示例最好切换至纯字符终端在没有鼠标翻滚功能下进行练习。

```
[root@localhost ~]# ls  /etc/  |  more
accountsservice
adjtime
aliases
alsa
（省略部分显示结果）
--More--                                <== 按空格键或 Enter 键查看其余目录内容
```

思考 & 动手：利用重定向和管道拓展基础命令功能

在上一个实训学习了不少基础 shell 命令，利用重定向和管道可以有效地丰富它们的功能。请完成以下练习题，思考并总结重定向和管道的基本应用方法。

（1）获得系统当前时间并将结果保存在文件 file 中。

（2）列表显示 /tmp 目录下的所有文件信息，并将结果保存在文件 allfile 中。

（3）启动 vim 编辑器，新建文本 file，写入信息 this is a test 后保存退出。利用附加输出重定向在文本 file 末尾增加重复写入信息 this is a test。

（4）利用 ls 命令递归显示 /etc 目录下的所有文件信息，要求分屏显示。

（5）利用管道功能和 ls --help 命令获取 -i 选项的说明。

3.3 综合实训

案例 3.1 文本流的输入输出与处理

1. 案例背景

前面介绍的示例往往只使用了单个命令和功能。应当认识到，综合运用本实训介绍的通配符、正则表达式、输入输出重定向以及管道等，就能构建具有复杂功能的 shell 命令。另外更要认识到，本实训介绍上述内容都与文本流的概念有着密切关系。

直观地理解，所谓文本流即文本字符按次序输入、处理并输出。许多命令或者从文件和设备中读取文本流，或者把命令执行结果以文本流形式输出到屏幕，又或者像 sed 命令那样输入、处理和输出三者皆有。文本流为分析复杂命令的结构提供了一个基本框架。以 cat 命令为例，已经知道它只是一个简单的文本显示命令。但如后面所演示的，基于 cat 命令能构造各种复杂甚至可以说有点奇怪的 shell 命令，借助文本流概念能分析并理解这些命令的工作原理。

首先将从 cat 命令获取输入文本流入手进行讲解。在本案例中将演示，如何通过输入和输出重定向、管道、正则表达式和通配符等，配合 sed 命令的使用让 cat 命令具有更为丰富的功能。在下面的讲解中应注意使用文本流概念理解操作命令及其结果。

2. 操作步骤讲解

第 1 步：从键盘中获取文本输入流。cat 命令不仅从指定文件获取内容，也可以接收键盘输入的内容。如果执行下面的命令，可发现 cat 命令接收了键盘输入的信息并将其重定向到 file 文件中。

```
[root@localhost ~]# cat > file
hello world
input from keyboard
```
（输入以上内容后按 Ctrl+D 组合键结束）
```
[root@localhost ~]# cat file
hello world
input from keyboard
```

在上例中按 Ctrl+D 组合键作为输入结束的标志会令 cat 命令终止获取输入文本流，然后命令中的输出重定向会把输入文本流写入文件 file 中。

第 2 步：自定义文本输入流的截止标记。利用重定向符号 << 可以实现比前一操作更灵活的功能。在以下例子中，stop 被定义为截止获取文本输入流的标志。

```
[root@localhost ~]# cat << stop
> hello
> world
> stop                          <== 输入 stop 后会自动结束接收键盘输入
hello
world
```

第 3 步：文本流的输入与输出。这里把输入输出重定向结合在一起讨论。首先用命令 echo 创建文件 file1 并写入内容：

```
[root@localhost ~]# echo hello1 > file1
[root@localhost ~]# cat file1
hello1
```

如下命令以 file1 为输入，file2 为输出，获得 file1 的一个副本 file2：

```
[root@localhost ~]# cat < file1 > file2
[root@localhost ~]# cat file2
hello1
```

而且，以下命令还是以 file1 为输入，而以 file3 为输出，获得 file1 的另一个副本 file3：

```
[root@localhost ~]# cat > file3 < file1
[root@localhost ~]# cat file3
hello1
```

因此，以上两条 cat 命令中 file1 均作为 cat 命令的输入，执行结果是一样的。关键在于输出重定向符号 > 总以在其之后的文件作为输出文件，而输入重定向符号 < 总以在其之后的文件作为输入文件。因此 shell 对以上两个 cat 命令的解释结果都是以 file1 为输入文件，而 file2/file3 为输出文件。

假定没有文件 file4 作为输入，执行如下命令就会报错：

```
[root@localhost ~]# cat > file1 < file4
-bash:file4: 没有那个文件或目录
```

更重要的是，由于没有输入文本流，因此输出至 file1 的内容为空，即 file1 的内容被清除了：

```
[root@localhost ~]# cat file1
[root@localhost ~]#                                  <==file1 的内容被清除了
```

另外，第 2 步操作的命令可以改写如下，它们被重定向到 file4 文件中。

```
[root@localhost ~]# cat << stop > file4
> hello world
> input from keyboard
> stop now
> stop
[root@localhost ~]# cat file4    <== 只显示 stop 标志之前的三行文本
hello world
input from keyboard
stop now
```

检查点：以 end 为文本流输入截止标记

利用 cat 命令执行如下操作：通过重定向功能向文件 testfile 输入信息 this is a test。然后以 end 为标志，利用重定向符号 << 和附加输出重定向功能向文件 testfile 的末尾继续写入如下两行文本：

```
test line1
test line2
```

第 4 步：文本流的拼接。事实上 cat 是 concatenate（拼接）的缩写，而输出重定向可以把拼接后的文本流输出到一个文件中：

```
[root@localhost ~]# cat file1 file2 file3 file4 > mergefile
[root@localhost ~]# cat mergefile
hello1                                    <== 注意 file1 为空
hello1
hello world
input from keyboard
stop now
```

如果结合使用通配符，还能对以上 cat 命令进一步简化：

```
[root@localhost ~]# cat  file[1-4] > mergefile
[root@localhost ~]# cat  mergefile
hello1
hello1
hello world
input from keyboard
stop now
```

第 5 步：文本流的处理。可以利用管道把合并的内容交给 sed 命令处理。例如只把含有 hello 的内容写入 mergefile 中：

```
[root@localhost ~]# cat  file[1-4] | sed  '/\(hello\)/p'  -n > mergefile
[root@localhost ~]# cat  mergefile
hello1
hello1
hello world
```

还可以利用两个管道实现更复杂的文本处理，例如进一步把所有含有 hello 的文本行统一记为 hello world 并写入 mergefile 中：

```
[root@localhost ~]# cat  file[1-4] | sed  '/\(hello\)/p'  -n | sed  's/hello1/hello world/'  > mergefile
[root@localhost ~]# cat  mergefile
hello world
hello world
hello world
```

检查点：文本流拼接和内容替换

利用 cat 命令合并 file1 ～ file4 等 4 个文件，通过 sed 命令去掉含有 hello 的文本行。

---

3. 总结

由以上演示各例可见，灵活运用重定向、管道以及通配符和正则表达式等，就能实现较为复杂的命令功能。同时，可以从文本流角度理解相关命令的工作原理。而当遇到的任务越来越复杂时，不可避免地所构造的命令也会变得更为复杂，利用文本流概念能够帮助在构造命令过程中自如地运用所学知识，分析命令的工作过程和结果。

案例 3.2　利用正则表达式过滤用户登录信息

1. 案例背景

前面讨论了利用正则表达式过滤有用信息，要过滤的数据一般来源于命令的输出，也可以来源于配置文件和日志文件等。对于前者，需要利用管道功能将命令的输出传送给 grep 或 sed 命令，由它们根据设定的正则表达式来过滤出有用信息。

本案例将利用 who 命令获取登录用户列表信息，并设置正则表达式实现对用户登录信息实施过滤。在本案例中虚拟机（Linux 系统，IP 地址为 192.168.114.147）使用的是 NAT 模式与宿主机（Windows 系统，IP 地址为 192.168.114.1）相连。下面演示操作步骤。

2. 操作步骤讲解

首先建立这样一个测试环境，各种用户通过不同的方式登录 Linux 系统。

第 1 步：设置用户建立远程 SSH 连接登录 Linux 系统。使用远程连接 Linux 的目的是为下面的操作创造条件。在宿主机（Windows 系统）上利用 PuTTY 工具远程连接虚拟机，登录用户为 study，具体过程请参考案例 2.2。注意，登录后不要马上使用 exit 命令注销该用户账户，应继续保持连接：

```
Last login: Fri Mar 11 17:55:50 2022 from 192.168.114.1
[study@localhost ~]$ pwd
/home/study
```

第 2 步：建立本地 SSH 连接。在 Linux 系统中，以下命令同样利用了 ssh 命令连接本机：

```
[root@localhost ~]# ssh  study@192.168.114.147
study@192.168.114.147's password:              <== 输入 study 命令登录即可
```

第 3 步：用户在本地通过字符终端登录。再利用 Ctrl+Alt+F*n* 组合键切换至字符终端登录系统，使用 root 用户和 study 用户分别登录到系统（过程略）。然后利用 who 命令查看系统当前登录用户。确保执行结果类似如下所示，为使信息更加易读，可以加入 -H 选项。

```
[root@localhost ~]# who
root      :0         2022-03-13 16:08 (:0)
root      tty3       2022-03-13 16:09
root      tty4       2022-03-13 16:10
study     tty5       2022-03-13 16:10         <==study 用户在字符终端登录
study     tty6       2022-03-13 16:11
root      pts/1      2022-03-13 16:11 (192.168.114.1)     <== 远程登录
study     pts/2      2022-03-13 16:12 (192.168.114.1)     <== 远程登录
study     pts/3      2022-03-13 16:13 (192.168.114.147)
<== 本地通过 SSH 连接登录
```

当前 tty7 被 X-Window 占用，为提供图形化桌面功能。可以见到上述列表信息中远程登录用户（包括本地使用 SSH 服务连接的用户）的对应行结尾处应有格式为"（IP 地址）"的信息。

第 4 步：过滤来自特定 IP 段的远程登录用户。首先过滤所有属于 192.168.114.* 的用户信息：

```
[root@localhost ~]# who | sed -n '/\(192.168.114.*\)/p'
```

```
root        pts/1        2022-03-13 16:11 (192.168.114.1)
study       pts/2        2022-03-13 16:12 (192.168.114.1)
study       pts/3        2022-03-13 16:13 (192.168.114.147)
```

然后可以进一步过滤来自 192.168.114.1 ～ 192.168.114.9 的用户在线信息。

```
[root@localhost ~]# who | sed -n '/\(192.168.114.[0-9]\)/p'    <== 注意 IP 以)结束
root        pts/1        2022-03-13 16:11 (192.168.114.1)
study       pts/2        2022-03-13 16:12 (192.168.114.1)
```

第 5 步：过滤所有以特定身份远程登录的用户。首先可以尝试过滤来自 192.168.114.1 ～ 192.168.114.9 的远程登录的 study 用户：

```
[root@localhost ~]# who | sed -n '/\(192.168.114.[0-9]\)/p' | sed -n '/study/p'
study       pts/2        2022-03-13 16:12 (192.168.114.1)
```

或者更一般地过滤所有来自 192.168.114.1 ～ 192.168.114.9 的远程登录的普通用户，即 root 用户之外的其他用户（默认系统用户不允许登录）：

```
[root@localhost ~]# who | sed -n '/\(192.168.114.[0-9]\)/p' | sed -n '/root/!p'
study       pts/2        2022-03-13 16:12 (192.168.114.1)    <== 这里会显示相同结果
```

然后利用重定向功能可把以上结果记录下来：

```
[root@localhost ~]# who | sed -n '/\(192.168.114.[0-9]\)/p' | sed -n '/study/p' > remote_study
[root@localhost ~]# cat remote_study
study       pts/2        2022-03-13 16:12 (192.168.114.1)
```

第 6 步：过滤在特定时段登录的用户。前面一般使用 sed 命令过滤信息，不要忘了 grep 命令同样可以实现过滤功能，例如如下操作过滤了 16:10 之后登录的用户信息：

```
[root@localhost ~]# who | grep '2022-03-13 16:1[0-9]'
root        tty4         2022-03-13 16:10
study       tty5         2022-03-13 16:10
study       tty6         2022-03-13 16:11
root        pts/1        2022-03-13 16:11 (192.168.114.1)
study       pts/2        2022-03-13 16:12 (192.168.114.1)
study       pts/3        2022-03-13 16:13 (192.168.114.147)
```

进一步可以查看特定某个用户（study）在某个时间段（16:10 ～ 16:12）的登录信息，并将其保存在文件当中：

```
[root@localhost ~]# who | grep '2022-03-13 16:1[0-2]' | grep study > time_study
[root@localhost ~]# cat time_study
study       tty5         2022-03-13 16:10
study       tty6         2022-03-13 16:11
study       pts/2        2022-03-13 16:12 (192.168.114.1)
```

更进一步，既然所得结果都是 study 的登录信息，那么可以删除结果中的 study：

```
[root@localhost ~]# who | grep '2022-03-13 16:1[0-2]'| grep study | sed 's/study *//'
tty5            2022-03-13 16:10
tty6            2022-03-13 16:11
pts/2           2022-03-13 16:12 (192.168.114.1)
```

【注意】命令 sed 's/study *//' 中的 study 之后有空格，这里利用 sed 的替换命令把 study 之后的空格都删除了（替换且不填入任何内容）。对比以下操作中的 sed 's/study .//' 带来的不同结果：

```
[root@localhost ~]# who | grep '2022-03-13 16:1[0-2]' | grep study | sed 's/study .//'
  tty5            2022-03-13 16:10                    <== 空格并没有全部删除
  tty6            2022-03-13 16:11
  pts/2           2022-03-13 16:12 (192.168.114.1)
```

3. 总结

在本案例中，构造了各种 shell 命令用以过滤在线用户的登录信息。除此之外，系统还有许多状态信息，特别是安全方面的信息需要自行制订过滤规则来获取特定内容。这种系统状态信息获取行为实质是在监控系统，以便能及时发现潜在问题。不过，目前所构造的 shell 命令虽然能实现信息过滤，但不足以实现对系统的监控。要做到这一点，还需要一种能够让 shell 命令自动执行的机制，而后面实训 4 和实训 5 所介绍的，正是实现 shell 命令自动执行的重要技术：shell 脚本编程。

4. 拓展练习：为信息过滤任务建立日志

过滤所有的 study 用户在线信息并将其保存在文件 online_study 中，然后在过滤结果的末尾附加当前系统时间。这样当任务反复执行后，每次任务执行结果和执行时间便会记录在文件 online_study 中，从而构成了以上信息过滤任务的日志。

实训 4 shell 脚本编程基础

4.1 知识结构

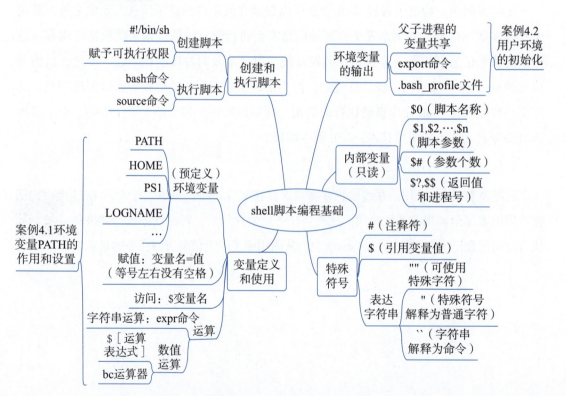

4.2 基础实训

4.2.1 shell 脚本简介

1. 什么是 shell 脚本

要明白什么是 shell 脚本,首先要理解什么是脚本(script)。程序代码编写好后,有两种方式可以让它执行:一种是通过编译器编译成二进制代码后执行;另一种则不经过编译,直接送给解释器由解释器负责解释并执行。脚本是指一种不经编译而直接被解释和执行的程序,例如 JavaScript 程序。

shell 脚本是一种以 shell 脚本语言编写并通过 shell 来解释和执行的程序。Linux 中的 shell,既为用户使用系统提供界面,同时又为用户编写 shell 脚本而提供了功能丰富的 shell 脚本语言,而且它还是 shell 脚本的解释器。脚本本身只是一个文本文件,用户只需要通过 vim 等编辑器将脚本编写好,以命令行的形式提交给 shell 解释并执行。

2. shell 脚本与系统管理

shell 脚本在系统管理上占有重要的位置。原因在于系统管理的日常工作许多都是常规化的,例如日志管理、重要数据备份、普通用户管理、文件系统清理等工作,一次性地编写一个管理脚本,就能避免重复的管理工作。作为准备,在案例 2.1 中已经演示了如何成批执行文件管理命令。当然,现在有许多管理工具可供管理员使用,不是任何工作都需要专门编写 shell 脚本。不过所有通用的管理工具都不可能为特定某个应用业务量身定制,针对当前应用业务的需要编写 shell 脚本属于高级系统管理员应具备的能力。

此外,有一个问题值得讨论。利用其他高级语言也一样可以写管理程序,为什么要用 shell 脚本语言?这在于 shell 脚本最终提交给 shell 解释执行,因此可直接在脚本中使用各种 shell 命令。许多复杂的功能,如备份某个目录及其子目录内的文件,都涉及系统资源的申请、使用和释放,shell 脚本只需通过简单的命令及其组合即可实现,而高级语言却需要复杂的、大量的系统 API 函数调用。许多程序功能,例如指出目录中的所有 .txt 文件等功能,只需一到两条 shell 命令即可完成,但如果用高级语言编写相应的程序,也许不是几条语句就可以实现的了。

shell 脚本的编写是一个很大的话题。本实训将介绍基本的 shell 脚本编写,通过初步学习编写 shell 脚本,理解系统管理中 shell 脚本的作用,掌握一些基本的脚本编写方法。

4.2.2 创建和执行 shell 脚本

1. Hello World 脚本的编写

本书所讨论的 shell 脚本编写均以 Bash 为基础,以下所给例子均在 Bash 下运行和测试通过。首先建立一个 Hello World 脚本来认识 shell 脚本是如何创建和执行的。以下是

Hello World shell 脚本的内容，请用 vim 编辑器录入并将其保存为 hello.sh 文件。

```
#!/bin/sh
echo hello world !
```

然后按如下方式执行程序并得出相应结果，注意命令行中点号与 hello.sh 之间有空格：

```
[root@localhost ~]# . hello.sh
hello world !
```

或者赋予 hello 可执行的权限，再执行：

```
[root@localhost ~]# chmod u+x hello.sh
[root@localhost ~]# ./hello.sh
hello world !
```

关于 shell 脚本创建和运行的说明如下。

（1）对于 Bash 脚本，开头必须有 #!/bin/sh。

（2）需要将脚本文件设置为可执行，可通过如下命令增加脚本文件拥有者的执行权限：

```
[root@localhost ~]chmod u+x myprogram
```

或者使用如下方式执行 shell 脚本：

```
[root@localhost ~] . myprogram
```

2. shell 脚本的执行方式

从以上的讨论可发现，形式上 shell 脚本有两种执行方式，以脚本 hello.sh 为例，可在命令行或者某个脚本中输入以下命令来执行 hello.sh：

- ./hello.sh 或者 bash hello.sh。
- .hello.sh 或者 source hello.sh。

上述两种执行 shell 脚本的方式有何区别？首先，知道字符终端中的命令行提示符是 Bash 向提供的命令行界面，也就是说每个字符终端实际都有一个称为 bash 的进程负责处理用户输入的命令。当在命令行输入：

```
[root@localhost ~]# ./hello.sh
```

实际是由当前字符终端的 bash 进程接受了输入的命令，bash 作为父进程创建了用于执行 hello.sh 脚本的子进程。如果是在某个脚本中写入：

```
bash hello.sh
```

当运行到该语句时，执行该脚本的进程作为父进程同样应创建执行 hello.sh 脚本的子进程。然而，当在命令行输入命令：

```
[root@localhost ~]# . hello.sh
```

或者在某个脚本中调用 hello.sh 脚本：

```
source hello.sh
```

这时 bash 进程或者调用 hello.sh 的进程将不会创建新的用于执行 hello.sh 的子进程，而是在这些进程当中直接执行 hello.sh。

例 4.1 脚本执行的两种方式。另外编写两个脚本 parent1.sh 和 parent2.sh。
parent1.sh 脚本的代码如下：

```
#!/bin/sh
echo "parent1 PID:$$"
bash hello2.sh
```

其中，$$ 表示执行当前脚本进程的进程号（PID），它的具体含义将在后面再做讨论。parent2.sh 的代码是类似的，只是调用 hello2.sh 脚本的方式与 parent1.sh 有所不同：

```
#!/bin/sh
echo  "parent2 PID:$$"
source  hello2.sh
```

将 hello.sh 脚本的代码修改为如下内容并重新命名为 hello2.sh：

```
#!/bin/sh
echo  "hello2 process PID:$$"
```

参照之前介绍的方法赋予 parent1.sh 和 parent2.sh 两个脚本可执行的权限后，执行结果如下：

```
[root@localhost ~]# bash   parent1.sh
parent1 PID: 29318
hello2 process PID: 29319                          <== 进程号不同
[root@localhost ~]# bash   parent2.sh
parent2 PID: 29321
hello2 process PID: 29321                          <== 进程号相同
```

其实上述三个脚本的功能都是打印执行当前脚本进程的进程号。显然 parent2.sh 和 hello2.sh 两个脚本使用的是同一个进程，因此它们具有相同进程号。而 parent1.sh 脚本进程创建了另一个子进程用于执行 hello2.sh 脚本，所以两者有不同的进程号。

思考&动手：bash 进程与脚本进程

例 4.1 最后通过由 bash 另外新建两个进程（PID 号分别为 29318 和 29321）分
别执行 parent1.sh 和 parent2.sh。如果在同一个字符终端中以：

```
[root@localhost ~]# source   parent1.sh
```

以及

```
[root@localhost ~]# source   parent2.sh
```

两种方式执行这两个脚本，结果跟例 4.1 有何不同？更进一步，如果两个脚本分别在不同的终端中以上述方式执行，结果又会怎样？

4.2.3 变量的类型

变量的使用是学习 shell 脚本编程的起点。如前所述，shell 脚本主要用在系统管理方面，shell 脚本语言往往并不强调数学运算等功能，而是更为强调为系统管理应用提供方便。因此在变量的设置和使用上与常见的高级语言有很大的不同。这里首先谈谈初学者也许较为陌生的环境变量和内部变量。

1. 环境变量

每个 shell 脚本进程都有自己的一个运行环境，而环境变量可为进程提供一些系统信息，如正在使用的 shell 类型、从什么地方找到命令和程序的文件等。由于每个进程归属于某个用户，因此还要记录所属用户的登录名、主目录等信息。例如，当用户从字符终端登录系统后，系统将在终端执行一个 bash 进程，这时执行如下命令结果将是这样：

```
[root@localhost ~]# echo hello $LOGNAME
hello root
```

这是因为当前终端运行的 bash 进程属于 root 用户。然而当另一个终端以 study 用户的身份登录系统时，同样的命令执行结果是这样的：

```
[study@localhost ~]$ echo hello $LOGNAME
hello study
```

这是因为另一个 bash 进程属于 study 用户。正是利用了环境变量，用户才不需要专门针对某个用户或进程编写特定的代码，而是编写通用的代码实现某种程序功能。

环境变量可分为全局环境变量和局部环境变量。Bash 已经预先定义了一些全局环境变量，可在 bash 进程及其创建的子进程中使用。表 4.1 给出了部分常用的全局环境变量的含义。利用 printenv 命令也能获取所有与当前进程有关的全局环境变量。

表 4.1 部分常用的全局环境变量的含义

变 量	描 述
PATH	命令查找路径
HOME	当前用户的主目录
SHELL	当前系统使用的 shell 类型
PS1	命令提示符
HOSTNAME	主机名
LOGNAME	当前用户的登录名
USER	当前用户的账户名

另外，可以自行定义更多的环境变量。它们与全局环境变量相比，只能在定义它的进程中使用，而且往往是在上述 Bash 预定义环境变量的基础上改造而成，因此本书称这

些变量为局部环境变量。为便于读者理解，将在后面结合实例对此做更具体的讨论。

例 4.2 编写一个通用脚本向用户问好。创建脚本 hello_login.sh，代码如下：

```
#!/bin/sh
echo  "hello, $LOGNAME."
```

然后让 root 用户赋予所有用户均可执行该脚本的权限，并且复制一份至 study 用户的主目录（/home/study）：

```
[root@localhost ~]# chmod +x  hello_login.sh
[root@localhost ~]# ll  hello_login.sh
-rwxr-xr-x. 1 root root 35 3月  15 16:09 hello_login.sh <== 留意有三个 x
```

在编写脚本 hello_login.sh 时就无须考虑每个可能用户作为问好对象，程序根据当前环境给出正确的结果，因而脚本便具有了通用性。当以 root 用户身份执行时：

```
[root@localhost ~]# ./hello_login.sh
hello, root.
```

而当以 study 身份登录系统，并在其主目录执行该脚本时：

```
[study@localhost ~]$ ll  hello_login.sh              <== 先确认脚本已复制
-rwxr-xr-x. 1 root root 35 3月  15 16:17 hello_login.sh
[study@localhost ~]$ ./hello_login.sh
hello, study.
```

思考 & 动手：利用环境变量表达目录路径

假设要在目录 /tmp 下新建以当前用户登录名称命名的目录，如何利用环境变量表达该目录的路径？可参考例 4.2，编写一个脚本（命名为 logname_tmpdir.sh）实现不同用户执行该脚本时在 /tmp 下新建以其登录名称命名的目录，然后执行该脚本看看结果是否正确。

---

2. 内部变量

内部变量是指 shell 的一些预定义变量，提供给用户在程序运行时访问。内部变量由系统提供，不可修改。部分 shell 内部变量的含义如表 4.2 所示。

表 4.2 部分 shell 内部变量的含义

变　　量	描　　述
$0	当前脚本的名称
$n（n=1,2,…）	命令行的第 n 个参数
$#	命令行的参数个数
$*	保存所有参数信息
$?	前一个命令或函数的返回值
$$	脚本的进程号

例 4.3 编写脚本打印部分内部变量值。脚本代码如下，保存为脚本文件 systemvar.sh：

```
#!/bin/sh
#my test program
echo   "number of parameters is "$#
echo   "program name is "$0
echo   "parameters as a single string is "$*
```

分别给予脚本 0～2 个参数并执行脚本，结果如下：

```
[root@localhost ~]# ./systemvar.sh
number of parameters is 0
program name is ./systemvar.sh
parameters as a single string is
[root@localhost ~]# ./systemvar.sh  hello
number of parameters is 1
program name is ./systemvar.sh
parameters as a single string is hello
[root@localhost ~]# ./systemvar.sh hello world
number of parameters is 2
program name is ./systemvar.sh
parameters as a single string is hello world
```

4.2.4　变量的赋值和访问

除了只读的内部变量外，环境变量和用户变量均可以在字符终端的命令行提示符处赋值和访问，也可以在脚本中赋值和访问。变量赋值之前无须声明其类型，赋值方式为：

变量名 = 变量值

【**注意**】变量赋值式中 = 号左右没有空格。用户可通过命令行或脚本执行定义各种变量，例如：

```
[root@localhost ~]# count=0
[root@localhost ~]# myname=jack
[root@localhost ~]# filename="backup file"
```

赋值之后变量即可用，如果要获取变量的值，则需要通过"$ 变量"的形式读取变量的值。例如：

```
[root@localhost ~]# echo   $myname   $filename   $count
jack backup file 0
```

又如，可以直接定义这样一个局部环境变量：

```
[root@localhost ~]# cd  /etc
[root@localhost etc]# whereami="$LOGNAME is in $PWD"
[root@localhost etc]# echo   whereami
whereami
[root@localhost etc]# echo   $whereami   <== 对比上一操作可知 $ 用于访问变量赋值
```

```
root is in /etc
```

可知变量 whereami 记录了当前登录用户及其所在目录的信息。不过，如果在另一个字符终端上访问刚定义的变量：

```
[root@localhost ~]# echo $whereami          <== 可发现访问值为空
```

由此可见到局部环境变量与全局环境变量的差别。

以上以命令行方式定义的变量属于所在终端的 bash 进程，而由 bash 进程创建的子进程并不能使用它们。同理，在脚本中定义的局部变量只能在脚本进程中使用。可用 export 命令让某个局部环境变量输出成为全局环境变量。

例 4.4 全局环境变量的定义和使用。编写脚本用于访问变量 x 和 y，脚本保存为文件 globalvar.sh，代码如下：

```
#!/bin/sh
echo  x=$x
echo  y=$y
```

在命令行中定义变量 x 和变量 y：

```
[root@localhost ~]# x=1
[root@localhost ~]# y=2
```

第一次执行脚本，可发现脚本并不能访问到在 bash 进程中定义的变量：

```
[root@localhost ~]# chmod u+x globalvar.sh
[root@localhost ~]# ./globalvar.sh
x=
y=
```

然后输出变量 x，将其输出为全局环境变量：

```
[root@localhost ~]# export x
```

在同一个字符终端下再次运行脚本并观察输出结果，注意对比变量 x 和 y 的值的差异：

```
[root@localhost ~]# ./globalvar.sh
x=1
y=
```

由于 x 现在是全局变量，因此在脚本内部可访问到 x 的值，但由于 y 并非全局变量，因此在脚本内部并不能访问之前在命令行中赋予变量 y 的值。

如果切换至另一个字符终端，再次执行脚本：

```
[root@localhost ~]# ./globalvar.sh
x=
y=
```

由于前一个字符终端上的 bash 进程所输出的变量 x 只能供它创建的子进程使用，因此其他字符终端上的 bash 进程及其子进程并没有获得变量 x。

> **思考＆动手：编写脚本交换两个变量的值**
>
> 在命令行定义两个变量 x、y 并对其赋值，然后将 x 和 y 输出为全局环境变量。编写一个脚本，要求实现在脚本内部交换 x 和 y 的值，并在屏幕上输出 x 和 y 交换值前后的结果。

不同的脚本执行方式会对全局环境变量值的修改构成影响。当用户在某个字符终端下利用 export 命令输出一个变量成为全局变量后，如果使用"./脚本名"或"bash 脚本名"的方式来执行脚本，bash 进程为脚本创建了子进程，它对全局环境变量的修改不会影响父进程（bash）中对应变量的值。另外，如果是以". 脚本名"或"source 脚本名"的方式来执行脚本，由于 bash 进程并没有创建新的子进程去执行脚本，因此脚本对全局变量值的修改实际就是改变 bash 进程中对应变量的值，具体理解可参考例 4.5。总之，要记住每个进程都有自己的一组环境变量。

例 4.5 两种执行方式下脚本对全局环境变量值的修改。编写另外一个脚本用于修改变量 x 的值，保存为脚本 changevar.sh：

```
#!/bin/sh
x=500
```

然后在字符终端下执行如下命令，对比以下两种执行脚本的方式对修改全局环境变量 x 在结果上的差异：

```
[root@localhost ~]# chmod  u+x  changevar.sh
[root@localhost ~]# x=1
[root@localhost ~]# export  x
[root@localhost ~]# bash  changevar.sh       <== 创建了新的子进程
[root@localhost ~]# echo $x                  <== 脚本执行不影响 bash 进程中的变量 x
1
[root@localhost ~]# source  changevar.sh  <== 使用原来 bash 进程执行脚本
[root@localhost ~]# echo  $x            <==bash 进程中变量 x 的值被改变为 500
500
```

4.2.5 变量的运算

关于 shell 变量的运算主要有两种：一种是字符串的截取、连接和定位等操作；另一种是数值运算，而数值运算又可分为整数运算和浮点数运算。不同的 shell 对变量的运算有不同程度的支持。对于字符串运算，采用 expr 命令实现相关操作。对于整数运算，则采用 Bash 所提供的更为简洁的实现方法。最后，介绍 Bash 内建的计算器 bc 来解决浮点数运算的问题。

```
3.098
0
1
1
0
```

思考＆动手：利用输入重定向提交计算式

除了可以通过交互方式或者管道使用 bc 计算器外，输入重定向也是一个可用工具。尝试通过输入重定向把例 4.11 中的运算式交给 bc 计算器处理。

4.2.6 一些特殊符号

在实训 3 中已经讨论了部分特殊的 shell 符号。本章实训将介绍更多与 shell 脚本编写密切相关的特殊符号，它们分别是井号（#）、美元符号（$）、双引号（""）、单引号（''）和反引号（``），这些符号的具体含义见表 4.3。

表 4.3　与 shell 脚本编写相关的一些特殊符号

符　号	含　义
#	注释符
$	引用变量值
""	双引号内的内容表示为字符串，特殊字符仍可被使用
''	单引号内的内容表示为字符串，且特殊字符作为普通字符处理
``	执行两个 `` 之间的命令内容

（1）井号（#）。

在 shell 脚本编程中同样经常需要对某些正文行进行注释，以增加代码可读性。shell 脚本中以井号"#"标记注释行。事实上在 Linux 的各种配置文件里面最常用的注释符也是井号。要注意井号在不同使用场合的作用不一样，例如在一些资料中也会把井号表示为命令提示符。另一点需要注意的是，脚本的第一行代码 #!/bin/sh 并非注释，而是指出了执行该脚本时应使用的 shell 类型（Bash）。事实上，可以利用 ls 命令查看 /bin/sh 文件：

```
[root@localhost ~]# ls -l /bin/sh
lrwxrwxrwx. 1 root root 4 7月  26 2021 /bin/sh -> bash
[root@localhost ~]# ll /bin/bash
-rwxr-xr-x. 1 root root 1150584 7月  26 2021 /bin/bash
```

可以发现 /bin/sh 是一个符号链接文件（此概念将在实训 7 讨论），它指向了 /bin/bash，也即 bash 程序的所在位置。

（2）美元符号（$）。

美元符号用于引用变量值，在前面讨论变量的赋值和访问中已经讨论过，此处不再赘述。

（3）双引号（""）。

当一个字符串中嵌入空格时，双引号能让 shell 把该字符串以一个整体来解释，否则 shell 将会分别作为命令处理而出错：

```
[root@localhost ~]# str=hello world
bash: world: 未找到命令...                        <== 把 world 当成另一个命令
[root@localhost ~]# str="hello world"
[root@localhost ~]# echo $str
hello world
```

【注意】如果需要在命令中使用变量表达含有空格的字符串，除了需要使用 $ 符号取出变量的值之外，还需要以双引号（""）来约束取值表达式，以下示例对此加以说明。

例 4.12 双引号的使用。

```
[root@localhost ~]# str="hello world"
[root@localhost ~]# expr index $str o    <== 实际执行：expr index hello world o
expr: 语法错误
[root@localhost ~]# expr index "$str" o  <== 实际执行：expr index "hello world" o
5
```

（4）单引号（''）。

单引号同样能把含有空格的字符串作为一个整体来解释。单引号和双引号最大的差别在于对特殊字符的解释上。在双引号内，美元符号（$）、反引号（`）和反斜杠（\）等是作为特殊符号使用。但是对于单引号，上述特殊符号都被当作普通字符使用。特殊字符被单引号引用以后，也就失去了原有意义而只作为普通字符来解释。

例 4.13 对比双引号和单引号的差异。

```
[root@localhost ~]# t=2
[root@localhost ~]# str="hello world$t"
[root@localhost ~]# echo $str
hello world2                                     <== 变量 t 被访问
[root@localhost ~]# str='hello world$t'
[root@localhost ~]# echo $str
hello world$t                                    <== 将 $ 符号作为普通字符解释
```

（5）反引号（`）。

反引号与波浪号 "~" 在同一个键盘按键上。shell 把两个反引号之间的字符串当作一条命令来执行。当需要把执行命令的结果存放在一个变量中时，就可以在 shell 程序中使用反引号。

例 4.14 利用反引号打印当前时间。

```
[root@localhost ~]# str="current time is `date`"
[root@localhost ~]# echo $str
current time is 2022 年 4 月 12 日 星期三 22:05:33 CST
[root@localhost ~]# str='current time is `date`'
[root@localhost ~]# echo $str
current time is `date`            <== 反引号在单引号中同样会失去作用
```

4.3 综合实训

案例 4.1　环境变量 PATH 的作用和设置

1. 案例背景

前面讨论了环境变量，了解到环境变量是可以访问和设置的。那么环境变量在具体的应用中起到一个什么样的作用？修改这些环境变量将会为用户使用系统带来怎样的变化？本案例主要以环境变量 PATH 为例讨论环境变量的设置问题。这里可以先通过如下操作指出 PATH 变量的一个基本作用，然后在后面结合脚本执行问题进行更详细的讨论。

当执行一个命令时，系统实际是从 PATH 变量中所设置的一组路径中查找这个命令的所在位置，而对应于命令的程序其存放位置可通过 which 命令查看：

```
[root@localhost ~]# which who
/usr/bin/who                              <==who 命令的存放位置
```

如果将程序放置于 PATH 变量所指出的默认路径之中，系统就能够找到这些程序。下面通过具体的操作步骤对此加以演示。

2. 操作步骤讲解

第 1 步：对比不同用户环境的 PATH 变量值。可通过如下命令获取 PATH 变量的设置值，首先以 root 用户的身份查看：

```
[root@localhost ~]# echo $PATH
/usr/local/bin:/usr/local/sbin:/usr/bin:/usr/sbin:/root/bin
```

以上 echo 命令执行后返回的结果中包含一组路径的字符串，路径之间用冒号分隔。可以使用 study 用户的身份使用 SSH 连接并登录到 Linux 系统后，查看其环境的 PATH 变量值：

```
[study@localhost ~]$ echo $PATH
/home/study/.local/bin:/home/study/bin:/usr/local/bin:/usr/bin:/usr/local/sbin:/usr/sbin
```

把以上 root 用户和 study 用户的环境变量 PATH 值中共有的路径通过加粗体表示，其余便是各自独有的路径。可发现由于用户主目录不同而构成了两个变量值的差异。

第 2 步：设置脚本可作为命令执行。将前面示例中的 hello.sh 脚本复制到目录 /usr/bin/ 中并保存为 hello 程序：

```
[root@localhost ~]# cat   hello.sh
#!/bin/sh
echo hello world !
[root@localhost ~]# cp    hello.sh   /usr/bin/hello
```

如果之前没有设置好脚本的可执行权限则需要额外设置，然后就可以命令的形式执行脚本了：

```
[root@localhost ~]# chmod   u+x    /usr/bin/hello
[root@localhost ~]# hello
hello world !
```

从以上结果可见，hello.sh 脚本文件放在 /usr/bin 目录后，shell 可直接找到该脚本而无须指出脚本的所在位置。因为，bash 可以找到脚本在哪里：

```
[root@localhost ~]# which  hello
/usr/bin/hello
```

现在就可以知道为何输入一个错误的命令时，总是会提示"未找到命令..."了：

```
[root@localhost ~]# hell
bash:hell:未找到命令 ...
```

因为在 PATH 列出的路径下的确并没有命令 hell 对应的程序。

第 3 步：设置普通用户可执行命令 hello。已知 root 用户和普通用户 study 的 PATH 变量值有一些系统路径是共有的，如目录路径 /usr/bin 等，它们的主要作用便是存放属于 root 用户但普通用户也能够执行的命令程序，如 cp 命令等：

```
[root@localhost ~]# which  cp
alias cp='cp -i'
   /usr/bin/cp
[root@localhost ~]# ll  /usr/bin/cp
-rwxr-xr-x. 1 root root 151528 7月  10 2021 /usr/bin/cp  <==root 所有但全部用户可执行
```

前面把 hello.sh 脚本复制至 /usr/bin，但只允许 root 用户执行：

```
[root@localhost ~]# ll /usr/bin/hello
-rwxr--r--. 1 root root 28 8月  25 08:14 /usr/bin/hello <==1 个 x
```

因此这时如果 study 用户在前面操作的终端下执行命令 hello 会被禁止：

```
[study@localhost ~]$ hello
-bash:/usr/bin/hello:权限不够
```

root 用户可模仿命令 cp 的权限进行设置，让命令 hello 能够被所有用户执行：

```
[root@localhost ~]# chmod   +x   /usr/bin/hello
[root@localhost ~]# ll /usr/bin/hello
-rwxr-xr-x. 1 root root 28 8月  25 08:14 /usr/bin/hello <==3 个 x
```

接着 study 用户就可以在终端下执行命令 hello 了：

```
[study@localhost ~]$ hello
hello world!
```

第 4 步： 往 PATH 变量加入自定义的目录。下面的命令利用环境变量 HOME 往 PATH 变量加入了用户主目录下的 programdir 目录。

```
[root@localhost ~]# PATH=$PATH:$HOME/programdir
[root@localhost ~]# echo  $PATH
/usr/local/bin:/usr/local/sbin:/usr/bin:/usr/sbin:/root/bin:/root/programdir
```

这种做法实际是将原 PATH 变量中的字符串（$PATH）与字符串 $HOME/programdir 连接在一起，其中 HOME 也为环境变量，表示用户的主目录。其实细心的读者也许已经发现，PATH 原来就有一个路径 /root/bin，不过默认这个目录并没有创建：

```
[root@localhost ~]# ls  -dl  /root/bin
ls: 无法访问 '/root/bin': 没有那个文件或目录
```

也就是说，PATH 的设置跟实际是否有对应的目录是两回事。

第 5 步： 测试 PATH 变量的修改效果。可以先删除放置在目录 /usr/bin 下的 hello 程序：

```
[root@localhost ~]# rm  /usr/bin/hello
rm: 是否删除普通文件 "/usr/bin/hello"？y
[root@localhost ~]# hello
bash:/usr/bin/hello: 没有那个文件或目录
```

然后创建目录 /root/programdir，并将 hello 程序复制至该目录下：

```
[root@localhost ~]# mkdir  /root/programdir
[root@localhost ~]# cp  hello.sh  /root/programdir/hello
[root@localhost ~]# chmod  u+x  /root/programdir/hello
```

重新执行 hello 命令，可以发现脚本 hello.sh 又可以作为命令被执行：

```
[root@localhost ~]# hello
hello world !
```

不过由于 /root/programdir/ 在 root 的主目录下，因此普通用户便无法像之前那样执行命令 hello 了。

3. 总结

本案例主要以环境变量 PATH 为例讨论环境变量的设置问题，其中又涉及另一个环境变量 HOME 的使用。这两个变量记录的内容都是路径，PATH 记录的是一些系统路径，而 HOME 则记录了用户的主目录路径。可以看到，PATH 记录的路径属于用户所在环境的一部分，因此除系统路径外还有许多跟用户主目录有关的路径。

总的来说，PATH 的作用是辅助用户运行和使用软件。许多软件在安装配置时，会给出修改系统 PATH 变量值的指引，以使软件能正确运行或便于用户使用。这涉及案例 4.2 所讨论的内容，但所需基本操作便是这个实训案例里面对变量 PATH 的赋值和修改。而对于需要经常编写程序的用户也可向 PATH 添加某个路径方便自己编写和调试程序。

4. 拓展练习：向 PATH 增加临时目录路径

有时为了便于调试程序，可以把临时目录加入 PATH 变量值里面，毕竟像脚本 hello.sh 只用来演示而非长期使用，没有必要放在系统目录中，这样能避免造成某种混乱。在前面的"思考 & 动手"中实现了以当前用户登录名称在 /tmp 下新建目录。可以把该目录路径视作环境变量 PATH 的一部分。在命令行中临时修改环境变量 PATH 的值，要求路径"/tmp/ 用户登录名称"附加到 PATH 的最后。设置好后，把 root 用户的脚本 hello.sh 移至 /tmp 下进行测试。

案例 4.2　用户环境的初始化

1. 案例背景

在案例 4.1 以 PATH 变量为例演示了环境变量的设置。然而案例中的环境变量设置方法只对当前字符终端下运行的 bash 进程及其子进程有效，用户关闭当前字符终端后对应的 bash 进程就会被终止运行，之前的环境变量设置自然也就会失效。而且，用户在其他字符终端中也不能使用这个设置，因为案例中的设置只修改了当前终端所运行的 bash 进程的环境变量，其他终端的 bash 进程有自己的一组环境变量，它们之间互不影响。例如完成案例 4.1 后，可以使用另一个字符终端再次查看 PATH 变量的值：

```
[root@localhost 桌面]# echo $PATH
/usr/local/bin:/usr/local/sbin:/usr/bin:/usr/sbin:/root/bin
```

这时 /root/programdir/ 目录并没有加入 PATH 变量中。

.bash_profile 文件是关于 Bash 的配置文件。每个用户主目录之中都有隐藏文件 .bash_profile 文件，当用户通过字符终端登录系统时，被创建的 bash 进程将会读取 .bash_profile 文件所设置的内容。因此可以通过修改用户主目录的 .bash_profile 达到永久修改某个环境变量值的目的。本案例将以 PATH 变量和 PS1 变量为例，演示如何修改 .bash_profile 文件并永久设置环境变量。

2. 操作步骤讲解

第 1 步：阅读 .bash_profile 文件。开始前可先备份 .bash_profile 文件：

```
[root@localhost ~]# cp .bash_profile .bash_profilebak
```

然后阅读 root 用户的主目录中的 .bash_profile 文件内容，可发现它的结尾处实际同样对 PATH 变量附加了 $HOME/bin 目录：

```
[root@localhost ~]# cat .bash_profile
# .bash_profile

# Get the aliases and functions
```

```
if [ -f ~/.bashrc ]; then              <==if 语句将在实训 5 介绍
    . ~/.bashrc
fi

# User specific environment and startup programs  <== 注释：用户特定环境和启动程序

PATH=$PATH:$HOME/bin                   <== 修改了 PATH 变量的值

export   PATH                          <== 重新输出新的 PATH 变量
```

第 2 步：修改 .bash_profile。也可以利用 vim 编辑器进一步修改 .bash_profile，将上面代码中加粗突出部分修改为：

```
PATH=$PATH:$HOME/bin:$HOME/programdir
```

然后使用其他字符终端登录系统（注意并非是打开另一个桌面终端模拟器），新的 bash 进程将按照修改后的 .bash_profile 文件重新设置 PATH 值，即将路径 /root/programdir 添加至变量 PATH 中，效果如图 4.1 所示。

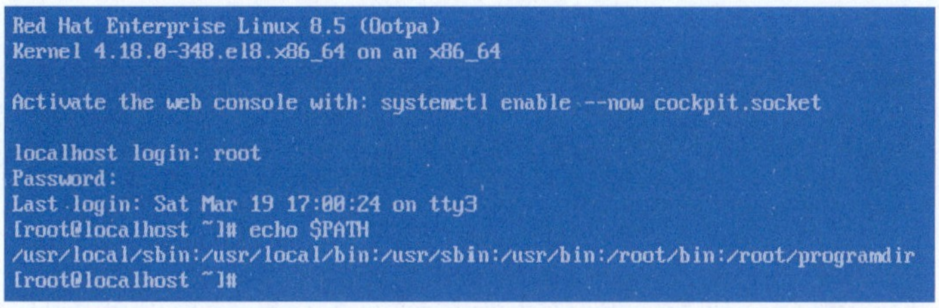

```
Red Hat Enterprise Linux 8.5 (Ootpa)
Kernel 4.18.0-348.el8.x86_64 on an x86_64

Activate the web console with: systemctl enable --now cockpit.socket

localhost login: root
Password:
Last login: Sat Mar 19 17:00:24 on tty3
[root@localhost ~]# echo $PATH
/usr/local/sbin:/usr/local/bin:/usr/sbin:/usr/bin:/root/bin:/root/programdir
[root@localhost ~]#
```

图 4.1　从另一字符终端登录并验证新更改的 PATH 变量值

第 3 步：查看和修改环境变量 PS1。查看环境变量 PS1 的值，有：

```
[root@localhost ~]# echo $PS1
[\u@\h \W]\$
```

其中，\u 代表用户名（user），\h 代表主机名（hostname），而 \W 代表当前所在目录。

然后在命令行修改环境变量 PS1 的值，如：

```
[root@localhost ~]# PS1='$LOGNAME@$HOSTNAME  $PWD >>'
root@localhost.localdomain  /root >>cd /var/log
root@localhost.localdomain  /var/log >>
```

由于 PS1 中使用了其他的环境变量，因此当它们改变时，命令行提示符也会改变：

```
root@localhost.localdomain  /root >> HOSTNAME=www
root@www  /root >>
```

同样，PS1 的修改只在当前终端有效，如果需要永久设置，则需要通过修改用户主目录的 .bash_profile 文件来实现。

第 4 步：修改 .bash_profile 文件设置环境变量 PS1。将 .bash_profile 替换为如下文件代码：

```
# .bash_profile

# Get the aliases and functions
if [ -f ~/.bashrc ]; then
    . ~/.bashrc
fi

# User specific environment and startup programs

PATH=$PATH:$HOME/bin:$HOME/programdir
PS1='$LOGNAME@$HOSTNAME   $PWD >>'
export PATH PS1
```

上述代码增加了 PS1 变量的设置，并且将其输出为全局环境变量。修改好后，用另一个字符终端登录系统，便可发现命令提示符永久改变了，如图 4.2 所示。

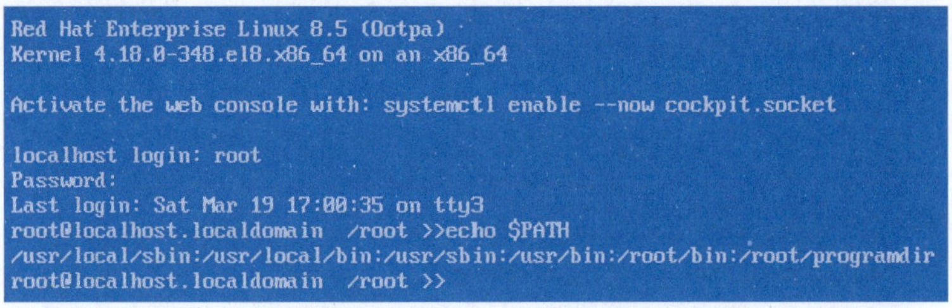

图 4.2 永久修改的环境变量 PS1 和 PATH

第 5 步：添加新的命令别名。别名功能在实训 2 介绍过，例如对所查看文件内容自动编号的命令别名：

```
[root@localhost ~]# alias  catn='cat -n'
[root@localhost ~]# catn  .bash_profile
     1          # .bash_profile
     2
     3          # Get the aliases and functions
     4          if [ -f ~/.bashrc ]; then
     5              . ~/.bashrc
     6          fi
```

（省略部分显示结果）

打开另一个终端输入以上命令就可知道，上述使用 alias 命令设置的别名是临时性的，只在当前终端下有效：

```
[root@localhost ~]# catn  .bash_profile
bash: catn: 未找到命令...
相似命令是：'cat'
```

因此可以利用附加输入重定向写入 .bash_profile，最终改动过的代码如下：

```
[root@localhost ~]# echo  "alias catn='cat -n'"  >>  .bash_profile
[root@localhost ~]# tail  -5  .bash_profile
```

```
PATH=$PATH:$HOME/bin:$HOME/programdir
PS1='$LOGNAME@$HOSTNAME   $PWD >>'
export  PATH  PS1

alias catn='cat -n'
```

然后像之前那样测试，效果如图 4.3 所示。

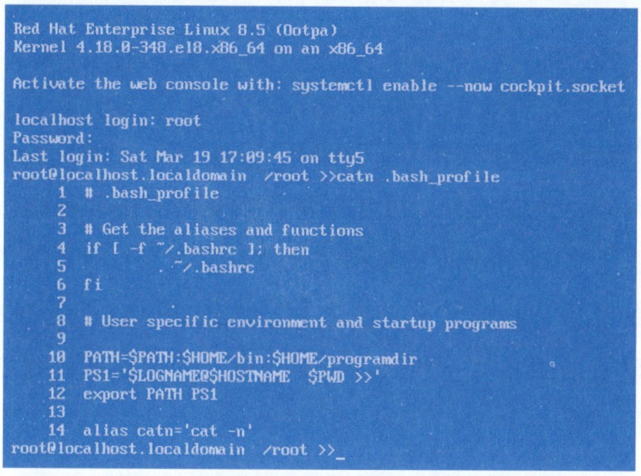

图 4.3　添加了用户自定义的命令别名

检查点：设置为文件增加可执行权限的命令别名

经常需要为脚本等文件增加可执行权限。在 .bash_profile 中添加一个命令别名（例如 apx，add permission of excution），简化增加文件可执行权限的命令输入。

第 6 步：更改 study 用户的环境。可以把改好的配置文件复制至 study 的主目录，这样 study 也就拥有了相同的设置了。

```
[root@localhost ~]# cp  .bash_profile  /home/study/
cp: 是否覆盖 '/home/study/.bash_profile' ?  y
[root@localhost ~]# ll  /home/study/.bash_profile
-rw-r--r--. 1 study study 276 3月  20 17:26 /home/study/.bash_profile
```

这里不妨试试用案例 2.2 介绍的方法，新建 SSH 连接登录到 Linux 系统，效果跟之前类似，此处从略。值得指出的是，其实 study 用户可以自行修改 .bash_profile 文件，即自定义自己的运行环境。

检查点：设置用户登录后显示欢迎语

如果希望用户登录系统后，向其显示如图 4.4 所示的欢迎语，问如何操作？继续修改 .bash_profile 以达到如图 4.4 所示的效果。

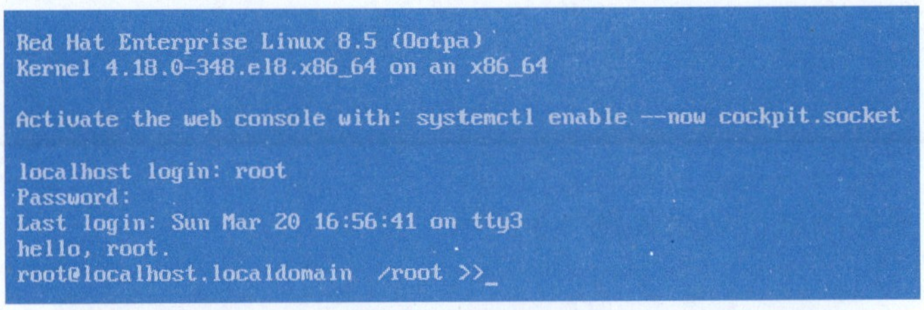

图 4.4 增加欢迎语

第 7 步：配置 .bash_profile 文件对 GNOME 终端生效。.bash_profile 是在用户登录时 shell 为用户初始化环境的配置文件。可是平常在 GNOME 桌面新建一个终端窗口时并没有生成新的登录，因此 .bash_profile 中新增的设置并没有在 GNOME 终端生效。这时可以通过 GNOME 终端的菜单"编辑"→"首选项"弹出如图 4.5 所示的对话框，在"命令"选项卡中勾选"以登录 shell 方式运行命令"复选框，即可在新建的 GNOME 终端中实现同样的效果。

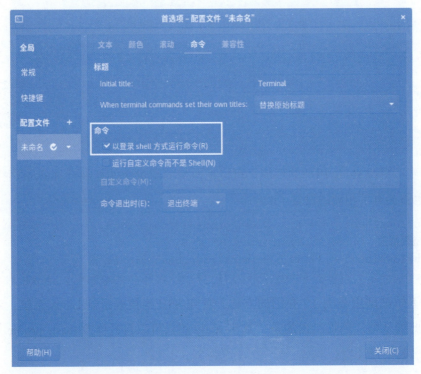

图 4.5 设置 GNOME 终端以登录 shell 方式运行命令

如果已经完成了前面检查点布置的任务，那么经过以上设置后就能在另外新建的 GNOME 终端中看到如图 4.6 所示的初始化效果，这时在每个新建的终端中都能看到欢迎语。

图 4.6 新建 GNOME 终端的初始化环境

第 8 步：测试结束，改回原来的环境。只需利用之前备份好的 .bash_profile 文件覆盖刚修改过的 .bash_profile 文件然后再一次注销后重新登录系统即可：

```
[root@localhost ~]# cp  .bash_profilebak  .bash_profile
cp: 是否覆盖 ".bash_profile" ? y
```

当然也可以按照自己的喜好继续定义环境。

3. 总结

本案例介绍了与用户操作环境密切相关的一个配置文件：.bash_profile。可以从文件 .bash_profile 了解到被其调用的另一个配置文件 .bashrc：

```
# Get the aliases and functions
if [ -f ~/.bashrc ]; then
    . ~/.bashrc
fi
```

根据以上注释，文件 .bashrc 用于设置用户环境中的命令别名和函数：

```
[root@localhost ~]# cat  .bashrc
# .bashrc

# User specific aliases and functions

alias   rm='rm -i'
alias   cp='cp -i'
alias   mv='mv -i'
```
（省略部分显示结果）

也就是说，为了简化讨论本案例直接在文件 .bash_profile 中设置了命令别名，但按文件中注释的建议还应该在文件 .bashrc 中设置命令别名。

另外，在用户的主目录中可以发现，除了以上两个文件之外，还有其他配置文件：

```
[root@localhost ~]# ls .bash*
.bash_history  .bash_logout  .bash_profile  .bashrc
```

从文件的名称大概已经可以了解它们的主要作用，日后有需要时可举一反三地学习并对其设置。

4. 拓展练习：用户环境的全局配置

除了每个用户的主目录有 .bash_profile 文件之外，还有文件 /etc/profile 是用于配置登录后环境的系统全局文件的。可以阅读文件 /etc/profile 开头的注释加以了解：

```
[root@localhost ~]# cat  /etc/profile
# /etc/profile

# System wide environment and startup programs, for login setup
# Functions and aliases go in /etc/bashrc
```
（省略部分显示结果）

在实训 3 的"思考 & 动手：文件扩展名与通配符的使用"中，已经介绍了一个存放有许多脚本的系统目录：/etc/profile.d。这一目录中的脚本有何作用？同样可以阅读文件 /etc/profile 开头的注释获得指引。恢复用户 root 和 study 的环境配置之后，按照该文件的指引进行操作，设置系统默认为每个登录终端显示欢迎语。

注意，/etc/profile 其余内容过于复杂可暂且不去阅读，待实训 5 完成后自行学习。

实训 5　shell 脚本编程进阶

5.1 知识结构

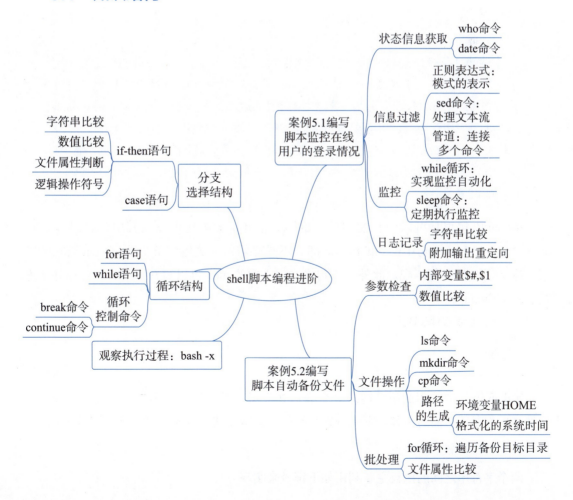

5.2 基础实训

在实训 4 中讨论了关于 shell 脚本编程的基础内容。本实训内容是实训 4 的延续，将主要介绍 shell 脚本中的控制语句，包括分支选择语句、循环语句等。此外还会讨论 shell 脚本的调试等，目的是希望通过训练学习编写面向系统管理的、具有一定实用程度的 shell 脚本。下面结合一些示例脚本来讨论上述内容，练习时注意需要自行为这些脚本代码设置可执行权限，此处不再重复演示。

5.2.1 分支选择结构

1. if-then 语句的格式

if-then 语句是最常用的分支选择控制语句，它在 shell 脚本中的定义格式如下：

```
if    [    测试条件表达式    ];    then
一组命令
elif  [    测试条件表达式    ];    then
一组命令
else
一组命令
fi
```

【注意】上述分支选择结构中的测试条件表达式是由一对方括号 [] 括起来，左方括号 [左右都需要有空格与 if 和测试条件表达式分隔，否则就会发生 shell 解释器将 if[理解为一个整体的错误。同样右方括号左边需要有空格与条件表达式分隔。为提醒初学者注意这一常犯的语法问题，在后面的代码中需要加空格的地方都额外添加了更多的空格。

另一个值得分享的小窍门是，可以利用 gedit 或 vim 等编辑器集成的代码识别功能（参考例 1.1），当 if 与方括号之间缺少必要的空格时，在编辑器中将不能被识别为关键词因而在颜色显示上有所不同。

if-then 语句也是可以嵌套使用的，也即一个 if-then 语句可以在其中包含另一个 if-then 语句。if-then 语句中的 elif 和 else 部分不是必需的。关键字 fi 标志 if-then 语句的结束，应保证 fi 与 if 相匹配。此外，语句格式定义中的 then 可以写在下一行，即以如下方式表示 if-then 语句：

```
if    [    测试条件表达式    ]
then
一组命令
fi
```

if-then 语句中的测试条件通过一个表达式表示，可以是字符串比较、数值比较以及文件属性判断等方面的内容。下面分别介绍相关类型及其在 if-then 语句中的具体使用。

2. 字符串比较

两个字符串之间的比较主要利用如下符号来实现。

- =：比较两个字符串是否相等。
- !=：比较两个字符串是否不相等。
- \> 和 <：比较两个字符串长度的大小。
- -n：判定字符串的长度是否大于零。
- -z：判定字符串的长度是否等于零。

【注意】跟前面用于变量赋值的等号有所不同，用于比较两个字符串是否相等的等号 = 在使用时需要在左右加上空格，而前者在使用时左右不能有空格。

例 5.1 字符串比较的脚本，保存为文件 cmpstring.sh，代码如下：

```
#!/bin/sh
# 判断两个字符串是否相等
if [ "$1" = "$2" ]; then
   echo "$1=$2"
else
   echo "$1!=$2"
fi
# 判断第一个参数是否为空
if [ -n "$1" ]; then
    echo "$1 is not null"
else
    echo "$1 is null"
fi
# 判断第一个参数是否长度为 0
if [ -z "$1" ]; then
    echo "$1 has a length equal to zero"
else
    echo "$1 has a length greater than zero"
fi
```

【注意】为简单起见本例并没有检查用户是否给定了两个参数，实际编写程序时应首先检查用户输入参数的合法性。执行脚本结果如下：

```
[root@localhost ~]# ./cmpstring.sh  hello  world
hello!=world
hello is not null
hello has a length greater than zero
```

思考 & 动手：按用户类型显示欢迎语

编写脚本实现不同类型的用户（管理员和非管理员用户）执行该脚本时显示不同的欢迎信息。当 root 用户执行脚本时效果如下：

```
[root@localhost ~]# ./usertype.sh
```

```
hello, my administrator!
```

而其他用户（如 study 用户）执行脚本时，效果如下：

```
[study@localhost ~]$ ./usertype.sh
hello, study.
```

3. 数值比较

两个数字之间的比较主要利用如下符号来实现。

- -eq：比较两个数是否相等。
- -ge：比较一个数是否大于或等于另一数。
- -le：比较一个数是否小于或等于另一数。
- -gt：比较一个数是否大于另一数。
- -lt：比较一个数是否小于另一数。
- -ne：比较两个数是否不相等。

例 5.2 比较数字的脚本，保存为文件 cmpnumber.sh。代码如下：

```
#!/bin/sh
if  [  $1  -gt  $2  ]; then
    echo "$1 > $2"
else
   if  [  $1  -eq  $2  ]; then
      echo "$1 = $2"
   else
      echo "$1 < $2"
   fi
fi
```

【注意】运行时给定各种参数以使各个分支都能得到执行。另外，由于此程序不做输入合法性检查，测试时只能给出数字。执行脚本结果如下：

```
[root@localhost ~]# ./cmpnumber.sh  1  2
1 < 2
[root@localhost ~]# ./cmpnumber.sh  1  1
1 = 1
[root@localhost ~]# ./cmpnumber.sh  2  1
2 > 1
```

4. 文件属性判断

系统管理必然涉及对文件的各种属性加以判断，以下符号在 shell 编程中比较重要。

- -d：确定文件是否为目录。
- -f：确定文件是否为普通文件。

- -e：确定文件是否存在。
- -r：确定文件是否可读。
- -w：确定文件是否可写。
- -x：确定文件是否可执行。
- -s：确定文件是否不为空。

例 5.3 判断文件属性是否为目录的脚本，保存为文件 dircheck.sh。代码如下：

```
#!/bin/sh
if [ -d $1 ]; then
  ls $1
else
  echo "$1 is not a directory"
fi
```

运行脚本时需给出一个路径作为参数，执行脚本结果如下：

```
[root@localhost ~]# touch  /home/study/file       <== 先准备一个测试用的文件
[root@localhost ~]# ./dircheck.sh  /home/   <== 若所给参数是目录路径则将内容列出
study
[root@localhost ~]# ./dircheck.sh  /home/study/
公共   模板   视频   图片     文档   下载   音乐   桌面
[root@localhost ~]# ./dircheck.sh  /home/study/file  <== 否则将会返回提示
/home/study/file is not a directory
```

思考 & 动手：新建目录前判断该目录是否已存在

在实训 4 介绍了环境变量后，给出了一个"思考 & 动手"任务：编写一个脚本（命名为 logname_tmpdir.sh），要求在 /tmp 下新建以当前登录用户名称命名的目录，其执行结果如下：

```
[root@localhost ~]# ./logname_tmpdir.sh
[root@localhost ~]# ls -dl /tmp/root/
drwxr-xr-x. 2 root root 6 3月 22 17:50 /tmp/root/
```

不过当重复执行该脚本时，会出现如下提示信息：

```
[root@localhost ~]# ./logname_tmpdir.sh
```

mkdir: **无法创建目录** "/tmp/root"：**文件已存在**

可修改该脚本，实现只有在目录不存在时才执行新建目录的操作。

5. 逻辑操作符号

通过如下逻辑操作符能够表示更为复杂的测试条件。

- &&：对两个逻辑表达式执行逻辑与（AND）。
- ||：对两个逻辑表达式执行逻辑或（OR）。
- !：对逻辑表达式执行逻辑否定（NEG）。

例 5.4 比较 3 个参数中最大值的脚本，保存为文件 max.sh，代码如下：

```
#!/bin/sh
if [ $1 -gt $2 ] && [ $1 -gt $3 ]; then
    max=$1
fi
if [ $2 -gt $1 ] && [ $2 -gt $3 ]; then
    max=$2
fi
if [ $3 -gt $1 ] && [ $3 -gt $2 ]; then
    max=$3
fi
echo "the max number is $max"
```

运行脚本时需给出 3 个数字作为参数，执行脚本结果如下：

```
[root@localhost ~]# ./max.sh 3 7 5
the max number is 7
```

6. case 语句

除 if-then 语句外，Bash 还提供了 case 语句用于编写分支选择结构的 shell 脚本。与 C 语言中的语法类似，case 语句格式表示如下：

```
case 变量值 in
变量值1 | 值2)
一组命令;;
变量值3 | 值4)
一组命令;;
*)
一组命令;;
esac
```

使用 case 语句时可以对每个条件指定若干离散值，或指定含有通配符的值。最后的条件应该是"*"，当之前所有条件都不满足时默认（default）执行该组命令。此外，每个条件下使用";;"作为语句的终止和跳出。类似 if-then 语句，case 语句以 esac 为结束标志。

例 5.5 判断用户输入字符参数的类型，保存文件为 symbolkind.sh。代码如下：

```
#!/bin/bash
case "$1" in
  [A-Z] | [a-z] ) echo "letter";;
  [0-9] ) echo "digit";;
  *) echo "other symbol";;
esac
```

运行脚本时需给出一个字母、数字或其他符号作为参数（只能是一个符号，否则按默认判为其他符号）。执行脚本结果如下：

```
[root@localhost ~]# ./symbolkind.sh e
letter
```

```
[root@localhost ~]# ./symbolkind.sh 9
digit
[root@localhost ~]# ./symbolkind.sh '&'   <== 参数 & 不加单引号则表示为特殊符号
other symbol
```

5.2.2 循环结构

1. for 语句

shell 脚本中的 for 语句常用于枚举文件、用户等操作，表示格式如下：

```
for   变量   in   变量值列表
do
一组命令
done
```

除上述表示格式外，Bash 还提供了一种风格与 C 语言十分接近的 for 语句表示格式：

```
for   ((   变量赋值；   测试条件表达式；   迭代过程   ))
do
一组命令
done
```

下面分别用两个示例说明如何使用以上两种 for 语句格式。

例 5.6 枚举人名，保存为文件 printname.sh，代码如下：

```
#!/bin/bash
for var in Jack Rose Mark Hellen
do
    echo $var
done
```

执行脚本结果如下，可知每次循环 var 变量将获得列表中的一个变量值。

```
[root@localhost ~]# ./printname.sh
Jack
Rose
Mark
Hellen
```

思考 & 动手：列出当前目录的所有子目录

例 5.3 给出了判定是否为目录的脚本代码。编写一个脚本（ls_allsubdir.sh），实现将当前目录中所有子目录的名称输出到屏幕上，注意考虑子目录为隐藏目录的情况。

提示：只要调用 ls 命令即可列出当前目录的内容。也就是说，如果需要构造 for 循环判定每个文件是否为目录，那么使用 ls 命令就能为这个 for 循环提供文件名称列表。为更好地说明这一点，看如下操作：

```
[root@localhost ~]# list=`ls -a`
[root@localhost ~]# echo $list
. .. cmpnumber.sh cmpstring.sh dircheck.sh
```

(省略部分显示结果)

例 5.7 枚举数字,保存为文件 printnumber.sh,代码如下:

```
#!/bin/sh

for (( i=0; i < 5; i++ ))
do
   echo $i
done
```

执行脚本结果如下:

```
[root@localhost ~]# ./printnumber.sh
0
1
2
3
4
```

2. while 语句

同样也可以使用 while 语句等编写具有循环结构的脚本代码。while 语句常用于处理文本内容等。while 语句的表示格式如下:

```
while 测试条件表达式
do
   一组命令
done
```

例 5.8 利用 while 语句编写倒置字符串的脚本,保存为文件 inverse.sh,代码如下:

```
#!/bin/bash

index=`expr length "$1"`
while [ $index -gt 0 ]
do
   str=$str`expr substr "$1" $index 1`
   index=$[ $index - 1 ]
done
echo $str
```

先不对脚本详细解释,留到后面介绍 shell 脚本调试时再详细讨论。需要给出一个字符串作为参数,如果字符串中包含空格和特殊符号,需要使用双引号或单引号表示字符串。脚本执行结果如下:

```
[root@localhost ~]# ./inverse.sh  'hello*world'
dlrow*olleh
```

3. 循环控制命令

与 C 语言类似，对于循环控制主要有以下两个命令。

- break 命令：终止循环。
- continue 命令：退出本轮循环，继续下一轮循环。

例 5.9 对比 break 命令与 continue 命令的区别，文件保存为 brk-continue.sh，代码如下：

```
#!/bin/bash
for  var  in  Jack  Rose  Mark  Hellen
do
   if  [  $var  =  Mark  ];  then
        break;
   fi
   echo $var
done
echo ===
for  var  in  Jack  Rose  Mark  Hellen
do
   if  [  $var  =  Mark  ];  then
        continue;
   fi
   echo $var
done
```

执行脚本结果如下：

```
[root@localhost ~]# ./brk-continue.sh
Jack
Rose                          <== 使用 break 命令，后面的人名不再打印
===
Jack                          <== 使用 continue 命令，后面的人名还会继续打印
Rose
Hellen
```

对比输出结果可发现，使用 break 命令将终止循环，而使用 continue 命令则退出本轮循环并继续下一轮循环。

5.2.3 观察 shell 脚本的执行过程

在编写 shell 脚本时经常会遇到语法或程序输出错误等问题，可以使用如下方式执行 shell 脚本，以此观察整个脚本的实际执行过程，这对调试 shell 脚本，特别是含有循环结构的脚本十分有效：

```
bash    -x    脚本执行路径
```

例 5.10 观察例 5.8 中 inverse.sh 脚本的执行过程。通过以上介绍的方式执行该脚本并显示脚本的实际执行过程，可见到循环变量 index 的值变化以及倒置字符串生成的过程。

```
[root@localhost ~]# bash  -x  ./inverse.sh   "hello"
++ expr length hello
+ index=5                        <==index 的初值为参数 hello 的长度
+ '[' 5 -gt 0 ']'                <== 以当前 index 值与 0 比较
++ expr substr hello 5 1         <== 从 hello 第 5 个字符起取 1 个字符作为子串
+ str=o                          <== 留意变量 str 的变化
+ index=4                        <== 重复下一轮循环
+ '[' 4 -gt 0 ']'
++ expr substr hello 4 1
+ str=ol                         <== 留意变量 str 的变化
+ index=3
+ '[' 3 -gt 0 ']'
++ expr substr hello 3 1
+ str=oll                        <== 留意变量 str 的变化
+ index=2
+ '[' 2 -gt 0 ']'
++ expr substr hello 2 1
+ str=olle                       <== 留意变量 str 的变化
+ index=1
+ '[' 1 -gt 0 ']'
++ expr substr hello 1 1
+ str=olleh                      <== 留意变量 str 的变化
+ index=0
+ '[' 0 -gt 0 ']'
+ echo olleh
olleh
```

以上执行结果较为清晰地反映了 inverse.sh 脚本的执行过程。每次循环都会执行：

```
str=$str`expr substr "$1" $index 1`
```

如果已较好地理解了案例 4.1 中对环境变量 PATH 的设置方法，例如以下操作在原字符串最后拼接了路径 $HOME/programdir（以冒号分隔）：

```
PATH=$PATH:$HOME/programdir
```

就能更好地理解以上 inverse.sh 脚本的语句同样也是在 str 最后拼接一个子字符串，不过特殊之处在于这个字符串长度为 1，而通过观察以上脚本执行过程便可了解其中具体的拼接过程。

5.3 综合实训

案例 5.1 编写脚本监控在线用户的登录情况

1. 案例背景

在案例 3.2 中演示了利用正则表达式来过滤登录用户信息，而过滤条件可以是用户名、特定 IP 地址范围、登录时间等。在许多应用场合，可能需要反复执行案例中的命令，进一步还会设定这些命令的执行时间以实现有计划地监控系统。这时很有必要把案例中的命令扩展为脚本，实现系统管理的自动化。

本案例是对案例 3.2 的延续和扩展，主要讨论如何编写脚本实现自动监控来自特定 IP 地址范围的登录用户，并且当有在线登录信息更新时，能够把当前系统在线用户状态及时地记录在日志文件当中。

2. 操作步骤讲解

第 1 步：构建实验环境。注意，在本案例中 Windows 系统所用 IP 地址为 192.168.114.1，而 Linux 系统的 IP 地址为 192.168.114.189。

首先需要多个用户远程登录 Linux 系统，具体做法可参考案例 3.2 的操作步骤。现假设操作环境已经构建好，当前系统登录用户的基本信息如下（与之前的情况略有差异，主要是增加了特定 IP 地址范围的登录用户）：

```
[root@localhost ~]# who
root     :0       2022-08-18 11:39 (:0)
root     pts/3    2022-08-26 10:20 (192.168.114.1)    <== 在 Windows 中用 SSH 连 Linux
root     pts/4    2022-08-26 10:39 (192.168.114.1)
（省略部分显示结果）
root     pts/18   2022-08-26 20:09 (192.168.114.189)
study    pts/20   2022-08-26 20:10 (192.168.114.189)  <== 在 Linux 中用 SSH 自连
```

第 2 步：编写命令统计来自特定 IP 地址范围的登录用户人数。假定这里需要监控的 IP 地址范围是 192.168.114.1 ~ 192.168.114.9，可以通过管道将过滤信息送给 wc 命令计算：

```
[root@localhost ~]# who | sed -n '/\(192.168.114.[1-9]\)/p' | wc -l
                                           <== 注意模式中的)作为结束标志
12
```

进一步可以按用户分类统计远程登录用户的人数：

```
[root@localhost ~]# who | sed -n '/\(192.168.114.[1-9]\)/p' | sed -n '/root/p' | wc -l
8
[root@localhost ~]# who | sed -n '/\(192.168.114.[1-9]\)/p' | sed -n '/study/p' | wc -l
4
```

第 3 步：编写代码框架。新建脚本命名为 statIP.sh。首先可以先编写出如下代码框架，它是一个简单的 while 循环，实现了每隔 1 s 在屏幕上打印单词 hello，其中语句 sleep 1 是让脚本进程暂停 1 s 后继续运行。

```sh
#!/bin/sh

while true
do
   echo hello
   sleep 1
done
```

然后赋予 statIP.sh 权限并执行：

```
[root@localhost ~]# ./statIP.sh
hello
hello
hello
hello
^C                          <== 按 Ctrl+C 组合键结束
```

第 4 步：往代码框架中填充测试好的命令。根据第 2 步，修改 statIP.sh 代码如下：

```sh
#!/bin/sh

while true
do
   count_root=`who | sed -n '/\(192.168.114.[0-9]\)/p' | sed -n '/root/p' | wc -l`
   count_study=`who | sed -n '/\(192.168.114.[0-9]\)/p' | sed -n '/study/p' | wc -l`
   echo "root ($count_root), study ($count_study)"
   sleep 1
done
```

这样脚本便实现了不间断地统计并显示来自特定 IP 范围的在线用户数：

```
[root@localhost ~]# ./statIP.sh
root (8), study (4)
root (8), study (4)
root (8), study (4)
root (8), study (4)
^C
```

第 5 步：初步测试代码。测试时可以让每轮循环脚本睡眠的时间稍长。先启动脚本 statIP.sh，继续在 Windows 中通过 SSH 服务新增登录用户：

```
[root@localhost ~]# ./statIP.sh
root (8), study (4)
```

```
root (8), study (4)
（省略部分显示结果）
root (9), study (4)              <== 新加入的用户会被监控脚本立即统计
root (9), study (4)
（省略部分显示结果）
root (9), study (5)              <== 新加入的用户会被监控脚本立即统计
root (9), study (5)
（省略部分显示结果）
root (8), study (5)              <== 退出的用户也会被监控脚本立即统计
root (8), study (5)
^C
```

第 6 步：增加日志记录功能。显然需要记录的是当前在线用户状态发生变化的情况。因此可以让脚本每轮循环时比对上次循环的临时记录，如果有所不同则把当前系统状态记录下来，否则不做记录。因此，对脚本 statIP.sh 修改如下：

```
#!/bin/sh

start=1
while true
do
    # 在日志中用分隔线划分每次脚本执行的记录
    if [ $start -eq 1 ]; then
        start=0
        echo "======statIP start:`date`=====" >> /root/rloginlog
    fi
    # 当指定 IP 范围内远程在线用户发生变化时记录日志
    login_rec=`who | sed -n '/\(192.168.114.[1-9])\) /p'`
    if [ ! "$login_rec" = "$login_rec_tmp" ]; then
        login_rec_tmp=$login_rec
        date >> /root/rloginlog
        echo $login_rec >> /root/rloginlog
    fi
    # 动态显示当前在线的 root 用户和 study 用户个数
    count_root=`who | sed -n '/\(192.168.114.[0-9])\) /p' | sed -n '/root/p' | wc -l`
    count_study=`who | sed -n '/\(192.168.114.[0-9])\) /p' | sed -n '/study/p' | wc -l`
    echo "root ($count_root), study ($count_study) "
    sleep 1
done
```

第 7 步：正式测试脚本代码。仍然用前面的测试方法，可以用 gedit 等文本编辑器预先打开日志文件 rloginlog，当远程用户登录或退出时，如图 5.1 所示，gedit 编辑器会检测到日志有更新，单击"重新载入"按钮即可获得更新后的内容。

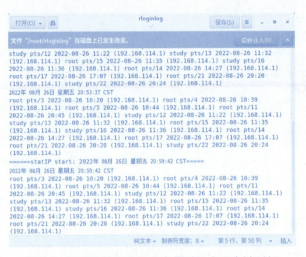

图 5.1　远程在线用户发生变化时日志也会被更新

3. 总结

通过以上脚本编写案例的练习，可以看到从简单的 who 命令经过正则表达式和管道等高级 shell 命令功能，再结合脚本编程语言，就能够按照自己的需求编写具有一定功能的系统程序。本案例演示了如何编写脚本用于监控系统状态。一般来说，此类脚本首先需要明确系统状态信息的来源和模式特点，实现按照一定的时间间隔从信息源获取并过滤所需信息，然后以屏幕显示和日志记录两种方式供管理员查阅信息。

4. 拓展练习：监控特定用户

案例里面并没有针对特定用户记录相关在线状态信息日志，而是只要有指定 IP 地址范围的远程在线用户退出或登录即进行日志记录。分析并改写脚本代码，用户可通过参数给出一个要监控的特定用户，让脚本只把该用户的远程登录变化信息记录在日志中。

案例 5.2　编写脚本自动备份文件

1. 案例背景

数据备份是系统管理工作的重要内容。作为一种简单的备份，可以把一些系统和网络服务器的配置文件、用户个人数据文件、数据库文件等复制到某个指定的地方。显然，备份工作往往需要反复执行，而且还可能会制订备份计划，指定在某个时间点按计划执行备份工作。因此，与案例 5.1 类似，有必要编写脚本以实现备份工作的自动化执行。

本案例将编写脚本对指定目录下的具有可执行权限的普通文件进行备份，而备份文件的存放路径是用户主目录下的备份目录，备份输出目录的名称为 backup 并附上当前系统日期。下面开始演示如何编写这个具有一定实际功能的 shell 脚本。

2. 操作步骤讲解

第 1 步：构建备份目标目录。首先需要构造一个测试环境，可先把过往存放在目录 /root 中的脚本文件（.sh 文件）全部移动到新建子目录 shellscript 中，以该目录作为需要备份的目标目录：

```
[root@localhost ~]# mkdir   shellscript
[root@localhost ~]# mv    *.sh   shellscript/
[root@localhost ~]# ls   shellscript/     <== 简单起见实际只有部分脚本代码被移动
brk-continue.sh cmpnumber.sh cmpstring.sh dircheck.sh inverse.sh max.sh printname.sh printnumber.sh    statIP.sh
```

然后增加一个没有可执行权限的普通文件以及一个目录：

```
[root@localhost ~]# touch  /root/shellscript/file
[root@localhost ~]# mkdir  /root/shellscript/testdir
```

第 2 步：编写命令获取备份目标文件列表。需要用到 ls 命令获取文件列表并且将其记录在变量 dirlist 中，可以在命令行中先行测试：

```
[root@localhost ~]# ls shellscript/
brk-continue.sh  cmpnumber.sh  cmpstring.sh  dircheck.sh   file    inverse.sh
max.sh  printname.sh   printnumber.sh   statIP.sh   testdir
[root@localhost ~]# filelist=`ls  /root/shellscript/`  <== 用反引号引用命令
[root@localhost ~]# echo $filelist
brk-continue.sh  cmpnumber.sh  cmpstring.sh  dircheck.sh  file  inverse.sh max.sh printname.sh printnumber.sh    statIP.sh   testdir
```

第 3 步：编写命令创建备份输出目录。显然需要使用 mkdir 命令创建备份目录，但问题的关键在于需要给定备份目录的名称，根据之前提出的要求，以 backup 并附上当前系统日期作为目录名称，在命令行中做测试：

```
[root@localhost shellscript]# echo   $HOME/backup`date`
/root/backup2022 年 03 月 30 日 星期三  21:48:13 CST
```

但是，由于上述生成的字符串过长，并不适合用于文件命名，因此需要修改生成时间字符串的格式，代码如下：

```
[root@localhost shellscript]# echo  $HOME/backup`date "+%Y%m%d%H%M%S"`
/root/backup20220330214832
```

第 4 步：构建脚本的基本框架。脚本框架主要包括两个部分：一是检查参数部分，需确保已给出有效的备份目标目录；二是遍历每个待备份文件。脚本框架的文件保存为 backup-frame.sh：

```
#!/bin/bash
# 检查是否有一个参数用于指定备份目录
if [ $# -ne 1 ]; then
    echo " 提示：请指定备份目录 "
    exit
fi
```

检查点：补充代码显示没有备份的文件

改写脚本代码（命名为 backup2.sh），补充代码显示没有备份的文件，并且提示该文件没有备份的具体原因，具体效果可参考如下执行结果：

```
[root@localhost ~]# ./backup2.sh  /root/shellscript/
即将：把 /root/shellscript/ 备份至 /root/backup20220331144432
brk-continue.sh 已备份
cmpnumber.sh 已备份
cmpstring.sh 已备份
dircheck.sh 已备份
file 并非可执行文件
inverse.sh 已备份
max.sh 已备份
printname.sh 已备份
printnumber.sh 已备份
statIP.sh 已备份
testdir 并非普通文件
备份完成
```

---

3. 总结

通过本次实训的两个脚本编写案例，介绍了一个编写脚本的基本思路：

（1）可以先通过命令终端构思变量的定义，并且编写关键的命令行。这样做既简单方便，又能快速获得反馈结果。

（2）根据需求写出脚本程序的框架，初步测试脚本是否符合预期，如果不符合则需要回到第（1）点继续改进。

（3）把前面测试好的变量定义和命令行嵌入脚本框架中，并且继续细化代码的实现。期间可利用命令"bash -x 脚本名"观察脚本的执行过程，测试代码。

在后面的实训中还会陆续给出一些涉及 shell 脚本编写的案例，读者可以在学习过程中按照以上思路尝试自行编写代码，然后对比自己的和案例的代码的差异之处。

4. 拓展练习：尝试独立编写简单脚本

学习了各种 shell 命令和脚本编写的基本方法后，现在可以尝试根据要求独立编写简单的 shell 脚本了。首先以你的姓氏的拼音为开头在当前用户的主目录下新建 3 个文件和 2 个子目录，如 chen1、chen2、chen3 以及子目录 chen.d 和 backup.d。然后编写一个 shell 脚本程序，要求把上述所有以你姓氏拼音开头的普通文件全部复制到目录 backup.d 下。

实训 6 用户管理

6.1 知识结构

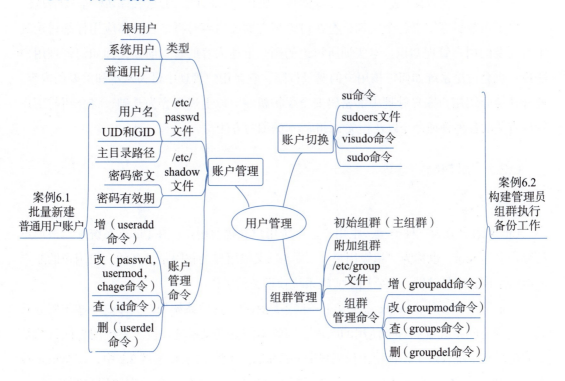

6.2 基础实训

6.2.1 用户管理的基本内容

"多用户操作系统"是在"操作系统原理"课程上会谈到的一个概念。放到 Linux 这样一个具体的操作系统中应该如何理解这个概念呢？这里就涉及 Linux 的用户管理问题。所谓用户，注意并非是指现实世界中使用计算机的人，而是指在操作系统中一个使用计算机软硬件资源的对象。当操作系统分配某种资源时，这个资源总要归在某个用户账户上，然后由对应的用户通过执行某些进程来使用这些资源。因此，用户实际是操作系统实现资源分配和管理而提出的一个概念，而用户管理的实质就是要管理用户对系统资源的使用。

用户具体如何使用系统资源是用户自己的事情，操作系统并不关心。操作系统更关心的是用户是否合法地使用系统资源。因此，用户管理的核心，便是对用户及其资源使用的各种权限进行审核，例如：

- 审核用户是否具有登录系统的权限。
- 审核用户是否具有读取或修改某个文件的权限。
- 审核用户是否具有执行某个程序的权限。
- 审核用户是否具有使用或管理某种硬件资源（如硬盘存储空间等）的权限。
- 审核用户是否具有使用或管理某种服务（如制订作业计划、设置文件共享等）的权限。

以上内容贯穿本书各个实训，将在讨论某方面的内容时再结合具体应用详细讨论其中所需要的用户管理知识。本实训所讨论的则是上述内容的基本前提，即如何管理用户账户。也会讨论系统如何审核用户的登录权限，它是用户管理中最为基本和重要的内容，此外还会介绍用户账户管理中的密码安全保护机制。以上述内容为基础，将介绍与用户管理有关的各种管理命令以及相关 shell 脚本的编写方法。

6.2.2 用户账户管理

1. 用户类型

Linux 用户分为三种类型：根用户、系统用户和普通用户。在 Linux 系统中，根用户的账户名为 root，也称为"超级用户"，顾名思义根用户的权限是最高的。根用户的账户一般由系统管理员掌握，主要用于实施系统管理类的工作。

除根用户 root 外，Linux 还定义了一些系统用户，这些系统用户大多是一些与服务有关的进程访问系统资源时所使用的账户，因此不需要登录系统。设置系统用户的目的是要避免所有系统管理工作都使用根用户账户来完成。例如之前在案例 2.2 中，在 Windows 中通过 SSH 服务远程登录 Linux 系统，该服务在 Linux 中有一个对应的用户账户 sshd，可以通过 id 命令查看这个用户的基本信息：

```
[root@localhost ~]# id  sshd
uid=74(sshd) gid=74(sshd) 组=74(sshd)
```

SSH 服务器以 sshd 用户的身份向客户端提供服务，这样就避免了假如 SSH 服务器出现安全问题而导致的系统整体安全受到威胁。许多网络服务器，如 WWW 服务器等同样是以这种方式在 Linux 系统中运行的。

普通用户由根用户负责添加和管理。一般来说，普通用户只能在限定范围内活动和使用计算机资源，而且一般不具备系统管理的权限。例如之前所创建的账户 study 属于普通用户，以该用户的身份登录系统后将以主目录 /home/study 为当前目录，如果以 study 的用户身份利用 cd 命令切换至 /root 目录，可发现系统拒绝 study 用户对 /root 目录的访问：

```
[study@localhost ~]$ cd  /root    <== 注意以 study 用户身份登录系统使用字符终端
bash: cd: /root: 权限不够
[study@localhost ~]$ ls  /root
ls: 无法打开目录 '/root': 权限不够
```

2. /etc/passwd 文件

用户账户是系统管理用户的基本依据。这些用户账户的信息都存放在 /etc/passwd 文件中，每一行表示了一个用户账户的基本信息。它的内容如下：

```
[root@localhost ~]# cat  /etc/passwd
root:x:0:0:root:/root:/bin/bash
bin:x:1:1:bin:/bin:/sbin/nologin
daemon:x:2:2:daemon:/sbin:/sbin/nologin
adm:x:3:4:adm:/var/adm:/sbin/nologin
lp:x:4:7:lp:/var/spool/lpd:/sbin/nologin
```
（省略部分显示结果）
```
sshd:x:74:74:Privilege-separated SSH:/var/empty/sshd:/sbin/nologin
study:x:1000:1000:study:/home/study:/bin/bash
```

passwd 文件中的每一行对应于某个用户的账户信息，它的表示格式如下：

用户名：密码：用户 ID：组群 ID：用户全名：用户主目录：使用的 shell

/etc/passwd 文件中各字段的含义可参考表 6.1。

表 6.1 /etc/passwd 文件中各字段的含义

字 段 名	含 义
用户名	用户登录时使用的账户名称
密码	以 x 代替，密码加密后的密文存放于 /etc/shadow 文件中
用户 ID（UID）	Linux 中识别用户的 ID，根用户的 UID 为 0，系统用户的 UID 为 1~999，普通用户的 UID 从 1000 开始分配
组群 ID（GID）	用户所属主组群的 ID
用户全名	对用户账户的基本说明（注释）
用户主目录	专属于用户的目录，用户的文件存放于此，登录后默认进入该目录
使用的 shell	用户登录后所使用的 shell 环境，/sbin/nologin 表示当前用户不登录系统。对于使用 Bash 的用户来说，会输入 /bin/bash，即 Bash 程序的所在位置

3. /etc/shadow 文件

用户密码加密后存储在 /etc/shadow 文件中，该文件仅根用户可访问。它的内容大致如下：

```
[root@localhost ~]# cat /etc/shadow
root:$6$GJQEtlTJh49rItg8$MTmusA59q.puyUIz8kuDQC2n4uKORR0VpCI7wS9sSB8bRSecNNumR60Unl3yL8POD9BTHMWTLpf0Ol/icDFPG0::0:99999:7:::
bin:*:18367:0:99999:7:::
daemon:*:18367:0:99999:7:::
adm:*:18367:0:99999:7:::
lp:*:18367:0:99999:7:::
（省略部分显示结果）
sshd:!!:19030::::::
study:$6$U18LAnuhMNCsMuq4$zVGj4Z4vIvYOgHPdLRI5c/xYrkojIOATVxXbG/sd.yZRV3jVFAVC5Epv.PhhQ/yzpaucVWYHgzQ.VwTkN6s6G0::0:99999:7:::
```

与 passwd 文件类似，shadow 文件中的每一行对应于某个用户账户，存放的是与密码密文以及与密码保护有关的信息。每一行总共由 9 个字段组成，从左到右各个字段以冒号分隔，它们的基本含义如下。

（1）用户名。

（2）密码密文，如果输入 * 或 !!，则表示系统禁止该用户账户通过密码登录。

（3）自 1970 年 1 月 1 日至上次修改密码的日期之间的天数，0 代表下次登录时必须修改密码。

（4）自上次修改密码后，如果再次修改密码至少需要间隔的天数，0 表示可以立即修改密码。

（5）自上次修改密码后至密码过期的间隔天数，99999 表示密码永不过期，即不强制修改密码。

（6）在密码过期前向用户发送警告信息的提前天数，默认是 7 天。

（7）在密码过期后系统推迟关闭该用户账户的天数。

（8）自 1970 年 1 月 1 日至用户账户过期日期之间的天数。

（9）预留字段。

以上各个字段的解释看起来都甚为费解，它们实际起到怎样的作用？其实，Linux 认为用户密码在使用一段时间之后被泄露的可能性就会增加，从系统安全角度来考虑定期修改密码是保证密码安全的一种较好的办法。因此第（5）个字段实际设置了密码的有效期。根据第（6）个字段的设置，当用户密码过期之前，系统会提前警告用户重新修改密码。如果第（7）个字段没有设置，那么当用户密码过期后，用户账户将被禁用。用户登录系统时将会被要求重新修改密码，然后才能登录系统。另外作为一种补充机制，第

（4）个字段为用户密码设置了一个最短有效期，这样可以防止用户过于频繁地更换密码。

/etc/shadow 文件中的第（8）个字段是为用户账户（注意并非密码）设定一个有效期，此时即使密码没有过期但系统仍会告知用户不可登录。可利用该字段设置一些临时用户账户。

图 6.1 用于帮助理解 /etc/shadow 文件中第（3）～（8）个字段的关系。/etc/shadow 文件中的第（5）～（7）个字段实际是关于密码安全保护机制的一种设置。

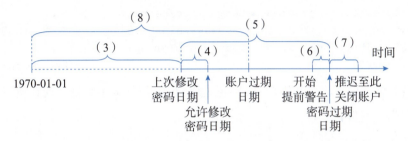

图 6.1　shadow 文件中第（3）～（8）个字段关系示意图

6.2.3　用户组群管理

1. 初始组群与附加组群

用户组群是用户管理中的另外一个重要概念。由于性质相似的用户往往在对某个文件及系统功能具有相同的访问权限，通过用户分组，当要具体分配某个权限给某个用户时，就可以将其归入某个组群中统一管理，这样管理工作便得到了简化。

当用户被创建时，系统可按默认为其创建一个与其同名的组群，或者指定一个组群作为该用户的初始组群。初始组群也可称为主组群（primary group）。另外，用户可以附属于一些组群，它们被称为该用户的附加组群，附加组群有时也被称为次要组群（secondary group）或补充组群（supplementary group）。

2. /etc/group 文件

用户组群的基本信息都存放在 /etc/group 文件中。/etc/group 文件类似于 /etc/passwd 文件，它的内容如下：

```
[study@localhost root]$ cat  /etc/group
root:x:0:
bin:x:1:
daemon:x:2:
（省略部分显示结果）
study:x:1000:
```

group 文件中的每一行对应于一个用户组群的基本信息，它的表示格式如下：

组群名称：组群密码：组群 ID（UID）：以此组为附加组群的用户列表

各个字段的基本含义可参考 /etc/passwd 文件中的各字段（见表 6-1），在此不再赘述。注意，无论是初始主群（即主组群），还是附加组群（即次要组群），都并非一成不变而是可以设置和更改的。为了说明这一点，可以通过如下操作展开讨论，相关命令在 6.2.4 节再作具体介绍。

例 6.1 主组群和附加组群。目前的 Linux 系统中普通用户 study 是以默认方式创建的，因此在 /etc/passwd 和 /etc/group 中可查到有对应的记录：

```
[root@localhost ~]# grep  study  /etc/passwd
study:x:1000:1000:study:/home/study:/bin/bash        <==UID 和 GID 均为 1000
[root@localhost ~]# grep  study  /etc/group
study:x:1000:                                        <== 组群 study 的 GID 为 1000
```

对照以上两条信息，可知用户 study 正是以 study 组群为主组群。现在设置用户 study 以 root 组群为主组群：

```
[root@localhost ~]# usermod  -g  root  study
[root@localhost ~]# grep  study  /etc/passwd
study:x:1000:0:study:/home/study:/bin/bash           <==study 用户的 GID 变为 0
[root@localhost ~]# id  study           <== 可以用 id 命令查看 study 用户的信息
uid=1000（study）gid=0（root）组 =0（root）
```

原来的 study 组群当然还在，这时设置 study 用户的附加组群为 study 组群：

```
[root@localhost ~]# usermod  -G  study  study   <== 注意用选项 -G 而非前面的 -g
[root@localhost ~]# grep  study  /etc/passwd
study:x:1000:0:study:/home/study:/bin/bash           <== 主组群没变还是 root 组群
[root@localhost ~]# grep  study  /etc/group          <== 对比上面的 group 文件内容
study:x:1000:study                              <==study 组群现在成了 study 用户的附加组群
```

最后还原 study 用户的组群信息为原来的默认设置。现在知道，用户管理命令操作最终还是通过修改 passwd 和 groups 等文件起作用，所以也可以直接还原这两个文件为原来的内容，然后再次查看 study 用户的信息可发现已恢复为原来的设置：

```
[root@localhost ~]# id  study
uid=1000（study）gid=1000（study）组 =1000（study）
```

对应地，同样有 /etc/gshadow 文件用于存储用户组群中与安全有关的基本信息，读者可自行查看。

6.2.4　主要管理命令

1. 用户账户管理命令

正如前面的示例已指出，如果将 /etc/passwd 文件和 /etc/shadow 文件理解为两张数据表，而其中表中的每一行数据对应着一个用户账户，那么所有关于用户账户管理的命令和工具的实质都是通过对这两张数据表中的数据行进行"增、改、查、删"等操作来实现的。从这个角度理解下面所要介绍的用户账户管理命令将会更加方便和深刻。

下面介绍若干常用的账户管理命令，对应于用户账户信息的增加（useradd）、修改（passwd、usermod、chage）、查询（id）、删除（userdel）4 大操作。这些命令会配以一些示例进行讲解，其中用到了一个测试用户账户（testuser）。按照以下示例的编排次序演示了对测试用户账户的创建、修改、查询和删除等操作。

（1）useradd 命令。

功能：增加一个用户账户，执行该命令需要具有根用户权限。

格式：

useradd　　[选项]　　用户名

重要选项：

- -e（expire）：该选项后面需给出日期参数，用"YYYY-MM-DD"的参数格式指定用户账户过期的日期。
- -c（comment）：该选项后面需给出注释参数，用于指定用户账户的基本说明（用户全名）。
- -d（directory）：该选项后面需给出路径参数，用于指定用户主目录的路径。
- -g：该选项后面需给出组群 ID 或组群名称参数，用于指定用户所属的初始组群。
- -G：该选项后面需给出组群 ID 或组群名称参数，用于指定用户所属的附加组群。
- -u：该选项后面需给出数字参数，用于指定用户的 UID。
- -r：指定所创建的用户为系统用户。

例 6.2 增加用户 testuser，附加组群为组群 study，设定 UID 为 1000，由于密码还没有设定，因此 shadow 文件中对应字段内容为 !!。

```
[root@localhost ~]# useradd -G study -u 2000 testuser    <== 设置的是附加组群
[root@localhost ~]# grep testuser /etc/passwd
testuser:x:2000:2000::/home/testuser:/bin/bash           <== 注意 UID 值
[root@localhost ~]# grep testuser /etc/shadow
testuser:!!:19085:0:99999:7:::                           <==!! 提示还没设置密码
[root@localhost ~]# grep testuser /etc/group
study:x:1000:testuser                                    <==study 组群是 testuser 的附加组群
testuser:x:2000:                                         <== 但 testuser 本身有它的初始组群（主组群）
[root@localhost ~]# ls -dl /home/testuser/               <== 默认会在 /home 下创建主目录
drwx------. 3 testuser testuser 92 4月  3 14:12 /home/testuser/
```

例 6.3 增加系统用户 sysuser，注意系统为其申请了一个小于 500 的 UID。由于 sysuser 属于系统用户，因此实际上系统并没有真正为其在 /home/sysuser 下创建目录。

```
[root@localhost ~]# useradd -r sysuser
[root@localhost ~]# grep sysuser /etc/passwd
sysuser:x:972:972::/home/sysuser:/bin/bash    <== 系统用户 UID 小于 1000
```

```
[root@localhost ~]# grep  sysuser  /etc/shadow
sysuser:!!:19085::::::                          <== 对比 testuser 的密码期限设置
[root@localhost ~]# ls  -dl  /home/sysuser
ls: 无法访问 '/home/sysuser': 没有那个文件或目录
```

（2）passwd 命令。

功能：设置用户账户密码。

格式：

passwd　　[选项]　　[用户]

重要选项：

- -d（delete）：删除用户账户密码（用户不需要密码即可登录）。
- -l（lock）：锁定用户账户。
- -u（unlock）：解锁用户账户。
- -S（status）：查看用户密码状态。

例 6.4 查看并设置用户 testuser 的密码。沿着前面示例的操作结果，初始创建 testuser 时如果并没有设置密码，实际也就是被锁定了。

```
[root@localhost ~]# passwd  -S  testuser    <== 查询用户 testuser 的密码状态
testuser LK 2022-04-03 0 99999 7 -1（密码已被锁定）
```

可自行通过字符终端使用 testuser 账户登录，会发现无法登录。

通过 passwd 命令设定密码后，再次查询 testuser 用户的密码状态结果为"密码已设置，使用 SHA512 加密"。

```
[root@localhost ~]# passwd  testuser         <== 修改用户 testuser 的密码
更改用户 testuser 的密码 。
新的　密码：                                  <== 输入密码时不显示 *
重新输入新的　密码：
passwd: 所有的身份验证令牌已经成功更新。
[root@localhost ~]# passwd  -S  testuser     <== 再次查询用户 testuser 的密码状态
testuser LK 2022-04-03 0 99999 7 -1（密码已设置，使用 SHA512 加密）
```

然后，如果锁定 testuser 用户的话，那么在 shadow 文件中其密码密文的内容前面将会附加有 !!：

```
[root@localhost ~]# passwd  -l  testuser     <== 锁定 testuser 的密码
锁定用户 testuser 的密码 。
passwd: 操作成功
[root@localhost ~]# grep  testuser  /etc/shadow <== 留意 testuser 的密码密文前有 !! 标记
testuser:!!$6$6Fd.PxXMbYePQqVr$0qoa56wFOuV4UmI.0HFjYBhw6P0lxhM620wXN/6W
RPPa/rdNdEvEaG5z0wbajg1AWB9bxaYwPYoZ7EY4bNR7P1:19085:0:99999:7:::
```

对 testuser 解锁后可发现 shadow 文件对应行去掉了 !! 标记：

```
[root@localhost ~]# passwd  -u  testuser
解锁用户 testuser 的密码。
```

passwd：操作成功
```
[root@localhost ~]# grep testuser /etc/shadow
testuser:$6$6Fd.PxXMbYePQqVr$0qoa56wFOuV4UmI.OHFjYBhw6P0lxhM620wXN/6WRP
Pa/rdNdEvEaG5z0wbajg1AWB9bxaYwPYoZ7EY4bNR7P1:19085:0:99999:7:::
```

（3）chage 命令。

功能：查看或设置用户账户的有效期。

格式：

chage　　[选项]　　　　用户名

重要选项：

- -l：列出用户账户的密码保护设置信息。

以下选项需给出格式为"YYYY-MM-DD"的日期参数，或给出数字参数作为天数。

- -d：设置 shadow 文件中对应行的第 3 个字段（最近修改密码的日期）。
- -m（min_days）：设置 shadow 文件中对应行的第（4）个字段（修改密码的至少间隔天数）。
- -M（max_days）：设置 shadow 文件中对应行的第（5）个字段（密码有效天数）。
- -W（warndays）：设置 shadow 文件中对应行的第（6）个字段（发送警告信息的提前天数）。
- -I（inactive）：设置 shadow 文件中对应行的第（7）个字段（密码过期到锁定用户的天数）。
- -E（expiredate）：设置 shadow 文件中对应行的第（8）个字段（账户过期的日期）。

例 6.5　设置强制用户修改密码。如果设置最近修改密码的日期为 1970-01-01（也即 shadow 文件中对应行的第（3）个字段的内容为 0），那么系统将在用户下次登录时强制其修改密码。

```
[root@localhost ~]# chage -d 0 testuser
[root@localhost ~]# chage -l testuser      <== 列表查看 testuser 的密码有效期
最近一次密码修改时间                          ：密码必须更改
密码过期时间                                  ：密码必须更改
密码失效时间                                  ：密码必须更改
账户过期时间                                  ：从不
两次改变密码之间相距的最小天数                ：0
两次改变密码之间相距的最大天数                ：99999
在密码过期之前警告的天数                      ：7
```

然后，利用 SSH 服务测试账户，完毕后连接关闭，重新用新密码登录即可：

```
[root@localhost ~]# ssh testuser@localhost
testuser@localhost's password:
You are required to change your password immediately (administrator enforced)
```
（其余内容略，此处将要求更新密码）

例 6.6 设置用户 testuser 的账户密码在 3 天后过期。这里延续例 6.5 的结果进行操作。

```
[root@localhost ~]# date
2022 年 04 月 04 日 星期一 15:19:03 CST              <== 查看当前系统时间
[root@localhost ~]# chage -M 3 testuser
[root@localhost ~]# chage -l testuser
最近一次密码修改时间                  : 4 月 04, 2022
密码过期时间                          : 4 月 07, 2022        <== 当前时间后 3 天过期
密码失效时间                          : 从不
账户过期时间                          : 从不
两次改变密码之间相距的最小天数        : 0
两次改变密码之间相距的最大天数        : 3
在密码过期之前警告的天数              : 7
```

然后可以重新让账户永久生效：

```
[root@localhost ~]# chage -M 99999 testuser
[root@localhost ~]# chage -l testuser
最近一次密码修改时间                  : 4 月 04, 2022
密码过期时间                          : 从不
密码失效时间                          : 从不
账户过期时间                          : 从不
两次改变密码之间相距的最小天数        : 0
两次改变密码之间相距的最大天数        : 99999
在密码过期之前警告的天数              : 7
```

（4）usermod 命令。

功能：修改用户账户设置。

格式：

usermod　[选项]　用户名

重要选项：多数选项与 useradd 命令的选项相同。额外的选项如下。

-l：该选项后面需给出新用户名参数，用于设置新的用户账户名称。

例 6.7 补充用户的基本说明并修改用户名为 tuser。

```
[root@localhost ~]# usermod -c "user for test" testuser
[root@localhost ~]# grep testuser /etc/passwd
testuser:x:1001:1001:user for test:/home/testuser:/bin/bash
```

（5）id 命令。

功能：查看用户账户的 UID、GID 以及所属组群等信息。

格式：

id　用户名

（6）userdel 命令。

功能：删除用户账户。

格式：

userdel [选项] 用户名

重要选项：

-r：删除用户的主目录和邮件文件内容。

例 6.8 删除用户账户 testuser 及其相关的文件内容。

```
[root@localhost ~]# userdel  -r  testuser
[root@localhost ~]# ls  /home/testuser
ls：无法访问 /home/testuser：没有那个文件或目录
```

思考 & 动手：用户密码与 shadow 文件

通过这一题总结一些密码管理操作对 shadow 文件所做的修改。新建用户 abc（默认不设置初始密码）并通过执行 shell 命令完成以下上机操作。对比每个操作完成前后 shadow 文件中用户 abc 相关信息发生了什么变化。

（1）为用户 abc 添加密码。
（2）设置用户 abc 不需要输入密码即可登录。
（3）锁定用户 abc。
（4）设定用户 abc 在 10 天内必须更改密码。

---

2. 组群管理命令

与用户管理命令类似，Linux 提供一组命令用于组群管理，同样涵盖了增加、修改、查询、删除 4 大操作。下面介绍若干较为常用的组群管理命令，对应于用户组群的增加（groupadd）、修改（groupmod）、查询（groups）、删除（groupdel）等操作，练习以下示例时请注意用到了一个测试组群（student），并按示例顺序进行对该组群的增加、修改、查询和删除等操作。

（1）groupadd 命令。

功能：增加一个用户组群。

格式：

groupadd [选项] 组群名称

重要选项：

-g：该选项后面需给出数字参数，用于指定新建组群的 ID。

例 6.9 创建组群并指定 GID 为 600。

```
[root@localhost ~]# groupadd  student  -g  2000
[root@localhost ~]# grep  student  /etc/group
student:x:2000:
```

（2）groupmod 命令。

功能：修改组群设置。

格式：

groupmod ［选项］ 组群名

重要选项：

- -g：该选项后面需给出数字参数，用于指定组群的 GID。
- -n（name）：该选项后面需给出名字参数，用于设置组群的新名称。

例 6.10 修改组群 student 的名称为 student2022。

```
[root@localhost ~]# groupmod  student  -n  student2022
[root@localhost ~]# grep  student  /etc/group
student2022:x:2000:                    <==ID 值不变
```

（3）groups 命令。

功能：查看一个用户所属的所有组群。

格式：

groups 用户名

例 6.11 将用户 study 添加到新建组群 student2022 中。

```
[root@localhost ~]# usermod  -G  student2022  study
[root@localhost ~]# groups  study
study : study student2022
```

（4）groupdel 命令。

功能：删除组群。

格式：

groupdel ［选项］ 组群名

例 6.12 删除组群 student2022。

```
[root@localhost ~]# groupdel  student2022
[root@localhost ~]# groups  study
study : study                       <== 原来的附加组群 student2022 没有了
```

思考 & 动手：附加组群与 group 文件

用户的主组群只有一个。前面思考 & 动手练习中创建用户 abc 时默认同时创建了组群 abc，用户 abc 以该组群为主组群。通过 id 命令可查看 abc 所属主组群：

```
[root@localhost ~]# id  abc
uid=1007 (abc) gid=1008 (abc) 组 =1008 (abc)
```

其中，"gid=1008（abc）"表示 abc 所属主组群，而 "组 =1008（abc）"表示用户所属的所有组群，目前用户 abc 只属于组群 abc。

用户可以设置同时属于多个附加组群吗？可以通过直接修改 /etc/group 文件进行设置。新建组群 testgroup 并修改 /etc/group/ 文件，设置用户 abc 同时以组群 study 和 testgroup 为附加组群。设置好后可通过 id 命令再次查看用户 abc 的信息：

```
[root@localhost ~]# id abc
uid=1007(abc) gid=1008(abc) 组=1008(abc),1000(study),1009(testgroup)
```

6.2.5 用户账户切换

如前所述，用户管理的核心是对用户及其资源使用的各种权限进行审核。例如以普通用户的身份查看 /root 目录会被禁止：

```
[study@localhost ~]$ ls /root
ls: 无法打开目录'/root': 权限不够
```

这是因为 study 用户不具有查看目录 /root 的权限。由于根用户账户的重要性，通常情况是管理员以普通用户身份使用系统，当需要根用户权限时通过命令 su（substitute user）切换身份，这时需要输入根用户密码，审核通过后便可以根用户身份执行操作，完毕后再用 exit 命令重新回到原用户账户。

例 6.13 用 su 命令切换用户账户。

```
[root@localhost ~]# su study            <== 根用户切换为普通用户时不需要密码
[study@localhost root]$ ls              <== 切换后 study 用户仍以 /root 为当前目录
ls: 无法打开目录'.': 权限不够            <== 权限降低了
[study@localhost root]$ su root         <== 再一次切换为 root 用户
密码：                                   <== 普通用户切换到根用户需要密码
[root@localhost ~]# ls                  <== 现在是 root 用户身份，权限提升了
公共  视频  文档  音乐  anaconda-ks.cfg
（省略部分显示结果）
[root@localhost ~]# exit                <== 退回到切换前的身份
exit
[study@localhost root]$ exit            <== 总共切换了两次，对应地退出两次
exit
[root@localhost ~]#                     <== 回到原来最初身份
```

账户切换自然需要验证用户密码。不过从以上示例可见，根用户切换为其他普通用户时并不需要验证密码，但普通用户切换到根用户，或者普通用户之间切换需要验证密码。这种依靠密码的身份切换操作并不方便，特别是并不利于根用户密码的保护和管理。

为保护 root 用户密码的安全，更稳妥的办法是在已经预先被授权的前提下，让普通用户只需输入其密码即可以执行特定的管理操作。这时首先需要根用户利用 visudo 命令做好有关设置，然后普通用户可以使用 sudo 命令执行指定的管理操作。

例 6.14 授权普通用户管理系统。首先 root 用户往 /etc/sudoers 文件添加用户 study。输入 visudo 命令后，该命令将启动 vi 编辑器并打开 /etc/sudoers 文件，内容如下：

```
## Sudoers allows particular users to run various commands as
## the root user, without needing the root password.
```
（部分显示内容省略）

找到如下行：

```
root    ALL=(ALL)       ALL
```

该行配置的含义是指：

登录用户　　登录位置 =（可切换的用户账户）　　　　可执行的命令

也即指 root 用户可使用任意登录位置切换为任何用户账户（ALL=（ALL）），并以此账户的身份执行任何命令（ALL）。在该行下面添加用户 study：

```
## Allow root to run any commands anywhere
root    ALL=(ALL)       ALL
study   ALL=(ALL)       ALL
```
（部分显示内容省略）

root 用户配置好 sudoers 文件后，study 用户即可以 root 用户的身份执行 sudo 命令，以此查看目录 /root 中的内容：

```
[study@localhost root]$ sudo  ls
信任您已经从系统管理员那里了解了日常注意事项。
总结起来无外乎这三点：

    #1) 尊重别人的隐私。
    #2) 输入前要先考虑（后果和风险）。
    #3) 权力越大，责任越大。

[sudo] study 的密码：                        <== 输入 study 用户的密码
公共   视频   文档   音乐   anaconda-ks.cfg
```
（省略部分显示结果）

6.3　综合实训

案例 6.1　批量新建普通用户账户

1. 案例背景

经常需要创建一批普通账户，例如为某个班级的学生各分配一个账户，而且还要为这些账户设置初始密码，这对于系统管理员来说是一个十分烦琐的任务。如果能够自动批量创建和管理普通用户账户，就能大大减少系统管理员的工作量。本案例将编写一个批量新建普通用户账户的脚本，它将读取用户名列表文本并据此创建账户，同时为这些账户设置初始密码。

已学习了脚本编写的基本方法，会想到可以在脚本中循环地执行 useradd 命令以批量新建账户。不过，应如何解决初始密码的设置问题呢？下面从这一功能点的 shell 命令构造入手，讨论如何逐步编写出符合要求的脚本。

2. 操作步骤讲解

第 1 步：构造自动设置用户密码的 shell 命令。之前都是通过交互方式使用 passwd 命令设置密码，这并不适用于脚本的自动化执行。这里希望脚本能够自动设置账户密码。在正式编写脚本之前，需要尝试写出实现这个关键功能的 shell 命令。这涉及还未了解的内容，不妨查看 passwd 手册看看有没有合适的选项可供使用：

```
[root@localhost ~]# man  passwd                     <== 以下是显示内容
PASSWD(1)                   User utilities                        PASSWD(1)
（省略部分显示结果）
        --stdin
               This option is used to indicate that passwd should read
the new password from standard input, which can be a pipe.
（其余内容略，按 Q 键退出）
```

可知 passwd 命令提供了选项 --stdin，可尝试利用该选项获取密码。首先重新添加前面已删除的账户 testuser：

```
[root@localhost ~]# useradd  testuser
```

然后使用选项 --stdin：

```
[root@localhost ~]# passwd  --stdin  testuser
                           <== 把密码设置为用户名本身更改用户 testuser 的密码
testuser                   <== 设置的密码会直接显示在屏幕上
passwd: 所有的身份验证令牌已经成功更新。
```

可以发现以上修改密码的方法并未像常规设置那样提示密码过于简单或无效，这样为编写脚本设置默认密码提供了条件。不过怎样才能不用键盘输入便能自动设置默认密码呢？按照手册的提示，可以考虑使用管道把要设置的密码送给 passwd 命令来处理：

```
[root@localhost ~]# echo  "testuser" | passwd  --stdin  testuser
更改用户 testuser 的密码。
passwd: 所有的身份验证令牌已经成功更新。
```

从结果看来这个方法的确可行，这为正式编写脚本提供了基础。

第 2 步：编写脚本框架。可参考例 5.6 "枚举人名" 的思路编写创建用户账户的 for 循环。但不同的是，为了实现自动创建账户，不能把账户名嵌入在脚本当中，可以让脚本读取特定的文件，从中获得用户账户列表。以下脚本框架命名为 addusers_frame.sh：

```
#!/bin/bash
# 从同一目录下的文件 userlist 中读取用户账户列表
```

```
    if [ -e userlist ] && [ -f userlist ]; then
        list=`cat userlist`
        # 如果读取成功则遍历每一个账户名
        for account in $list
        do
            echo $account
        done
    else
        echo "need the userlist"
        exit
    fi
```

然后测试以上脚本框架。首先在脚本 addusers_frame.sh 所在目录创建文件 userlist，内容如下：

```
[root@localhost ~]# cat userlist
student01
student02
student03
student04
student05
```

执行脚本 addusers_frame.sh 应能看到如下结果：

```
[root@localhost ~]# chmod u+x addusers_frame.sh
[root@localhost ~]# ./addusers_frame.sh
student01
student02
student03
student04
student05
```

第 3 步：向脚本框架输入功能代码。在前面编写的框架中输入三个命令：新建用户、设置初始密码和设置账户登录时必须修改密码。以下脚本代码保存为文件 addusers.sh。

```
#!/bin/bash
# 从同一目录下的文件 userlist 中读取用户账户列表
if [ -e userlist ] && [ -f userlist ]; then
    list=`cat userlist`
    # 如果读取成功则遍历每一个账户名
    for account in $list
    do
        useradd $account
        # 通过管道设置以账户名为内容的密码
        echo $account | passwd --stdin $account
        # 设置账户必须修改密码
        chage -d 0 $account
    done
else
```

```
        echo  "need the userlist"
        exit
fi
```

第4步：测试脚本。首先需确认在脚本的所在目录已有用户列表 userlist 文件。测试结果如下：

```
[root@localhost ~]# chmod  u+x  addusers.sh
[[root@localhost ~]# ./addusers.sh
更改用户 student01 的密码。
passwd：所有的身份验证令牌已经成功更新。
更改用户 student02 的密码。
passwd：所有的身份验证令牌已经成功更新。
更改用户 student03 的密码。
passwd：所有的身份验证令牌已经成功更新。
更改用户 student04 的密码。
passwd：所有的身份验证令牌已经成功更新。
更改用户 student05 的密码。
passwd：所有的身份验证令牌已经成功更新。
```

可在 passwd 文件中过滤出相关信息：

```
[root@localhost ~]# grep  student  /etc/passwd
student01:x:1003:1003::/home/student01:/bin/bash
student02:x:1004:1004::/home/student02:/bin/bash
student03:x:1005:1005::/home/student03:/bin/bash
student04:x:1006:1006::/home/student04:/bin/bash
student05:x:1007:1007::/home/student05:/bin/bash
```

第5步：测试用户账户。在一个字符终端上以 student01～student05 的身份登录系统。如图 6.2 所示，系统提示 root 用户要求强制修改密码：

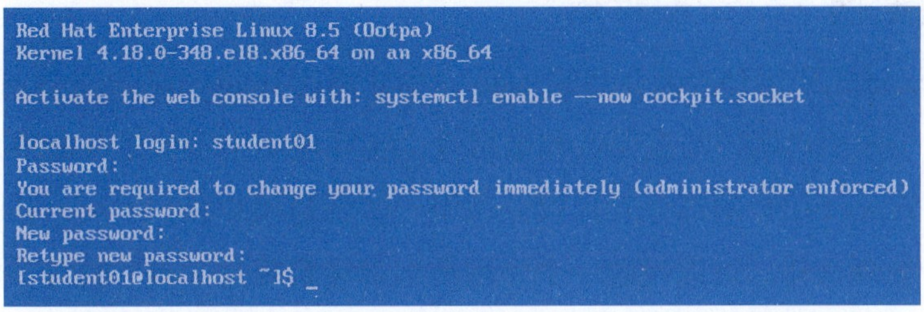

图 6.2　强制要求 student01 用户第一次登录系统时修改密码

3. 总结

尝试构造实现关键功能的 shell 命令往往是编写 shell 脚本的第一步。然而，平常往往在字符终端下以交互方式使用命令，这些命令并不一定适合直接应用在脚本当中，而是经过必要的改造，使之符合脚本执行环境的要求。在编写脚本时需要注意交互方式执行 shell 命令与 shell 脚本自动化执行的差异。

4. 拓展练习：为每个用户设置随机初始密码

显然统一有规律的初始密码并不安全，常见的做法是把初始密码设置为随机数。可以利用环境变量 $RANDOM 获取随机数。修改脚本 addusers.sh，为每
个用户设置随机初始密码，把密码记录在文件 /root/init_passwd 中。修改完成后，可先删除原新建用户 student01～student05，然后对脚本进行测试。

案例 6.2　构建管理员组群执行备份工作

1. 案例背景

之前在基础实训中介绍了组群的概念，一定程度上 Linux 用户可以通过组
群共享信息。例如在本实训指出 study 用户不具有查看 /root 目录内容的权限。
如果根用户把 study 用户的附加组群设置为 root 组群：

```
[root@localhost ~]# usermod  -G  root  study
[root@localhost ~]# id  study
uid=1000（study）gid=1000（study）组=1000（study），0（root） <==多了一个附加组群
```

然后切换为 study 用户，就可以发现能够查看 /root 目录的内容了：

```
[root@localhost ~]# su  study
[study@localhost root]$ ls
```

公共　　图片　　音乐
（省略部分显示结果）

不过这种共享十分有限，当进行其他一些操作时就会被禁止，例如即使是使用 touch 命令也会被禁止：

```
[study@localhost root]$ touch   file
touch：无法创建 'file'：权限不够
```

由此可见，还需要用到前面介绍的 sudo 命令才能让 study 用户充分执行管理操作。

另外，由于根用户账户的重要性和敏感性，实际应用中不应过分集中地使用 root 用户账户，而是将 root 用户的部分管理权分散至一些普通用户账户上面，让普通用户使用 sudo 命令执行管理操作。可以设置一个管理员组群来实现这一点。管理员组群中的用户只拥有部分 root 用户的特权，例如可赋予管理员组群成员能够执行原本只有根用户才可执行的文件备份操作。这样当需要备份数据时，即使管理人员不掌握 root 用户密码，也可以完成工作。本案例将演示如何构建一个管理员组群专门用于执行备份工作。

2. 操作步骤讲解

第 1 步：创建负责文件备份的管理员组群。root 用户使用如下命令创建组群 backup_group：

```
[root@localhost ~]# groupadd  backup_group
```

然后修改用户 study 的附属组群为 backup_group：

```
[root@localhost ~]# usermod -G backup_group study
[root@localhost ~]# id study
uid=1008（study）gid=1009（study）组=1009（study），1008（backup_group）
```

第 2 步：修改 /etc/sudoers 文件。root 用户利用 visudo 命令打开 sudoers 文件，增加命令别名配置：

```
[root@localhost ~]# visudo
```
（省略部分显示结果）
```
## Command Aliases
## These are groups of related commands...   <== 在此下一行增加命令别名 BACKUP
Cmnd_Alias BACKUP = /usr/bin/cp, /usr/bin/mkdir
```

命令别名 BACKUP 指定了管理员可以执行的 shell 命令，注意需要给出这些命令的绝对路径。这里只允许管理员执行与备份有关的操作，如新建文件夹、复制文件等。以上操作命令的具体路径可以通过如下方式确认：

```
[root@localhost ~]# which cp
alias cp='cp -i'
    /usr/bin/cp
[root@localhost ~]# which mkdir
/usr/bin/mkdir
```

然后继续增加组群 backup_group 的权限配置：

```
root       ALL=（ALL）     ALL                          <== 留意这个位置
%backup_group  ALL=（ALL） NOPASSWD:BACKUP              <== 在此增加配置行
```

这里设置了组群成员无须密码（NOPASSWD）便能够以任意的用户身份（默认是根用户的身份）执行别名 BACKUP 中所列的命令。注意删去例 6.14 中的如下设置行：

```
study      ALL=（ALL）     ALL
```

第 3 步：测试管理员权限。首先从 root 用户切换为 study 用户身份，然后执行如下操作，由于 study 不再是 root 组群的成员，因此又会被警告权限不够：

```
[root@localhost ~]# su study
[study@localhost root]$ ls /root
ls：无法打开目录 /root：权限不够
```

然后利用 sudo 命令测试执行 cp 命令：

```
[study@localhost ~]$ sudo cp /root/.bash_profile /home/study/root_profile
[study@localhost ~]$ ls -l /home/study/root_profile
-rw-r--r--. 1 root root 176 4月  9 16:46 /home/study/root_profile
```

这说明 study 用户可以迁移 root 用户的文件到自己的主目录下，因此 study 用户可以做一些原本由 root 用户执行的备份工作。注意，这次不需要密码直接即可复制文件。不过，由于可操作列表中没有 ls 命令，因此即使 study 用 sudo 命令执行 ls 命令也是被禁止的：

```
[study@localhost root]$ sudo  ls
[sudo] study 的密码：
对不起，用户 study 无权以 root 的身份在 localhost.localdomain 上执行 /bin/ls。
```

不过容易想到，前面设置的管理员备份文件权限仍然过于宽松。即使普通用户无法得知文件列表信息，但还是能随意地复制重要文件。如何对管理员的备份行为做出限制？可以让 backup_group 组群成员只可执行指定的备份脚本，把文件备份到脚本中指定的目标目录。

第 4 步：设置管理员只可执行指定备份脚本。这里规定组群 backup_group 的成员只可执行案例 5.2 介绍的备份脚本 backup.sh。root 用户把该脚本复制至目录 /usr/bin/：

```
[root@localhost ~]# cp  backup.sh  /usr/bin/backup
[root@localhost ~]# ll  /usr/bin/backup  <== 注意确认权限，可通过桌面工具自行设置
-rwx------. 1 root root 594 3月  30 16:02 backup.sh
```

重新以 root 用户身份通过 visudo 命令修改 /etc/sudoers 文件中命令别名 BACKUP 的配置行如下，即去掉原有可执行 cp、mkdir 命令的权限。

```
Cmnd_Alias BACKUP = /usr/bin/backup
```

第 5 步：测试管理员执行备份脚本的权限。注意确认是否已准备好以下待备份的目录，这里仍然以案例 5.2 所用目录 /root/shellscript 为例：

```
[root@localhost ~]# ls  shellscript/
brk-continue.sh    cmpstring.sh     inverse.sh     printname.sh     statIP.sh
cmpnumber.sh       dircheck.sh      max.sh         printnumber.sh
```

准备好后，以 study 身份执行备份脚本 backup.sh。因该脚本已复制至目录 /usr/bin，study 用户可以作为 shell 命令直接执行：

```
[study@localhost ~]$ sudo  backup  /root/shellscript
即将：把 /root/shellscript 备份至 /root/backup20220409172553  <== 备份文件仍在 /root
brk-continue.sh 已备份
cmpnumber.sh 已备份
cmpstring.sh 已备份
dircheck.sh 已备份
inverse.sh 已备份
max.sh 已备份
printname.sh 已备份
printnumber.sh 已备份
statIP.sh 已备份
备份完成
```

【注意】 以上备份结果的目标目录仍在 root 的主目录中，这意味着 study 用户虽然可执行备份工作，但备份结果自然无权查看，同时也被禁止执行随意的复制操作了：

```
[study@localhost ~]$ sudo    cp    /root/.bash_profile    /home/study/root_
profile
[sudo] study 的密码：
```
对不起，用户 `study` 无权以 `root` 的身份在 `localhost.localdomain` 上执行 `/bin/cp /root/.bash_profile /home/study/root_profile`。

3. 总结

在这个案例里面，讨论了如何划定某类操作，通过 sudo 命令让普通用户加入管理员组群负责此类操作的具体执行，以此达到分散 root 用户管理权的目的。在前面的讨论中已多次涉及权限这一概念，知道不同用户在系统当中具有不同的权限，即可以做的事情并不相同。而权限的概念与文件访问有着紧密联系。在下一实训，将会详细讨论用户对文件访问的具体权限及其设置。

4. 拓展练习：设置可查看系统文件的管理员组群

设置管理员组群 read_group 中，使组群成员能够通过 sudo 命令以 root 用户身份通过 cat、more、tail、head 等命令查看系统中的文件。把前面新建的用户 student01 加入组群 read_group 中，以此测试设置是否成功。

实训 7　文件管理

7.1　知识结构

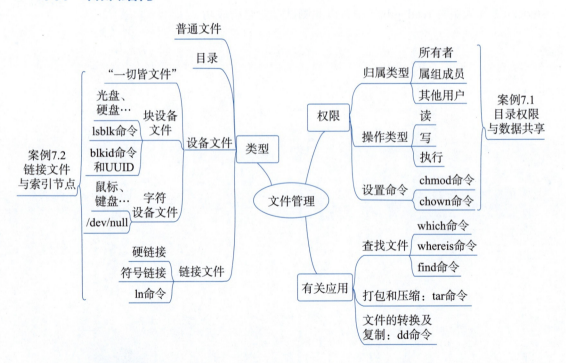

7.2　基础实训

7.2.1　Linux 的文件类型

1. 文件类型概览

"一切皆文件",这是对 UNIX 类操作系统的经典概括,意思是操作系统把管理对象均抽象并表示为文件，而相应地把管理操作表示为文件操作。Linux 中有各种类型的文件，表 7.1 列出了一些文件类型及其在 ls 命令结果中的表示代码。

表 7.1 文件类型及其在 ls 命令结果中的表示代码

文 件 类 型	类 型 代 码
普通文件（regular file）	-
目录（directory）	d
字符设备文件（character）	c
块设备文件（block）	b
符号链接文件（link）	l
套接字（socket）	s
管道（pipe）	p

例 7.1 查看文件类型。利用 ls 命令即可列出每个文件所属的类型，列表中每一行的第一个字母表示了对应的文件类型代码，也可以使用 file 命令查看某个文件的类型。

```
[root@localhost ~]# ll  /dev       <==ll 是命令 ls -l --color=auto 的别名
总用量 0
crw-r--r--.   1 root root    10, 235    3月  3 15:18 autofs
drwxr-xr-x.   2 root root    160        3月  3 15:18 block
drwxr-xr-x.   2 root root    60         3月  3 15:18 bsg
drwxr-xr-x.   3 root root    60         3月  3 15:18 bus
lrwxrwxrwx.   1 root root    3          3月  3 15:21 cdrom -> sr0
drwxr-xr-x.   2 root root    3020       4月  13 14:41 char
crw-------.   1 root root    5,   1     3月  3 15:18 console
lrwxrwxrwx.   1 root root    11         3月  3 15:18 core -> /
                                                    proc/kcore
drwxr-xr-x.   3 root root    60         3月  3 15:18 cpu
crw-------.   1 root root    10,  62    3月  3 15:18 cpu_dma_
                                                    latency
drwxr-xr-x.   7 root root    140        3月  3 15:18 disk
brw-rw----.   1 root disk    253,  0    3月  3 15:18 dm-0
brw-rw----.   1 root disk    253,  1    3月  3 15:18 dm-1
```
（省略部分显示结果）
```
[root@localhost ~]# file  /dev/cdrom
/dev/cdrom: symbolic link to sr0    <==/dev/cdrom 是文件 sr0（光驱）的符号链接
[root@localhost ~]# file  /dev/console
/dev/console: character special (5/1) <==/dev/console 是系统控制台的设备文件
```
下面将按表 7.1 所示的文件类型次序介绍除套接字和管道文件之外的各种文件类型，其中对于符号链接文件将结合硬链接文件进行具体介绍。

2. 普通文件

普通文件包括了文本文件、二进制文件等。文本文件可通过 cat 命令或 vim 编辑器等工具直接访问。可执行程序、图形文件等均属于二进制文件，例如前面已经介绍过的 which 命令可以查看 cat 等 shell 命令作为二进制文件在系统中的存放位置。

例 7.2 查看 shell 命令的存放位置。利用 file 命令可查询 /bin/cat 文件的具体信息。

```
[root@localhost ~]# which  cat
/usr/bin/cat
[root@localhost ~]# file  /usr/bin/cat          <==file 命令能查询更详细的版本信息
/usr/bin/cat: ELF 64-bit LSB shared object, x86-64, version 1 (SYSV),
dynamically linked, interpreter /lib64/ld-linux-x86-64.so.2, for GNU/Linux
3.2.0, BuildID[sha1]=1e8fb43d197eddeaa361995a88dedb415f1ebead, stripped
```

还有一些二进制文件是具有特定数据格式的文件，它们需要由特定的程序访问，例如 /var/log/wtmp 和 /var/log/btmp 文件，它们需要由 last 和 lastb 命令读出文件中的信息。

例 7.3 /var/log/wtmp 和 /var/log/btmp 文件的访问。/var/log/wtmp 文件记录了用户成功登录系统的信息，而 /var/log/btmp 则把用户尝试登录系统但不成功的信息记录下来。可以尝试利用 cat 命令查看这两个文件，得到的将是一堆乱码。

```
[root@localhost ~]# ll  /var/log/wtmp  /var/log/btmp
-rw-------.   1     root utmp    768    4月  12 15:56 /var/log/btmp
-rw-rw-r--.   1     root utmp   43776   4月  12 15:56 /var/log/wtmp
[root@localhost ~]# last        <== 利用 last 查看 /var/log/wtmp（最近登录信息）
student0 pts/2          ::1           Tue Apr 12 15:56 - 15:56  (00:00)
（省略部分显示结果，信息按登录时间排列，首先显示最新信息）

wtmp begins Mon Feb  7 22:01:40 2022
[root@localhost ~]# lastb             <== 利用 lastb 查看 /var/log/btmp
student0 ssh:notty      ::1           Tue Apr 12 15:56 - 15:56  (00:00)
student0 ssh:notty      ::1           Tue Apr 12 15:42 - 15:42  (00:00)

btmp begins Tue Apr 12 15:42:57 2022
```

3. 目录

目录本身也是一种文件，但它与后面介绍的设备文件和符号链接文件都属于特殊文件。Linux 利用目录把文件组织为树状结构的文件系统，目录记录了它内部所有文件的属性信息。为关联上一级目录以及它自己本身，在每个目录下有两个特殊目录："." 和 ".."，其中 "." 表示当前目录本身，而 ".." 则表示当前目录的父目录。

例 7.4 目录 "." 和 ".." 的含义。假设在 /root 中有文件 test 以及子目录 testdir，从以下命令的结果可见特殊文件 "." 和 ".." 的含义。

```
[root@localhost ~]# cat   test
hello
[root@localhost ~]# cat   ./test              <== "." 表示当前目录本身
hello
[root@localhost ~]# cd   testdir
```

```
[root@localhost testdir]# pwd
/root/testdir
[root@localhost testdir]# cat  ../test      <== ".."则表示当前目录的父目录
hello
```

4. 设备文件

Linux 系统采用设备文件统一管理硬件设备，将硬件设备的特性及管理细节对用户隐藏起来，用户程序不需要关心设备的硬件细节，只需要通过统一的文件访问操作接口即可使用设备。这也是"一切皆文件"这句口号最为突出的体现。

在 Linux 中，设备可分为字符设备和块设备，对应地有字符设备文件和块设备文件。两种设备的区别在于，字符设备如键盘、鼠标等，并不具备 I/O 缓冲，因此以单个字节为基本的数据传输单位，而硬盘等块设备则具备 I/O 缓冲，因而每次 I/O 读写均为一个数据块（如 512 B）。下面通过一些示例介绍典型的设备文件。

例 7.5 鼠标设备文件。鼠标属于典型的字符设备，其设备文件存放于 /dev/input 下。显示结果中，mouse0 ～ 3 对应于第 1 ～ 4 个鼠标设备，而 mice 则对应于通用的 USB 鼠标设备。

```
[root@localhost input]# pwd
/dev/input
[root@localhost input]# ll
（省略部分显示结果）
crw-rw----. 1 root input 13, 63 3月  3 15:18 mice
crw-rw----. 1 root input 13, 32 3月  3 15:18 mouse0
crw-rw----. 1 root input 13, 33 3月  3 15:18 mouse1
crw-rw----. 1 root input 13, 34 3月  3 15:18 mouse2
crw-rw----. 1 root input 13, 35 4月  9 17:23 mouse3
```

光盘、硬盘等属于典型的块设备，它们在 /dev 目录下有对应的设备文件。硬盘按接口可分为 NVMe、SCSI、IDE 等类型，使用 NVMe 接口的硬盘其设备文件一般命名为 nvme0n1、nvme0n2 等，使用 IDE 接口的为 hda、hdb 等，而使用 SCSI 接口的则为 sda、sdb 等。

实际使用中视需求而定可将硬盘的存储空间划分为若干区域，每个区域即被称为硬盘分区。对于已经分区的硬盘，其中的每个硬盘分区为一个独立的设备文件。例如，设 SCSI 硬盘 sda 中包括两个分区，那么这两个分区的设备文件为 sda1 和 sda2。那么如何知道系统中有哪些块设备以及它们所对应的文件呢？这可以通过命令 lsblk 清楚地了解。

例 7.6 使用命令 lsblk 列出块设备文件及其关系。如下展示的是按照默认方式通过 VMware 虚拟机安装 RHEL 8.5 系统后的块设备及其从属关系。

```
[root@localhost ~]# lsblk
NAME                MAJ:MIN RM    SIZE    RO TYPE    MOUNTPOINT
```

```
sr0                    11:0     1    10.2G    0 rom   /run/media/root/RHEL-
                                                      8-5-0-BaseOS-x86_64
nvme0n1               259:0     0     20G     0 disk
├─nvme0n1p1           259:1     0      1G     0 part  /boot
└─nvme0n1p2           259:2     0     19G     0 part
  ├─rhel-root         253:0     0     17G     0 lvm   /
  └─rhel-swap         253:1     0      2G     0 lvm   [SWAP]
```

以上结果表明，本系统实际只有两个物理设备：一个为光驱（sr0），里面放置了安装光盘的 .iso 文件；另一个为 NVMe 接口的硬盘，初始化大小为 20GB，其中的两个分区有对应的设备文件 nvme0n1p1 和 nvme0n1p2。rhel-root 和 rhel-swap 则是逻辑卷设备文件，它们都使用了 nvme0n1p2 的存储空间，这部分内容将会在后面再做详细介绍。

例 7.7 空设备文件。空设备文件属于一种特殊的字符设备文件，它并不对应于某种真实的物理设备。它的特殊之处在于所有写入空设备的内容都会被丢弃，读这个设备会立即返回一个文件尾标志（EOF）。可以将一些不需要保留的输出结果重定向到空设备文件中，也可利用空设备文件创建一个普通的空文件，其结果类似于使用 touch 命令。

```
[root@localhost dev]# ll /dev/null
crw-rw-rw-. 1 root root 1, 3 3月 3 15:18 /dev/null    <==/dev/null 是字符设备文件
[root@localhost ~]# cp /dev/null null         <== 复制 /dev/null 文件到 /root 下
[root@localhost ~]# stat null                 <== 实际得到的是空文件
  文件：null
  大小：0            块：0            IO 块：4096    普通空文件
设备：fd00h/64768d   Inode：34691498             硬链接：1
权限：(0644/-rw-r--r--)  Uid:(    0/    root)   Gid:(    0/    root)
环境：unconfined_u:object_r:admin_home_t:s0
最近访问：2022-04-14 15:45:18.679259502 +0800
最近更改：2022-04-14 15:45:18.679259502 +0800
最近改动：2022-04-14 15:45:18.679259502 +0800
创建时间：2022-04-14 15:45:18.679259502 +0800
```

【注意】 每个物理设备在系统中所对应的设备文件并非一成不变。例如，当一个 U 盘插入计算机中，系统会为其分配一个设备文件，如 /dev/sdb1。但再次使用时如果已有其他设备使用了 /dev/sdb1，那么该 U 盘将会被分配为 /dev/sdc1 等其他设备文件。

为便于识别和管理物理设备，Linux 将会记录一些块存储设备的 UUID（Universally Unique Identifier，通用唯一识别码），这样即使某个物理设备所对应的设备文件发生改变，系统仍然能识别出该设备。可以通过 blkid 命令获取系统中块设备的 UUID 值。

命令名：blkid（block id）

功能：查找 / 打印块设备的属性。

格式：

```
blkid        [选项]      [设备文件]
```

重要选项：

-p（probe）：此选项需要给出设备文件名称作为参数。探测设备的所有基本信息，包括 UUID、文件系统类型等。

例 7.8 查询系统中块设备的 UUID 及有关属性。可对照前面 lsblk 命令的示例结果理解 blkid 命令操作的结果。

```
[root@localhost ~]# blkid -p /dev/nvme0n1p1
/dev/nvme0n1p1:UUID="ea504926-8a41-4104-b923-02599aa7b551" BLOCK_SIZE="512" TYPE="xfs" USAGE="filesystem" PART_ENTRY_SCHEME="dos"
```
（省略部分显示结果）
```
[root@localhost ~]# blkid -p /dev/rhel/root
/dev/rhel/root:UUID="dc807e5c-7352-4f47-adf9-bd031cf4bf41" BLOCK_SIZE="512" TYPE="xfs" USAGE="filesystem"
```

5. 链接文件

链接文件指向某个实际的目标文件，其用途类似于 Windows 系统中的"快捷方式"，也即当访问链接文件时，实际访问的将是链接文件所指向的目标文件。例如前面了解有设备文件 /dev/rhel/root，它实际只是一个链接文件，对其查询所得的块设备信息其实都是关于 /dev/dm-0 的。

```
[root@localhost ~]# ll /dev/rhel/root    <==/dev/rhel/root 实际指向上一级设备文件 dm-0
lrwxrwxrwx. 1 root root 7 4月  13 16:17 /dev/rhel/root -> ../dm-0
[root@localhost ~]# ls -l /dev/dm-0
brw-rw----. 1 root disk 253, 0 4月  13 16:17 /dev/dm-0
```

链接文件分为硬链接（hard link）文件和符号链接（symbolic link）文件，符号链接仅记录目标文件所在路径，而硬链接文件实际则是目标文件的一个副本。可以利用 ln 命令创建关于某个目标文件的硬链接文件或符号链接文件。

命令名：ln 命令

功能：创建链接文件，默认创建硬链接文件。

格式：

ln [选项]　　目标文件路径　　　　链接文件路径

重要选项：

-s（symbolic）：建立符号链接文件。

例 7.9 创建链接文件。可通过以下示例理解链接文件的基本作用。首先创建目标文件并写入 hello：

```
[root@localhost ~]# echo hello > target
```

然后创建文件 target 的符号链接：

```
[root@localhost ~]# ln -s target slink_target
[root@localhost ~]# ll slink_target
```

```
lrwxrwxrwx. 1 root root 6 4月  14 16:14 slink_target -> target
```

可以通过符号链接查看目标文件的内容：

```
[root@localhost ~]# cat  slink_target
hello                                              <== 显示的是目标文件的内容
[root@localhost ~]# echo  world > target           <== 再次更新目标文件内容
[root@localhost ~]# cat  slink_target
world                                              <== 通过符号链接看到更新内容
```

另外，硬链接也有类似的功能：

```
[root@localhost ~]# ln  target  hlink_target       <== 创建硬链接
[root@localhost ~]# echo  hard > hlink_target      <== 向硬链接写入 hard
[root@localhost ~]# cat  target
hard                                               <== 目标文件同时更新
```

由以上操作可见，可以通过符号链接和硬链接间接获取或更改目标文件的内容。

思考 & 动手：符号链接与硬链接的区别

新建文件 test（或自行给定文件名称）并往其中写入 hello。分别建立文件 test 的硬链接文件 hln 和符号链接文件 sln，然后通过操作回答如下问题：删除文件 test 后，访问硬链接文件 hln 是否会访问到 test 文件的内容？访问符号链接文件 sln 呢？如果重新建立文件 test 并写入新的内容，那么再次访问硬链接文件 hln 能够得到新 test 文件的内容吗？访问符号链接文件 sln 呢？

7.2.2　文件的权限

1. 三类用户的文件权限

文件的权限是指系统是否允许特定的某种用户对某个文件实施读（read）、写（write）、执行（execute）三种操作。系统核实用户已具备某个文件的某种权限，则允许其对该文件实施对应操作。为管理文件的权限，系统将用户划分为如下三种类型。

（1）文件所有者（owner）：一般来说文件的创建者自然是该文件的所有者。然而系统允许文件所有者将所有权转移给另一用户。文件所有者自然拥有设置和修改文件权限的权力，分配属组成员和其他用户对该文件的访问权限。

（2）属组成员（group）：为了管理方便，需设置文件属于哪个用户组群。属组成员是指文件所属组群中的用户、成员对该文件拥有相同的权限。

（3）其他用户（other）：对某个文件来说，除文件所有者和属组成员外的用户均属于其他用户，他们也共同拥有对文件的某种权限。

当用 ls -l 或 stat 命令查看文件基本信息时，能够得到文件所有者、属组成员及其他用户的权限信息。设通过 ls -l 命令查看文件 file 的权限信息结果如下，其具体含义可根据图 7.1 进行理解。

```
-rw-r--r--. 2 root root 24649 11月  7 20:51 file
```

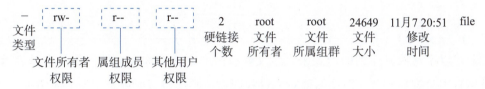

图 7.1　file 文件信息的具体含义

需要注意的是，每个文件的硬链接个数最少有一个，即指它自己本身。如果为某个文件添加了硬链接文件，则硬链接个数也会加 1。如例 7.9 中完成练习后，可以查看文件 target：

```
[root@localhost ~]# ll target
-rw-r--r--. 2 root root 5 4月  14 16:15 target    <=="2" 指的是硬链接个数
```

将在后面进一步讨论为何文件 target 的硬链接个数为 2 而不是 1。

2. 文件权限的表示

图 7.1 采用了字母序列的方式表示了一个文件对于其文件所有者、属组成员和其他用户这三类用户的权限。读、写、执行这三种操作的权限分别用字母 r、w、x 表示。例如查看 /etc/passwd 文件，可发现该文件属于 root 用户，root 用户对其具有读权限和写权限，而 root 组群中的成员以及其他用户均有读权限。

```
[root@localhost ~]# ls -l /etc/passwd
-rw-r--r--. 1 root root 2657 7月  7 20:15 /etc/passwd
```

然而，可以再查看 /etc/shadow 文件的权限设置：

```
[root@localhost ~]# ls -l /etc/shadow
----------. 1 root root 2904 11月 10 19:35 /etc/shadow
```

按以上权限设置即使连 root 用户也不能访问和修改 shadow 文件。但由于 root 用户是 shadow 文件的所有者，因此实际上 root 用户拥有设置 shadow 文件权限的权力，因此 root 用户还是能执行任何对 shadow 文件的所有操作。文件权限的表示如表 7.2 所示。

表 7.2　文件权限的表示

权限的字母表示	对应的二进制值	权限的数字表示
---	000	0
--x	001	1
-w-	010	2
-wx	011	3
r--	100	4

续表

权限的字母表示	对应的二进制值	权限的数字表示
r-x	101	5
rw-	110	6
rwx	111	7

上述以字母及其序列的形式来表示文件权限的方法被称为文件权限的字母表示法。它虽然直观且容易理解,但在需要对文件权限进行整体设置时就显得有些不方便。文件的访问权限不仅可以使用字母来表示,也可以通过数字表示。对于每种用户类型,具有读权限记为 4,具有写权限记为 2,而具有执行权限记为 1。这样 rwx 对应于数字 7,即"4+2+1"。同理可得到所有权限组合的数字表示值,如表 7.2 所示。后面关于文件权限的 shell 命令均可以使用上述两种方法表示文件的访问权限。

3. 文件权限的设置

了解了如何查看和理解文件权限信息之后,可以学习有关权限管理的 shell 命令了。下面主要介绍 chmod 和 chown 命令。

(1)chmod(change mode)命令。

功能:设置文件权限。

格式:

chmod   [选项]   模式   文件路径

chmod 命令使用的重点是在模式的表示上,与文件权限的数字表示法和字母表示法相对应,chmod 命令在设置权限时有数字模式和字母模式两种可供选择:

① 数字模式:根据表 7.2,采用三个数字分别表示对于文件所有者、属组成员和其他用户所要设定的权限。

② 字母模式:文件所有者、属组成员和其他用户分别用字母 u、g、o 表示,字母 a 表示所有用户。权限的增加和删除分别用 + 和 - 号表示,而权限则用 r、w、x 分别表示读、写和执行权限。

例 7.10 设置文件权限。与字母模式相比,数字模式的设置方法更为直接和简单。

```
[root@localhost ~]# rm -f file              <== 把已有的文件 file 删除
[root@localhost ~]# touch file              <== 重新新建文件 file
[root@localhost ~]# ll file                 <== 查看 file 的初始权限设置
-rw-r--r--. 1 root root 0 4月  15 15:13 file  <== 默认权限设置为 rw-r--r--
[root@localhost ~]# chmod g+w file          <== 增加同组用户的写权限
[root@localhost ~]# ll file
-rw-rw-r--. 1 root root 0 4月  15 15:13 file
[root@localhost ~]# chmod 666 file          <== 设置全部用户可读写
```

```
[root@localhost ~]# ll   file
-rw-rw-rw-. 1 root root 0 4月  15 15:13 file
```

目录既然是一种特殊的文件，其权限设置的形式是一样的：

```
[root@localhost ~]# mkdir   testdir            <== 假设该目录不存在
[root@localhost ~]# ls  -dl  testdir           <== 当前的目录权限
drwxr-xr-x. 2 root root 6 4月  17 16:56 testdir
[root@localhost ~]# chmod  775  testdir
[root@localhost ~]# ls  -dl
dr-xr-x---. 33 root root 4096 4月  17 16:56 .   <== 默认权限设置为 r-xr-x---
[root@localhost ~]# ls  -dl  testdir
drwxrwxr-x. 2 root root 6 4月  17 16:56 testdir  <== 为同组用户增加写权限
```

完成以上练习后，不妨讨论一个问题：为什么创建文件 file 之后，它的权限是 rw-r--r-- 而不是其他？为什么创建目录 testdir 之后，其权限是 r-xr-x--- 而不是其他？

这里介绍关于文件权限管理的另一个重要概念：默认权限。当新建一个文件或目录时，系统会为文件设置默认权限。默认权限的设置与系统的 umask 值有关。可以通过 umask 命令查看当前系统的 umask 设置：

```
[root@localhost ~]# umask
0022
```

其中，第一位数字称为粘着位（stick bit），现在只讨论后三位（粘着位留待案例 7.1 讨论），它们是一种掩码，用表 7.2 可以翻译为 ----w--w-。文件被创建后，如果该文件是目录，由于它需要被打开访问，因此它将有初始权限 rwxrwxrwx，而如果该文件并非目录，则它将具有的初始权限为 rw-rw-rw-。系统将使用 umask 设置默认权限。

目录文件：初始权限 rwxrwxrwx 去掉 ----w--w-，结果默认权限为 rwxr-xr-x。

普通文件：初始权限 rw-rw-rw- 去掉 ----w--w-，结果默认权限为 rw-r--r--。

例 7.11 修改文件的默认权限。umask 被修改为 002，即 -------w-。因此，对于普通文件，初始权限 rw-rw-rw- 去掉 -------w-，结果默认权限为 rw-rw-r--。而对于目录文件，初始权限 rwxrwxrwx 去掉 -------w-，结果默认权限为 rwxrwxr-x。

```
[root@localhost ~]# umask                      <== 查看默认的 umask 值
0022
[root@localhost ~]# rm  -f  file               <== 把已有的文件 file 删除
[root@localhost ~]# rm  -rf  newdir            <== 也把已有的目录 newdir 删除
[root@localhost ~]# umask  0002                <== 设置新的 umask 值
[root@localhost ~]# touch  file
[root@localhost ~]# ll  file                   <== 对比例 7.10 默认权限为 rw-r--r--
-rw-rw-r--. 1 root root 0 4月 15 15:35 file    <== 多了第二个 w
[root@localhost ~]# mkdir  newdir
[root@localhost ~]# ls  -dl  newdir            <== 例 7.10 中默认权限为 rwxr-xr-x
drwxrwxr-x. 2 root root 6 4月  15 15:35 newdir  <== 同样多了第二个 w
```

```
[root@localhost ~]# umask  0022           <== 恢复初始的 umask
[root@localhost ~]# umask
0022
```

（2）chown 命令。

功能：设置文件的所有者及所属组群。

格式：

chown   [选项]   所有者[:组群]   文件

例 7.12 设置文件 file 的所有者及所属组群。注意，在操作命令前首先需要确认有 study 用户、study 组群以及 testuser 组群，练习时如果没有这些用户及组群则需自行添加。最后一条 chown 命令单独修改了 newfile 文件的所属组群为 testuser，但保留 study 为 newfile 文件的所有者。

```
[root@localhost ~]# ll file              <== 如果没有文件 file，则需自行创建
-rw-rw-r--. 1 root root 0 4月  15 15:35 file
[root@localhost ~]# chown  study:study  file  <== 修改所有者和所属组群为 study
[root@localhost ~]# ll file
-rw-rw-r--. 1 study study 0 4月  15 15:35 file
[root@localhost ~]# chown  :testuser  file   <== 只修改所属组群
[root@localhost ~]# ll  file
-rw-rw-r--. 1 study testuser 13 4月  19 15:34 file
```

7.2.3　与文件有关的应用

1. 文件的查找

在 Linux 中的文件查找可分为快速查找和完全查找两种。前者由于只在数据库中检索，因此查找速度很快，适合于对一些重要文件的定位，相关命令有前面介绍过的 which 命令，which 命令用于查找某个命令的执行文件路径，这里再另外介绍 whereis 命令，它能对一些特定的文件进行快速查找。完全查找是指在整个文件系统范围内查找文件，因而查找速度较慢，但能够完整地找出所有符合查找条件的文件，对于完全查找，下面会介绍 find 命令供读者使用。

（1）whereis 命令。

功能：快速查找关于某个命令的相关特定文件（包括目录）。

格式：

whereis   [选项]   文件名

重要选项：

-b（binary）：只查找与该命令有关的二进制文件。

-m（manual）：只查找与该命令有关的说明手册文件。

-s（source）：只查找与该命令有关的源代码文件。

例 7.13 查找与 ls 命令有关的二进制文件和手册文件。

```
[root@localhost ~]# whereis  ls              <== 列出了所有相关文件
ls:/usr/bin/ls /usr/share/man/man1/ls.1.gz /usr/share/man/man1p/ls.1p.gz
[root@localhost ~]# whereis  -b  ls          <== 仅列出对应的二进制文件
ls:/usr/bin/ls
[root@localhost ~]# whereis  -m  ls          <== 仅列出对应的说明手册文件
ls:/usr/share/man/man1/ls.1.gz /usr/share/man/man1p/ls.1p.gz
```

（2）find 命令。

功能：对某些特定文件（包括目录）进行完整查找。

格式：

find　　[**查找路径**] [**选项**] [**参数**]

find 命令的选项非常丰富，主要用于指定查找条件，包括时间条件、用户信息条件、文件属性信息条件等几类。在选取了某种查找条件选项之后，需要给出特定的参数以明确查找条件。下面通过例 7.14 介绍一些重要选项，在练习例 7.14 时要注意如果没有符合查找条件的文件可供搜索，就要自行创建一些符合条件的文件进行测试。

常用的选项自然是按照文件名称查找，以下选项用于根据文件名模式查找文件：

-name　　**文件名表达式**

例 7.14 按名称查找文件。这里找出 /root 目录下所有与备份有关的文件和目录。

```
[root@localhost ~]# find  /root -name  "backup*"
（省略部分显示结果）
/root/backup.sh
/root/backup20220409154211
/root/backup20220409160255
/root/backup20220409162702
/root/backup20220409163207
/root/backup20220409171815
/root/backup20220409172239
/root/backup20220409172305
/root/backup2.sh
/root/backup20220409172501
/root/backup20220409172545
/root/backup20220409172553
/root/backup20220410145019
/root/backup20220410150701
```

下面两个选项用于根据用户信息条件查找文件。

查找属于某个用户的所有文件，选项格式为：

-user　　**用户名**

查找属于某个组群的所有文件，选项格式为：

-group   组群名

例 7.15 按照归属关系查找文件。查找 /root 目录中属于 study 用户的所有文件，查找 /root 目录下属于 testuser 用户的所有文件。这里延续了例 7.12 的结果继续操作。

```
[root@localhost ~]# ll  file
-rw-rw-r--. 1 study testuser 13 4月  19 16:44 file
[root@localhost ~]# find  /root  -user  study
/root/file
[root@localhost ~]# find  /root  -group  testuser
/root/file
```

以下是按文件属性信息条件，包括文件大小、类型和权限等方面进行查找的重要选项及其示例。

①查找文件大小大于（+）或小于（-）指定文件大小值的所有文件，选项格式为：

-size   （+/-）文件大小值

其中，文件大小值中用符号 c、k、M、G 分别表示 1B、1024B、1MB 以及 1GB 这四个单位。

②查找符合文件类型的所有文件，选项格式为：

-type   文件类型

其中，除普通文件以符号 f 表示外，其余文件类型的表示符号可参见表 7.1。

③查找符合某种权限模式的文件，选项格式为：

-perm (permission)   （+/-）模式

其中，"+ 模式"用于表示文件的权限至少应有一部分符合模式所表示的权限，"- 模式"用于表示文件的权限应完全包括模式所表示的权限。如果不使用 +/-，则表示文件的权限应正好符合模式所表示的权限。

例 7.16 按照大小、权限和类型查找文件。在 /root 中查找文件大小大于 1MB 的文件。

```
[root@localhost ~]# find  /root  -size  +1M
/root/.cache/tracker/meta.db
/root/.cache/tracker/meta.db-wal
/root/.cache/gnome-software/appstream/components.xmlb
/root/.cache/gnome-software/odrs/ratings.json
/root/.cache/ibus/libpinyin/user_bigram.db
```

查找 /root 目录中正好符合权限模式为 rwxrwxrwx 的文件：

```
[root@localhost ~]# find  /root  -perm  777
/root/slink_target
[root@localhost ~]# ll  /root/slink_target
lrwxrwxrwx. 1 root root 6 4月  14 16:14 /root/slink_target -> target
```

其实，slink_target 是前面创建的符号链接文件，按照类型为符号链接查找 /root 目录也能找到该文件：

```
[root@localhost ~]# find /root -type l          <==l 是符号链接类型的标记
/root/slink_target
```

不知道大家有没有想到一个问题，之前在介绍链接文件的示例中不仅创建了目标文件 target 的符号链接 slink_target，而且还创建了硬链接 hlink_target：

```
[root@localhost ~]# ll  hlink_target
-rw-r--r--. 2 root root 5 4月  14 16:15 hlink_target   <== 注意 hlink_target 是普通文件
```

为什么上面用 find 命令查找链接文件时只找到 slink_target？也许有人会回答说，硬链接不是符号链接，其实 hlink_target 在文件列表里面显示为一个普通文件。那么作为普通文件的硬链接是如何实现对目标文件的"链接"？这些问题将留到案例 7.2 解答。

思考 & 动手：多个查找条件的组合

查找文件有时需要组合多个查找条件以缩小查找范围，找出 root 用户主目录中所有属于 root 用户，名称以 t 开头且大小均大于 1KB 的普通文件。要求把查找结果保存在文件 /root/result 中。

测试时需根据以上条件，通过前面所学的命令，提前准备好一些需要被找到和被排除的文件。例如，可以在 /root 中创建一些普通用户的文件、属于 root 用户的且名称以 t 开头的目录和空文件，以此作为被排除的文件。此外，当然可以利用截屏图像得到符合条件的文件。

2. 文件的打包和压缩

为了更有效地传递文件，文件的发送者经常需要对一组文件进行打包，形成一个独立完整的归档文件，以方便文件的接收者完整接收文件组。接收者获取归档文件后，使用软件从归档文件中提取出整组文件。为了使传输文件的速度更快，发送者也经常对文件进行压缩，接收者得到压缩文件后需对其解压。对文件的打包和压缩是两种不同的操作，但在实际使用时可以结合在一起使用，对应地，对归档文件的提取和压缩文件的解压也一起执行。

在 Linux 中，文件的归档和提取可通过 tar 命令实现，而对某个文件的压缩和解压缩则可通过 gzip 等命令实现。常见的使用方法是通过 tar 命令归档或提取的同时进行压缩或解压缩（tar 命令内部支持 gzip 等压缩工具的使用）。值得指出的是，Linux 桌面也提供了一些更为易用的图形化界面工具，但执行速度相对较慢，读者可自行尝试使用。这里主要介绍 tar 命令的使用方法。

tar 命令

功能：对一组文件进行归档 / 提取。

格式：

tar　　[选项]　　归档文件　　[操作路径]

重要选项：

- -f 文件名：该选项是必选项，用于指定生成的归档文件的名称，或要提取的归档文件的名称。
- -c（create）：创建一个归档文件。
- -C（change）：改变（跳转）到某个目录上进行操作。
- -x（extract）：提取归档文件中的文件。
- -z（gzip）：使用 gzip 方式对文件进行压缩或解压缩。
- -v（verbose）：显示命令的执行过程。

例 7.17 文件备份与打包和压缩。前面案例的备份脚本在 /root 目录创建了许多目录，例如在特定时间段会有多个备份目录：

```
[root@localhost ~]# ll backup20220409*
backup20220409172545:
总用量 36
-rwx--x--x. 1 root root 215 4月  9 17:25 brk-continue.sh
-rwx--x--x. 1 root root 153 4月  9 17:25 cmpnumber.sh
-rwx--x--x. 1 root root 383 4月  9 17:25 cmpstring.sh
-rwx--x--x. 1 root root  80 4月  9 17:25 dircheck.sh
-rwx--x--x. 1 root root 148 4月  9 17:25 inverse.sh
-rwx--x--x. 1 root root 236 4月  9 17:25 max.sh
-rwx--x--x. 1 root root  64 4月  9 17:25 printname.sh
-rwx--x--x. 1 root root  47 4月  9 17:25 printnumber.sh
-rwx--x--x. 1 root root 256 4月  9 17:25 statIP.sh

backup20220409172553:
总用量 36
（省略部分显示结果）
```

现在可以把这些目录打包并压缩为一个文件以便于归档：

```
[root@localhost ~]# tar -zcvf backup20220409.tar.gz backup20220409*
backup20220409172545/
backup20220409172545/brk-continue.sh
backup20220409172545/cmpnumber.sh
backup20220409172545/cmpstring.sh
backup20220409172545/dircheck.sh
backup20220409172545/inverse.sh
backup20220409172545/max.sh
backup20220409172545/printname.sh
backup20220409172545/printnumber.sh
backup20220409172545/statIP.sh
backup20220409172553/
（省略部分显示结果）
```

可以用如下命令解压，注意使用 -C 选项跳转到 /tmp 的备份目录中进行解压操作：

```
[root@localhost ~]# mkdir   /tmp/backup20220409          <== 先创建解压目录
[root@localhost ~]# tar -zxvf backup20220409.tar.gz -C /tmp/backup20220409
backup20220409172545/
backup20220409172545/brk-continue.sh
backup20220409172545/cmpnumber.sh
backup20220409172545/cmpstring.sh
backup20220409172545/dircheck.sh
backup20220409172545/inverse.sh
backup20220409172545/max.sh
backup20220409172545/printname.sh
backup20220409172545/printnumber.sh
backup20220409172545/statIP.sh
backup20220409172553/
```
（省略部分显示结果）

查看解压位置能看到保存的文件：

```
[root@localhost ~]# ll   /tmp/backup20220409
总用量 0
drwxr-xr-x. 2 root root 179 4月  9 17:25 backup20220409172545
drwxr-xr-x. 2 root root 179 4月  9 17:25 backup20220409172553
```

思考 & 动手：打包并压缩日志文件

日志文件属于一类特殊的普通文件，它记录了某种事件及其详细有关信息。/var/log 目录一般存放了系统的日志文件：

```
[root@localhost ~]# ll   /var/log/
总用量 6564
drwxr-xr-x.  2 root    root     4096 2月   7 21:51 anaconda
drwx------.  2 root    root       23 2月   7 22:01 audit
-rw-------.  1 root    root        0 3月   3 16:33 boot.log
-rw-------.  1 root    root     7531 2月   14 10:30 boot.log-20220214
-rw-------.  1 root    root    10508 2月   15 20:31 boot.log-20220215
```

将 /var/log 目录中的文件打包并压缩后形成文件 logfile.tar.gz。作为测试，对 logfile.tar.gz 文件进行解压并将目录及其中的文件提取至 /tmp 目录下。

---

3. 文件的转换及复制

在实际应用中常需要创建一些具有特殊格式的文件，例如光盘文件（.iso 文件）等，创建方式往往是从某个具有这种格式的文件中读取数据块作为输入，经过转换后将结果复制写入输出文件作为输出。此处介绍 dd 命令用于文件的转换与复制。

命令名：dd

功能：转换并复制文件。

格式：

dd　　　　　[选项]　　　　　[操作路径]

重要选项：

- if（input file）：此选项后面需给出格式为"= 文件路径"的参数作为输入文件，以此替代从标准输入中获取输入。
- of（output file）：此选项后面需给出格式为"= 文件路径"的参数作为输出文件，以此替代从标准输出中产生输出。
- bs（block size）：此选项后面需给出参数指出每次读取和写入的字节数，可以使用 K、M、G 或 KB、MB、GB 等缩写表示字节数。
- count：此选项后面需给出参数指出读取和写入的次数。

例 7.18 使用 dd 命令从光驱中读取数据。注意练习前可参考案例 1.1 设置好虚拟光驱的 iso 映像文件路径，设置光驱设备处于已连接状态。以下命令每次读取的数据块为 1KB，由于只是试验因此只读取 10 次，即从中共读取 10KB 数据。如果去掉读取次数的 count 选项及其参数，那么命令的输出结果即为一个完整的 .iso 文件，它将与虚拟光驱中的光盘文件具有相同的内容。

```
[root@localhost ~]# dd  if=/dev/cdrom  of=testrom  bs=1K  count=10
记录了 10+0 的读入
记录了 10+0 的写出
10240 bytes (10 kB, 10 KiB) copied, 1.08528 s, 9.4 kB/s
[root@localhost ~]# ll testrom
-rw-r--r--. 1 root root 10240 4月  20 15:25 testrom
```

利用 dd 命令可以实现许多十分复杂的应用，将在后面的实训内容中继续介绍。

7.3　综合实训

案例 7.1　目录权限与数据共享

1. 案例背景

前面主要讨论如何设置普通文件的权限，下面重点谈谈目录权限的设置。曾指出，目录本身就是一种文件类型，权限设置基本方法与普通文件无异。但是，目录的读、写和执行权限又分别具有什么意义呢？例如，目录并非程序，当用户对某个目录具有可执行权限时，实质意味着可以对目录进行什么操作呢？又如目录的读写权限，需要执行什么操作时会用到目录的写权限？而何时只需要读权限？

首先应当在理论上认识到，目录是一种特殊的文件，是组织文件以及构成文件系统的重要工具，它作为树状文件系统中的非叶子节点，记录了其下的文件或子目录的基本信息。有了这些基本理论认识后，可以通过如下案例操作进行更为深入的讨论。

2. 操作步骤讲解

第 1 步：准备工作。如果是用 root 用户操作，首先需要注意切换为普通用户，因为 root 用户具有的文件系统访问权限超越了对它的限制，例如：

```
[root@localhost ~]# ll  /etc/shadow
----------. 1 root root 2565 4月  12 16:47 /etc/shadow    <== 默认无任何权限
[root@localhost ~]# sed  -n  1p  /etc/shadow              <== 但实际还能读取
root:$6$GJQEtlTJh49rItg8$MTmusA59q.puyUIz8kuDQC2n4uKORR0VpCI7wS9sSB8bRS
ecNNumR60Unl3yL8POD9BTHMWTLpf0Ol/icDFPG0::0:99999:7:::
```

所以不能用 root 用户操作。切换为 study 用户，并做如下准备：

```
[root@localhost ~]# su   study                 <== 可切换为 study 用户
[study@localhost root]$ cd                     <== 转至 study 的主目录
[study@localhost ~]$ mkdir   newdir            <== 新建测试目录
[study@localhost ~]$ ls  -dl  newdir           <== 查看默认权限
drwxrwxr-x. 2 study study 6 4月  16 16:32 newdir
```

第 2 步：尝试去掉目录的可执行权限，然后恢复：

```
[study@localhost ~]$ chmod  a-x  newdir/       <== 去掉执行权限
[study@localhost ~]$ ls  -dl  newdir
drw-rw-r--. 2 study study 6 4月  16 16:32 newdir
[study@localhost ~]$ cd newdir/
bash: cd: newdir/: 权限不够               <== 去掉执行权限后不允许进入目录
[study@localhost ~]$ chmod  a+x  newdir        <== 恢复执行权限
[study@localhost ~]$ ls  -dl  newdir/
drwxrwxr-x. 2 study study 6 4月  16 16:32 newdir/
[study@localhost ~]$ cd  newdir/               <== 可以进入目录
[study@localhost newdir]$ cd ..
```

由此可知，如果不具备目录的执行权限则无法进入目录。另外，要进入某个目录，可以想象为从根开始沿着树状文件系统中该目录的路径逐个目录往下访问，直至进入该目录。因此需要获得这一路径上所有目录的可执行权限。例如，如果 study 用户去掉其主目录的可执行权限，那么即使之前已设置了 /home/study/newdir 的可执行权限，还是会被禁止进入：

```
[study@localhost ~]$ chmod   u-x   /home/study
[study@localhost ~]$ cd   newdir
bash: cd: newdir: 权限不够
[study@localhost ~]$ chmod   u+x   /home/study    <== 注意恢复原设置
```

第 3 步：尝试去掉目录的写权限，然后恢复。

```
[study@localhost ~]$ chmod  a-w  newdir        <== 去掉写权限
[study@localhost ~]$ ls  -dl  newdir/
dr-xr-xr-x. 2 study study 6 4月  16 16:32 newdir/
[study@localhost ~]$ touch  newdir/file
touch: 无法创建 'newdir/file': 权限不够        <== 尝试在目录中新建文件被拒绝
[study@localhost ~]$ cd  newdir/                <== 但是还能进入目录
[study@localhost newdir]$ cd ..
[study@localhost ~]$ chmod  775  newdir        <== 恢复为原来默认权限
[study@localhost ~]$ ls  -dl  newdir
drwxrwxr-x. 2 study study 6 4月  16 16:32 newdir
```

现在知道，如果不具备目录写权限，则将不允许新建文件等操作，那么如果没有读权限呢？

第 4 步：尝试去掉目录的读权限。

```
[study@localhost ~]$ chmod  a-r  newdir/       <== 去掉读权限
[study@localhost ~]$ cd  newdir/                <== 还是能进入目录
[study@localhost newdir]$ ls                    <== 但无法获取文件列表
ls: 无法打开目录 '.': 权限不够
```

那么目录本身的属性信息可以获取吗？答案是肯定的。

```
[study@localhost newdir]$ cd ..
[study@localhost ~]$ ls  -dl  newdir/          <== 可以查询到 newdir 的属性
d-wx-wx--x. 2 study study 6 4月  16 16:32 newdir/
```

由此可见，如果没有了读权限，那么无法获取目录之下的文件列表，但目录本身的信息则不受影响。注意，现在仍有写权限和执行权限，继续如下操作，可发现一些与文件有关的读操作其实不受目录的读权限影响：

```
[study@localhost ~]$ echo  hello > newdir/file  <== 在 newdir 下新增文件 file
[study@localhost ~]$ ll  newdir/file           <== 文件 file 的属性信息可查
-rw-rw-r--. 1 study study 6 4月  16 17:02 newdir/file
[study@localhost ~]$ cat  newdir/file          <== 文件 file 的内容可查
hello
[study@localhost ~]$ cd  newdir/                <== 可以进入 newdir 目录
[study@localhost newdir]$ rm  -f  file          <== 可以删除文件 file
[study@localhost newdir]$ cd  ..
```

从以上 4 步操作大概可以了解，一个目录本身记录了有哪些文件属于这个目录，需要具有目录的读权限以获取文件列表。另外，如果对文件的操作涉及目录所记录的文件列表信息的修改，那么就需要有相应的写权限。沿着上面的设置继续操作：

```
[study@localhost ~]$ echo  hello > newdir/file  <== 重新新建文件 file
[study@localhost ~]$ chmod  555  newdir/       <== 再去掉写权限
[study@localhost ~]$ ls  -dl  newdir/
dr-xr-xr-x. 2 study study 18 4月  16 17:06 newdir/
```

```
[study@localhost ~]$ rm  -f  newdir/file    <== 不允许删除文件
rm: 无法删除 'newdir/file': 权限不够
```

为什么不允许删除文件 file？这是因为在删除 file 时需要改写目录 newdir，如果不具有对目录 newdir 的写权限，自然被禁止删除操作。

由以上讨论可见，如果文件的拥有者想对其他用户开放共享目录及其文件，但又不想他们在该目录下创建文件，则需要设置 r-x 权限，而这正是一个目录对所属用户和组群之外的其他用户的默认权限设置。

现在总结一下目录权限的设置具体原则。首先，具有被访问目录其绝对路径上所有目录（包括根 "/" 本身）的可执行权限是基本条件，具体而言：

（1）通过 ls 等命令获取目录中的文件列表：起码需要有读权限，但需要有执行权限配合，否则仍然无法获取详细的文件列表信息。

（2）通过 cd 等命令进入目录：需要有可执行权限。但是如果没有读权限，仍然不能列出目录中的文件。

（3）通过 touch 等命令在目录中创建文件：需要有写权限。但是如果没有执行权限，同样不能创建文件。

检查点：进入目录与列出目录属性的权限差异

假设系统中有普通用户 study 和 testuser，其中 testuser 用户已在实训 6 中创建并用于演示用户管理操作命令，最后在 userdel 命令的相关示例中被删除，如没有 testuser 用户账户可自行创建。以 study 用户身份在字符终端操作：

```
[study@localhost home]$ ls  -dl  /home/testuser    <== 注意其他用户不具有
                                                       任何权限
drwx------. 4 testuser testuser 153 4月  23 15:45 /home/testuser
[study@localhost home]$ cd  /home/testuser
bash: cd: /home/testuser: 权限不够
```

请问：为什么 study 用户不具有权限进入 /home/testuser？但是，为什么 study 用户却又有权限列出 /home/testuser 目录的信息？尝试通过操作去验证你的回答。

下面开始讨论如何应用以上目录权限设置原则实现系统内用户数据的共享。首先，难以在用户主目录下开展数据共享。例如 study 用户的主目录权限默认设置为：

```
[study@localhost ~]$ ls  -dl  /home/study
drwx------. 4 study study 106 4月   23 21:04 /home/study
```

由于其他用户缺乏对 study 主目录的可执行权限，因此也无法进入其中各个子目录。需要另觅目录作为用户之间共享数据的地方。

作为准备，需要新建有 testuser 用户（上面的检查点完成后会有该用户）和用户 shareuser

用于下面的操作:

```
[root@localhost ~]# useradd  shareuser
[root@localhost ~]# su  shareuser           <==root 切换为 shareuser
[shareuser@localhost root]$ cd
[shareuser@localhost ~]$
```

此外,这里假设 study 用户已准备好一些用于共享的文件:

```
[study@localhost ~]$ mkdir  tmp           <== 在主目录创建临时目录 tmp
[study@localhost ~]$ mv  tmp  study_tmp   <== 为更突出所属后改名为 study_tmp
[study@localhost ~]$ ls  -dl  study_tmp/  <== 默认其他用户不具有目录写权限
drwxrwxr-x. 2 study study 6 4月  21 13:29 study_tmp/
[study@localhost ~]$ echo sharedata > study_tmp/file
[study@localhost ~]$ ll study_tmp/file    <== 留意默认其他用户不具有文件写权限
-rw-rw-r--. 1 study study 10 4月  21 13:31 study_tmp/file
```

以上准备工作完成后,可以开始讨论数据共享的目录权限设置问题。

第 5 步:利用 /tmp 目录共享文件。要使 testuser 等其他用户访问 study 的共享文件,其中一个办法是可将该文件放置于 /tmp 目录下供 testuser 访问。以下是 /tmp 目录的权限设置:

```
[study@localhost tmp]$ ls  -dl  /tmp
drwxrwxrwt. 34 root root 4096  8月 8  17:10 /tmp <== 留意 /tmp 目录的权限设置
```

由此可知,所有用户都可以在 /tmp 目录下创建和读写文件。

在 study 用户操作的终端执行如下命令,把共享数据的临时目录迁移到 /tmp 目录下:

```
[study@localhost ~]$ cp  -r  /home/study/study_tmp/  /tmp/
```

这样,testuser 用户在另一个终端操作,就可以访问共享目录及其中文件,但无法修改文件内容,也不能够删除文件:

```
[testuser@localhost ~]$ cat  /tmp/study_tmp/file
sharedata
[testuser@localhost ~]$ rm  /tmp/study_tmp/file
rm:是否删除有写保护的普通文件 '/tmp/study_tmp/file'? y
rm:无法删除 '/tmp/study_tmp/file':权限不够
[testuser@localhost ~]$ echo  hello_study  >  /tmp/study_tmp/file
bash:/tmp/study_tmp/file:权限不够
```

第 6 步:进一步放宽 study 用户共享目录内文件的写权限。以下命令在 study 操作的终端下执行:

```
[study@localhost ~]$ chmod  o+w  /tmp/study_tmp/file
[study@localhost ~]$ ll  /tmp/study_tmp/file
-rw-rw-rw-. 1 study study 10 4月  21 13:33 /tmp/study_tmp/file
```

那么 testuer 用户可以写入共享数据:

```
[testuser@localhost ~]$ echo  sharedate_writebytestuser  >  /tmp/study_tmp/file
```

而且还可以共享给其他用户可见，下面的命令在 shareuser 操作的终端下执行：

```
[shareuser@localhost ~]$ cat /tmp/study_tmp/file
sharedate_writebytestuser
```

不过如果 testuser 用户希望新增一个文件用以共享数据，或者新增目录存放共享文件，还是受到限制：

```
[testuser@localhost ~]$ echo writebytestuser > /tmp/study_tmp/filebytestuser
bash:/tmp/study_tmp/filebytestuser：权限不够   <== 希望新建文件并写入内容被禁止
[testuser@localhost ~]$ mkdir /tmp/study_tmp/testuser_share
mkdir: 无法创建目录 "/tmp/study_tmp/testuser_share"：权限不够 <== 也被禁止
```

第 7 步：放宽 study 用户共享目录的写权限。以下操作放开了所有对其他用户的限制：

```
[study@localhost ~]$ chmod o+w /tmp/study_tmp/
[study@localhost ~]$ ls -dl /tmp/study_tmp/
drwxrwxrwx. 2 study study 18 4月  21 13:33 /tmp/study_tmp/  <== 所有的权限都放开了
```

这样 testuser 用户就可以新增文件用以共享数据：

```
[testuser@localhost ~]$ echo writebytestuser > /tmp/study_tmp/filebytestuser
[testuser@localhost ~]$ cat /tmp/study_tmp/filebytestuser
writebytestuser
```

也可以在 study_tmp 目录下新建自己的共享目录：

```
[testuser@localhost ~]$ mkdir /tmp/study_tmp/testuser_share
[testuser@localhost ~]$ ls -dl /tmp/study_tmp/testuser_share
drwxrwxr-x. 2 testuser testuser 6 4月  21 13:42 /tmp/study_tmp/testuser_share
[testuser@localhost ~]$ touch /tmp/study_tmp/testuser_share/file
```

不过上述操作固然可以让 testusre_share 更为自由地在目录 testuser_share 中另行创建需要共享的目录及数据文件，但是一旦 testuser 用户拥有对 study_tmp 目录的写权限，就无法保证他不会误删其他正在共享的数据文件。注意，file 文件归 study 用户所有，这种操作显然是非法的：

```
[testuser@localhost ~]$ rm /tmp/study_tmp/file
```

这时用 shareuser 用户的操作终端查看 file 文件：

```
[shareuser@localhost ~]$ cat /tmp/study_tmp/file
cat:/tmp/study_tmp/file：没有那个文件或目录
```

也就是说无法保护用户获取共享数据了。

第 8 步：设置共享目录 study_tmp 的粘着位。为了解决以上问题，这里引入目录权限设置的另一个概念：粘着位。之前列出了 /tmp 目录的权限，但并没有更详细地解释其中的粘着位：

```
[root@localhost ~]# ls  -dl  /tmp
drwxrwxrwt. 29 root root 4096 4月  21 16:09 /tmp    <== 最后一位 t 是粘着位
```

看到在 /tmp 目录的权限设置中，目录拥有者、所属组群成员之外的其他用户也具有写权限，这样会不会造成像上面操作那样被用户任意删除文件？不妨用 study 用户账户在 /tmp 目录当中另外新建一个文件：

```
[study@localhost ~]$ echo  writebystudy  >  /tmp/tmpfile_study
[study@localhost ~]$ ll  /tmp/tmpfile_study
-rw-rw-r--. 1 study study 13 4月  23 15:23 /tmp/tmpfile_study
[study@localhost ~]$ chmod  o+w  /tmp/tmpfile_study   <== 也赋予跟之前相同的权限
[study@localhost ~]$ ll  /tmp/tmpfile_study
-rw-rw-rw-. 1 study study 16 4月  23 15:28 /tmp/tmpfile_study
```

然后用 testuser 用户的账户执行操作：

```
[testuser@localhost ~]$ cat  /tmp/tmpfile_study
writebystudy
[testuser@localhost ~]$ echo  writebytestuser > /tmp/tmpfile_study
[testuser@localhost ~]$ cat  /tmp/tmpfile_study
writebytestuser                    <== 可以对 study 拥有的文件进行读写
[testuser@localhost ~]$ rm  /tmp/tmpfile_study
rm: 无法删除 '/tmp/tmpfile_study'：不允许的操作        <== 但无法删除文件
```

回顾并对比前面对目录 /tmp/study_tmp/ 的设置：

```
[study@localhost ~]$ ls  -dl  /tmp/study_tmp/
drwxrwxrwx. 2 study study 18 4月  21 13:33 /tmp/study_tmp/
```

可知差别就在于 /tmp 目录设置了粘着位。

下面让 study 用户设置目录 study_tmp 的粘着位以保护目录能够正常共享数据：

```
[study@localhost ~]$ chmod  o+t  /tmp/study_tmp/
[study@localhost ~]$ ls  -dl  /tmp/study_tmp/
drwxrwxrwt. 3 study study 40 4月  21 14:09 /tmp/study_tmp/
[study@localhost ~]$ echo  writebystudy > /tmp/study_tmp/filebystudy  <== 新建测试文件
[study@localhost ~]$ ll  /tmp/study_tmp/filebystudy  <== 文件默认其他用户可读
-rw-rw-r--. 1 study study 13 4月  23 16:01 /tmp/study_tmp/filebystudy
```

然后回到 testuser 用户处进行测试：

```
[testuser@localhost ~]$ cat  /tmp/study_tmp/filebystudy
writebystudy                  <== 也可以读取 study 用户共享的数据文件
```

但是不允许删除 study 用户的文件：

```
[testuser@localhost ~]$ rm  -f  /tmp/study_tmp/filebystudy
rm: 无法删除 '/tmp/study_tmp/filebystudy'：不允许的操作
```

不过作为拥有者，testuser 用户自己的文件或目录都可以自行删除：

```
[testuser@localhost ~]$ rm  /tmp/study_tmp/filebytestuser
[testuser@localhost ~]$ rm  -r  /tmp/study_tmp/testuser_share/
```

```
[testuser@localhost ~]$ ls /tmp/study_tmp/
filebystudy                        <== 只剩下被 study 用户创建的共享文件
```

由此说明粘着位对共享目录起到了保护的作用。

3. 总结

总的来说，设置目录权限需同时考虑数据的安全和共享两方面，然而这两者有时会互相冲突。例如，当一个放有共享数据文件的目录设置为共享用户可写时，固然能方便用户自行提交新的共享文件，但不可避免地带来了用户可能随意删除共享文件的问题。可以通过对共享目录设置粘着位来解决这个问题。但既然并未阻止用户上传文件至共享目录，安全和共享之间的矛盾自然并未完全得到解决。这一设置实质在一定程度上以牺牲安全性而保持数据共享的开放性。现实当中应根据需求做出权衡和设置。

案例 7.2 链接文件与索引节点

1. 案例背景

前面谈到了链接文件可分为符号链接文件和硬链接文件，并在前面基础实训中留下了这样一个问题，例如有目标文件 target 以及它的符号链接和硬链接：

```
[root@localhost ~]# ll *target
-rw-r--r--.  2 root root 5 4月  14 16:15 hlink_target    <== 硬链接
lrwxrwxrwx.  1 root root 6 4月  14 16:14 slink_target -> target   <== 符号链接
-rw-r--r--.  2 root root 5 4月  14 16:15 target          <== 目标文件
```

那么到底符号链接文件和硬链接文件两者有何区别？为什么需要使用两种不同的链接文件类型？对于这些问题，需要结合索引节点这个概念来讨论。

文件系统利用一个数据结构来记录文件以及目录（本质上也是文件）的属性信息以及存储文件的数据块的物理位置。这个数据结构在 UNIX 类型的系统中被称为索引节点（inode）。通过索引节点，文件系统可以对某个文件进行寻址，找到它在存储设备上对应的数据块位置，因此 inode 即为文件的索引。可以利用 ls 命令中的 -i 选项查看每个文件的索引号（index number）：

```
[root@localhost ~]# ls  -il          <== 列表结果中的第一个数字即为索引号
总用量 196
（省略部分显示结果）
34691497 -rwx------.  1 root   root   352 4月 12 15:52   addusers_check
point.sh
34536373 -rwx------.  1 root   root   166 4月  6 16:54   addusers_frame.sh
34536370 -rwx------.  1 root   root   233 7月  9 2015    addusers.sh
（省略部分显示结果）
```

硬链接文件和符号链接文件之间差别的关键之处在于索引节点的不同：

① 硬链接文件与目标文件共用同一个索引节点，所以即使目标文件被改名或移到别的目录上，硬链接文件仍然有效。

② 符号链接文件并不与目标文件共用索引节点，它记录了目标文件的存放路径，所以当目标文件被移动后，符号链接就会失效。

下面通过更为具体的操作和练习深入理解这两种链接文件的差异，以此说明在实际操作中应如何选用硬链接文件和符号链接文件。

2. 操作步骤讲解

第 1 步：创建一个目标文件 test 以及对应的硬链接文件 hlink 和符号链接文件 slink：

```
[root@localhost ~]# touch  testforlink
[root@localhost ~]# ln  -s  testforlink  slink
[root@localhost ~]# ln  testforlink  hlink
```

可以对 test 文件写入一些信息并测试链接是否有效：

```
[root@localhost ~]# echo  writeto_testforlink  >  testforlink
[root@localhost ~]# cat  hlink
writeto_testforlink
[root@localhost ~]# cat  slink
writeto_testforlink
```

第 2 步：利用 ls 命令对比这三个文件的索引号差异。可见到硬链接文件 hlink 的索引号与 test 文件相同，而符号链接文件 slink 则使用另一个索引号：

```
[root@localhost ~]# ls  -il  testforlink  slink  hlink
34557854 -rw-r--r--.   2 root root 20 4月  23 17:44 hlink
34591993 lrwxrwxrwx.   1 root root 11 4月  23 17:42 slink -> testforlink
34557854 -rw-r--r--.   2 root root 20 4月  23 17:44 testforlink
```

第 3 步：改变目标文件名称并查看两种链接文件是否仍有效。将 test 文件改名为 test2，然后检查硬链接文件 hlink 和符号链接文件 slink 的有效性：

```
[root@localhost ~]# mv  testforlink  testforlink2
[root@localhost ~]# cat  hlink
writeto_testforlink
[root@localhost ~]# cat  slink
```
cat:slink:**没有那个文件或目录**

从上面的结果可见，slink 会因 testforlink 文件名改动而失效，因为当使用 slink 访问目标文件时，实际根据目标文件所在路径进行访问。但看到硬链接文件 hlink 仍然有效，这是因为它与目标文件 test 共用同一个索引节点。可以把索引号理解为找到目标文件的地址：

```
[root@localhost ~]# ls  -il  testforlink2  slink  hlink
34557854 -rw-r--r--.   2 root root 20 4月  23 17:44 hlink
34591993 lrwxrwxrwx.   1 root root 11 4月  23 17:42 slink -> testforlink
```

```
34557854 -rw-r--r--.    2 root root 20 4月  23 17:44 testforlink2
```

既然从上面操作见到索引号并没有随文件改名而更改，那么仍然可以通过硬链接找到目标文件。

第 4 步：改变目标文件存放位置并查看硬链接文件是否仍有效。再将 testforlink2（原 testforlink 文件）移动到 /tmp 目录上：

```
[root@localhost ~]# mv   testforlink2  /tmp/
[root@localhost ~]# cat   hlink
writeto_testforlink
[root@localhost ~]# cat   slink
cat:slink: 没有那个文件或目录
[root@localhost ~]# ls  -il  hlink   slink  /tmp/testforlink2
34557854 -rw-r--r--.    2 root root 20 4月  23 17:44 hlink
34591993 lrwxrwxrwx.    1 root root 11 4月  23 17:42 slink -> testforlink
34557854 -rw-r--r--.    2 root root 20 4月  23 17:44 /tmp/testforlink2
```

由此可见，硬链接是否有效不依赖于目标文件在文件系统中的路径位置，而是通过与目标文件共用索引号保证其有效性。另外，由于符号链接只记录了目标文件的路径，因此移动目标文件之后符号链接还是会失效的。

不过如果把 /tmp/testforlink2 重新移到原来的位置，符号链接又可以重新使用：

```
[root@localhost ~]# mv   /tmp/testforlink2   /root/testforlink
[root@localhost ~]# cat   slink                    <== 符号链接又可以用了
writeto_testforlink
[root@localhost ~]# cat   hlink                    <== 硬链接一直可用
writeto_testforlink
[root@localhost ~]# ls  -il  hlink   slink   testforlink
34557854 -rw-r--r--.    2 root root 20 4月  23 17:44 hlink
34591993 lrwxrwxrwx.    1 root root 11 4月  23 17:42 slink -> testforlink
34557854 -rw-r--r--.    2 root root 20 4月  23 17:44 testforlink
```

对比前面的索引号可知，其实以上文件 testforlink 的移动和改名并没有改变其索引号。不妨在同一个目录下创建另一个文件 testforlink 的副本：

```
[root@localhost ~]# cp   testforlink   testforlink2
[root@localhost ~]# echo   writeto_testforlink2  >  testforlink2
[root@localhost ~]# cat   testforlink2
writeto_testforlink2
[root@localhost ~]# cat   hlink
writeto_testforlink
[root@localhost ~]# cat   slink
writeto_testforlink
[root@localhost ~]# ls  -il  hlink   slink   testforlink   testforlink2
34557854 -rw-r--r--.    2 root root 20 4月  23 17:44 hlink
34591993 lrwxrwxrwx.    1 root root 11 4月  23 17:42 slink -> testforlink
34557854 -rw-r--r--.    2 root root 20 4月  23 17:44 testforlink
```

```
34592000 -rw-r--r--.    1 root root 21 4月  26 14:16 testforlink2
```

testforlink2 虽然是 testforlink 的副本，但有另一个索引号，因此它们其实是完全独立互不影响的两个文件。

第 5 步：删除目标文件后查看对两种链接文件的影响。其实如果已经理解了前面讲解的原理，也就可以直接推知操作的结果：

```
[root@localhost ~]# rm  -f  testforlink
[root@localhost ~]# cat  slink
cat:slink：没有那个文件或目录
[root@localhost ~]# cat  hlink
writeto_testforlink
[root@localhost ~]# ls  -il  hlink  slink
34557854 -rw-r--r--.    1 root root 14 4月  26 14:28 hlink
34591993 lrwxrwxrwx.    1 root root 11 4月  23 17:42 slink -> testforlink
```

可以发现符号链接自然失效了，但硬链接仍然有效。也就是说，删除操作只是抹掉了文件 testforlink 在文件系统中的记录，但仍可通过硬链接访问到索引号所指向的存储位置中的数据。至此，可以知道，硬链接作为一个普通文件，之所以能够跟目标文件"链接"起来，关键在于它与目标文件共用同一个索引节点（有同一个索引号）。

检查点：理解硬链接与目标文件的索引节点共用

这里通过索引节点的概念再次讨论例 7.9 之后的"思考 & 动手"题。首先，删除原来三个旧文件，并且重新创建文件 test 及其硬链接文件 hln 和符号链接文件 sln。继续通过操作回答如下问题：查看以上三个文件的索引号。删除文件 test 后，硬链接文件的索引号会发生变化吗？如果再建立文件 test，新的文件 test 会与 hln 拥有同一个索引号吗？显然，对以上问题的回答也解释了在上述"思考 & 动手"题操作完成后得到的结果。

现在比较看来，似乎硬链接文件比符号链接文件更好用，因为硬链接不会因为目标文件的改名、移动、删除而失效。但还没有回答之前提出的问题，既然如此又为何给出两种链接类型？通过以下操作讨论硬链接文件的局限性。

第 6 步：将目标文件迁移到 /boot 目录下并查看硬链接文件是否仍有效。之所以要迁移到目录 /boot 而非其他地方，可以先回顾前面基础实训中查看块设备文件的示例：

```
[root@localhost ~]# lsblk
NAME            MAJ:MIN RM  SIZE  RO TYPE  MOUNTPOINT
(省略部分显示结果)
nvme0n1         259:0   0   20G   0  disk
├─nvme0n1p1     259:1   0   1G    0  part  /boot
                                              <==/boot 目录所在分区
└─nvme0n1p2     259:2   0   19G   0  part
```

```
   ├─rhel-root   253:0   0    17G    0  lvm     /
                                                       <==/root 和 /tmp 在另一分区
   └─rhel-swap   253:1   0    2G     0  lvm     [SWAP]
```

之前曾指出，/dev/nvme0n1p1 和 /dev/nvme0n1p2 分别为硬盘 /dev/nvme0n1 中的两个分区。因此，把目标文件移到 /boot 下与前面移到 /tmp 下的不同之处在于，后者目标文件仍只是在同一个分区内移动，而前者则从一个分区移到另一个分区。

重新建立目标文件和链接文件：

```
[root@localhost ~]# echo  newtest > testforlink_new
[root@localhost ~]# ln -s  testforlink_new  slink_new
[root@localhost ~]# ln  testforlink_new  hlink_new
[root@localhost ~]# ls -il  testforlink_new  slink_new  hlink_new
34602336 -rw-r--r--.   2 root root  8  4月 26 15:09 hlink_new
34658137 lrwxrwxrwx.   1 root root 15  4月 26 15:09 slink_new -> testforlink_new
34602336 -rw-r--r--.   2 root root  8  4月 26 15:09 testforlink_new
```

然后把目标文件 testforlink_new 移到 /boot 目录：

```
[root@localhost ~]# mv  hlink_new  /boot/
[root@localhost ~]# ls -il  /boot/testforlink_new  hlink_new
   34667 -rw-r--r--. 1 root root 8  4月  26 15:09 /boot/testforlink_new
34602336 -rw-r--r--. 1 root root 8  4月  26 15:09 hlink_new
```

以上索引号的不同说明了，硬链接 hlink_new 与移动到 /boot 下的文件 testforlink_new 不再有同样的数据访问入口，因此 hlink_new 作为一个链接其实已经失效，或者说移动后的目标文件不再与硬链接关联：

```
[root@localhost ~]# cat  hlink_new
newtest
[root@localhost ~]# echo  writeto_boot_newtest > /boot/testforlink_new
[root@localhost ~]# cat  hlink_new
newtest                         <== 访问的其实还是原来的内容
```

第 7 步：创建跨设备的符号链接。以下操作有力地说明了符号链接的价值：

```
[root@localhost ~]# ln  /boot/testforlink_new  hlink_new_boot
ln: 无法创建硬链接 'hlink_new_boot' => '/boot/testforlink_new': 无效的跨设备链接
[root@localhost ~]# ln -s  /boot/testforlink_new  slink_new_boot
[root@localhost ~]# cat  slink_new_boot
writeto_boot_newtest                <== 显示的正是目标文件的内容
```

可见符号链接由于只记录了目标文件的路径信息，反而并没有硬链接文件所独有的局限性。

3. 总结

本案例通过一些实际操作分析并对比了硬链接跟符号链接之间的差异。硬链接通过索引节点，而符号链接则通过文件路径实现对目标文件的链接。由于索引号是文件系统数据访问入口的唯一标识,因此文件在文件系统之间迁移会引起硬链接失效,符号链接并不受此影响。另外,文件在一个文件系统内部的移动或改名会让符号链接失效,但硬链接则不受此影响。因此,无论是硬链接还是目标文件,其实都可以是一种具有更好的可读性、可供在操作命令中使用的数据访问入口,可根据实际情况进行使用。

4. 拓展练习:硬链接与符号链接的资源占用差异

跟存储空间一样,索引节点可以看作是系统的一种有限"资源"。通过命令 df 可列出根文件系统的存储空间使用情况:

```
[root@localhost ~]# df    /
```

文件系统	1K-块	已用	可用	已用%	挂载点
/dev/mapper/rhel-root	17811456	6218160	11593296	35%	/

额外加入 -i 选项可查看索引节点的消耗情况:

```
[root@localhost ~]# df    -i    /
```

文件系统	Inode	已用(I)	可用(I)	已用(I)%	挂载点
/dev/mapper/rhel-root	8910848	155065	8755783	2%	/

关于 df 命令的更详细介绍将在实训 8 中给出。符号链接与硬链接相比是否会占用更多的索引节点资源?可在 root 用户主目录处通过新建硬链接或符号链接文件,结合命令 df 从资源消耗的角度比较其差异。

实训 8　文件系统管理

8.1　知识结构

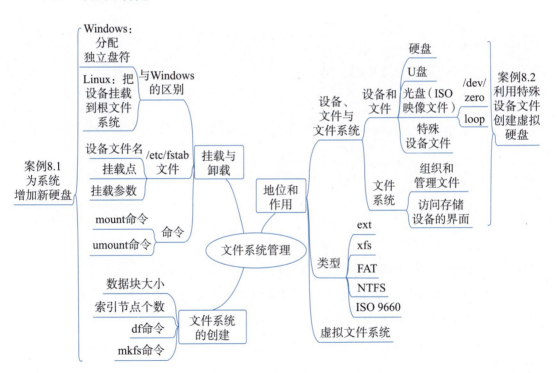

8.2 基础实训

8.2.1 文件系统简介

1. 文件系统的地位和作用

文件系统是专门用于组织和管理文件的软件机构。数据需要存储在物理设备里面，因此文件系统自然与物理存储设备有关。但需要强调的是，文件系统本质却是一个软件。也就是说，文件系统被"安装"在某个物理存储设备上，以文件为单位组织该设备中的数据，用户按文件路径及名称访问数据。这一点对于理解后面的实训内容尤为重要。

由于文件均通过文件系统来组织和管理，因此对于计算机用户来说，文件系统成为用户、文件和存储设备之间的一个重要界面（见图 8.1）。有了文件系统之后，用户不需要关心数据在物理设备中实际如何被存储，而使用和管理硬盘、U 盘、光盘乃至内存等所提供的存储空间都必须要经过文件系统，以创建、读写、执行和删除等方式操作实现。

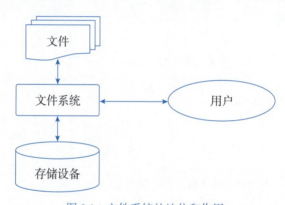

图 8.1 文件系统的地位和作用

2. 常用文件系统类型

如果将文件系统理解为一种软件，那么就不难理解操作系统为何可以同时拥有多个文件系统。常用的文件系统类型有以下几种类型。

（1）ext（extended）文件系统。ext 文件系统是早期 Linux 根文件系统采用的主流类型，例如 RHEL 6.0 所使用的版本是 ext4 文件系统。

（2）xfs 文件系统。随着计算和存储硬件条件的不断升级，ext 文件系统的局限性逐渐显现。RHEL/CentOS 7.0 之后，xfs 文件系统取代了 ext 文件系统作为 Linux 根文件系统使用的系统类型。

（3）FAT（file allocation table）文件系统。FAT 文件系统是一种使用十分广泛的文件系统类型，以往多使用在 Windows 9x 系统，现今则多应用在 U 盘等物理存储设备。FAT 文件系统有 FAT16、FAT32 等版本。Linux 提供了一种称为 VFAT（Virtual FAT）的文件系统用于支持使用 FAT 文件系统的存储设备。

（4）NTFS（new technology file system）。一种应用在 Windows 2000 及更高版本操作系统的文件系统类型。

（5）ISO 9660 文件系统。由国际标准化组织（International Organization for Standardization，ISO）制定的应用于光盘介质的文件系统类型。

3. 虚拟文件系统

RHEL 的根文件系统使用了 xfs 文件系统类型，然而除此之外 Linux 还要支持各种类型的文件系统。例如当使用光盘时，Linux 需要支持 ISO 9660 文件系统类型，而当使用被格式化为 FAT32 文件系统的 U 盘时，Linux 也需要根据 VFAT 文件系统的格式从 U 盘访问数据。因此 Linux 内核设计了虚拟文件系统（virtual file system，VFS）用于实现上述目的。如图 8.2 所示，虚拟文件系统相当于一个应用程序与各种存储设备及其文件系统之间的接口，用户在实际使用各种文件系统时并不需要关心到文件系统的真实特性，而是以统一的接口访问数据。

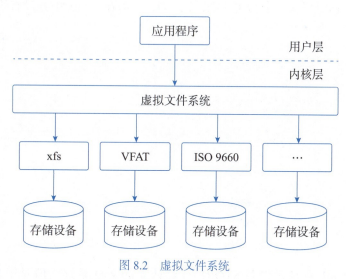

图 8.2　虚拟文件系统

8.2.2　文件系统的挂载和卸载

1. 与 Windows 的区别

通过例 8.1 进行讨论。

例 8.1　在 VMware 中连接 U 盘设备。把一个 U 盘插入 USB 接口中，Windows 操作系统将会自动完成 U 盘的识别和接入，而功能良好的 Linux 发行版当然也可以实现这一点。对于运行在 VMware 的 Linux 虚拟机（以 Windows 为宿主机），如果 U 盘已被 Windows 识别连接，如图 8.3 所示可以通过选择 VMware 菜单"虚拟机"→"可移动设备"找到对应该设备的子菜单,然后再在该子菜单下选择"连接(断开与 主机 的连接)",即让U盘断开与Windows的连接,这样便能把U盘的控制权交给Linux。从图8.3中也能够见到,在上述菜单中可找到供Linux连接的各种外部设备。

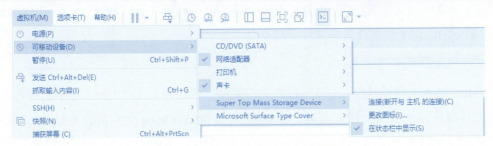

图8.3　在VMware中连接U盘设备

当练习例8.1时,注意对比U盘分别连接在Windows和连接在Linux时的差异。图8.4对比了两种系统识别并自动连接U盘后的结果。为什么Linux并没有像Windows那样把名为STORE的U盘识别为D:盘?更重要的是,留意Windows中无论是系统盘、光盘还是U盘,它们都有一个盘符(C:、E:、D:),但在Linux中并没有给这些设备分配盘符。

图8.4　Windows和Linux系统对外部存储设备的自动识别

已经知道例8.1中U盘设备STORE有着独立的文件系统,但对于Windows来说,D:\是这个树状文件系统的根位置,而对于Linux来说,访问U盘STORE时则必须通过根文件系统的某个位置作为入口访问,把这个入口称作挂载点(mount point),并称U盘STORE挂载在该入口上。如图8.5所示,在Linux中可以把U盘STORE挂载到目录/mnt/store上,注意这个入口不必是/mnt/store,也完全可以是其他地方。而且,在Linux中可以卸载U盘,然后重新把它挂载到其他目录下。

总之,Linux将所有文件系统最终都纳入根文件系统中,以一个整体的目录结构对所有接入的文件系统进行管理。相比之下,Linux这种管理文件系统的方式具有更高的可扩展性和灵活性。

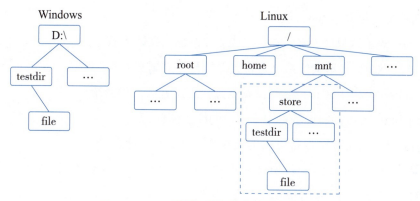

图 8.5　Linux 需要把设备挂载到根文件系统

2. /etc/fstab 文件

由于许多文件系统需要在系统初始化时进行挂载，例如根文件系统就必须是第一个进行挂载的文件系统，然后其他文件系统才能挂载在根文件系统的某个挂载点之下。因此 Linux 把系统初始化时需要挂载的文件系统的相关信息记录在 /etc/fstab 文件中。以默认方式安装的 RHEL 系统，它的 /etc/fstab 文件的基本信息将会类似于下列代码：

```
/dev/mapper/rhel-root                        /       xfs     defaults    0 0
UUID=ea504926-8a41-4104-b923-02599aa7b551    /boot   xfs     defaults    0 0
/dev/mapper/rhel-swap                        none    swap    defaults    0 0
```

与 /etc/passwd 等配置文件相类似，/etc/fstab 文件的内容实际也是一张表，每一行代表一个文件系统的挂载信息，以空格或制表符为分隔符表格共划分有 6 列。下面结合以上代码内容从左到右地讨论 /etc/fstab 文件中各列的含义。

（1）设备文件名 / 标签 /UUID：以第一行为例，它表示的是根文件系统的挂载设置信息。根文件系统所使用的设备文件是逻辑卷 /dev/mapper/rhel-root，具体内容将在实训 10 中详细介绍。第二行配置使用的设备以其 UUID 值表示，对比例 7.8 的结果可知，表示的是设备文件 /dev/nvme0n1p1 的 UUID。

（2）挂载点：即文件系统的访问入口。例如第一行中挂载点表示为根"/"，表明这行信息正是根文件系统的挂载配置信息，而第二行中挂载点表示为 /boot，表明设备 /dev/nvme0n1p1 挂载在 /boot 中。在案例 7.2 中曾将文件存储在 /boot 目录以讨论硬链接文件的特点。另外，第三行的 swap 文件系统用于为系统提供虚拟内存，并不需要有访问入口，因此挂载点被表示为 none。

（3）所要挂载的文件系统的类型。

（4）挂载参数：挂载时使用到的一些功能选择，此处介绍部分较为重要的参数。

① auto/noauto：在实际配置时经常会使用命令"mount -a"以使 fstab 中的文件系统重新挂载，从而实现配置的快速生效。如果选择 auto 参数，则文件系统将在执行上述命

令时重新被挂载。默认为 auto 方式。

② rw/ro：表示以只读 / 读写方式挂载文件系统，默认为 rw 方式。

③ exec/noexec：表示文件系统是否允许执行二进制文件。

④ defaults：即以上述挂载参数的默认选择方式挂载文件系统。

⑤ usrquota：表示存储设备可用于用户的硬盘配额管理。

⑥ grpquota：表示存储设备可用于组群的硬盘配额管理。

（5）是否使用 dump 命令备份文件系统：0 表示不进行自动备份，1 表示每天执行 dump 备份，而 2 表示不定期备份。

（6）是否在系统启动时通过 fsck 命令检查文件系统错误：0 表示不进行检查，1 表示第一个检查，2 表示在标记为 1 的文件系统检查后再做检查。

3. 挂载和卸载命令

（1）mount 命令。

功能：挂载文件系统。

格式：

mount　　　　　[选项] [设备文件名]　　　　　[挂载路径]

重要选项：

- -a（all）：自动挂载所有在 /etc/fstab 文件中记录的文件系统。
- -t（type）：该选项后面需要给出参数指定所要挂载的文件系统类型，如 ext4、iso9660、vfat 等。
- -o（option）：该选项后面需要给出参数用于额外指定一些挂载方式。主要参数可参见前面介绍 /etc/fstab 的内容中第（4）个字段的讨论（除 usrquota 和 grpquota 其余均可使用）。此外可使用参数 remount 实现重新挂载文件系统，使用参数 loop 表示使用回送设备挂载文件系统。

例 8.2　通过 mount 命令查询当前系统中所挂载的文件系统。该信息保存在 /etc/mtab 文件中，当有新的文件系统挂载后将会动态更新该文件。以下显示结果中每一行表示一个文件系统的挂载信息，黑体所标注的为文件系统的挂载路径。

```
[root@localhost ~]# mount
sysfs on /sys type sysfs (rw,nosuid,nodev,noexec,relatime,seclabel)
proc on /proc type proc (rw,nosuid,nodev,noexec,relatime)
devtmpfs on /dev type devtmpfs (rw,nosuid,seclabel,size=886984k,nr_inodes=221746,mode=755)
securityfs on /sys/kernel/security type securityfs (rw,nosuid,nodev,noexec,relatime)
```

（省略部分显示结果）

其中可发现，实际挂载的大部分文件系统并非单纯为了存储和组织数据，而是出于某种管理系统的目的。后面会对部分这些文件系统做更详细的介绍。可以进一步操作：

```
[root@localhost ~]# mount -t xfs
/dev/mapper/rhel-root on / type xfs
(rw,relatime,seclabel,attr2,inode64,logbufs=8,logbsize=32k,noquota)
/dev/nvme0n1p1 on /boot type xfs
(rw,relatime,seclabel,attr2,inode64,logbufs=8,logbsize=32k,noquota)
```

可以知道 xfs 类型的文件系统在系统中有两个，它们分别挂载在根 "/" 和 "/boot" 两个位置。

下面介绍如何利用 mount 命令在 VMware 虚拟机（Linux 系统）中挂载 U 盘和光盘。如前所述，Linux 系统能够自动检测硬件并挂载 U 盘和光盘中的文件系统，为了能够练习 mount 命令，需要先将自动挂载的文件系统卸载后再次使用 mount 命令手动挂载文件系统。卸载方法同样十分简单，在文件管理器选中对应设备图标，右击，在弹出的快捷菜单中选择"弹出"或"卸载"菜单即可。

例 8.3 手动挂载 U 盘。可先查看 U 盘在 Linux 中所对应的设备文件，这样便于后面手动挂载 U 盘，假设 U 盘在 Windows 下被格式化为 FAT32 文件系统类型（为简化讨论请勿格式化为 EXFAT 或 NTFS 类型），可以查看到自动挂载的结果，注意结果显示此处与 U 盘对应的设备文件为 /dev/sda1：

```
[root@localhost ~]# mount -t vfat         <== 留意U盘对应的设备文件
/dev/sda1 on /run/media/root/STORE type vfat (rw,nosuid,nodev,relatime,
fmask=0022,dmask=0022,codepage=437,iocharset=ascii,shortname=mixed,showexec,
utf8,flush,errors=remount-ro,uhelper=udisks2)
```

下面开始使用 mount 命令手动挂载 U 盘。注意，在练习例 8.3 时中需要根据实际显示结果修改设备文件名参数。对于挂载点的设置，一般可在 /mnt 目录下选择或新建一个目录用作挂载点：

```
[root@localhost ~]# mkdir /mnt/usb     <== 可自行创建挂载点，也可使用已有挂载点
[root@localhost ~]# mount -t vfat /dev/sda1 /mnt/usb/
[root@localhost ~]# mount -t vfat
/dev/sda1 on /run/media/root/STORE type vfat (rw,nosuid,nodev,relatime,
fmask=0022,dmask=0022,codepage=437,iocharset=ascii,shortname=mixed,showexec,
utf8,flush,errors=remount-ro,uhelper=udisks2)
/dev/sda1 on /mnt/usb type vfat (rw,relatime,fmask=0022,dmask=0022,codepage=
437,iocharset=ascii,shortname=mixed,showexec,utf8,flush,errors=remount-ro)
```

从以上结果可以发现，原来一个 U 盘可以同时挂载在两个目录上，可以继续通过如下操作证实这一点：

```
[root@localhost ~]# echo writetousb > /mnt/usb/file
[root@localhost ~]# cat /run/media/root/STORE/file
writetousb
```

而且，并非一定要把 U 盘挂载在新建目录上，甚至还可以把 U 盘挂载到 /home 目录上：

```
[root@localhost ~]# mount -t vfat /dev/sda1 /home
[root@localhost ~]# mount -t vfat
/dev/sda1 on /run/media/root/STORE type vfat
(rw,nosuid,nodev,relatime,fmask=0022,dmask=0022,codepage=437,iocharset=ascii,shortname=mixed,showexec,utf8,flush,errors=remount-ro,uhelper=udisks2)
/dev/sda1 on /mnt/usb type vfat
(rw,relatime,fmask=0022,dmask=0022,codepage=437,iocharset=ascii,shortname=mixed,showexec,utf8,flush,errors=remount-ro)
/dev/sda1 on /home type vfat
(rw,relatime,fmask=0022,dmask=0022,codepage=437,iocharset=ascii,shortname=mixed,showexec,utf8,flush,errors=remount-ro)
[root@localhost ~]# ls /home                    <==/home 目录原来的内容呢
file  'System Volume Information'
[root@localhost ~]# cat /home/file
writetousb
```

希望通过例 8.3 能让读者更为深刻地理解前面所讨论的 Linux 的文件系统管理与 Windows 的区别。

总之，一个设备可以有多个挂载点，挂载点只是访问设备的入口。更一般地，目录、文件系统其实都是一种软件而非硬件上的构造物，目的是以文件为单位组织数据供用户更方便、灵活地访问，尽管平时把目录形象地称为"文件夹"（比喻为装有文件的容器），但不能把目录和文件系统理解为存储数据的工具，而应理解为组织和访问数据的工具。

思考 & 动手：使用 mount 命令挂载光盘

首先，注意确认虚拟机中的 CD/DVD 设备处于"已连接"状态，并且确认在"虚拟机设置"对话框中已选择需要挂载的 ISO 光盘映像文件，例如在案例 1.1 中所用到的安装光盘。

当光驱已经自动识别连接后，就可以用 mount 命令挂载光盘了。光驱设备对应的设备文件可通过 lsblk 命令更为便捷地找到，一般为设备文件 /dev/sr0。实际有一个更易读的符号链接文件 /dev/cdrom 也代表了光驱设备，练习时可使用 /dev/cdrom 来挂载光盘：

```
[root@localhost ~]# ls -l /dev/cdrom
lrwxrwxrwx. 1 root root 3 10月 18 15:23 /dev/cdrom -> sr0
```

另一个问题是挂载点的选取问题。一个设备可以挂载在多个目录上，不过如果一个目录已经是 U 盘的挂载点时，它还可以作为光驱设备的挂载点吗？通过操作回答这个问题。

（2）umount 命令。

功能：卸载文件系统。

格式：

umount　　［选项］［设备文件名 / 挂载路径］

重要选项：

-f：强制卸载，但不保证成功。

例 8.4 使用 umount 命令卸载 U 盘。假设沿着前面 U 盘挂载的情况继续进行操作，把 U 盘也挂载到 /home 目录：

```
[root@localhost ~]# mount -t vfat
/dev/sda1 on /run/media/root/STORE type vfat
(rw,nosuid,nodev,relatime,fmask=0022,dmask=0022,codepage=437,iocharset=ascii,shortname=mixed,showexec,utf8,flush,errors=remount-ro,uhelper=udisks2)
/dev/sda1 on /mnt/usb type vfat
(rw,relatime,fmask=0022,dmask=0022,codepage=437,iocharset=ascii,shortname=mixed,showexec,utf8,flush,errors=remount-ro)
/dev/sda1 on /home type vfat
(rw,relatime,fmask=0022,dmask=0022,codepage=437,iocharset=ascii,shortname=mixed,showexec,utf8,flush,errors=remount-ro)
```

下面把 /home 目录"释放"出来不再作为挂载点：

```
[root@localhost ~]# umount /home             <== 没有返回提示信息则说明卸载成功
[root@localhost ~]# mount -t vfat
/dev/sda1 on /run/media/root/STORE type vfat
(rw,nosuid,nodev,relatime,fmask=0022,dmask=0022,codepage=437,iocharset=ascii,shortname=mixed,showexec,utf8,flush,errors=remount-ro,uhelper=udisks2)
/dev/sda1 on /mnt/usb type vfat
(rw,relatime,fmask=0022,dmask=0022,codepage=437,iocharset=ascii,shortname=mixed,showexec,utf8,flush,errors=remount-ro)
[root@localhost ~]# ls /home
backup_admin1   shareuser   student02   student04   study   testuser
```
（省略部分显示结果）

但是注意其他挂载点仍然有效。换言之，umount 命令的作用是让某个文件系统的挂载点失效，即此挂载点不再作为该文件系统的访问入口。但如果要让某个设备不再可访问，就需要多次使用 umount 命令取消关于该设备其文件系统的全部挂载点。

需要注意的是，卸载 U 盘时系统将会自动检查是否有程序正在使用 U 盘中的文件，如果是则提示设备忙。例如，继续上面的操作：

```
[root@localhost ~]# vim /mnt/usb/file
```

然后另开一个终端进行如下操作：

```
[root@localhost ~]# umount /mnt/usb
```

会出现如下结果：

```
umount:/mnt/usb:target is busy.
```

除了自行检查有什么进程正在使用 U 盘，也可以根据提示利用 lsof 命令查看正在使用 U 盘的相关进程：

```
[root@localhost ~]# lsof    /mnt/usb               <== 总会关联对应的挂载点
COMMAND    PID USER    FD    TYPE DEVICE SIZE/OFF NODE NAME
vim       7735 root    6u    REG    8,1    12288  341 /mnt/usb/.file.swp
```

根据提示可知 U 盘文件 file 被打开，可查看各个终端然后关闭相关进程，再通过 lsof 命令确认并没有相关进程使用 U 盘，此时重新执行 umount 命令即可卸载 U 盘。

8.2.3 文件系统的创建

物理存储设备必须经过所谓的"格式化"才能真正使用。此处的格式化实际是指在物理存储设备上重新创建文件系统。格式化操作给予的最为直接和直观的感受是原来设备中存储的数据丢失了。其实，由于新建立的文件系统破坏了旧文件系统的信息，而存储设备上的原有数据是依靠旧文件系统来组织的，因此通过新创建的文件系统自然无法访问到设备上原有的数据。

文件系统的创建工作主要有两方面的内容，其中一方面工作是以设定的数据块大小来组织存储空间。数据块是分配存储空间的最小单位，如果数据块大小为 1024B，则意味设备分配的存储空间至少为 1024B 的整数倍。数据块大小的设定需要根据文件系统的实际使用情况而定，如果系统用于存放大量较小的文件，则可设置较小的数据块单位。但要注意的是，数据块单位大小的设置又决定了文件系统所能支持的最大单一文件大小和最大文件系统总容量，因此在 Linux 对 xfs、ext4 等文件系统默认取 4096B 为数据块大小，从而获得较佳的系统应用效率和扩展能力。

创建文件系统的另一方面工作是要建立索引节点表。在案例 7.2 中介绍了索引节点的基本概念。文件系统在建立时就需要建立其索引节点表，因此当格式化完毕后，一个文件系统所能使用的索引节点数量实际是固定的。一个文件系统的索引节点的数量基本决定了它能支持创建的文件数量。因此可根据实际需要在文件系统创建时设定一个合适的索引节点数目。

Linux 中主要使用 mkfs 命令创建文件系统，下面是 mkfs 命令的相关介绍和示例。

命令名：mkfs（make file system）

功能：创建文件系统。

格式：

mkfs   [选项]   设备文件名

由于 mkfs 实际是关于一组命令（如 mkfs.xfs、mkfs.ext4、mkfs.vfat 等）的统一调用入口，因此以下选项只对于特定某种文件系统类型有效，具体可通过查阅手册确定。

-t（type）：该选项后面需要给出参数指定所要创建的文件系统类型。mkfs 支持的文件系统类型有 xfs、ext2、ext3、ext4、VFAT 等。

-c（check）：在格式化之前检查设备是否有坏数据块。

-b（block-size）：该选项后面需要给出参数指定基本数据块大小，参数可以是 1024、2048 和 4096，单位为字节。

-N（number-of-inodes）：该选项后面需要给出参数设定创建的索引节点数量。该数值将决定文件系统能够支持的最大文件数。如果没有特殊要求，则取默认设置。

例 8.5 使用 mkfs 命令格式化 U 盘。假设 U 盘已自动挂载至 Linux 系统，可查看其对应设备文件为 /dev/sda1：

```
[root@localhost ~]# mount -t vfat
/dev/sda1 on /run/media/root/STORE type vfat
(rw,nosuid,nodev,relatime,fmask=0022,dmask=0022,codepage=437,iocharset=
ascii,shortname=mixed,showexec,utf8,flush,errors=remount-ro,uhelper=udisks2)
```

尝试执行如下操作对 U 盘格式化：

```
[root@localhost ~]# mkfs -t xfs /dev/sda1
mkfs.xfs:/dev/sda1 contains a mounted filesystem
```
（省略部分显示结果）

会被告知 U 盘已挂载，因此在格式化之前首先需要卸载：

```
[root@localhost ~]# umount /dev/sda1
```

再次尝试执行格式化操作：

```
[root@localhost ~]# mkfs -t xfs /dev/sda1
mkfs.xfs:/dev/sda1 appears to contain an existing filesystem (vfat).
mkfs.xfs:Use the -f option to force overwrite.
```

又被告知需要强制覆盖旧文件系统。重新开始：

```
[root@localhost ~]# mkfs -t xfs -f /dev/sda1
meta-data=/dev/sda1              isize=512    agcount=4, agsize=977600 blks
         =                       sectsz=512   attr=2, projid32bit=1
         =                       crc=1        finobt=1, sparse=1, rmapbt=0
         =                       reflink=1
data     =                       bsize=4096   blocks=3910400, imaxpct=25
         =                       sunit=0      swidth=0 blks
naming   =version 2              bsize=4096   ascii-ci=0, ftype=1
log      =internal log           bsize=4096   blocks=2560, version=2
         =                       sectsz=512   sunit=0 blks, lazy-count=1
realtime =none                   extsz=4096   blocks=0, rtextents=0
```

从以上结果可知，格式化之后共有 3910400 个数据块，每个数据块占 4096B。因此这个 16GB 的 U 盘实际可用空间为 15GB 多一点。为印证这一点，可以重新挂载 U 盘，这时 U 盘文件系统已是 xfs 类型：

```
[root@localhost ~]# mount -t xfs /dev/sda1 /mnt/usb
[root@localhost ~]# ls /mnt/usb
[root@localhost ~]# mount -t xfs
```

```
/dev/mapper/rhel-root on / type xfs
(rw,relatime,seclabel,attr2,inode64,logbufs=8,logbsize=32k,noquota)
/dev/sda1 on /mnt/usb type xfs
(rw,relatime,seclabel,attr2,inode64,logbufs=8,logbsize=32k,noquota)
```

可通过 df 命令了解 U 盘格式化后实际所得存储容量：

```
[root@localhost ~]# df -h /mnt/usb
文件系统        容量      已用      可用      已用%     挂载点
/dev/sda1      15G      139M      15G       1%       /mnt/usb
```

由于这个 U 盘刚刚格式化，因此所用的 139MB 实际是创建文件系统本身所需的空间。

思考 & 动手：数据块大小对格式化结果的影响

先后对 U 盘进行三次格式化，要求创建文件系统类型为 xfs，数据块大小（-b 选项）分别为 1024B、2048B 和 4096B。命令格式参考如下：

```
[root@localhost ~]# mkfs -t xfs -b size=1024 -f /dev/sda1
```

结合前面示例的结果，比较以上三种数据块大小参数对格式化后所得 U 盘存储容量的影响。按照哪一种数据块大小参数格式化后实际真正可用空间最大？数据块大小参数是否设置越大（小）越好？

最后，正式介绍 df 命令，这个命令在之前的实训中已多次被使用。

命令名：df

功能：显示各个文件系统的存储空间使用情况。如果指定某个文件名，则显示该文件所在的文件系统的信息。

格式：

df　　　　　[选项]　　　　　[挂载点 / 文件名]

重要选项：

- -h（human-readable）：命令默认以字节为单位显示结果，该选项能以用户友好的方式（即以 1K、234M、2G 等方式）显示结果。
- -i（inode）：查看索引节点 inode 的使用情况。
- -t（type）：显示文件系统类型。

例 8.6　df 命令的使用。沿着例 8.6 的操作结果，比较系统中所有 xfs 类型的文件系统存储空间的使用情况。

```
[root@localhost ~]# df -h -t xfs
文件系统                容量      已用      可用      已用%     挂载点
/dev/mapper/rhel-root  17G      6.7G      11G       39%       /
/dev/sda1              15G      139M      15G       1%       /mnt/usb
```

然后再比较这些文件系统的索引节点使用情况：

```
[root@localhost ~]# df -h -i -t xfs
文件系统                  Inode    已用(I)    可用(I)    已用(I)%    挂载点
/dev/mapper/rhel-root     8.5M     152K       8.4M       2%          /
/dev/sda1                 7.5M     3          7.5M       1%          /mnt/usb
```

8.3 综合实训

案例 8.1　为系统增加新硬盘

1. 案例背景

Linux 系统在提供服务的过程中所要存储的数据会不断增长。显然一个硬盘未必能够满足 Linux 系统实际的应用要求，这时就要为 Linux 系统增加新硬盘。在后面的实训内容中，还会介绍硬盘分区管理、配额管理、逻辑卷管理等存储管理方面的内容，而为系统添加新硬盘往往是存储管理工作的第一步。

利用 VMware 的虚拟化技术可以很方便地开展为系统增加新硬盘的操作。本案例演示如何在 VMware 下增加一个虚拟硬盘并对其格式化，该设备将设置为系统启动时自动挂载。以下是具体的操作步骤。注意，如果想在后面的操作中使用与本案例相同的硬盘设备文件（/dev/sda），则需要把前面练习用到的 U 盘卸载。下面介绍具体的操作步骤。

2. 操作步骤讲解

第 1 步：添加硬盘设备。选择 VMware 的"虚拟机"→"设置"菜单，在"虚拟机设置"对话框中单击"添加"按钮后，将弹出"添加硬件向导"对话框，如图 8.6 所示，选择添加"硬件类型"为"硬盘"，然后单击"下一步"按钮。

图 8.6　"添加硬件向导"对话框

在如图 8.7 所示的"选择磁盘类型"对话框中选择虚拟磁盘类型，因为已经启动了 Linux 虚拟机，为方便起见这里按推荐选择 SCSI 接口类型磁盘。如果希望选择其他磁盘类型，也可自行设置。

图 8.7 "选择磁盘类型"对话框

单击"下一步"按钮，在弹出的"选择磁盘"对话框中选择"创建新虚拟磁盘"单选按钮，如图 8.8 所示。

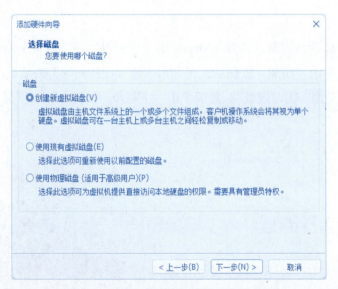

图 8.8 选择"创建新虚拟磁盘"单选按钮

单击"下一步"按钮，在弹出的"指定磁盘容量"对话框中设置磁盘容量为 4GB，如图 8.9 所示。注意，一般选择"将虚拟磁盘拆分成多个文件"单选按钮，以便于日后管理和移动。

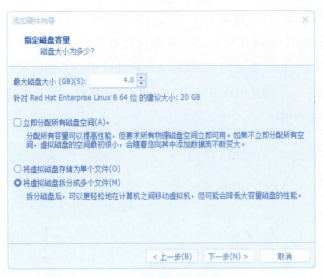

图 8.9　设置容量等参数

最后对磁盘文件命名，可以在默认文件名最后附加当前日期，以便于识别新加硬盘。单击"完成"按钮返回"虚拟机设置"对话框（见图 8.10），在"硬件"列表框中即可见设备"新硬盘（SCSI）"，单击"确定"按钮后即可生成该硬件设备。当然，目前来说实际并没有为该新硬盘真正分配 4GB 的存储空间，也可以在存放该虚拟机的文件夹中找到对应的磁盘文件（vmdk 文件）。

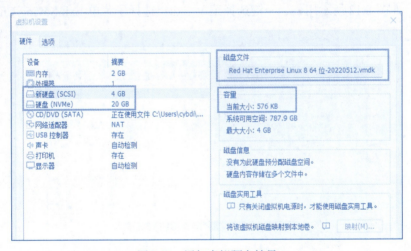

图 8.10　添加虚拟硬盘结果

第 2 步：重启并确认启动顺序。为了保证系统能够识别新硬盘以及后面能正常启动，需重新启动 Linux 系统。如果在前面第 1 步添加新硬盘时 Linux 虚拟机已经处于关机状态，那么可以通过选择菜单"虚拟机"→"电源"→"打开电源时进入固件"，以进入 Linux 虚拟机的 BIOS。否则，需要关闭 Linux 虚拟机然后选择上述菜单进入 BIOS。也可以在系统启动出现 VMware 字样时，迅速按下 F2 键，以此进入 BIOS。

如图 8.11 所示，进入 BIOS 之后，通过右键快捷菜单选择菜单 Boot，能够看到一个设备列表，系统将按该列表从上至下地查找设备启动。由于 Linux 操作系统安装在 NVMe 接口的硬盘上，而非新建的 SCSI 硬盘，因此这里务必确认 NVMe 硬盘在 SCSI 硬盘之前。可以通过↑、↓键选取设备，用 Enter 键展开列表，并且通过按 "+" 或 "-" 键设置启动设备的查找次序。

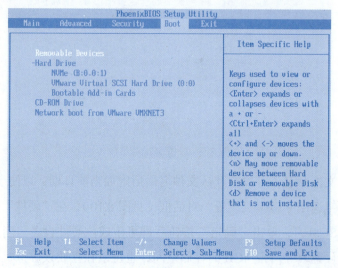

图 8.11　设置启动设备的查找次序

然后，如图 8.12 所示用←、→键选择菜单 Exit，选择子菜单 Exit Saving Changes，保存设置并退出。

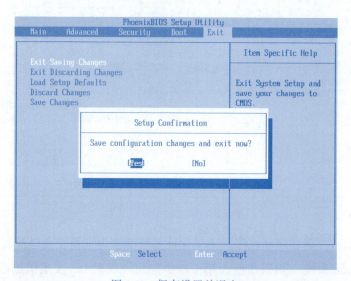

图 8.12　保存设置并退出

第 3 步：确认新硬盘的设备文件。系统重启之后，可以通过 lsblk 命令把所有块设备列出：

```
[root@localhost ~]# lsblk
NAME         MAJ:MIN     RM  SIZE  RO TYPE          MOUNTPOINT
sda          8:0         0   4G    0  disk
sr0          11:0        1   10.2G 0  rom           /run/media/root/RHEL-8-5-0-
BaseOS-x86_64
nvme0n1      259:0       0   20G   0  disk
```
（省略部分显示结果）

对比之前执行 lsblk 命令的结果不难发现，系统现在的确增加了一个名为 sda 的新设备，从 sda 对应大小为 4GB 可以进一步确认这一点。按照命名规则可知，这是系统第一个 SCSI 接口硬盘，对应的设备文件应为 /dev/sda：

```
[root@localhost ~]# ls -l /dev/sda
brw-rw----. 1 root disk 8, 0 5月  12 16:24 /dev/sda
```

这里特别需要注意的是，如果在前面基础实训中练习过挂载 U 盘后并没有卸载，那么这里显示的新硬盘对应的设备文件就并非 /dev/sda，而有可能是 /dev/sdb。因此必须通过该步骤才能明确当前新硬盘对应的设备文件。

第 4 步：格式化新硬盘。需要在新硬盘之上建立文件系统，然后才能挂载并使用硬盘。

```
[root@localhost ~]# mkfs -t xfs /dev/sda
meta-data=/dev/sda          isize=512     agcount=4, agsize=262144 blks
         =                  sectsz=512    attr=2, projid32bit=1
         =                  crc=1         finobt=1, sparse=1, rmapbt=0
         =                  reflink=1
data     =                  bsize=4096    blocks=1048576, imaxpct=25
         =                  sunit=0       swidth=0 blks
naming   =version 2         bsize=4096    ascii-ci=0, ftype=1
log      =internal log      bsize=4096    blocks=2560, version=2
         =                  sectsz=512    sunit=0 blks, lazy-count=1
realtime =none               extsz=4096    blocks=0, rtextents=0
```

第 5 步：手动挂载硬盘，然后利用 df 命令查看挂载后的结果。

```
[root@localhost ~]# mkdir /mnt/newdisk1
[root@localhost ~]# mount -t xfs /dev/sda /mnt/newdisk1/
[root@localhost ~]# cd /mnt/vdisk
[root@localhost ~]# df -h /dev/sda
文件系统          容量    已用   可用   已用%   挂载点
/dev/sda         4.0G   61M   4.0G   2%     /mnt/newdisk1
```

尝试使用一下这个新建的硬盘，看是否存在问题：

```
[root@localhost ~]# cd /mnt/newdisk1/
[root@localhost newdisk1]# ls
[root@localhost newdisk1]# echo writeto_newdisk > file
[root@localhost newdisk1]# cat file
writeto_newdisk
```

第 6 步：设置系统初始化时自动挂载硬盘。为方便测试，可先卸载之前挂载的新硬盘：

```
[root@localhost newdisk1]# cd      <== 卸载之前需跳出目录 newdisk1，否则报设备忙
[root@localhost ~]#
[root@localhost ~]# umount  /dev/sda
[root@localhost ~]# ls  /mnt/newdisk1/
[root@localhost ~]#                <== 挂载目录内容为空，说明已经卸载
```

然后查询新硬盘的 UUID：

```
[root@localhost ~]# blkid  -p  /dev/sda
/dev/sda: UUID="983de438-fb39-4fd5-b265-0b4588f3b911" BLOCK_SIZE="512" TYPE="xfs" USAGE="filesystem"
```

然后改写 /etc/fstab 文件，在文件末尾添加如下一行：

```
UUID=983de438-fb39-4fd5-b265-0b4588f3b911    /mnt/newdisk1    xfs    defaults    0  0
```

这里之所以使用 UUID 而非设备文件名 /dev/sda 来表达新硬盘，是因为后者容易变动而前者则是该设备的唯一标识符。

保存文件 /etc/fstab 后，使用如下命令，重新挂载 /etc/fstab 中的所有文件系统：

```
[root@localhost ~]# mount  -a
[root@localhost ~]# df  -h  /mnt/newdisk1/         <== 新硬盘重新被挂载
文件系统         容量    已用    可用   已用%   挂载点
/dev/sda         4.0G    61M    4.0G    2%     /mnt/newdisk1
[root@localhost ~]# cat  /mnt/newdisk1/file   <== 里面的数据又可以重新读取了
writeto_newdisk
```

最后可以重启系统，重新登录后能发现新硬盘无须手动挂载已可使用，因为挂载信息已写入 fstab 文件，系统启动时会根据该文件将其挂载到指定位置。

3. 总结

至此已完成添加新硬盘的完整过程：增加硬件→确定 BIOS 中设备的启动次序→在新硬盘建立文件系统→挂载文件系统→修改 fstab 文件设置硬盘自动挂载。该案例练习综合了前面所学的各种与文件及文件系统有关知识和操作命令，为后面更进一步的学习打下基础。

4. 拓展练习：虚拟硬盘的迁移

由于在 VMware 中虚拟硬盘以文件的形式保存，因此可以将虚拟硬盘从一个虚拟机系统迁移到另一个系统中，就像迁移物理硬盘那样。具体方法并不复杂，只需把虚拟硬盘文件移动至目标虚拟机所在目录，然后按照案例所示方法加入新硬盘即可。

与之前有所不同的是，先关闭迁入硬盘的虚拟机，然后启动"添加硬盘向导"对话框，并在如图 8.8 所示的对话框中选择"使用现有虚拟磁盘"单选按钮，最后选择对应的磁盘文件。移动虚拟硬盘文件时注意相关文件会有多个，示例如图 8.13 所示，新建磁盘时只需选中第一个磁盘文件即可。

Red Hat Enterprise Linux 8 64 位-20220512	2022/5/12 21:26	VMware 虚拟磁盘文件	1 KB
Red Hat Enterprise Linux 8 64 位-20220512-s001	2022/5/12 21:30	VMware 虚拟磁盘文件	2,880 KB
Red Hat Enterprise Linux 8 64 位-20220512-s002	2022/5/12 15:26	VMware 虚拟磁盘文件	64 KB

图 8.13　虚拟硬盘文件列表的示例

可按照以上指引把案例中的新建磁盘复制一份到其他的虚拟机上使用。可考虑与其他同学合作交换在以上案例中创建好的虚拟硬盘。

案例 8.2　利用特殊设备文件创建虚拟硬盘

1. 案例背景

在实训 7 介绍了特殊设备文件 /dev/null，利用它可以创建空文件。实际上利用特殊设备文件可以实现许多特殊功能。首先需要了解两个跟本案例有关的特殊设备文件。

（1）空设备文件：/dev/zero 文件代表一个永远输出空字符（null character）的设备文件。所谓空字符是指 ASCII 值为 0 的字符，它经常在编程语言中被用作字符串的结束符（"\0"）。/dev/zero 文件常用于初始化文件数据。

（2）回送（loop）设备：UNIX 将设备看待为文件，反之也可以利用 loop 设备把文件模拟成块设备，也就是将文件内容映射到 loop 设备中，通过读写该设备达到访问该文件的目的，前提是该文件本身带有一个文件系统。此方面的应用最常见的例子就是光盘 ISO 映像文件的挂载和使用。

本案例将演示如何利用上述两个特殊设备文件在 Linux 中创建虚拟硬盘。注意，案例 8.1 所创建的虚拟硬盘是通过 VMware 虚拟机实现的，实际使用的是宿主机的硬盘资源。本案例则是在 Linux 系统内部实现的，使用的是 Linux 系统内部的硬盘存储空间。可以借此案例理解设备、文件和文件系统之间的关系，并且对建立文件系统的过程及参数做进一步的讨论。以下是具体的操作步骤。

2. 操作步骤讲解

第 1 步：利用空设备文件创建并初始化文件。利用 dd 命令读取空设备文件 10000 个块信息，每个块的大小为 1024B，输出文件 filedisk.img，它将会被模拟为一个硬盘设备。

```
[root@localhost ~ ]# dd   if=/dev/zero   of=filedisk.img   count=10000   bs=1k
```

记录了 10000+0 的读入
记录了 10000+0 的写出
10240000 bytes (10 MB, 9.8 MiB) copied, 0.0309942 s, 330 MB/s

第 2 步：在文件 filedisk.img 上建立文件系统。这次不妨采用 ext4 文件系统类型对新硬盘进行格式化。

```
[root@localhost ~]# mkfs -t ext4 filedisk.img
mke2fs 1.45.6（20-Mar-2020）
丢弃设备块：完成
创建含有 10000 个块（每块 1k）和 2512 个 inode 的文件系统
文件系统 UUID: 5ebce9ca-2536-4ec1-9b87-9643b60ee13e
超级块的备份存储于下列块：
    8193

正在分配组表：完成
正在写入 inode 表：完成
创建日志（1024 个块）完成
写入超级块和文件系统账户统计信息：已完成
```

与建立 xfs 文件系统的格式化过程对比，以上过程能更清晰地查看到建立一个文件系统的基本任务：创建数据块和索引节点（inode）。

第 3 步：利用循环设备文件挂载 filedisk.img。注意，mount 命令中需要给出"-o loop"选项及参数。

```
[root@localhost ~]# mkdir /mnt/filedisk      <== 创建挂载点
[root@localhost ~]# mount filedisk.img -o loop /mnt/filedisk
[root@localhost ~]# mount -t ext4
/root/filedisk.img on /mnt/filedisk type ext4 (rw,relatime,seclabel)
```

系统将自动分配设备 loop0 给 filedisk.img，因此从以下结果可看到实际使用的设备是 /dev/loop0：

```
[root@localhost ~]# lsblk
NAME         MAJ:MIN  RM  SIZE RO TYPE  MOUNTPOINT
loop0          7:0     0  9.8M  0 loop  /mnt/filedisk
（省略部分显示结果）
```

第 4 步：创建测试文件查看它实际占用的硬盘数据块。首先查看当前新虚拟硬盘的容量使用情况。

```
[root@localhost ~]# df /mnt/filedisk       <== 格式化本身占用了 3% 的空间
文件系统        1K-块    已用  可用  已用%  挂载点
/dev/loop0      8653    170  7783   3%   /mnt/filedisk
```

然后创建 test 文件，文件大小实际连结束符应为 6B：

```
[root@localhost ~]# cd /mnt/filedisk
[root@localhost filedisk]# echo hello > test   <== 共往 test 文件写入 6B
```

然而再次查看新硬盘的使用情况，对比已用数据块个数，实际已增加了 2 个数据块。

```
[root@localhost filedisk]# df  /mnt/filedisk
文件系统           1K-块   已用   可用    已用%   挂载点
/dev/loop0        8653    172   7781    3%     /mnt/filedisk
```

由此可见"已用"列增加的数据块是被 test 文件所占用的。向 test 文件写入更多内容然后再次查看新硬盘的使用情况：

```
[root@localhost filedisk]# echo  hello  >>  test <== 注意使用附加输出重定向
[root@localhost filedisk]# df  /mnt/filedisk/
文件系统           1K-块   已用   可用    已用%   挂载点
/dev/loop0        8653    172   7781    3%     /mnt/filedisk
```

结果是 test 文件并没有被分配更多空间，这时文件系统实际已为 test 文件预留了数据块，相当于已经分配了 2KB 的存储空间，在写入新的数据时可以利用这些已分配的数据块。由此可见，存储空间的分配是以数据块为基本单位的，在创建文件系统时设置合理的数据块大小将有助于充分利用存储空间。为进一步说明，下面把 filedisk.img 重新格式化。

第 5 步：按照块大小为 4096B 进行格式化。

```
[root@localhost filedisk]# cd                         <== 模拟硬盘的文件在 /root 中
[root@localhost ~]# umount  /mnt/filedisk             <== 首先应卸载原设备
[root@localhost ~]# mkfs  -t  ext4 -b  4096  filedisk.img
                                                      <== 按块大小 4096B 格式化
mke2fs 1.45.6 (20-Mar-2020)
 filedisk.img 有一个 ext4 文件系统
    last mounted on /mnt/filedisk on Mon May 16 21:25:25 2022
Proceed anyway? (y,N) y                               <== 确认覆盖原有文件系统
丢弃设备块：完成
创建含有 2500 个块（每块 4k）和 2528 个 inode 的文件系统

正在分配组表：完成
正在写入 inode 表：完成
创建日志（1024 个块）完成
写入超级块和文件系统账户统计信息：已完成
```

第 6 步：再次挂载并重复前面的测试。首先，挂载后自然会发现原来的 test 文件不见了。

```
[root@localhost ~]# mount  filedisk.img  -o  loop  /mnt/filedisk
[root@localhost ~]# ls  /mnt/filedisk/
lost+found                                            <== 格式化后自带的目录
```

查看当前虚拟硬盘的使用情况：

```
[root@localhost ~]# df  /mnt/filedisk/
文件系统           1K-块   已用   可用    已用%   挂载点
/dev/loop0        5572    28    4844    1%     /mnt/filedisk
```

重新建立 test 文件然后查看占用空间的情况：

```
[root@localhost ~]# cd  /mnt/filedisk/
[root@localhost filedisk]# echo  hello  >  test
[root@localhost ~]# df  /mnt/filedisk/
文件系统              1K-块    已用    可用     已用%    挂载点
/dev/loop0           5572     36     4836    1%       /mnt/filedisk
```

这样看来，同样的数据需求在不同的文件系统中消耗的容量空间资源并不一样。

3. 总结

从理论上来说，之所以能够把文件模拟为硬盘，又或者把物理块设备在操作系统中表示为设备文件，就是因为可以把设备的输入/输出与对文件的读写操作对应起来。基于设备和文件之间这种互相模拟的关系，在前面的操作中对一个文件进行"格式化"，其实质是对该文件所占用的存储空间按照某种方式进行组织，即创建文件系统。

在操作系统中，用户以读写文件的方式使用硬盘，需要通过文件系统以数据块为单位申请存储空间，这意味着每次申请所得最小空间为一个数据块大小。因此，如果每个文件实际写入数据不多但格式化时设置了较大的数据块，那么会浪费更多的硬盘容量空间。如果在格式化前已经知道硬盘的实际用途，可以根据所存储文件的大小来选择合适的数据块大小以避免造成存储空间浪费，否则按照默认设置即可。

4. 拓展练习：在 Linux 中制作和访问 ISO 映像文件

ISO 映像文件是一种归档文件，用于把一组文件打包为一个可刻录至光盘的文件。在 Linux 中，可以使用命令 mkisofs 来把某个目录的内容打包为一个 ISO 映像文件。例如以下命令把 /root 目录的内容全部打包成映像文件 root.iso。

```
[root@localhost ~]# mkisofs  -r  -o  root.iso  /root
I:-input-charset not specified, using utf-8 (detected in locale settings)
Using SLINK000.;1 for  /slink_new2 (slink_new)
```

根据以上示例制作一个 ISO 映像文件，然后使用回送（loop）设备将该光盘文件挂载到指定目录中查看。

实训 9　硬盘分区与配额管理

9.1　知识结构

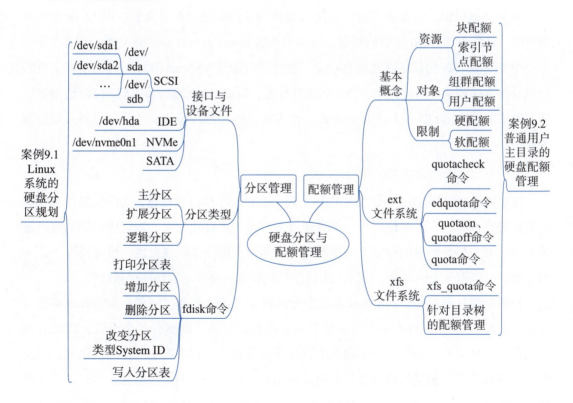

9.2 基础实训

9.2.1 硬盘分区管理

1. 硬盘及其接口类型

硬盘（也称磁盘）主要有机械式硬盘（hard disk drive，HDD）和固态硬盘（solid-state drive，SSD）两类。现有主流大容量存储技术仍然是以机械式硬盘为基础，而近年来固态硬盘在各种应用场合中逐渐得到推广。为便于教学，这里不涉及硬盘存储技术的基本细节，主要关心如何制订硬盘存储空间资源的分配计划。

无论是机械式硬盘还是固态硬盘，其数据存储的基本单位均为扇区（sector）。注意，前面实训中提到的数据块跟这里的扇区既有联系又有区别。数据块是文件系统分配存储空间资源的基本单位，在前面的实训中，讨论了不同数据块大小对空间资源使用效率的影响，创建文件系统时可指定数据块大小为 512B、1KB、4KB 等。另外，扇区是硬盘读写数据的基本单位，其大小为 512B。

作为预备知识，还需要了解硬盘接口类型。举例来说，在案例 8.1 中为系统增加新硬盘时，选择创建 SCSI 接口的硬盘，而本书当前 Linux 系统在安装时 VMware 自动分配了一个使用 NVMe 协议的高速固态硬盘。当然这些都是 VMware 软件根据当前宿主机的物理硬件条件和选择的设置要求做出的硬件模拟，因此在读者的系统中未必如此。此外，还有 IDE 接口和 SATA 接口类型的硬盘。作为拓展练习感兴趣的读者可自行将其添加到系统中。

2. 硬盘分区及其设备文件

在案例 8.1 和案例 8.2 中，分别创建了两个容量较小的虚拟硬盘，为简化操作都没有对它们进行分区。在实际使用中，物理硬盘的容量一般都比较大，为适应不同的应用需求，往往都需要对硬盘的存储空间进行划分，即所谓的设置硬盘分区。极端情况下，一整个硬盘可以划分为仅有一个分区，这适合于如 U 盘这样容量较小的存储设备。

特别需要注意的是，在 Linux 系统中分区属于设备的概念，它在一些场合也被称为磁盘（disk），尽管它们不一定对应某个独立的物理设备。既然分区是设备，因此有设备文件与分区对应。同时，整个硬盘本身显然也是设备，它由若干硬盘分区组成。因此分区的设备文件与硬盘的设备文件有着对应关系。以当前本书所用系统为例：设备文件 /dev/nvme0n1 对应于当前系统一个 NVMe 硬盘，它有两个分区，分别对应设备文件 /dev/nvme0n1p1 和 /dev/nvme0n1p2：

```
[root@localhost ~]# ls -l /dev/nvme0n*
brw-rw----. 1 root disk 259, 0 5月  17 15:08 /dev/nvme0n1
```

```
brw-rw----. 1 root disk 259, 1 5月  17 15:08 /dev/nvme0n1p1
brw-rw----. 1 root disk 259, 2 5月  17 15:08 /dev/nvme0n1p2
```

同样，假设当前 /dev/sda 对应于 SCSI0 接口的主硬盘，它可以有分区：/dev/sda1，/dev/sda2，…。

3. 主分区与逻辑分区

为管理和使用硬盘分区，需要有分区表（partition table）记录分区信息。分区表存储在硬盘主引导记录（master boot record，MBR）中。主引导记录是系统启动后访问硬盘时所必须要读取的首个扇区空间，受其空间大小的限制，主引导记录的分区表最多只能记录 4 个分区的基本信息，这 4 个分区被称为主分区（primary partition）。可是实际要求硬盘能够支持划分多于 4 个分区。解决的办法是取其中一个主分区作为扩展分区（extended partition），扩展分区再包含逻辑分区（logical partition）。扩展分区并非一个可实际使用的分区，它仅起到转换的作用，即当访问主分区表的扩展分区信息时，实际将指向另一个分区表，该分区表记录了逻辑分区的基本信息。

图 9.1 给出了一个关于硬盘设备 /dev/sda 的分区例子。硬盘共分有 5 个分区，其中 sda1 和 sda2 是主分区，由于主分区表的只支持最多 4 个分区，因此将剩余的硬盘空间分配给扩展分区 sda3，其中再分出 3 个逻辑分区（sda5～sda7）。值得指出的是，设置硬盘分区并非一定要对硬盘所有的存储空间进行划分，可以预留一部分空间不作划分然后留待以后扩展需要时使用。

图 9.1 主分区、扩展分区与逻辑分区示例

4. 分区管理工具

管理硬盘分区需要有专门的工具。在安装 Linux 时，系统会提供专门的工具供用户对硬盘进行分区，而在已有系统中对硬盘（通常是新加的硬盘）进行分区时需要其他专门的管理工具，其中最为常用的分区管理工具是 fdisk。

命令名：fdisk

功能：划分硬盘分区。

格式：

fdisk　　[选项]　　[硬盘设备文件]

重要选项：

-l：列出系统中所有硬盘设备文件及其分区表信息。

例 9.1 列出系统中硬盘设备的分区情况。首先需要用 lsblk 命令确认系统中有哪些硬盘，当前本书使用的一些块设备列表如下，如果按书中顺序操作，基本结果也与此类似：

```
[root@localhost ~]# lsblk              <== 注意 sda 还挂载在 /mnt/newdisk1
NAME          MAJ:MIN RM  SIZE  RO TYPE MOUNTPOINT
sda           8:0     0   4G    0  disk /mnt/newdisk1
sr0           11:0    1   10.2G 0  rom  /run/media/root/RHEL-8-5-0-BaseOS-x86_64
nvme0n1       259:0   0   20G   0  disk
├─nvme0n1p1   259:1   0   1G    0  part /boot
└─nvme0n1p2   259:2   0   19G   0  part
  ├─rhel-root 253:0   0   17G   0  lvm  /
  └─rhel-swap 253:1   0   2G    0  lvm  [SWAP]
```

如前所述，nvme0n1 是安装系统时自动分配的硬盘，它的分区表可以用如下命令打印：

```
[root@localhost ~]# fdisk -l /dev/nvme0n1
Disk /dev/nvme0n1: 20 GiB, 21474836480 字节, 41943040 个扇区
单元：扇区 / 1 * 512 = 512 字节
扇区大小（逻辑/物理）：512 字节 / 512 字节
I/O 大小（最小/最佳）：512 字节 / 512 字节
磁盘标签类型：dos
磁盘标识符：0xeea2070d

设备              启动   起点      末尾      扇区      大小 Id  类型
/dev/nvme0n1p1    *      2048      2099199   2097152   1G   83  Linux
/dev/nvme0n1p2           2099200   41943039  39843840  19G  8e  Linux LVM
```

以上查询得到的分区信息表明，硬盘 /dev/nvme0n1 有两个分区，分别为 /dev/nvme0n1p1 和 /dev/nvme0n1p2。/dev/nvme0n1p1 是启动分区，而结合之前查询到的块设备信息可知，其挂载点为 /boot。注意，/dev/nvme0n1p2 的扇区分配起点（2099200）正好与 /dev/nvme0n1p1 的末尾（2099199）相接，而由于 /dev/nvme0n1p2 的扇区末尾正好是整个硬盘 /dev/nvme0n1 的扇区末尾，这意味着以上两个分区已将整个硬盘的 41943040 个扇区全部使用完毕，不能再为该硬盘创建新的分区。

fdisk 实际是一个交互式程序，可以进入其提供的交互界面进行分区操作。进入交互界面后，利用命令 m 可以列举所有命令及其含义。此处列出部分 fdisk 内部所提供的命令。

- d：删除分区。
- l：列出所有分区类型。
- n：增加一个分区。

- p：打印分区表。
- q：不保存分区表并退出程序。
- t：改变分区类型（System ID）。
- w：写入分区表并退出程序。

例 9.2 对新添加的硬盘进行分区。在案例 8.1 中利用 VMware 添加了一个
新硬盘 /dev/sda，然而并没有对它进行分区。由于之前已为该硬盘设置了在系统
初始化时自动挂载，首先需要删除 /etc/fstab 中对应的配置行，即删除挂载点为
/mnt/newdisk1 上的配置行：

```
UUID=983de438-fb39-4fd5-b265-0b4588f3b911  /mnt/newdisk1  xfs  defaults  0 0
```

然后卸载所有关于硬盘 /dev/sda 的挂载点。在分区之前注意务必保证硬盘 /dev/sda 并没有被挂载使用：

```
[root@localhost 桌面]# lsblk  /dev/sda
NAME    MAJ:MIN    RM    SIZE    RO    TYPE    MOUNTPOINT
sda     8:0        0     4G      0     disk            <== 此处确认没有挂载（MOUNTPOINT
                                                           为空）
```

否则可能会影响正常写入分区表。

做好以上准备之后，现在利用 fdisk 命令按照图 9.1 的分区方案将 /dev/sda 划分为 5 个区，其中有两个主分区和三个逻辑分区。两个主分区各占 1GB 大小，三个逻辑分区各占 500MB 大小，剩余 500MB 留待以后扩展使用。以下结果中加粗突出显示的是用户需要输入的命令和参数内容。

```
[root@localhost ~]# fdisk  /dev/sda

欢迎使用 fdisk （util-linux 2.32.1）。
更改将停留在内存中，直到您决定将更改写入磁盘。
使用写入命令前请三思。

The old xfs signature will be removed by a write command.

设备不包含可识别的分区表。                          <== 之前添加新硬盘时并未对其分区
创建了一个磁盘标识符为 0xe947004f 的新 DOS 磁盘标签。

命令（输入 m 获取帮助）：n                          <== 新建第一个分区
分区类型
   p   主分区 （0 个主分区，0 个扩展分区，4 空闲）
   e   扩展分区 （逻辑分区容器）
选择 （默认 p）：p                                  <== 选择为主分区
分区号 （1-4，默认  1）:                            <== 直接按 Enter 键选择默认设置
第一个扇区 （2048-8388607，默认 2048）：             <== 直接按 Enter 键选择默认设置
上个扇区，+sectors 或 +size{K,M,G,T,P} （2048-8388607，默认 8388607）：+1G
```

创建了一个新分区 1，类型为"Linux"，大小为 1 GiB。

```
命令（输入 m 获取帮助）:p                    <== 打印分区表
Disk /dev/sda: 4 GiB, 4294967296 字节, 8388608 个扇区
单元：扇区 / 1 * 512 = 512 字节
扇区大小（逻辑/物理）: 512 字节 / 512 字节
I/O 大小（最小/最佳）: 512 字节 / 512 字节
磁盘标签类型: dos
磁盘标识符: 0xe947004f
                                              <== 确认分区新结果
设备           启动    起点       末尾        扇区         大小    Id   类型
/dev/sda1              2048      2099199     2097152      1G      83   Linux

命令（输入 m 获取帮助）:n                    <== 新建第二个分区
分区类型
    p   主分区 (1 个主分区，0 个扩展分区，3 空闲)
    e   扩展分区（逻辑分区容器）
选择（默认 p）:p                             <== 同样选择为主分区类型
分区号 (2-4, 默认 2):                         <== 直接按 Enter 键选择默认设置
第一个扇区 (2099200-8388607, 默认 2099200):  <== 直接按 Enter 键选择默认设置
上个扇区，+sectors 或 +size{K,M,G,T,P} (2099200-8388607, 默认 8388607):+1G
```

创建了一个新分区 2，类型为"Linux"，大小为 1 GiB。

```
命令（输入 m 获取帮助）:p                    <== 打印分区表

Disk /dev/sda: 4 GiB, 4294967296 字节, 8388608 个扇区
单元：扇区 / 1 * 512 = 512 字节
扇区大小（逻辑/物理）: 512 字节 / 512 字节
I/O 大小（最小/最佳）: 512 字节 / 512 字节
磁盘标签类型: dos
磁盘标识符: 0xe947004f
                                              <== 确认分区新结果
设备           启动    起点       末尾        扇区         大小    Id   类型
/dev/sda1              2048      2099199     2097152      1G      83   Linux
/dev/sda2              2099200   4196351     2097152      1G      83   Linux
```

到目前为止，已创建了两个主分区，接下来便是继续创建三个逻辑分区，而在创建逻辑分区之前，根据图 9.1 需要创建扩展分区，以容纳这三个逻辑分区。下面继续在 fdisk 命令的交互界面中操作：

```
命令（输入 m 获取帮助）:n
分区类型
    p   主分区 (2 个主分区，0 个扩展分区，2 空闲)
    e   扩展分区（逻辑分区容器）
选择（默认 p）:e                             <== 选择创建扩展分区
```

```
分区号 (3,4, 默认  3): 3                              <== 按默认选择主分区号 3 为扩展分区号
第一个扇区 (4196352-8388607, 默认 4196352):     <== 直接按 Enter 键选择默认设置
上个扇区, +sectors 或 +size{K,M,G,T,P} (4196352-8388607, 默认 8388607): +1.5G

创建了一个新分区 3, 类型为 "Extended", 大小为 1.5 GiB。

命令 (输入 m 获取帮助): p
Disk /dev/sda: 4 GiB, 4294967296 字节, 8388608 个扇区
单元: 扇区 / 1 * 512 = 512 字节
扇区大小 (逻辑 / 物理): 512 字节 / 512 字节
I/O 大小 (最小 / 最佳): 512 字节 / 512 字节
磁盘标签类型: dos
磁盘标识符: 0xe947004f
                                             <== 留意新建扩展分区的大小和类型
设备       启动    起点         末尾           扇区           大小      Id    类型
/dev/sda1          2048         2099199        2097152        1G        83    Linux
/dev/sda2          2099200      4196351        2097152        1G        83    Linux
/dev/sda3          4196352      7317503        3121152        1.5G      5     扩展
```

接着便可以在扩展分区中创建逻辑分区:

```
命令 (输入 m 获取帮助): n
分区类型
    p   主分区 (2 个主分区, 1 个扩展分区, 1 空闲)
    l   逻辑分区 (从 5 开始编号)
选择 (默认 p): l                              <== 选择创建逻辑分区

添加逻辑分区 5
第一个扇区 (4198400-7317503, 默认 4198400):
上个扇区, +sectors 或 +size{K,M,G,T,P} (4198400-7317503, 默认 7317503): +500M

创建了一个新分区 5, 类型为 "Linux", 大小为 500 MiB。

命令 (输入 m 获取帮助): p
Disk /dev/sda: 4 GiB, 4294967296 字节, 8388608 个扇区
单元: 扇区 / 1 * 512 = 512 字节
扇区大小 (逻辑 / 物理): 512 字节 / 512 字节
I/O 大小 (最小 / 最佳): 512 字节 / 512 字节
磁盘标签类型: dos
磁盘标识符: 0xe947004f

设备       启动    起点         末尾           扇区           大小      Id    类型
/dev/sda1          2048         2099199        2097152        1G        83    Linux
/dev/sda2          2099200      4196351        2097152        1G        83    Linux
/dev/sda3          4196352      7317503        3121152        1.5G      5     扩展
/dev/sda5          4198400      5222399        1024000        500M      83    Linux
```

重复以上过程继续创建剩余的两个逻辑分区, 因跟前面类似这里略去了详细过程。

最后，得到如下分区结果：

命令（输入 m 获取帮助）：p
Disk /dev/sda: 4 GiB, 4294967296 字节, 8388608 个扇区
单元：扇区 / 1 * 512 = 512 字节
扇区大小（逻辑 / 物理）：512 字节 / 512 字节
I/O 大小（最小 / 最佳）：512 字节 / 512 字节
磁盘标签类型：dos
磁盘标识符：0xe947004f

设备	启动	起点	末尾	扇区	大小	Id	类型
/dev/sda1		2048	2099199	2097152	1G	83	Linux
/dev/sda2		2099200	4196351	2097152	1G	83	Linux
/dev/sda3		4196352	7317503	3121152	1.5G	5	扩展
/dev/sda5		4198400	5222399	1024000	500M	83	Linux
/dev/sda6		5224448	6248447	1024000	500M	83	Linux
/dev/sda7		6250496	7274495	1024000	500M	83	Linux

确认之后保存分区表并退出 fdisk 交互程序：

命令（输入 m 获取帮助）：w
分区表已调整。
将调用 ioctl() 来重新读分区表。
正在同步磁盘。

至此，完成了按照如图 9.1 所示的分区计划对新建硬盘进行分区。

思考 & 动手：查看分区信息的各种命令

已经学习了一些与硬盘分区有关的命令，如果只是查看该硬盘的分区情况，除使用 fdisk 命令之外，还有其他什么命令可用？它们各自有何特点？提示：这些命令有的已经学过，而跟其他许多命令一样，命令 fdisk 的手册内容最后还列出了一些相关工具。

9.2.2　硬盘配额管理

1. 基本概念

配额（quota）是指对用户及组群使用硬盘的能力施加的某种限制。硬盘配额管理对于多用户操作系统来说非常有用，因为它可以使硬盘资源的使用更为公平和合理。硬盘资源主要体现为存储空间以及文件系统中的索引节点，对应地硬盘配额有块配额和索引节点配额两种限制。块配额用于限制用户或组群对硬盘存储空间的使用。由于创建文件时需要申请索引节点，因此索引节点配额用于限制用户或组群可以创建的文件数量。

配额可分为硬配额和软配额。硬配额是用户和组群可使用硬盘资源的最大值，因此系统绝对禁止用户执行超过硬配额界限的任何操作。软配额是比硬配额要小的可用上限值。

系统允许软配额在一段宽限期（grace time）内被超过，宽限期默认为 7 天，同时系统会在用户登录时发出警告信息。当宽限期过后，用户所使用的存储空间不能超过软配额。

硬盘配额管理需要注意如下几点。一是硬盘配额的监控范围往往是一个独立硬盘分区，这种情况下凡是由某用户账户在一个硬盘分区下占用的块和索引节点，都会被纳入统计，而不论用户的文件存放在分区中的哪个目录。二是为便于实现和控制，尽量在一个单独的硬盘分区下做配额管理，不要在根分区下做配额管理，而这些分区可挂载在 /tmp、/home 目录下，原因在于这些目录都是普通用户创建、存放和共享文件的地方。三是针对用户施加的配额限制对 root 用户而言实际并不起作用。

目前 Linux 系统主要使用 ext 和 xfs 两类文件系统，它们两者在配额管理上基本类似但又有所不同。这里先基于 ext 文件系统学习硬盘配额管理的基本过程，然后再讨论其与 xfs 文件系统在配额管理上的差异之处。

2. 基于 ext 文件系统的配额管理

硬盘配额管理的前期工作是选定需要实施配额限制的硬盘分区，并设置其中的文件系统的挂载参数。下面通过例 9.3 练习如何为虚拟硬盘配置挂载参数。

例 9.3 配置挂载选项。这里使用前面已经分区的硬盘 /dev/sda，首先对 /dev/sda5 进行格式化：

```
[root@localhost ~]# mkfs -t ext4 /dev/sda5
mke2fs 1.45.6 (20-Mar-2020)
创建含有 512000 个块（每块 1k）和 128016 个 inode 的文件系统
文件系统 UUID: b91fc094-957a-4e42-8490-179b98122d85
超级块的备份存储于下列块：
    8193, 24577, 40961, 57345, 73729, 204801, 221185, 401409

正在分配组表：完成
正在写入 inode 表：完成
创建日志（8192 个块）完成
写入超级块和文件系统账户统计信息：已完成
```

然后按照如下选项挂载 /dev/sda5：

```
[root@localhost ~]# mkdir /mnt/disk_sda5          <== 设置挂载点
[root@localhost ~]# mount /dev/sda5 -t ext4 -o defaults,usrquota,grpquota /mnt/disk_sda5
[root@localhost ~]# mount -t ext4
/dev/sda5 on /mnt/disk_sda5 type ext4 (rw,relatime,seclabel,quota,usrquota,grpquota)
```

注意，这里只是临时挂载 /dev/sda5，如果需要永久配置还需按前面介绍的方法将配置行写入 /etc/fstab 文件。

由于使用了 ext 文件系统格式，还需要使用 quotacheck 命令检查文件系统并创建配额管理的配置文件，不过按 xfs 格式化则不需要执行此命令进行准备。

命令名：quotacheck

功能：检查系统中哪些文件系统以 usrquota 或 grpquota 选项挂载，统计用户使用硬盘的情况并创建配额管理配置文件。

格式：

quotacheck　　　　　　选项　　[文件系统挂载点]

重要选项：

- -u（user）：扫描用户使用硬盘的情况并创建 aquota.user 文件。
- -g（group）：扫描组群使用硬盘的情况并创建 aquota.group 文件。
- -v（verbose）：显示扫描的过程。
- -a（all）：对所有 /etc/fstab 中的文件系统进行扫描。

例 9.4　通过 quotacheck 命令检查要实施配额管理的硬盘分区。沿着例 9.3 的结果继续操作：

```
[root@localhost ~]# quotacheck  -avug
quotacheck:Your kernel probably supports journaled quota but you are not using it. Consider switching to journaled quota to avoid running quotacheck after an unclean shutdown.
quotacheck:Scanning /dev/sda5 [/mnt/disk_sda5] done
quotacheck:Cannot stat old group quota file /mnt/disk_sda5/aquota.group:没有那个文件或目录. Usage will not be subtracted.
quotacheck:Cannot stat old group quota file /mnt/disk_sda5/aquota.group:没有那个文件或目录. Usage will not be subtracted.
quotacheck:Checked 3 directories and 1 files
quotacheck:Old file not found.
```

以上一些提示信息可以暂时忽略，而结果中还提示一些文件缺失，这是因为第一次扫描，结果中所指的文件还没建立。quotacheck 命令执行后可以在挂载点看到配置文件 aquota.user 和 aquota.group：

```
[root@localhost ~]# ls  /mnt/filedisk/
aquota.group   aquota.user   lost+found
```

完成准备工作以后，现在可以正式开始为用户或组群设置硬盘配额。

命令名：edquota

功能：编辑配额表。edquota 将启动 vi 编辑器并根据参数读取用户或组群的配额信息，接受管理员的配额设置。

格式：

edquota　　　　[选项]　　　　[用户名/组群名]

重要选项：

- -t（time）：修改软配额的宽限期，默认是 7 天。
- -u（user）：该选项后面需要给出用户名作为参数，用于编辑用户配额设置。
- -g（group）：该选项后面需要给出组群名作为参数，用于编辑组群的配额设置。
- -p（prototype）：该选项后面需要给出用户名参数，指定按该用户为原型，将其配额设置复制给其他用户（配合使用 -u 选项）。

例 9.5　为用户 study 设置使用配额。利用 edquota 命令读取 study 用户的配置信息：

```
[root@localhost ~]# edquota -u study
```
（进入编辑界面）
```
Disk quotas for user study (uid 1000):
  Filesystem    blocks    soft    hard    inodes    soft    hard
  /dev/sda5     0         0       0       0         0       0
```

由于硬盘是刚使用的，blocks 字段（块配额）以及 inodes 字段（索引节点配额）的内容均为 0，这表明 study 用户并没有占用存储空间和索引节点。可以设置这两种配额的软、硬配额指标（以 KB 为单位）：

```
Disk quotas for user study (uid 1000):
  Filesystem    blocks    soft    hard    inodes    soft    hard
  /dev/sda5     0         1024    4096    0         2       3
```
（使用 wq 命令保存结果并退出后设置生效）

这里设置 study 用户的块配额为 1MB（软配额）和 4MB（硬配额）数据块，索引节点配额为 2 个（软配额）和 3 个（硬配额）。当然，这里索引节点限额的设置只是为了后面测试方便，应用中可按实际需求进行更改。

设置好用户和组群的配额值后，就可以启动配额管理，根据需要也可关停某个分区的配额管理。下面介绍硬盘配额管理的启动、监控和关停命令。

（1）quotaon 命令。

功能：开启硬盘分区配额管理。如果某分区已经开启了配额管理，则会提示"设备或资源忙"。

格式：

quotaon　　　　选项　　　　［文件系统挂载点］

重要选项：

- -u（user）：开启用户的硬盘配额管理。
- -g（group）：开启组群的硬盘配额管理。
- -v（verbose）：显示详细过程信息。
- -a（all）：对所有已挂载的文件系统进行扫描，启动已设置 usrquota 或 grpquota 挂载参数的文件系统的配额管理。

例 9.6　开启所有硬盘分区的配额管理，包括用户和组群两种配额管理。结果显示当

前系统只有 /dev/sda5 设置配额管理。

```
[root@localhost ~]# quotaon  -avug
/dev/sda5 [/mnt/disk_sda5]:group quotas turned on
/dev/sda5 [/mnt/disk_sda5]:user quotas turned on
```

（2）quota 命令。

功能：报告当前某个用户或组群的配额使用情况。

格式：

quota　　　　　　[选项]　　　　　[用户 / 组群]

重要选项：

- -u（user）：该选项后面需要给出参数指定需要查询配额使用情况的用户。
- -g（group）：该选项后面需要给出参数指定需要查询配额使用情况的组群。
- -v（verbose）：显示更为详细的信息，默认将省略并没有设置配额的硬盘分区的相关信息。

例 9.7 监控当前用户 study 的配额使用情况以及配额设置信息。沿着例 9.6 继续操作。

当前如果 study 用户还没有使用任何 /dev/sda5 的资源，那么将提示没有使用受限资源：

```
[root@localhost ~]# quota  -u  study
Disk quotas for user study (uid 1000): no limited resources used
```

注意，study 用户其实并没有在挂载点 /mnt/disk_sda5 上写入或创建文件的权限：

```
[root@localhost ~]# ls  -dl  /mnt/disk_sda5/
drwxr-xr-x. 3 root root 1024 5月  25 14:57 /mnt/disk_sda5/
```

所以 root 用户要为 study 用户另外创建属于 study 的目录：

```
[root@localhost ~]# mkdir  /mnt/disk_sda5/study
[root@localhost ~]# chown  study:study  /mnt/disk_sda5/study/
[root@localhost ~]# ls  -dl  /mnt/disk_sda5/study/
drwxr-xr-x. 2 study study 1024 5月  25 15:37 /mnt/disk_sda5/study/
```

下面开始测试 study 用户的可用配额。

```
[root@localhost ~]# su study                          <== 切换至 study 身份操作
[study@localhost root]$ cd  /mnt/disk_sda5/study/     <== 切换至其专属目录
[study@localhost study]$ touch   file1                <== 先创建一个文件
[study@localhost study]$ quota  -u  study             <== 然后再查看配额监控
Disk quotas for user study (uid 1000):
     Filesystem blocks quota  limit  grace  files   quota   limit   grace
     /dev/sda5 3       1024   4096          2       2       3
```

以上结果显示 study 用户已使用了 3 个数据块（block 字段）和 2 个 inode 节点资源（files 字段），这 2 个 inode 节点分别对应于 study 用户的专属目录及其中新建文件 file1。事实上，现在 study 用户对 inode 节点资源的使用已经达到软配额（quota 字段），但还没超过其硬配额（limit 字段），可以让 study 用户继续创建文件：

```
[study@localhost study]$ touch file2
sda5: warning, user file quota exceeded.
```

以上这个操作会被允许，因为虽然已用 3 个节点而超过 inode 资源的软配额（2 个），但未超过硬配额（3 个），而这时会提示超出软配额的警告。但是，如果继续创建文件：

```
sda5: write failed, user file limit reached.
touch: 无法创建 'file3': 超出磁盘限额
```

也就是说，study 用户因为硬配额限制而被禁止新建文件，由此可见其硬盘配额一直被监控。

（3）quotaoff 命令。

功能：关闭硬盘配额管理。

格式：

quotaoff　　　　　[选项]　　　　　[挂载点]

重要选项：

- -u（user）：开启用户的硬盘配额管理。
- -g（group）：开启组群的硬盘配额管理。
- -v（verbose）：显示详细过程信息。
- -a（all）：关闭所有配额限制。

例 9.8　关闭所有硬盘配额管理。

```
[root@localhost ~]# quotaoff -avug
/dev/sda5 [/mnt/disk_sda5]: group quotas turned off
/dev/sda5 [/mnt/disk_sda5]: user quotas turned off
```

3. 基于 xfs 文件系统的配额管理

前面以 ext 文件系统为例介绍了配额管理的基本过程，下面进一步讨论 xfs 文件系统在配额管理方面的差异。不过这里可以首先指出，其实前面所学的配额管理过程基本可以更简单且直接地应用到 xfs 文件系统的配额管理上来。下面给出具体示例说明。

例 9.9　基于 xfs 文件系统的简单配额管理。注意，这里的操作部分沿着例 9.8 的结果继续进行，首先需要对 /dev/sda5 重新格式化为 xfs 文件系统：

```
[root@localhost ~]# umount  /dev/sda5  <== 卸载 /dev/sda5 时 study 应不在挂载点
[root@localhost ~]# mkfs  -t  xfs  -f  /dev/sda5  <== 加上 -f 选项强制格式化
meta-data=/dev/sda5         isize=512     agcount=4, agsize=32000 blks
        =                   sectsz=512    attr=2, projid32bit=1
        =                   crc=1         finobt=1, sparse=1, rmapbt=0
        =                   reflink=1
data    =                   bsize=4096    blocks=128000, imaxpct=25
```

```
          =                    sunit=0      swidth=0 blks
naming    =version 2           bsize=4096   ascii-ci=0, ftype=1
log       =internal log        bsize=4096   blocks=1368, version=2
          =                    sectsz=512   sunit=0 blks, lazy-count=1
realtime  =none                extsz=4096   blocks=0, rtextents=0
```

然后重新挂载 /dev/sda5 的文件系统，挂载点 /mnt/disk_sda5 已有，因此无须再次创建：

```
[root@localhost ~]# mount /dev/sda5 -t xfs -o defaults,usrquota,
grpquota /mnt/disk_sda5
[root@localhost ~]# mount | grep /dev/sda5            <== 确认挂载选项
/dev/sda5 on /mnt/disk_sda5 type xfs (rw,relatime,seclabel,attr2,inode64,
logbufs=8,logbsize=32k,usrquota,grpquota)
```

与 ext 文件系统有所不同，接着并不需要对 xfs 文件系统执行 quotacheck 命令进行准备，也不需要执行 quotaon 命令显式启动配额限制，因为按上述方式挂载的 xfs 文件系统在使用 edquota 命令配置好用户可用配额之后即可对用户施加配额限制，例如这里可以按照例 9.8 那样进行配置：

```
[root@localhost ~]# mkdir /mnt/disk_sda5/study   <== 重新创建并配置 study 用户的目录
[root@localhost ~]# chown study:study /mnt/disk_sda5/study/
[root@localhost study]# edquota -u study
Disk quotas for user study (uid 1000):
  Filesystem    blocks      soft    hard    inodes    soft    hard
  /dev/sda5       0         1024    4096       1        2       3
```
（使用 wq 命令保存结果并退出后设置生效）

注意，目前已用的一个 inode 属于目录 /mnt/disk_sda5/study/，然后可以使用 study 账户测试：

```
[root@localhost ~]# su study
[study@localhost root]$ cd /mnt/disk_sda5/study/
[study@localhost study]$ touch file1 file2 file3
touch: 无法创建 'file3': 超出磁盘限额   <== 创建到第三个文件时被阻止
[study@localhost study]$ ls
file1  file2
```

由例 9.9 可见，与 ext 文件系统相比，xfs 文件系统的基本配额管理其实更简单。而且，xfs 文件系统还可以针对单个目录进行配额管理，这是 ext 文件系统所不具有的独特功能。为实现这一点，还需要学习一个更为复杂的配额管理命令。

命令名：xfs_quota

功能：管理 xfs 文件系统的配额使用。

格式：

xfs_quota [选项] 内部命令   [挂载点]

重要选项：

- -x：启用专家模式。

- -c：命令行选项，后面需给出具体要执行的命令。

前面已学的基本命令足以完成 xfx 文件系统的基本配额管理，这里介绍 xfs_quota 命令是为了学习 xfs 文件系统独有的配额管理功能。不过在此之前，先通过例 9.10 学习 xfs_quota 命令的基本用法。

例 9.10 使用 xfs_quota 命令查看和设置用户的硬盘配额。继续沿着前面的操作结果进行练习，首先可以通过如下命令查看当前配额使用情况：

```
[root@localhost ~]# xfs_quota -x -c "report -ubih" /mnt/disk_sda5/
User quota on /mnt/disk_sda5 (/dev/sda5)
                        Blocks                              Inodes
User ID      Used   Soft   Hard  Warn/Grace    Used   Soft  Hard Warn/Grace
----------   --------------------------------  --------------------------------
root         0      0      0     00 [------]   3      0     0    00 [------]
study        0      1M     4M    00 [------]   3      2     3    01 [6 days]
```

比起前面学习的命令，xfs_quota 命令的用法显然更为复杂。一般来说，-x 和 -c 选项会配合在一起使用，-c 选项后有具体的命令作为参数。例如以上命令中 "report -ubih" 就是需要执行的内部管理命令，其中选项 u 是指用户配额，而 bi 即代表 block 和 inode，这一点跟前面的命令是类似的。如果执行如下命令：

```
[root@localhost ~]#df  /mnt/disk_sda5/
Filesystem     Size    Used    Avail    Use%   Pathname
/dev/sda5      494.7M  28.7M   465.9M   6%     /mnt/disk_sda5
```

就会知道 "report -ubih" 跟 "df -h" 中 -h 选项相同，作用是以易读方式显示结果，而 df 正是指用于查看存储空间使用情况的 df 命令。

以相同的语法格式可以使用 xfs_quota 命令配置配额，例如以下命令用于给 study 用户配置多一点索引节点配额：

```
[root@localhost ~]# xfs_quota -x -c "limit -u isoft=3 ihard=4 study"  /mnt/disk_sda5/
```

其中，内部命令 limit 用于设置配额，isoft 和 ihard 分别指索引节点的软配额和硬配额。类似地，以下命令重新设置了 study 用户块配额：

```
[root@localhost ~]# xfs_quota -x -c "limit -u bsoft=3M bhard=4M study"  /mnt/disk_sda5/
```

即把 study 用户的存储空间软配额扩充为 3MB。同样可以测试一下：

```
[study@localhost study]$ touch   file3       <== 自行切换至 study 用户及对应目录
[study@localhost study]$ touch   file4
touch: 无法创建 'file4'：超出磁盘限额
```

通过例 9.10 可以知道，内部命令 limit 主要用于设置配额上限，其中 -u、-g 分别表示设置用户配额和组群配额，后面需要给出参数指定所设置的用户或组群对象。

如前所述，引入 xfs_quota 命令的目的是为更进一步学习 ext 文件系统配额管理所不具有的独特功能。这里主要是指 xfs 文件系统除了可以对用户和组群施加配额限制之外，还可以针对一个目录树（即一个目录及其子目录和文件）进行配额管理。

例 9.11 为临时目录设置配额限制。沿着例 9.10 的结果继续操作，首先，需要使用选项 prjquota 重新挂载硬盘分区设备：

```
[root@localhost ~]# mount  /dev/sda5  -t  xfs  -o defaults,prjquota /mnt/disk_sda5
[root@localhost ~]# mount | grep /dev/sda5
/dev/sda5 on /mnt/disk_sda5 type xfs (rw,relatime,seclabel,attr2,inode64,logbufs=8,logbsize=32k,prjquota)
```

接着仿照之前在案例 7.1 的方法创建临时目录：

```
[root@localhost ~]# mkdir  /mnt/disk_sda5/tmp
[root@localhost ~]# chmod  777  /mnt/disk_sda5/tmp
[root@localhost ~]# chmod  o+t  /mnt/disk_sda5/tmp/
[root@localhost ~]# ls -dl  /mnt/disk_sda5/tmp /tmp   <== 列出系统临时目录作为对比
drwxrwxrwt. 2  root root     6    5月 28 14:39 /mnt/disk_sda5/tmp
drwxrwxrwt. 19 root root   4096   5月 28 14:46 /tmp
```

然后可以为临时目录 /mnt/disk_sda5/tmp 设置配额限制：

```
[root@localhost tmp]# xfs_quota  -x  -c "project -s -p /mnt/disk_sda5/tmp 1"  /mnt/disk_sda5/
Setting up project 1 (path /mnt/disk_sda5/tmp)...
Processed 1 (/etc/projects and cmdline) paths for project 1 with recursion depth infinite (-1).
```

其中，"project -s -p /mnt/disk_sda5/tmp 1" 是内部命令，指定了 /mnt/disk_sda5/tmp 作为 1 号项目进行配额管理。对首次进行配额管理的目录树，需要使用 -s 选项初始化，而 -p 选项用于为目录树指定一个配额管理项目 ID，在这里指定为 1。

以下命令分别用于设置和查看临时目录 /mnt/disk_sda5/tmp 的块配额和索引节点配额，与前面介绍的限额配置命令类似，不过需要加 -p 选项并指定项目 ID：

```
[root@localhost tmp]# xfs_quota  -x  -c  "limit -p bsoft=512K bhard=1M 1"  /mnt/disk_sda5/
[root@localhost tmp]# xfs_quota -x  -c  "limit -p isoft=5 ihard=8 1"  /mnt/disk_sda5/
[root@localhost tmp]# xfs_quota -x  -c  "report -pbih"  /mnt/disk_sda5/
Project quota on /mnt/disk_sda5 (/dev/sda5)
                        Blocks                              Inodes
Project ID  Used  Soft  Hard  Warn/Grace    Used  Soft  Hard  Warn/Grace
----------  ---------------------------------------------------------------
（省略部分显示结果）
#1           0    512K   1M   00 [------]    1     5     8    00 [------]
```

完成以上配置之后，可以让 study 用户测试临时目录的块配额：

```
[study@localhost tmp]$ pwd                          <== 留意所在目录位置
/mnt/disk_sda5/tmp
[study@localhost tmp]$ dd  if=/dev/zero  of=tmp_study  bs=1k  count=128
记录了 128+0 的读入
记录了 128+0 的写出
131072 bytes (131 kB, 128 KiB) copied, 0.0162583 s, 8.1 MB/s
```

用 root 用户监控配额使用情况，注意，这次改用 -p 选项：

```
[root@localhost tmp]# xfs_quota  -x  -c  "report -pbih"  /mnt/disk_sda5/
Project quota on /mnt/disk_sda5 (/dev/sda5)
                   Blocks                     Inodes
Project ID   Used  Soft  Hard  Warn/Grace   Used  Soft  Hard  Warn/Grace
----------   ----------------------------------------------------------
（省略部分显示结果）
#1           128K  512K  1M    00 [------]    2    5     8    00 [------]
```

因为是公用的临时目录，假设当前有另一个普通用户 testuser（如没有应自行创建），也向这个临时目录写入一个文件：

```
[testuser@localhost tmp]$ dd  if=/dev/zero  of=tmp_testuser  bs=1k  count=128
记录了 128+0 的读入
记录了 128+0 的写出
131072 bytes (131 kB, 128 KiB) copied, 0.00178468 s, 73.4 MB/s
```

再用 root 用户监控配额使用情况：

```
[root@localhost tmp]# xfs_quota  -x  -c  "report -pbih"  /mnt/disk_sda5/
Project quota on /mnt/disk_sda5 (/dev/sda5)
                   Blocks                     Inodes
Project ID   Used  Soft  Hard  Warn/Grace   Used  Soft  Hard  Warn/Grace
----------   ----------------------------------------------------------
（省略部分显示结果）
#1           256K  512K  1M    00 [------]    3    5     8    00 [------]
```

接着以 study 用户在目录 /mnt/disk_sda5/tmp/ 中新建子目录 tmpdir_study，在此目录中又写入一个文件：

```
[study@localhost tmp]$ mkdir  tmpdir_study
[study@localhost tmp]$ cd tmpdir_study/
[study@localhost tmpdir_study]$ dd  if=/dev/zero  of=tmp_study  bs=1k  count=128
记录了 128+0 的读入
记录了 128+0 的写出
131072 bytes (131 kB, 128 KiB) copied, 0.0003474 s, 377 MB/s
```

再用 root 用户监控配额使用情况：

```
[root@localhost ~]# xfs_quota  -x  -c  "report -pbih"  /mnt/disk_sda5/
Project quota on /mnt/disk_sda5 (/dev/sda5)
                   Blocks                     Inodes
```

```
Project ID   Used   Soft   Hard Warn/Grace   Used   Soft   Hard Warn/Grace
----------   ----------------------------------------------------------------
```
（省略部分显示结果）
```
#1           384K   512K   1M   00 [------]   5     5      8    00 [------]
```

由此可见，对临时目录 /mnt/disk_sda5/tmp 的监控既不是针对 study 用户，也不是针对 testuser 用户，而是针对目录 /tmp 之下所有目录本身。

思考＆动手：验证 root 用户是否能突破配额管理的约束

前面介绍配额管理的基本概念时已指出，针对用户施加的配额限制对 root 用户而言实际并不起作用。在上面的示例中，既然对临时目录的监控不针对特定某个普通用户，而是要控制指定目录下的硬盘资源使用，那么对于 root 用户而言能突破这个限制吗？继续通过操作及其结果回答该问题。例如，可以用 root 用户在临时目录下创建一个子目录，然后在这个子目录中新建若干文件，便可知这个问题的答案。

9.3 综合实训

案例 9.1　Linux 系统的硬盘分区规划

1. 案例背景

在案例 1.1 构建了用虚拟机并以默认方式安装了 Linux 系统。安装程序自动对硬盘 /dev/nvme0n1 划分了两个分区，可以通过 fdisk 命令重温一下：

```
[root@localhost ~]# fdisk -l /dev/nvme0n1
Disk /dev/nvme0n1: 20 GiB, 21474836480 字节, 41943040 个扇区
```
（省略部分显示结果）

设备	启动	起点	末尾	扇区	大小	Id	类型
/dev/nvme0n1p1	*	2048	2099199	2097152	1G	83	Linux
/dev/nvme0n1p2		2099200	41943039	39843840	19G	8e	Linux LVM

一般来说这个默认的分区方案已能满足基本需求。但在实际使用中可以发现，仅有两个硬盘分区有时并不能完全满足应用要求。就如会专门使用 U 盘或移动硬盘存放特定数据，因为这样便于数据保管和迁移，分区的基本目的就是更好地管理不同类型和用途的数据。比较典型的例子如 /var、/home 等目录往往需要存放程序和用户数据，这就要求为这些目录单独分配一个相对独立的硬盘分区。

为此，本案例将讨论如何在安装 Linux 系统之前做好规划，合理设置硬盘分区，然后演示如何在 Linux 系统安装时划分硬盘分区，这里只讨论 Linux 安装过程中的硬盘分区设置，其他安装步骤可参考案例 1.1。以下是具体操作步骤。

2. 操作步骤讲解

第 1 步：硬盘分区规划。要确定哪些目录需要单独挂载一个硬盘分区，首先需要回顾实训 2 中关于根文件系统结构的知识内容。根据文件系统层次结构标准（FHS）的规定，根文件系统下的基本目录都有其特定的含义和用途，例如 /home 目录主要用于存放普通用户的主目录，/tmp 用于存放临时文件等。此处使用的仍然是案例 1.1 中的虚拟机配置，即存储容量为 20GB 的硬盘，做出如下分区规划。

（1）启动分区（/boot）：500MB。

（2）根分区（/）：14000MB。

（3）交换分区（swap）：一般设置为物理内存的两倍大小，这里设置为 4000MB。

（4）普通用户主目录分区（/home）：1000MB。

（5）剩余空间，留待以后扩展使用。

第 2 步：选择自定义硬盘分区布局。首先按照案例 1.1 的做法，创建虚拟机并设置好安装光盘，操作至第 12 步（若此处只为练习该案例第 11 步可略去）。如图 9.2 所示，勾选虚拟磁盘并且选择自定义"存储配置"，然后单击"完成"按钮，进入分区设置主界面。

图 9.2　选择自定义分区布局

第 3 步：创建硬盘分区。进入分区设置主界面（见图 9.3）后，在下拉列表框中选择"标准分区"，然后单击"+"按钮，开始新增第一个分区。

图 9.3 分区设置主界面

这时将会弹出"添加新挂载点"对话框（见图 9.4），可在此界面设置硬盘分区参数，包括分区的挂载点以及期望容量（以 MB 为单位输入，结果会自动换算）。

图 9.4 设置硬盘分区参数（以 /boot 分区为例）

第 4 步：按照分区规划方案进行分区调整。以设置启动分区为例，根据之前的规划，设置分区大小（500MB）、挂载点（/boot），按默认文件系统类型为 xfs。注意，在设置交换分区的参数时需要选择文件系统类型为 swap，并且不需要设置挂载点。每设置好一个分区之后，都可以继续选择对应的文件系统，也可以选中后通过"－"按钮删除。最终得到的分区结果如图 9.5 所示。注意，还应有部分可用空间剩余。

图 9.5　硬盘分区结果

第 5 步：保存硬盘分区设置。确认上述分区设置无误后，可以单击图 9.5 中的"完成"按钮，然后在"更改摘要"对话框中单击"接受更改"按钮（见图 9.6），保存分区设置信息并回到"安装信息摘要"界面，然后按默认设置其余项并开始安装系统。

图 9.6　分区设置信息确认

第 6 步：安装系统并确认分区结果。安装过程可参考案例 1.1，此处不再赘述。安装好系统后，可以先查看一下硬盘的分区表：

```
[root@localhost ~]# fdisk -l
Disk /dev/nvme0n1: 20 GiB, 21474836480 字节, 41943040 个扇区    <== 总扇区数目
单元：扇区 / 1 * 512 = 512 字节
```

扇区大小（逻辑/物理）：512 字节 / 512 字节
I/O 大小（最小/最佳）：512 字节 / 512 字节
磁盘标签类型：dos
磁盘标识符：0xbb2019bb

设备	启动	起点	末尾	扇区	大小	Id	类型
/dev/nvme0n1p1	*	2048	1026047	1024000	500M	83	Linux
/dev/nvme0n1p2		1026048	29698047	28672000	13.7G	83	Linux
/dev/nvme0n1p3		29698048	31746047	2048000	1000M	83	Linux
/dev/nvme0n1p4		31746048	41943039	10196992	4.9G	5	扩展
/dev/nvme0n1p5		31748096	39940095	8192000	3.9G	82	Linux swap/Solaris

3. 总结

分区规划时首先需考虑如何满足当前需求，但最好也能考虑日后扩展的需要。事实上，"扩展"分区的概念正好满足了这种需要。本来规划了 4 个硬盘分区，出于后面扩展的考虑，安装程序并没有全部设置为主分区，因为这样的话即使预留了存储空间也无法另建新分区以扩容。更好的做法是把其中一个主分区用作扩展分区，并以第 5 个逻辑分区作为交换分区。另外，对比第 5 个分区的扇区末尾和硬盘的总扇区数目可知，的确已预留了一部分存储空间供后面扩展使用。

以上分区设置以及前面分区规划时预留的硬盘空间为系统日后在一定程度上扩容留下了充分的余地。否则，当系统在后续使用过程中出现新的硬盘空间需求时，就只能另行增加新硬盘。但是，如果新的空间需求并不大，那么不必新增硬盘。由此可见，当为系统规划资源分配方案时，需要充分兼顾当前需求和日后的可扩展性。

4. 拓展练习：为临时目录扩容

假设现在系统临时目录 /tmp 需要存放较多的临时文件，知道当前 /tmp 目录并不是单个硬盘分区的挂载点，因此临时文件的增加会在一定程度上挤占根文件系统的可用空间。而目前这个硬盘其实还有部分空间可用，显然可以把这部分空间利用上。利用案例中剩余的硬盘可用空间新建一个分区，并且把该分区挂载到 /tmp 目录上。

案例 9.2 普通用户主目录的硬盘配额管理

1. 案例背景

已知普通用户的主目录是用户的专属目录，用户数据存放于此而用户登录后默认进入该目录。系统在创建某个用户账户 abc 时，默认将会为其创建目录 /home/abc 作为主目录。因此可设置 /home 单独占用一个硬盘分区，这样就能通过对该硬盘分区实施配额管理来对普通用户使用硬盘存储空间设置一定的限制。

实现上述目标有两种方法。一种方法是可以在安装 Linux 系统时预先添加一个独立的硬盘分区并设置挂载点为 /home，案例 9.1 对此已经做了演示。这种方法的缺点是分区大小已经固定，不便于日后扩展，而且受物理硬盘大小的制约，只能为 /home 设置相对较小的分区空间。另一种方法是在安装系统时暂不设置独立的 /home 分区，而是根据实际情况添加新的硬盘及其分区，并将某个硬盘分区挂载在 /home 上。这种方法的缺点是如果系统已经运行了一段时间，那么必然已经存放了许多普通用户的文件，这时再为 /home 设置独立的硬盘分区需要解决普通用户的数据迁移问题。本案例将讨论在第二种方法下如何实现普通用户的硬盘配额管理。

在案例 6.1 中，批量创建了普通用户 student01～student05，他们已经在 /home 目录下有对应的主目录，本案例将演示如何为这 5 个用户设置硬盘配额限制，以下是操作步骤。

2. 操作步骤讲解

第 1 步：选择用于实施普通用户硬盘配额管理的分区并对其格式化。可以利用之前新增加的硬盘分区 /dev/sdb6，对其进行格式化的过程如下：

```
[root@localhost ~]# mkfs -t xfs -f /dev/sda6
meta-data=/dev/sda6              isize=512    agcount=4, agsize=32000 blks
         =                       sectsz=512   attr=2, projid32bit=1
         =                       crc=1        finobt=1, sparse=1, rmapbt=0
         =                       reflink=1
data     =                       bsize=4096   blocks=128000, imaxpct=25
         =                       sunit=0      swidth=0 blks
naming   =version 2              bsize=4096   ascii-ci=0, ftype=1
log      =internal log           bsize=4096   blocks=1368, version=2
         =                       sectsz=512   sunit=0 blks, lazy-count=1
realtime =none                   extsz=4096   blocks=0, rtextents=0
```

第 2 步：设置自动挂载并修改分区的挂载选项。查询 /dev/sda6 的 UUID 值：

```
[root@localhost ~]# blkid /dev/sda6
/dev/sda6: UUID="e9ccf280-77a2-40a9-be94-1cb907ff6fe7" BLOCK_SIZE="512" TYPE="xfs" PARTUUID="cbbb3252-06"
```

然后打开 /etc/fstab 文件，在末行加入：

```
UUID=e9ccf280-77a2-40a9-be94-1cb907ff6fe7  /mnt/disk_sda6  xfs  defaults,usrquota,grpquota  0  0
```

各字段之间注意用制表符或空格分隔。然后重新挂载使参数生效：

```
[root@localhost ~]# mkdir /mnt/disk_sda6
[root@localhost ~]# mount -a
```

最后确认是否挂载成功：

```
[root@localhost ~]# mount | grep /mnt/disk_sda6
/dev/sda6 on /mnt/disk_sda6 type xfs (rw,relatime,seclabel,attr2,inode64,
logbufs=8,logbsize=32k,usrquota,grpquota)
```

第 3 步：迁移已有的普通用户数据。需要迁移 student01～student05 用户的主目录数据，操作命令如下。注意，可使用通配符提高 shell 命令的执行效率，对于更为复杂的情况可编写 shell 脚本解决。

```
[root@localhost ~]# ls -dl /home/student0[1-5]
drwx------. 3 student01 student01 92 6月  2 15:23 /home/student01
drwx------. 3 student02 student02 92 6月  2 15:23 /home/student02
drwx------. 3 student03 student03 92 6月  2 15:23 /home/student03
drwx------. 3 student04 student04 92 6月  2 15:23 /home/student04
drwx------. 3 student05 student05 92 6月  2 15:23 /home/student05
[root@localhost ~]# mv  /home/student0[1-5]  /mnt/disk_sda6
[root@localhost ~]# ls -dl /mnt/disk_sda6/student0[1-5]
drwx------. 3 student01 student01 92 6月  2 15:23 /mnt/disk_sda6/student01
drwx------. 3 student02 student02 92 6月  2 15:23 /mnt/disk_sda6/student02
drwx------. 3 student03 student03 92 6月  2 15:23 /mnt/disk_sda6/student03
drwx------. 3 student04 student04 92 6月  2 15:23 /mnt/disk_sda6/student04
drwx------. 3 student05 student05 92 6月  2 15:23 /mnt/disk_sda6/student05
```

然后使用如下命令在目录 /home 下创建对应的符号链接，命令中可不给出符号链接的名称，这时将会按目标文件的名称创建符号链接：

```
[root@localhost ~]# ln -s  /mnt/disk_sda6/student0[1-5]  /home/
[root@localhost ~]# ls  -l  /home/student0[1-5]
lrwxrwxrwx. 1 root root 24 6月  2 15:27 /home/student01 -> /mnt/disk_sda6/student01
lrwxrwxrwx. 1 root root 24 6月  2 15:27 /home/student02 -> /mnt/disk_sda6/student02
lrwxrwxrwx. 1 root root 24 6月  2 15:27 /home/student03 -> /mnt/disk_sda6/student03
lrwxrwxrwx. 1 root root 24 6月  2 15:27 /home/student04 -> /mnt/disk_sda6/student04
lrwxrwxrwx. 1 root root 24 6月  2 15:27 /home/student05 -> /mnt/disk_sda6/student05
```

第 4 步：设置用户的硬盘配额。首先根据硬盘分区的实际情况设置硬盘配额，查看 /dev/sdb6 的存储空间以及索引节点数目：

```
[root@localhost ~]# df  -h  /mnt/disk_sda6/
文件系统         容量        已用        可用        已用%    挂载点
/dev/sda6        495M        29M         466M        6%       /mnt/disk_sda6
[root@localhost ~]# df  -ih  /mnt/disk_sda6/
文件系统    Inode    已用（I）    可用（I）    已用（I）%    挂载点
/dev/sda6   250K     45           250          1%            /mnt/disk_sda6
```

为便于测试，这里设置每个 student 用户最大硬盘空间为 1MB（1024KB），最大可使用索引节点个数为 100 个。先设置好 student01 的配额：

```
[root@localhost ~]# edquota  -u  student01
（进入编辑界面，可发现数据迁移后 students 已占用了 /dev/sda6 的一些资源）
Disk quotas for user student01 (uid 1003):
```

```
        Filesystem         blocks        soft        hard       inodes        soft        hard
        /dev/sda6             16          800        1024          8           90          100
~
```
（使用 wq 命令保存结果并退出后设置生效）

然后需要将 student01 用户的配额设置复制至 student02～student05 用户：

```
[root@localhost ~]# edquota -p student01 -u student02
[root@localhost ~]# edquota -p student01 -u student03
[root@localhost ~]# edquota -p student01 -u student04
[root@localhost ~]# edquota -p student01 -u student05
```

可选 student02 验证一下是否已经设置好配额：

```
Disk quotas for user student02 (uid 1004):
     Filesystem blocks quota limit grace files quota limit grace
       /dev/sda6   16    800  1024    8    90  100
```

第 5 步：设置组群及其配额。由于 student01～student05 属于同一性质的普通用户，因此可设置他们属于同一个主组群 studentgrp，这样 student01～student05 作为一个组群共用 /dev/sdb6 这个分区。

```
[root@localhost ~]# groupadd studentgrp    <== 为 student01～student05 用户设置组群
[root@localhost ~]# usermod -g studentgrp student01
[root@localhost ~]# usermod -g studentgrp student02
[root@localhost ~]# usermod -g studentgrp student03
[root@localhost ~]# usermod -g studentgrp student04
[root@localhost ~]# usermod -g studentgrp student05
```

同样可选 student01 验证一下是否已经设置好所属组群：

```
[root@localhost ~]# id student01
uid=1003(student01) gid=1008(studentgrp) 组=1008(studentgrp)
```

接着进一步划定该组群的硬盘使用限制。组群的配额限制是整体性的，应该对组群的整体使用做更严格的限制，也就是说组群的硬盘配额应设置为小于组群内各用户的硬盘配额的总和，否则组群的配额限制设置就不起作用了：

```
[root@ localhost ~]# edquota -g studentgrp
```
（进入编辑界面）
```
Disk quotas for group studentgrp (gid 1008):
        Filesystem       blocks        soft        hard       inodes        soft        hard
        /dev/sda6           80         3500        4000         35          350         400
~                          （使用 wq 命令保存结果并退出后设置生效）
```

最后可以使用 repquota 命令查看全部设置情况：

```
[root@localhost student01]# repquota -u /mnt/disk_sda6/
*** Report for user quotas on device /dev/sda6
Block grace time: 7days; Inode grace time: 7days
                        Block limits              File limits
User              used  soft  hard  grace   used  soft  hard  grace
```

```
----------------------------------------------------------------
root          --            0      0      0      3      0      0
student01     --           16    800   1024      8     90    100
student02     --           16    800   1024      8     90    100
student03     --           16    800   1024      8     90    100
student04     --           16    800   1024      8     90    100
student05     --           16    800   1024      8     90    100
```

为了更简洁地查看 **studentgrp** 组群的配额使用和设置情况,这里还是使用了 edquota 命令:

```
[root@localhost student01]# quota  -g  studentgrp
Disk quotas for group studentgrp (gid 1008):
     Filesystem  blocks  quota  limit  grace  files  quota  limit  grace
     /dev/sda6   80      3500   4000          35     350    400
```

第 6 步:测试配额设置是否有效。以 student01 用户的身份在目录 /mnt/disk_sda6/student01 下进行操作:

```
[root@localhost ~]# su  student01
[student01@localhost root]$ cd    <== 注意需跳转到 student01 用户主目录上进行操作
[student01@localhost ~]$ pwd
/home/student01
[student01@localhost ~]$ touch  testquota  <== 先创建一个空白文件 testquota
[student01@localhost ~]$ ls  /mnt/disk_sda6/student01/
testquota
[student01@localhost ~]$ quota            <== 注意留意占用索引节点的数目变化
Disk quotas for user student01 (uid 1003):
     Filesystem  blocks  quota  limit  grace  files  quota  limit  grace
     /dev/sda6   16      800    1024          9      90     100
[student01@localhost ~]$ quota -g studentgrp
Disk quotas for group studentgrp (gid 1008):
     Filesystem  blocks  quota  limit  grace  files  quota  limit  grace
     /dev/sda6   80      3500   4000          36     350    400
```

对比前面第 5 步,可发现 student01 占用的文件数(files)增加了,但由于新建的是空文件,因此占用的硬盘块数(blocks)并没有增加。进一步在文件中写入内容:

```
[student01@localhost ~]$ echo  testforquota  >  testquota
[student01@localhost ~]$ quota
Disk quotas for user student01 (uid 1003):
     Filesystem  blocks  quota  limit  grace  files  quota  limit  grace
     /dev/sda6   20      800    1024          9      90     100
[student01@localhost ~]$ quota  -g  studentgrp
Disk quotas for group studentgrp (gid 1008):
     Filesystem  blocks  quota  limit  grace  files  quota  limit  grace
     /dev/sda6   84      3500   4000          36     350    400
```

对比前面的结果可知,用户 student01 占用的硬盘数据块增加了(相应地,组群 studentgrp 的记录也增加了),可知用户对硬盘分区的使用一直在被监控。

继续测试用户是否能超出配额限制使用硬盘,写入一个 800KB 大小的文件 testquota2:

```
[student01@localhost ~]$ dd if=/dev/zero of=testquota2 bs=1K count=800
记录了 800+0 的读入
记录了 800+0 的写出
819200 bytes (819 kB, 800 KiB) copied, 0.00379359 s, 216 MB/s
[student01@localhost ~]$ quota
Disk quotas for user student01 (uid 1003):
     Filesystem  blocks   quota   limit   grace   files   quota   limit   grace
     /dev/sda6    820*     800    1024   7days     10      90     100
```

结果显示占用的数据块个数刚好增加了 800 个，此时软配额已经被超过，并且还有 7 天宽限期，但如果再次执行命令：

```
[student01@localhost ~]$ dd if=/dev/zero of=testquota3 bs=1k count=200
dd: 写入 'testquota3' 出错: 超出磁盘限额
记录了 5+0 的读入
记录了 4+0 的写出
4096 bytes (4.1 kB, 4.0 KiB) copied, 0.000290299 s, 14.1 MB/s
```

再次查看当前的配额使用情况，此时还没有超出硬配额，但实际操作已被禁止。这里的特别之处在于，xfs 文件系统并不允许把软配额之外的剩余空间全部用完，而宽限期从 7 天缩减为 6 天：

```
[student01@localhost ~]$ quota
Disk quotas for user student01 (uid 1003):
     Filesystem  blocks   quota   limit   grace   files   quota   limit   grace
     /dev/sda6    824*     800    1024   6days     11      90     100
[student01@localhost ~]$ quota -g studentgrp
Disk quotas for group studentgrp (gid 1008):
     Filesystem  blocks   quota   limit   grace   files   quota   limit   grace
     /dev/sda6    888     3500    4000             38     350     400
```

第 7 步：测试组群配额限制。继续将用户 student02 的硬盘配额使用完毕。注意，需要切换为对应用户身份并在其主目录下进行如下操作。这里一次性地向硬盘写入 1024KB 的数据：

```
[root@localhost student01]# cd
[root@localhost ~]# su student02
[student02@localhost root]$ cd /mnt/disk_sda6/student02/
[student02@localhost student02]$ dd if=/dev/zero of=testquota bs=1K count=1024
dd: 写入 'testquota' 出错: 超出磁盘限额
记录了 977+0 的读入
记录了 976+0 的写出
999424 bytes (999 kB, 976 KiB) copied, 0.00251879 s, 397 MB/s
[student02@localhost student02]$ quota
Disk quotas for user student02 (uid 1004):
     Filesystem  blocks   quota   limit   grace   files   quota   limit   grace
     /dev/sda6    992*     800    1024   6days      9      90     100
[student02@localhost student02]$ quota -g studentgrp
Disk quotas for group studentgrp (gid 1008):
     Filesystem  blocks   quota   limit   grace   files   quota   limit   grace
```

```
            /dev/sda6  1864      3500    4000   39       350   400
```

现在 student01 和 student02 两个用户的硬盘配额已经使用完毕。继续使用 student03 和 student04 的账户进行上述 student02 的操作，该过程不再赘述。

然后以 root 用户身份查看 studentgrp 组群的配额使用情况（实际上 studentgrp 组群成员都可以查看），从结果可发现组群 studentgrp 的数据块配额已经接近使用完毕，超过了组群的软配额：

```
[root@localhost student04]# cd
[root@localhost ~]# quota -g studentgrp
Disk quotas for group studentgrp (gid 1008):
     Filesystem  blocks  quota  limit   grace  files  quota  limit  grace
     /dev/sda6   3816*   3500   4000    6days  41     350    400
```

此时继续使用 student05 的硬盘配额，可发现实际已不能使用其拥有的硬盘配额：

```
[root@localhost ~]# su   student05
[student05@localhost root]$ cd
[student05@localhost ~]$ dd if=/dev/zero of=testquota bs=1K count=1024
dd: 打开 'testquota' 失败: 超出磁盘限额
```

其实这时 student05 用户还有许多用户配额：

```
[student05@localhost ~]$ quota
Disk quotas for user student05 (uid 1007):
     Filesystem  blocks  quota  limit  grace  files  quota  limit  grace
     /dev/sda6   16      800    1024   8      90     100
```

但是由于 student01～student04 已经把组群的硬盘空间的软配额用完，因此 student05 即使有用户配额可用也无济于事。

3. 总结

通过本案例，讨论了在启用硬盘配额管理功能之后，普通用户及其组群如何被限制使用硬盘资源。实际上，当把一个独立的硬盘分区挂载在目录 /home 时，其实已经对普通用户所能使用的磁盘资源做出限定，而用户配额和组群配额则是对这种限定的进一步细化。为更高效和节约地利用硬盘资源，虽然会给予每个用户较大的配额，但不必做到同时满足所有用户，而是可以通过组群配额实现用户在竞争中共享硬盘资源。这正是组群配额与用户配额之间的区别。

4. 拓展练习：普通用户在配额限制下的访问权限

目前用户 student01～student05 已经不能通过 dd 命令往 /dev/sda6 写入数据。可是看到与其硬配额限制相比较其实还有少量剩余空间。这时用户 student01～student05 会被绝对禁止写入任何数据吗？可以读取其拥有的文件内容吗？可以新建文件吗？通过操作回答上述问题。

实训 10 逻辑卷管理

10.1 知识结构

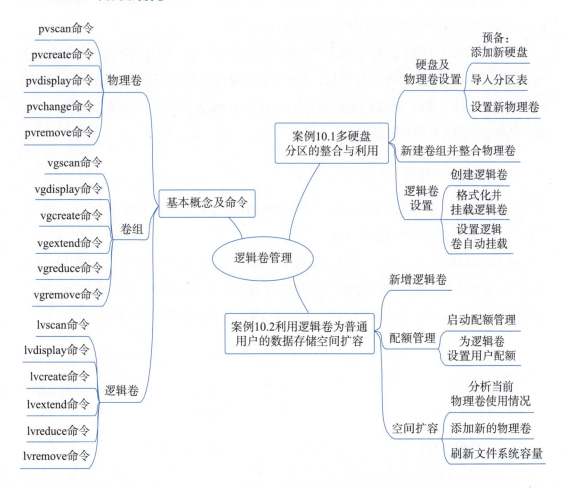

10.2 基本实训

10.2.1 逻辑卷的应用背景

前面讨论了硬盘存储空间的划分，并利用分区工具 fdisk 为单个硬盘建立分区。但在实际管理中，所面临的应用问题可能并不是单靠硬盘分区工具所能够解决的。现在考虑如下两个例子。

（1）假如有 4 个容量为 1GB 的硬盘分区，它们各自分布在两个硬盘上。但是出于某种需要，例如要存储一些光盘映像文件（.iso 文件），而这些文件大小都超过了 1GB 甚至更大，这时显然一个容量为 4GB 的连续的硬盘空间更能满足上述需求。有没有办法在保留这 4 个硬盘分区的前提下把它们整合在一起，形成一个符合要求的硬盘空间呢？

（2）假设系统已在 /home 目录下挂载了一个硬盘分区并开启了硬盘配额管理。然而在实际使用过程中普通用户的数目不断增加，导致该分区已不能满足实际使用要求。重新在 /home 下挂载新的更大的硬盘空间需要停止系统服务并迁移用户数据，有没有更好的办法在不影响用户使用的前提下扩展系统的存储空间？

实际应用中类似的问题还有很多，上述两个例子仅仅是一种对实际应用的简化的表达。特别是在网络服务器等应用场景，不断变化的应用条件要求系统要以更为灵活的方式管理存储资源。逻辑卷管理（logical volume management，LVM）提供的正是这样一种更灵活的组织和分配硬盘存储空间的方式。

10.2.2 基本概念

学习逻辑卷管理的实际操作之前，需要理解物理卷、卷组和逻辑卷这几个基本概念。先以本书所用系统为例介绍这些概念。

图 10.1 是物理卷、卷组、逻辑卷的基本关系示例，它与本书所用系统（RHEL 8.5）相对应。假设系统以默认方式安装，也即在安装过程中并没有做进一步的硬盘分区设置。这样硬盘 /dev/nvme0n1 共有两个分区，可以通过如下操作查询获得有关信息：

```
[root@localhost ~]# lsblk  /dev/nvme0n1
NAME            MAJ:MIN  RM  SIZE  RO  TYPE  MOUNTPOINT
nvme0n1         259:0     0   20G   0  disk
├─nvme0n1p1     259:1     0    1G   0  part  /boot    <== 不作为物理卷
└─nvme0n1p2     259:2     0   19G   0  part           <== 用作物理卷
  ├─rhel-root   253:0     0   17G   0  lvm   /        <== 逻辑卷
  └─rhel-swap   253:1     0    2G   0  lvm   [SWAP]   <== 逻辑卷
```

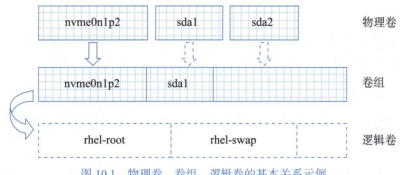

图 10.1　物理卷、卷组、逻辑卷的基本关系示例

结合以上信息，自下而上地理解图 10.1 所表达的物理卷、卷组、逻辑卷的基本关系。可见到系统有两个存储设备：逻辑卷 rhel-root（17GB）和 rhel-swap（2GB）。根文件系统实际就是建立在逻辑卷 rhel-root 上的文件系统，它挂载在目录"/"上。

从以上结果的层次关系容易知道，其实这两个逻辑卷所用空间实际来自 /dev/nvme0n1p2。把 /dev/nvme0n1p2 称为物理卷。而 /dev/nvme0n1p1 挂载在 /boot 下，是系统启动分区，它并不作为物理卷使用。

那么逻辑卷管理技术是如何实现灵活的存储管理的？这时需要介绍卷组这个概念。卷组就是一组物理卷。从图 10.1 可看到，可以把前面实训已配置好的硬盘分区 /dev/sda1 和 /dev/sda2 作为新物理卷加入 /dev/nvme0n1p2 所在的卷组中，从而整合得到更大的卷组空间。可以把卷组中的若干物理扩展块动态地加入逻辑卷中，也可以在条件允许的情况下对其回收，从而实现对存储空间的灵活管理。

为管理存储空间，物理卷在卷组中会按某种大小的分块单位进行划分，这些分块称为物理扩展块。对应于物理卷的物理扩展块，逻辑卷的空间也会按逻辑扩展块进行划分。

下面来总结一下这些新概念的正式定义。

（1）物理卷（physical volume，PV）：经过转换的物理硬盘或物理硬盘分区。

（2）物理扩展块（physical extent，PE）：组织物理卷存储空间的基本分块单位，默认为 4MB。

（3）卷组（volume group，VG）：物理卷的集合。

（4）逻辑卷（logical volume，LV）：卷组在逻辑上划分成多个更小的存储空间，这些存储空间被称为逻辑卷。

（5）逻辑扩展块（logical extent，LE）：组织逻辑卷存储空间的基本分块单位，与物理扩展块有相同大小。

10.2.3　管理过程

逻辑卷的建立和使用需要涉及物理卷、卷组和逻辑卷三方面的管理工作。以下内容将结合一些示例介绍上述三方面的相关管理命令。注意，将利用实训 9 中的硬盘 /dev/sda 及其已有的分区结果进行讨论。以下示例之间是有关联的，根据这些示例进行练习时，按原有的安排次序进行。

1. 物理卷的管理

创建物理卷首先需要利用分区工具 fdisk 将需要转换为物理卷的分区的 System ID 修改为 8e。示例如下。

例 10.1 修改 /dev/sda1 和 /dev/sda2 的分区类型。由于之前挂载了分区 /dev/sda5 和 /dev/sda6，为避免在修改分区表时出现问题，首先可把它们卸载：

```
[root@localhost ~]# umount /dev/sda5
[root@localhost ~]# umount /dev/sda6
```

下面修改分区 sda1 和 sda2 的 System ID 为 8e：

```
[root@localhost ~]# fdisk /dev/sda

欢迎使用 fdisk (util-linux 2.32.1)。
更改将停留在内存中，直到您决定将更改写入磁盘。
使用写入命令前请三思。

命令（输入 m 获取帮助）：t                    <== 需要输入命令 t（type）
分区号 (1-3,5-7，默认  7)：1                  <== 设置 /dev/sda1 的类型
Hex 代码（输入 L 列出所有代码）：8e          <== 输入类型代码

已将分区 "Linux" 的类型更改为 "Linux LVM"。

命令（输入 m 获取帮助）：t                    <== 重复以上过程
分区号 (1-3,5-7，默认  7)：2
Hex 代码（输入 L 列出所有代码）：8e

已将分区 "Linux" 的类型更改为 "Linux LVM"。

命令（输入 m 获取帮助）：p                    <== 确认修改结果
Disk /dev/sda: 4 GiB, 4294967296 字节, 8388608 个扇区
单元：扇区 / 1 * 512 = 512 字节
扇区大小（逻辑/物理）：512 字节 / 512 字节
I/O 大小（最小/最佳）：512 字节 / 512 字节
磁盘标签类型：dos
磁盘标识符：0xcbbb3252

设备        启动     起点       末尾      扇区      大小   Id   类型
/dev/sda1            2048       2099199   2097152   1G     8e   Linux LVM
/dev/sda2            2099200    4196351   2097152   1G     8e   Linux LVM
/dev/sda3            4196352    7317503   3121152   1.5G   5    扩展
/dev/sda5            4198400    5222399   1024000   500M   83   Linux
```

```
/dev/sda6         5224448          6248447  1024000   500M   83    Linux
/dev/sda7         6250496          7274495  1024000   500M   83    Linux
```

命令（输入 m 获取帮助）：w   <== 写入分区表
分区表已调整。
将调用 ioctl() 来重新读分区表。
正在同步磁盘。

思考 & 动手：查看硬盘分区类型

硬盘分区类型除了在例 10.1 中 /dev/sda 分区表所列出的 Linux 和 Linux LVM 等之外，还有其他什么类型？如何查看？

然后可以为分区 /dev/sda1 和 /dev/sda2 进行相关物理卷设置。物理卷的管理包括物理卷的创建、扫描、查询和移除等操作方法，相关命令介绍如下。

（1）pvscan 命令。

功能：扫描当前系统所有的物理卷。

格式：

```
pvscan          [选项]
```

重要选项：

-u（UUID）：显示 UUID 值。

例 10.2 扫描物理卷信息，可发现当前系统只有物理卷 /dev/nvme0n1p2。

```
[root@localhost ~]# pvscan
  PV /dev/nvme0n1p2    VG rhel            lvm2 [<19.00 GiB / 0    free]
  Total: 1 [<19.00 GiB] / in use: 1 [<19.00 GiB] / in no VG: 0 [0    ]
```

（2）pvcreate 命令。

功能：将硬盘或硬盘分区转换为物理卷。

格式：

```
pvcreate        硬盘分区名称
```

例 10.3 将分区 /dev/sda1 和 /dev/sda2 转换为物理卷。

```
[root@localhost ~]# pvcreate /dev/sda1 /dev/sda2
  Physical volume "/dev/sda1" successfully created.
  Physical volume "/dev/sda2" successfully created.
```

（3）pvdisplay 命令。

功能：列出物理卷属性。

格式：

```
pvdisplay       [物理卷路径]
```

例 10.4 显示当前系统的物理卷及其详细属性。注意，对比新增的物理卷 /dev/sda1 和 /dev/sda2 与原有的物理卷 /dev/nvme0n1p2 的区别。

```
[root@localhost ~]# pvdisplay
  --- Physical volume ---
  PV Name               /dev/nvme0n1p2
  VG Name               rhel
  PV Size               <19.00 GiB / not usable 3.00 MiB
  Allocatable           yes (but full)
  PE Size               4.00 MiB              <== 已设置物理扩展块大小
  Total PE              4863
  Free PE               0
  Allocated PE          4863
  PV UUID               jcw6DK-s4af-QuNA-fy8z-eBdd-eeiG-7yrSaR

  "/dev/sda1" is a new physical volume of "1.00 GiB"
  --- NEW Physical volume ---
  PV Name               /dev/sda1
  VG Name
  PV Size               1.00 GiB
  Allocatable           NO
  PE Size               0                     <== 未设置物理扩展块大小
  Total PE              0
  Free PE               0
  Allocated PE          0
  PV UUID               pquscc-zQGM-FvJh-uRTl-3wpO-wcG9-qo8k5n

  "/dev/sda2" is a new physical volume of "1.00 GiB"
  --- NEW Physical volume ---
  PV Name               /dev/sda2
  VG Name
  PV Size               1.00 GiB
  Allocatable           NO
  PE Size               0                     <== 未设置物理扩展块大小
  Total PE              0
  Free PE               0
  Allocated PE          0
  PV UUID               m9SozG-T5Dc-31pM-7rLM-21kO-rKrc-XAaJND
```

（4）pvchange 命令。

功能：修改物理卷属性。

格式：

pvchange　　　　　物理卷路径

重要选项：

- -u（uuid）：为物理卷设置新的随机的 UUID 值。

- -x：该选项后面需要给出参数 y 或者 n 表示允许或禁止在物理卷上分配物理扩展块。

（5）pvremove 命令。

功能：擦除分区上的物理卷标签，使系统不再识别分区为物理卷。

格式：

pvremove　　　　　物理卷路径

2. 卷组的管理

卷组由一组物理卷构成。新建的物理卷需要加入某个卷组才能作为新增存储空间使用。卷组管理包括卷组的扫描（vgscan）、查询（vgdisplay）、创建（vgcreate），以及往卷组中添加物理卷（vgextend）、从卷组中删除物理卷（vgreduce）和移除整个卷组等（vgremove）等。下面介绍相关命令及其示例。

（1）vgscan 命令。

功能：扫描并发现当前系统中使用的卷组。

例 10.5 扫描当前系统所使用的卷组。系统在最初安装时已经创建了一个卷组 rhel。

```
[root@localhost ~]# vgscan
  Found volume group "rhel" using metadata type lvm2
```

（2）vgdisplay 命令。

功能：显示卷组属性。

格式：

vgdisplay　　　　　[选项]　　　　　[卷组名]

重要选项：

-v（verbose）：显示与卷组有关的详细信息。

例 10.6 获取卷组 rhel 的详细属性。添加 -v 选项能更详细地获得卷组中的逻辑卷及物理卷信息。

```
[root@localhost ~]# vgdisplay  rhel
  --- Volume group ---
  VG Name                              rhel
  System ID
  Format                               lvm2
  Metadata Areas                       1
  Metadata Sequence No                 3
  VG Access                            read/write
  VG Status                            resizable
  MAX LV                               0
  Cur LV                               2           <==2 个逻辑卷 rhel-root 和 rhel-swap
  Open LV                              2
```

```
    Max PV                              0
    Cur PV                              1              <==1 个物理卷 /dev/nvme0n1p2
    Act PV                              1
    VG Size                             <19.00 GiB     <== 卷组容量
    PE Size                             4.00 MiB
    Total PE                            4863           <== 卷组总物理扩展块
    Alloc PE / Size                     4863 / <19.00 GiB
    Free  PE / Size                     0 / 0          <== 没有空余的物理扩展块
    VG UUID                             M3RXOd-8g2v-nv0t-0a1g-UJrN-9rtI-OeeegV
```

（3）vgcreate 命令。

功能：创建卷组。注意，需要至少指定一个物理卷用于创建卷组。

格式：

```
vgcreate              卷组名称           物理卷路径
```

重要选项：

-s：该选项后面需要给出用于设置物理扩展块大小的参数，如 8MB 等（默认是 4MB）。

例 10.7 创建一个测试用的卷组 vgtest，创建时将物理卷 /dev/sdb2 加入到 vgtest。

```
[root@localhost ~]# vgcreate vgtest /dev/sda2
  Volume group "vgtest" successfully created
```

（4）vgextend 命令。

功能：为卷组添加物理卷。

格式：

```
vgextend              卷组       物理卷路径
```

例 10.8 为卷组 rhel 添加物理卷 /dev/sda1。

```
[root@localhost ~]# vgextend rhel /dev/sda1
  Volume group "rhel" successfully extended
```

扩展完毕后查看卷组 rhel 的详细信息，注意与扩展之前卷组的信息比较：

```
[root@localhost ~]# vgdisplay -v rhel
    --- Volume group ---
    VG Name                             rhel
    System ID
    Format                              lvm2
    Metadata Areas                      2
    Metadata Sequence No                4
    VG Access                           read/write
    VG Status                           resizable
    MAX LV                              0
    Cur LV                              2              <== 还是原来的两个逻辑卷
    Open LV                             2
```

```
    Max PV                        0
    Cur PV                        2           <== 增加了一个物理卷
    Act PV                        2
    VG Size                       19.99 GiB   <== 比较前面结果可用空间增大了
    PE Size                       4.00 MiB
    Total PE                      5118
    Alloc PE / Size               4863 / <19.00 GiB
    Free  PE / Size               255 / 1020.00 MiB
    VG UUID                       M3RXOd-8g2v-nv0t-0a1g-UJrN-9rtI-OeeegV

（省略逻辑卷的信息）

    --- Physical volumes ---
    PV Name                       /dev/nvme0n1p2    <== 原有的物理卷
    PV UUID                       jcw6DK-s4af-QuNA-fy8z-eBdd-eeiG-7yrSaR
    PV Status                     allocatable
    Total PE / Free PE            4863 / 0

    PV Name                       /dev/sda1         <== 新加的物理卷
    PV UUID                       pquscc-zQGM-FvJh-uRT1-3wp0-wcG9-qo8k5n
    PV Status                     allocatable
    Total PE / Free PE            255 / 255
```

（5）vgreduce 命令。

功能：从卷组中减少物理卷，但至少保留一个物理卷在卷组中。

格式：

vgreduce 卷组 物理卷

例 10.9 将 /dev/sda1 物理卷从卷组 rhel 中移除并重新加入卷组 vgtest 中。

```
[root@localhost ~]# vgreduce rhel /dev/sda1    <== 从卷组 rhel 中移除 /dev/sda1
  Removed "/dev/sda1" from volume group "rhel"
[root@localhost ~]# vgextend vgtest /dev/sda1  <== 把 /dev/sda1 加入 vgtest 中
  Volume group "vgtest" successfully extended
```

查看卷组 vgtest 的详细信息：

```
[root@localhost ~]# vgdisplay -v vgtest
  --- Volume group ---
  VG Name                       vgtest
  System ID
  Format                        lvm2
  Metadata Areas                2
  Metadata Sequence No          2
  VG Access                     read/write
  VG Status                     resizable
  MAX LV                        0
```

```
    Cur LV                      0
    Open LV                     0
    Max PV                      0
    Cur PV                      2
    Act PV                      2
    VG Size                     1.99 GiB         <== 相当于 sda1 和 sda2 容量之和
    PE Size                     4.00 MiB         <== 按默认设定了 PE 的大小
    Total PE                    510
    Alloc PE / Size             0 / 0
    Free  PE / Size             510 / 1.99 GiB
    VG UUID                     axfR0E-be4L-QPJQ-3rrF-IMkv-KYXj-EeOap4

    --- Physical volumes ---
    PV Name                     /dev/sda2        <== 创建卷组时设置的物理卷
    PV UUID                     m9SozG-T5Dc-31pM-7rLM-21kO-rKrc-XAaJND
    PV Status                   allocatable
    Total PE / Free PE          255 / 255

    PV Name                     /dev/sda1        <== 新加的物理卷
    PV UUID                     pquscc-zQGM-FvJh-uRTl-3wpO-wcG9-qo8k5n
    PV Status                   allocatable
    Total PE / Free PE          255 / 255
```

（6）vgremove 命令。

功能：移除一个卷组，如果卷组中含有逻辑卷，则在确认后将其移除。

格式：

vgremove 卷组名

重要选项：

-f（force）：强制移除卷组中所有逻辑卷。

例 10.10 暂时移除测试用的卷组 vgtest。

```
[root@localhost ~]# vgremove vgtest         <== 移除卷组
  Volume group "vgtest" successfully removed
[root@localhost ~]# vgdisplay vgtest        <== 但 vgtest 卷组已经删除
  Volume group "vgtest" not found
  Cannot process volume group vgtest
```

3. 逻辑卷的管理

与卷组管理类似，逻辑卷的管理包括逻辑卷的扫描（lvscan）、查询（lvdisplay）、创建（lvcreate），以及扩大（lvextend）、缩小（lvreduce）和移除（lvremove）等。下面介绍相关命令及其示例。

（1）lvscan 命令。

功能：扫描所有硬盘的逻辑卷。

格式：

```
lvscan
```

例 10.11　显示当前系统的逻辑卷。注意，完整的逻辑卷名称是一个文件路径，如 /dev/rhel/root，而非仅以文件名（如 root）表示。

```
[root@localhost ~]# lvscan
  ACTIVE            '/dev/rhel/swap' [2.00 GiB] inherit
  ACTIVE            '/dev/rhel/root' [<17.00 GiB] inherit
```

（2）lvdisplay 命令。

功能：查询逻辑卷的相关信息。

格式：

```
lvdisplay          [选项]          [卷组/逻辑卷文件路径]
```

重要选项：

- -a（all）：显示所有的逻辑卷。
- -v（verbose）：显示更为详细的信息。

例 10.12　显示卷组中的逻辑卷信息。

```
[root@localhost ~]# lvdisplay rhel
  --- Logical volume ---
  LV Path                /dev/rhel/swap
  LV Name                swap            <== 以此作为交换分区
  VG Name                rhel
  LV UUID                ghSWcR-3EYM-jHYj-c0CX-ljq3-Qes9-f20fe7
  LV Write Access        read/write
  LV Creation host, time localhost.localdomain, 2022-02-07 21:31:36 +0800
  LV Status              available
  # open                 2
  LV Size                2.00 GiB        <== 逻辑卷容量
  Current LE             512
  Segments               1
  Allocation             inherit
  Read ahead sectors     auto
  - currently set to     8192
  Block device           253:1

  --- Logical volume ---
  LV Path                /dev/rhel/root
  LV Name                root            <== 以此安装根文件系统
  VG Name                rhel
  LV UUID                IOrESZ-htFZ-aL5S-aU8B-3mgM-hWYi-VY4hCn
  LV Write Access        read/write
  LV Creation host, time localhost.localdomain, 2022-02-07 21:31:36 +0800
  LV Status              available
```

```
  # open                  1
  LV Size                 <17.00 GiB      <== 逻辑卷容量
  Current LE              4351
  Segments                1
  Allocation              inherit
  Read ahead sectors      auto
  - currently set to      8192
  Block device            253:0
```

（3）lvcreate 命令。

功能：在一个卷组中创建逻辑卷。

格式：

lvcreate ［选项］ 卷组 逻辑卷

重要选项：

- -n（name）：该选项后面需要给出参数指定新创建的逻辑卷的名称。
- -l：该选项后面需要给出参数指定新创建的逻辑卷所占用的扩展块个数。
- -L：该选项后面需要给出参数指定新创建的逻辑卷的容量，可以使用如 K、M、G、T 等表示大小的后缀，如 100M、20G。

例 10.13 逻辑卷的创建。首先重新创建 vgtest 卷组（之前在关于 vgremove 命令的示例中已将其移除）：

```
[root@localhost ~]# vgcreate vgtest /dev/sda1  <== 重新利用物理卷 /dev/sdb1 创建 vgtest
  Volume group "vgtest" successfully created
```

然后创建两个逻辑卷：

```
[root@localhost ~]# lvcreate -l 25 vgtest    <== 申请 25 个 LE，每个 4MB，总容量为 100MB
  Logical volume "lvol0" created.             <== 创建了逻辑卷 lvol0
[root@localhost ~]# lvcreate -L 100M -n lvtest vgtest
  Logical volume "lvtest" created.            <== 创建了逻辑卷 lvtest
```

最后使用 lvdisplay 命令查询验证。新创建的两个逻辑卷所在位置分别是 /dev/vgtest/lvol0（按默认设定的逻辑卷名称）和 /dev/vgtest/lvtest（自行设定逻辑卷名称）。由于物理扩展块默认大小（PE size）为 4MB，因此两个逻辑卷的大小均为 100MB。

```
[root@localhost ~]# lvdisplay vgtest
  --- Logical volume ---
  LV Path /dev/vgtest/lvol0       <== 逻辑卷设备文件位置
  LV Name lvol0                   <== 逻辑卷名称
  VG Name vgtest                  <== 所在卷组
  LV UUID                 fI69vN-zLVe-jgr7-xd1J-69xE-Gv6P-xckYyP
  LV Write Access         read/write
  LV Creation host, time  localhost.localdomain, 2022-06-04 17:16:06 +0800
  LV Status               available
  # open                  0
```

```
  LV Size                100.00 MiB          <== 逻辑卷大小
  Current LE             25                  <== 逻辑扩展块个数
  Segments               1
  Allocation             inherit
  Read ahead sectors     auto
  - currently set to     8192
  Block device           253:2

  --- Logical volume ---
  LV Path                /dev/vgtest/lvtest
  LV Name                lvtest
  VG Name                vgtest
  LV UUID                0tuucl-k8HC-bcoJ-fBds-JtCr-etFd-Y0TuYG
  LV Write Access        read/write
  LV Creation host, time localhost.localdomain, 2022-06-04 17:16:33 +0800
  LV Status              available
  # open                 0
  LV Size                100.00 MiB
  Current LE             25
  Segments               1
  Allocation             inherit
  Read ahead sectors     auto
  - currently set to     8192
  Block device           253:3
```

（4）lvextend 命令。

功能：扩大逻辑卷的容量大小。

格式：

lvextend [选项] 逻辑卷

重要选项：

- -l：该选项后面需要给出参数"+物理扩展块个数"指定新增容量大小，也可直接指定逻辑卷的新容量大小（以 PE 个数表示），但需要比逻辑卷的原容量大。
- -L：该选项后面需要给出参数"+容量大小"指定新增容量大小，也可直接指定逻辑卷的新容量大小，但需要比逻辑卷的原容量大。容量大小的表示方法与命令 lvcreate 中的 -L 选项相同。

例 10.14 为逻辑卷 /dev/vgtest/lvtest 扩展容量。第一、二条命令先后为逻辑卷两次增加各 20MB 的容量。第三条命令直接指定该逻辑卷的容量为 200MB。

```
[root@localhost ~]# lvextend -l +5 /dev/vgtest/lvtest  <== 为 lvtest 增加 20MB 的容量
  Size of logical volume vgtest/lvtest changed from 100.00 MiB (25 extents) to 120.00 MiB (30 extents).
  Logical volume vgtest/lvtest successfully resized.  <== 继续增加 20MB 的容量
[root@localhost ~]# lvextend -L +20M /dev/vgtest/lvtest
```

```
    Size of logical volume vgtest/lvtest changed from 120.00 MiB (30
extents) to 140.00 MiB (35 extents).
    Logical volume vgtest/lvtest successfully resized.
[root@localhost ~]# lvextend -l 50 /dev/vgtest/lvtest   <== 增加至 50PE（即 200MB）容量
    Size of logical volume vgtest/lvtest changed from 140.00 MiB (35
extents) to 200.00 MiB (50 extents).
    Logical volume vgtest/lvtest successfully resized.
```

思考 & 动手：设置逻辑卷容量的依据

对于以上示例的操作，可以继续把 /dev/vgtest/lvtest 的容量扩大到 210MB 吗？为什么？通过一些操作回答上述问题。

（5）lvreduce 命令。

功能：缩小逻辑卷的容量大小。

格式：

lvreduce ［选项］ 逻辑卷

重要选项：

- -l：该选项后面需要给出参数 "- 物理扩展块个数" 指定缩减容量大小，也可直接指定逻辑卷的新容量大小（以 PE 个数表示），但需要比逻辑卷的原容量要小。
- -L：该选项后面需要给出参数 "- 容量大小" 指定缩减容量大小，也可直接指定逻辑卷的新容量大小，但需要比逻辑卷的原容量要大。容量大小的表示方法与命令 lvcreate 中的 -L 选项相同。

例 10.15 缩减逻辑卷 /dev/vgtest/lvtest 的容量。命令执行前将会警告缩小逻辑卷可能会造成数据丢失。

```
[root@localhost ~]# lvreduce -l -5 /dev/vgtest/lvtest  <== 缩小 5 个 PE（即 20MB）
    WARNING: Reducing active logical volume to 180.00 MiB.
    THIS MAY DESTROY YOUR DATA (filesystem etc.)
Do you really want to reduce vgtest/lvtest? [y/n]: y  <== 输入 y 确认继续
    Size of logical volume vgtest/lvtest changed from 200.00 MiB (50
extents) to 180.00 MiB (45 extents).
    Logical volume vgtest/lvtest successfully resized.
[root@localhost ~]# lvreduce -l 25 /dev/vgtest/lvtest  <== 缩小至只有 25 个 LE（100MB）
    WARNING: Reducing active logical volume to 100.00 MiB.
    THIS MAY DESTROY YOUR DATA (filesystem etc.)
Do you really want to reduce vgtest/lvtest? [y/n]: y
    Size of logical volume vgtest/lvtest changed from 180.00 MiB (45 extents)
to 100.00 MiB (25 extents).
    Logical volume vgtest/lvtest successfully resized.
```

（6）lvremove 命令。

功能：移除逻辑卷。如果逻辑卷包含了一个正被挂载的文件系统，那么该逻辑卷将不能被移除。

格式：

lvremove　　　[选项]　　　逻辑卷

重要选项：

-f（force）：强制移除逻辑卷。

例 10.16 移除 vgtest 卷组中的逻辑卷 /dev/vgtest/lvol0 和 /dev/vgtest/lvtest。

```
[root@localhost ~]# lvremove  /dev/vgtest/lvol0
Do you really want to remove active logical volume vgtest/lvol0? [y/n]: y
  Logical volume "lvol0" successfully removed.
[root@localhost ~]# lvremove  /dev/vgtest/lvtest
Do you really want to remove active logical volume vgtest/lvtest? [y/n]: y
  Logical volume "lvtest" successfully removed.
```

【注意】以上对逻辑卷的移除同样不会影响其所在的卷组及物理卷，这意味着可以反复创建逻辑卷以满足需求。最后把 vgtest 移除，为后面的案例训练做准备：

```
[root@localhost ~]# vgremove vgtest
  Volume group "vgtest" successfully removed
```

10.3　综合实训

案例 10.1　多硬盘分区的整合与利用

1. 案例背景

在前面介绍逻辑卷的应用背景时，提出了一个关于多硬盘分区的整合与利用问题，即如何将 4 个容量各为 1GB 的硬盘分区整合为一个容量为 4GB 的连续存储空间。根据逻辑卷的功能特点可以提出如下解决办法：将上述 4 个硬盘分区添加至同一个卷组，然后从中创建一个容量为 4GB 的逻辑卷以满足需求。

根据上述解决办法，本案例将演示如何操作实现多硬盘分区的整合与利用。首先需要准备 4 个硬盘分区用于演示案例。在案例 8.1 中添加了硬盘 /dev/sda，后来在本实训前面的示例中修改了 /dev/sda1 和 /dev/sda2 的分区类型为 Linux LVM，现在它的分区布局是这样的：

```
[root@localhost ~]# fdisk  -l  /dev/sda
Disk /dev/sda: 4 GiB, 4294967296 字节, 8388608 个扇区
单元：扇区 / 1 * 512 = 512 字节
扇区大小（逻辑 / 物理）: 512 字节 / 512 字节
```

```
I/O 大小(最小/最佳):512 字节 / 512 字节
磁盘标签类型:dos
磁盘标识符:0xcbbb3252

设备        启动    起点       末尾       扇区       大小    Id   类型
/dev/sda1           2048      2099199    2097152    1G     8e   Linux LVM
/dev/sda2           2099200   4196351    2097152    1G     8e   Linux LVM
/dev/sda3           4196352   7317503    3121152    1.5G   5    扩展
/dev/sda5           4198400   5222399    1024000    500M   83   Linux
/dev/sda6           5224448   6248447    1024000    500M   83   Linux
/dev/sda7           6250496   7274495    1024000    500M   83   Linux
```

其中,/dev/sda1 和 /dev/sda2 的容量都是 1GB,显然可以继续利用这两个硬盘分区进行操作。需要注意的是,经过本实训前面的一系列示例操作,/dev/sdb1 已作为物理卷加入卷组 vgtest 中,而完成了关于 lvremove 命令的例 10.16 之后,卷组 vgtest 中应并不包括逻辑卷。

检查点:为系统再增加一个硬盘

为准备操作条件需要再增加一个硬盘,为系统再增加一个硬盘(SCSI 接口,大小为 4GB),创建好后,能够在系统中看到如下类似结果。

```
[root@localhost ~]# lsblk
NAME      MAJ:MIN   RM   SIZE   RO   TYPE   MOUNTPOINT
sda       8:0       0    4G     0    disk
├─sda1    8:1       0    1G     0    part
├─sda2    8:2       0    1G     0    part
├─sda3    8:3       0    1K     0    part
├─sda5    8:5       0    500M   0    part
├─sda6    8:6       0    500M   0    part   /mnt/disk_sda6
└─sda7    8:7       0    500M   0    part
sdb       8:16      0    4G     0    disk
```

(省略部分显示结果)

注意,新建硬盘不一定名为 /dev/sdb,但应保证新硬盘大小跟 /dev/sda 一样为 4GB。在后面操作中相关命令参数需按新建硬盘的名称给出。

2. 操作步骤讲解

第 1 步:导入分区表。假设新添加的硬盘设备文件为 /dev/sdb。为避免烦琐的重复操作,可以利用 fdisk 从 /dev/sda 中导出分区表配置,然后再导入 /dev/sdb 中,实现快速复制分区表。首先从 /dev/sda 导出分区表设置:

```
[root@localhost ~]# fdisk  /dev/sda  <== 留意当前所在目录位置
```

```
欢迎使用 fdisk (util-linux 2.32.1)。
更改将停留在内存中，直到您决定将更改写入磁盘。
使用写入命令前请三思。

命令（输入 m 获取帮助）：O          <== 将磁盘布局转储为 sfdisk 脚本文件

输入脚本文件名：partition_sda        <== 输入脚本名称

成功保存了脚本。

命令（输入 m 获取帮助）：q
```

接着继续在当前目录操作，把 /dev/sda 的分区表设置导入 /dev/sdb：

```
[root@localhost ~]# ls -l partition_sda   <== 脚本文件将保存在当前目录
-rw-r--r--. 1 root root 417 6月  5 15:16 partition_sda
```

接着继续在当前目录操作，把 /dev/sda 的分区表设置导入 /dev/sdb：

```
[root@localhost ~]# fdisk /dev/sdb

欢迎使用 fdisk (util-linux 2.32.1)。
更改将停留在内存中，直到您决定将更改写入磁盘。
使用写入命令前请三思。

命令（输入 m 获取帮助）：I          <== 从 sfdisk 脚本文件加载磁盘布局

输入脚本文件名：partition_sda

创建了一个磁盘标识符为 0xcbbb3252 的新 DOS 磁盘标签。
创建了一个新分区 1，类型为 "Linux LVM"，大小为 1 GiB。
创建了一个新分区 2，类型为 "Linux LVM"，大小为 1 GiB。
创建了一个新分区 3，类型为 "Extended"，大小为 1.5 GiB。
创建了一个新分区 5，类型为 "Linux"，大小为 500 MiB。
创建了一个新分区 6，类型为 "Linux"，大小为 500 MiB。
创建了一个新分区 7，类型为 "Linux"，大小为 500 MiB。
成功应用了脚本。

命令（输入 m 获取帮助）：w          <== 保存设置
分区表已调整。
将调用 ioctl() 来重新读分区表。
正在同步磁盘。
```

第 2 步：设置新物理卷。首先新增对应的两个新物理卷：

```
[root@localhost ~]# pvcreate /dev/sdb1 /dev/sdb2
  Physical volume "/dev/sdb1" successfully created.
  Physical volume "/dev/sdb2" successfully created.
```

重新扫描系统中的物理卷，注意确认 sda1、sda2 和 sdb1、sdb2 共 4 个物理卷并没有属于任何卷组。与之对照，以下结果中显示 /dev/nvme0n1p2 属于卷组 rhel：

```
[root@localhost ~]# pvscan
  PV /dev/nvme0n1p2    VG rhel           lvm2 [<19.00 GiB / 0    free]
  PV /dev/sda1                           lvm2 [1.00 GiB]
  PV /dev/sda2                           lvm2 [1.00 GiB]
  PV /dev/sdb1                           lvm2 [1.00 GiB]
  PV /dev/sdb2                           lvm2 [1.00 GiB]
  Total: 5 [<23.00 GiB] / in use: 1 [<19.00 GiB] / in no VG: 4 [4.00 GiB]
```

第 3 步：新建卷组并整合物理卷。首先新建卷组 vg0：

```
[root@localhost ~]# vgcreate  vg0  /dev/sda1
  Volume group "vg0" successfully created
```

然后加入其余三个物理卷：

```
[root@localhost ~]# vgextend  vg0  /dev/sda2  /dev/sdb1  /dev/sdb2
  Volume group "vg0" successfully extended
```

可以确认一下整个卷组的基本配置：

```
[root@localhost ~]# vgdisplay  vg0
  --- Volume group ---
  VG Name               vg0
  System ID
  Format                lvm2
  Metadata Areas        4
  Metadata Sequence No  4
  VG Access             read/write
  VG Status             resizable
  MAX LV                0
  Cur LV                0               <== 还没新建逻辑卷
  Open LV               0
  Max PV                0
  Cur PV                4               <== 已加入 4 个物理卷
  Act PV                4
  VG Size               3.98 GiB        <== 当前容量大小
  PE Size               4.00 MiB
  Total PE              1020            <== 总物理扩展块个数
  Alloc PE / Size       0 / 0
  Free  PE / Size       1020 / 3.98 GiB
  VG UUID               9I9uqj-3EIA-GaeW-yfna-wtKy-AnPt-lNI5GF
```

检查点：继续扩充卷组容量

虽然往卷组 vg0 已加入 4 个均为 1GB 大小的物理卷，但是 vg0 的容量大小还是离 4GB 差一点点。请把 /dev/sdb5 作为新的物理卷加入卷组 vg0 中。操作完成后，可以再次确认 vg0 的大小：

```
[root@localhost ~]# vgdisplay vg0 | grep "VG Size"
  VG Size               <4.47 GiB
```

第 4 步：创建逻辑卷。首先从 vg0 中创建逻辑卷 lvdisk：

```
[root@localhost ~]# lvcreate vg0 -L 4G -n lvdisk    <== 直接创建 4GB 的逻辑卷
  Logical volume "lvdisk" created.
```

然后确认逻辑卷 lvdisk 的容量大小：

```
[root@localhost ~]# lvdisplay /dev/vg0/lvdisk
  --- Logical volume ---
  LV Path                /dev/vg0/lvdisk
  LV Name                lvdisk
  VG Name                vg0
  LV UUID                sQsvXP-1uOf-THMA-mAKT-OGvf-Hn3W-DHKQ8S
  LV Write Access        read/write
  LV Creation host, time localhost.localdomain, 2022-06-05 16:22:59 +0800
  LV Status              available
  # open                 0
  LV Size                4.00 GiB            <== 逻辑卷容量
  Current LE             1024
  Segments               5
  Allocation             inherit
  Read ahead sectors     auto
  - currently set to     8192
  Block device           253:2
```

第 5 步：格式化并挂载逻辑卷 lvdisk。将逻辑卷 lvdisk 格式化为 xfs 文件系统：

```
[root@localhost ~]# mkfs -t xfs /dev/vg0/lvdisk
meta-data=/dev/vg0/lvdisk  isize=512    agcount=4, agsize=262144 blks
         =                 sectsz=512   attr=2, projid32bit=1
         =                 crc=1        finobt=1, sparse=1, rmapbt=0
         =                 reflink=1
data     =                 bsize=4096   blocks=1048576, imaxpct=25
         =                 sunit=0      swidth=0 blks
naming   =version 2        bsize=4096   ascii-ci=0, ftype=1
log      =internal log     bsize=4096   blocks=2560, version=2
         =                 sectsz=512   sunit=0 blks, lazy-count=1
realtime =none              extsz=4096   blocks=0, rtextents=0
```

将 lvdisk 挂载到目录 /mnt/lvdisk：

```
[root@localhost ~]# mkdir /mnt/lvdisk                    <== 挂载逻辑卷到 /mnt/lvdisk
[root@localhost ~]# mount -t xfs /dev/vg0/lvdisk /mnt/lvdisk/
```

如果上述操作没有出现问题，经过实训 8 ～实训 10 的练习后，假如相关设备仍然处于挂载状态（/dev/sda5 若系统经过重启将没有被挂载），系统中会有如下一些文件系统：

```
[root@localhost ~]# df -h | grep /mnt
/dev/sda6                  495M    33M    463M    7%    /mnt/disk_sda6
/dev/mapper/vg0-lvdisk     4.0G    61M    4.0G    2%    /mnt/lvdisk
/dev/sda5                  495M    30M    466M    6%    /mnt/disk_sda5
```

注意，/dev/sda5 和 /dev/sda6 在实训 9 中被用在硬盘配额管理的示例和案例演示中。至此已经将 4 个 1GB 大小的硬盘分区整合为一个 4GB 大小的硬盘空间。

第 6 步：设置逻辑卷自动挂载。可以将挂载配置写入 /etc/fstab 文件中使得系统启动时自动挂载逻辑卷 lvdisk。把如下配置写入 /etc/fstab 的末行：

```
/dev/vg0/lvdisk    /mnt/lvdisk    xfs    defaults   0  0
```

重新挂载即可：

```
[root@localhost ~]# mount -a
[root@localhost ~]# mount | grep /mnt/lvdisk
/dev/mapper/vg0-lvdisk on /mnt/lvdisk type xfs (rw,relatime,seclabel,
attr2,inode64,logbufs=8,logbsize=32k,noquota)
```

3. 总结

硬盘资源与 CPU、内存等硬件资源的区别在于，硬盘属于一种用于存储大量甚至海量数据文件的低速设备。因此一般不优先考虑通过数据迁移的方式实现存储空间的整合和利用，然而这样硬盘资源便难以充分被利用。在这个案例中，可以看到应用逻辑卷技术如何把多个较小的硬盘分区整合起来，提高硬盘资源的利用率。

案例 10.2 利用逻辑卷为普通用户的数据存储空间扩容

1. 案例背景

在案例 9.2 中利用新建的硬盘分区 /dev/sdb6 实现了对普通用户的硬盘配额管理。然而，这个方法有一个明显的缺点：随着用户的不断增加，必然面临硬盘分区扩容的需要。可是如果重新挂载一个容量更大的分区，那么系统必须要停止服务并迁移用户数据。逻辑卷功能对上述问题提供了一个更好的解决方案。如果对用户的配额管理建立在逻辑卷而非某个固定的硬盘分区之上，那么可以很方便地根据实际应用情况添加新的物理卷并为逻辑卷扩容，而且这个过程并不要求系统停止服务，也不需要迁移任何的用户数据。

案例 10.1 创建了逻辑卷 /dev/vg0/lvdisk 之后卷组还剩余部分空间，计划利用这些空间存储普通用户的数据，每个用户将会在这个逻辑卷中有一个专属于他的目录供其存放数据。为使存储空间的使用更为公平和合理，需要为之设置配额限制。以下是本案例具体的操作步骤。

2. 操作步骤讲解

第 1 步：新增逻辑卷。首先查看当前卷组 vg0 的空闲容量：

```
[root@localhost ~]# vgdisplay vg0 | grep  Size
  VG Size                <4.47 GiB              <==vg0 当前总容量
  PE Size                4.00 MiB
  Alloc PE / Size        1024 / 4.00 GiB        <== 已分配容量
  Free  PE / Size        120 / 480.00 MiB       <== 空闲容量
```

然后把这些剩余空间全部用于创建新逻辑卷 lvuser：

```
[root@localhost ~]# lvcreate  -n  lvuser  -L  480M  vg0
  Logical volume "lvuser" created.
[root@localhost ~]# lvscan                               <== 扫描系统所有逻辑卷
  ACTIVE                 '/dev/rhel/swap' [2.00 GiB] inherit
  ACTIVE                 '/dev/rhel/root' [<17.00 GiB] inherit
  ACTIVE                 '/dev/vg0/lvdisk' [4.00 GiB] inherit
  ACTIVE                 '/dev/vg0/lvuser' [480.00 MiB] inherit  <== 确认创建结果
```

最后对逻辑卷 lvuser 进行格式化：

```
[root@localhost ~]# mkfs  -t  xfs  /dev/vg0/lvuser
meta-data=/dev/vg0/lvuser    isize=512       agcount=4, agsize=30720 blks
         =                   sectsz=512      attr=2, projid32bit=1
         =                   crc=1           finobt=1, sparse=1, rmapbt=0
         =                   reflink=1
data     =                   bsize=4096      blocks=122880, imaxpct=25
         =                   sunit=0         swidth=0 blks
naming   =version 2          bsize=4096      ascii-ci=0, ftype=1
log      =internal log       bsize=4096      blocks=1368, version=2
         =                   sectsz=512      sunit=0 blks, lazy-count=1
realtime =none               extsz=4096      blocks=0, rtextents=0
```

第 2 步：启动配额管理。配置过程大致与之前相同，先在 /etc/fstab 增加如下配置行：

```
/dev/vg0/lvuser  /mnt/lvuser  xfs  defaults,usrquota,grpquota  0  0
```

然后重新挂载：

```
[root@localhost ~]# mkdir  /mnt/lvuser
[root@localhost ~]# mount  -a                            <== 然后再重新挂载
[root@localhost ~]# mount | grep  lvuser                 <== 确认配额管理的挂载选项是否生效
/dev/mapper/vg0-lvuser on /mnt/lvuser type xfs
(rw,relatime,seclabel,attr2,inode64,logbufs=8,logbsize=32k,usrquota,grpquota)
```

第 3 步：为 lvdisk 逻辑卷设置用户配额。这里设置关于 study 用户的硬盘块配额为 300MB，软配额和硬配额相同：

```
[root@localhost ~]# xfs_quota  -x  -c  "limit  -u  bsoft=300M  bhard=300M  study"  /mnt/lvuser
```

接着测试配额管理的有效性。首先以 root 用户身份做准备：

```
[root@localhost ~]# mkdir  /mnt/lvuser/dir_study
[root@localhost ~]# chown  study:study  /mnt/lvuser/dir_study/
[root@localhost ~]# ls  -dl  /mnt/lvuser/dir_study/
drwxr-xr-x. 2 study study 6 6月  7 15:29 /mnt/lvuser/dir_study
```

切换至 study 用户身份，往逻辑卷 lvdisk 写入数据，这里刚好把所有配额全部用完：

```
[root@localhost ~]# su  study
[study@localhost root]$ cd  /mnt/lvuser/dir_study/
[study@localhost dir_study]$ dd  if=/dev/zero of=testquota bs=1M count=300
记录了 300+0  的读入
记录了 300+0  的写出
314572800 bytes (315 MB, 300 MiB) copied, 1.01816 s, 309 MB/s
[study@localhost dir_study]$ quota  -u  study
Disk quotas for user study (uid 1000):
     Filesystem blocks    quota   limit   grace files   quota   limit   grace
/dev/mapper/vg0-lvuser
                307200*  307200  307200           2       0       0
```

下面开始讨论逻辑卷动态扩容与普通用户配额管理的关系。显然，如果每个普通用户的块配额都设为 300MB，那么其实目前逻辑卷 lvuser 的容量只够满足一个用户。需要考虑为逻辑卷扩容。不过，卷组 vg0 当前已经没有更多空闲空间可用于扩容：

```
[root@localhost ~]# vgdisplay vg0 | grep  Size
  VG Size               <4.47 GiB
  PE Size               4.00 MiB
  Alloc PE / Size       1144 / <4.47 GiB
  Free  PE / Size       0 / 0
```

为解决这个问题，需要往卷组中加入更多的物理卷，以进一步扩展逻辑卷 lvuser 的空间。

第 4 步：分析当前物理卷使用情况。可以先列出系统里面的硬盘分区，看看哪些分区已经用作物理卷或其他用途：

```
[root@localhost ~]# lsblk  /dev/sda  /dev/sdb
NAME                MAJ:MIN  RM  SIZE  RO  TYPE  MOUNTPOINT
sda                 8:0      0   4G    0   disk
├─sda1              8:1      0   1G    0   part
│ └─vg0-lvdisk 253:2         0   4G    0   lvm   /mnt/lvdisk
├─sda2              8:2      0   1G    0   part
│ └─vg0-lvdisk 253:2         0   4G    0   lvm   /mnt/lvdisk
├─sda3              8:3      0   1K    0   part           <== 逻辑分区
├─sda5              8:5      0   500M  0   part  mnt/disk_sda5
                                                          <== 已用于前面练习
├─sda6              8:6      0   500M  0   part  mnt/disk_sda6
                                                          <== 已用于前面练习
└─sda7              8:7      0   500M  0   part           <== 未用分区
sdb                 8:16     0   4G    0   disk
├─sdb1              8:17     0   1G    0   part
```

```
|     └─vg0-lvdisk   253:2       0       4G      0    lvm    mnt/lvdisk
├─sdb2                8:18        0       1G      0    part
|     └─vg0-lvdisk   253:2       0       4G      0    lvm    mnt/lvdisk
├─sdb3                8:19        0       1K      0    part   <== 逻辑分区
├─sdb5                8:21        0       500M    0    part
|     └─vg0-lvdisk   253:2       0       4G      0    lvm    mnt/lvdisk
|     └─vg0-lvuser   253:3       0       480M    0    lvm    mnt/lvuser
├─sdb6                8:22        0       500M    0    part   <== 未用分区
└─sdb7                8:23        0       500M    0    part   <== 未用分区
```

会看到案例 10.1 使用了 5 个硬盘分区组建逻辑卷 lvdisk，特别是硬盘分区 /dev/sdb5，它被"分割"并为两个逻辑卷 lvdisk 和 lvuser 提供存储空间。现在可用的物理分区有 /dev/sda7、/dev/sdb6 和 /dev/sdb7 等。

第 5 步：添加新的物理卷。这里选择把空闲分区 /dev/sdb7 作为物理卷加入卷组 vg0 中，因此首先需要修改 /dev/sdb7 的类型为 Linux LVM。具体方法可参考例 10.1，此处不再重复。修改好后的结果如下：

```
[root@localhost ~]# fdisk  -l  /dev/sdb  | grep  sdb7
/dev/sdb7        6250496 7274495 1024000   500M 8e Linux LVM
```

然后创建物理卷 /dev/sdb7 并加入卷组 vg0 中，可见到 vgtest 增加了近 500MB 的容量。

```
[root@localhost ~]# pvcreate  /dev/sdb7    <== 创建物理卷 /dev/sdb7
  Physical volume "/dev/sdb7" successfully created.
[root@localhost ~]# vgextend vg0  /dev/sdb7 <== 将物理卷 /dev/sdb7 加入 vg0 中
  Volume group "vg0" successfully extended
[root@localhost ~]# vgdisplay vg0 | grep  Size <== 查看新增存储容量
  VG Size              4.95 GiB
  PE Size              4.00 MiB
  Alloc PE / Size      1144 / <4.47 GiB
  Free  PE / Size      124 / 496.00 MiB <== 新增了近 500MB
```

这时可以利用新增的存储空间为 lvuser 逻辑卷扩容：

```
[root@localhost ~]# lvextend  -L  +450MB  /dev/vg0/lvuser
  Rounding size to boundary between physical extents: 452.00 MiB.
  Size of logical volume vg0/lvuser changed from 480.00 MiB (120 extents) to 932.00 MiB (233 extents).
  Logical volume vg0/lvuser successfully resized.
```

第 6 步：刷新文件系统容量。注意，目前虽然已扩充了逻辑卷 lvuser 的容量，但对应的文件系统可用空间并没有增大。

```
[root@localhost ~]# df   /dev/vg0/lvuser
文件系统                  1K-块     已用      可用     已用%   挂载点
/dev/mapper/vg0-lvuser   486048   335436   150612   70%    /mnt/lvuser
```

因此需要利用以下命令刷新文件系统的可用容量：

```
[root@localhost ~]# xfs_growfs  /dev/vg0/lvuser
meta-data =/dev/mapper/vg0-lvuser isize=512 agcount=4, agsize=30720 blks
```
（省略部分显示结果）
```
data blocks changed from 122880 to 238592
[root@localhost ~]# df  /dev/vg0/lvuser
```
文件系统   1K-块   已用   可用   已用%   挂载点
/dev/mapper/vg0-lvuser   948896   338888   610008   36%   /mnt/lvuser

可以在另一个终端继续使用账户 student01 进行测试：

```
[root@localhost ~]# xfs_quota  -x  -c  "limit  -u  bsoft=300M bhard=300M
student01"  /mnt/lvuser
[root@localhost ~]# mkdir  /mnt/lvuser/student01
[root@localhost ~]# chown  student01:student01  /mnt/lvuser/student01/
[root@localhost ~]# su student01
[student01@localhost root]$ cd  /mnt/lvuser/student01/
[student01@localhost student01]$ dd  if=/dev/zero  of=testquota  bs=1M  count=300
记录了 300+0 的读入
记录了 300+0 的写出
314572800 bytes (315 MB, 300 MiB) copied, 3.17066 s, 99.2 MB/s
[student01@localhost student01]$ quota
Disk quotas for user student01 (uid 1002):
     Filesystem  blocks   quota   limit   grace   files   quota   limit   grace
```
（省略部分显示结果）
```
/dev/mapper/vg0-lvuser
              307200* 307200  307200           2       0       0
```

由此可见，系统已被调整至可为另一个普通用户提供 300MB 的块配额。

3. 总结

可以见到，利用逻辑卷功能为普通用户的数据存储空间扩容十分方便和灵活，整个扩容过程并不需要因卸载逻辑卷而停止服务，也不需要迁移用户数据。而且，当应用情况发生改变而不再需要这么多存储空间时，可相应地减少逻辑卷的容量并将空闲的存储资源分配到其他地方使用。

4. 拓展练习：为服务更多用户而扩大逻辑卷容量

完成了前面的案例练习之后，已经为用户 study 和 student01 各提供了 300MB 的逻辑卷空间。请通过实际操作分析并指出目前逻辑卷 lvuser 的容量是否可为第三个普通用户提供 300MB 的块配额。如果目前逻辑卷 lvuser 并不能满足第三个用户，那么同样通过实际操作分析现在系统里还有哪些空闲硬盘分区可用于为逻辑卷扩容以满足上述要求，并且尝试继续扩充逻辑卷 lvuser 的容量。

实训 11 进程管理

11.1 知识结构

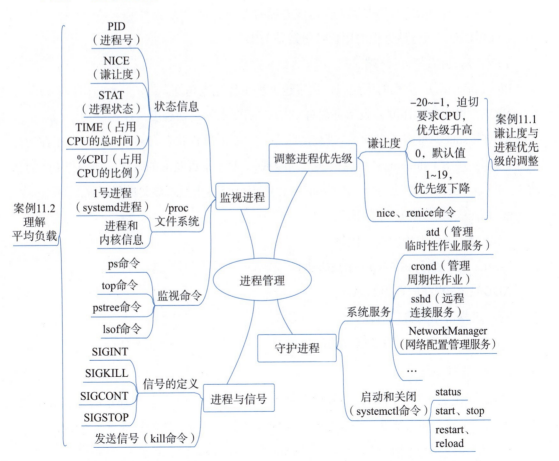

11.2 基础实训

11.2.1 监视进程

1. 与进程有关的信息

进程（process）是程序的一个执行过程，是操作系统实施资源分配和管理的基本单位。进程需要占用各种系统资源，包括 CPU、内存等并且需要读写各类文件，调用各种系统功能等。因此，进程管理的首要内容，就是要获取当前系统中各个进程的具体状态信息，特别是进程占用各种软硬件资源的信息。

为有效地组织、监视和控制进程，操作系统内核为每个进程设置并记录了许多相关信息。在利用某种命令或接口查看进程信息时，首先需要理解关于进程的各类信息的基本含义。在这里先列出进程的主要信息类型。注意，在后面练习时，如果遇到不了解其含义的字段，应结合此处解释来理解操作结果。

PID（process ID）：进程号，它是系统为进程分配的唯一编号，用于标识进程的身份。

PPID（parent PID）：父进程（创建该进程的进程）的 PID 号。

USER/UID：执行该进程的用户身份及其 UID。

TTY：启动该进程的终端。

PRI（priority）：进程的优先级，数字越大表示优先级越低。

NICE：进程的谦让度，表示进程对 CPU 时间要求的迫切程度。

STAT（state，可用 S 表示）：进程的状态。主要的进程状态有 R（running，正在运行或已经就绪）、S（sleeping，可以被唤醒的睡眠）、D（不可唤醒的睡眠，如等待 I/O 的状态）、T（stopped，已被停止）、Z（zombie，进程已经终止但未被父进程回收）等。

%CPU：进程占用 CPU 的比例。

%MEM：进程占用内存的比例。

TIME：进程实际占用 CPU 的总时间。

ADDR：进程在内存中的地址。

SZ：进程占用的虚拟内存大小。

CMD（command）：启动进程的命令。

2. proc 文件系统

Linux 系统为查看进程的状态提供了许多接口、命令和工具。最典型的是 proc（伪）文件系统。proc 文件系统是一个建立在内存的特殊文件系统，它的挂载点是 /proc。

```
[root@localhost proc]# mount | grep  "type proc"
proc on /proc type proc (rw,nosuid,nodev,noexec,relatime)
```

proc 文件系统记录了各进程以及其他系统信息，每个目录对应于一个进程，目录以进程的 PID 命名。进入某个进程对应的目录，里面有若干文件，这些文件记录了该进程当前运行的各种状态信息。应用程序可通过打开并读取这些文件来获取进程信息，因此 proc 文件系统实质为用户程序提供了一种了解内核状态的方式。许多系统管理命令，如后面所介绍的 ps 命令、top 命令等都是通过读取并整理 proc 文件系统的内容后以更为友好的方式将进程的当前状态信息呈现给用户。

例 11.1 /proc 文件系统的结构。进入目录 /proc 查看，可见到许多以数字命名的子目录，这些数字代表某个进程的进程号（PID）：

```
[root@localhost ~]# cd  /proc
[root@localhost proc]# ls  -l
总用量 0
dr-xr-xr-x.  9 root     root     0 6月  5 15:10 1
dr-xr-xr-x.  9 root     root     0 6月  8 11:37 10
dr-xr-xr-x.  9 root     root     0 6月  8 11:37 1000
dr-xr-xr-x.  9 root     root     0 6月  8 11:37 1001
dr-xr-xr-x.  9 root     root     0 6月  8 11:37 1002
dr-xr-xr-x.  9 root     root     0 6月  8 11:37 1003
```
（省略部分显示结果）

也能看到一些名称中提示有某种信息（info）的文件：

```
[root@localhost proc]# ls  -l | grep  info
-r--r--r--.  1 root     root     0 6月  8 11:37 buddyinfo
-r--r--r--.  1 root     root     0 6月  8 11:37 cpuinfo
-r--r--r--.  1 root     root     0 6月  8 11:37 meminfo
-r--------.  1 root     root     0 6月  8 14:54 pagetypeinfo
-r--------.  1 root     root     0 6月  8 14:54 slabinfo
-r--------.  1 root     root     0 6月  8 14:54 vmallocinfo
-r--r--r--.  1 root     root     0 6月  8 11:37 zoneinfo
```
（省略部分显示结果）

还有一些不以 info 命名的文件也记录了系统的许多重要信息。例如 version 文件记录了当前系统的内核版本信息：

```
[root@localhost proc]# cat  version
Linux version 4.18.0-348.el8.x86_64 (mockbuild@x86-vm-09.build.eng.bos.redhat.com) (gcc version 8.5.0 20210514 (Red Hat 8.5.0-3) (GCC)) #1 SMP Mon Oct 4 12:17:22 EDT 2021
```

在众多进程中 1 号进程有着特殊的地位。1 号进程是指 PID 为 1 的进程。不同系统的 1 号进程会有所不同，例如在以前旧版本的 Linux 或一些 UNIX 中，1 号进程是指初始化进程（init 进程），而在 RHEL8.5 中则是名为 systemd 的进程。它们的功能也许会有所不同，但均作为系统创建的第一个进程而发挥着重要的管理作用。

例 11.2 查看 1 号进程及其基本信息。以下是 1 号进程的基本文件信息：

```
[root@localhost proc]# cd  1     <== 进入了 /proc/1 目录浏览了其中的文件列表
[root@localhost 1]# ls  -l
总用量 0
dr-xr-xr-x.     2 root root 0 6月    8 15:04 attr
-rw-r--r--.     1 root root 0 6月    8 15:10 autogroup
-r--------.     1 root root 0 6月    8 15:10 auxv
-r--r--r--.     1 root root 0 6月    8 11:37 cgroup
--w-------.     1 root root 0 6月    8 15:10 clear_refs
-r--r--r--.     1 root root 0 6月    8 11:37 cmdline
（省略部分显示结果）
```

查看启动该进程的完整命令行，这就是为什么 1 号进程也被称为 systemd 进程：

```
[root@localhost 1]# cat  cmdline ; echo       <== 添加 echo 命令优化结果显示
/usr/lib/systemd/systemd--switched-root--system--deserialize17
```

目录 /proc/1 之中有许多关于 1 号进程的状态信息内容。这里查看 1 号目录中的 status 文件获取 1 号进程的状态信息，包括进程名称、状态（state）、PID、PPID 等基本信息以及使用虚拟内存等资源的情况。

```
[root@localhost 1]# cat  status            <== 查看 proc/1/status 文件
Name:       system                         <== 进程名称
Umask:      0000
State:      S (sleeping)                   <== 进程当前状态
Tgid:       1
Ngid:       0
Pid:        1
PPid:       0                              <==1 号进程的父进程为 0 号进程
TracerPid:          0
Uid:        0       0       0       0
Gid:        0       0       0       0
（省略部分显示结果）
```

例 11.3 查看系统的 CPU 和内存信息。proc 文件系统不仅记录了进程信息，还记录了各类系统信息，包括硬件信息，如 CPU、内存等信息。

```
[root@localhost proc]# cat  cpuinfo
processor : 0
vendor_id : GenuineIntel
cpu family      : 6
model           : 154
model name      : 12th Gen Intel (R) Core (TM) i7-1255U
（省略部分显示结果）
[root@localhost proc]# cat meminfo
MemTotal:               1833232 KB
MemFree:                211452 KB
MemAvailable:           533336 KB
```

```
        Buffers:                10748 KB
        Cached:                 425992 KB
```
（省略部分显示结果）

总之，/proc 文件系统包含着极为丰富的进程和内核相关信息，值得在以后的学习中进一步深入了解。

3. 进程监视命令

监视进程活动状态最常用的命令是 ps 命令和 top 命令，ps 命令只能提供当前进程状态的快照，而 top 命令能以实时的方式报告进程的信息。除了通过 ps、top 等命令监视进程外，有时还需要了解进程间的关系，以及进程与哪些文件相关联等信息。这里介绍 pstree 命令用于查看进程家族树，还有 lsof 命令用于列出进程所打开的文件。

（1）ps（process status）命令。

功能：报告进程的相关信息。

格式：

ps   [选项]

重要选项：

- -l（long）：以长格式（long format，即更多字段）显示进程信息。
- -e（every）：显示所有进程的信息，该选项与"-A"选项作用相同。
- -a（all）：一般而言可以用于显示所有终端上运行的进程，详细定义参见手册。
- -u（user）：该选项后面需要给出用户名参数指定显示属于该用户的进程。

例 11.4 以长格式显示系统中的所有进程。如果不给出选项和参数，则默认只显示当前终端中所启动进程的信息，所以必须加入一些选项以获取足够的信息：

```
[root@localhost ~]# ps
    PID TTY          TIME CMD
  93387 pts/2    00:00:00 bash    <== 当前终端上运行的 bash shell 进程
  96928 pts/2    00:00:00 ps      <== 自然也包括 ps 进程本身
```

如下命令返回结果包含了更多信息，其中较为重要的字段，包括 S（STAT）、UID、PID、PPID、C（CPU%）、PRI、NI（NICE）、ADDR、SZ、TTY、TIME 等，其含义已经在前面介绍过。剩下的字段可自行查阅 ps 命令的手册。TIME 字段表示的格式为"[天数]: 小时 : 分钟 : 秒"。

```
[root@localhost ~]# ps  -el
F S   UID   PID  PPID  C PRI  NI ADDR SZ WCHAN  TTY          TIME CMD
4 S     0     1     0  0  80   0 -  60472 do_epo ?        00:00:18 systemd
1 S     0     2     0  0  80   0 -      0 -      ?        00:00:00 kthreadd
```
（省略部分显示结果）

以上命令的执行结果按 PID 字段排序，限于篇幅这里只显示前两行结果。作为第 2

号进程，kthreadd 自然也有着重要的作用，它主要负责管理内核线程。

例 11.5 显示当前在桌面字符终端上以 root 用户身份执行的进程。

```
[root@localhost ~]# ps -u root | grep pts
  4252   pts/0      00:00:01 bash
  4882   pts/1      00:00:01 bash
 92950   pts/1      00:00:00 man
 92962   pts/1      00:00:00 less
 93387   pts/2      00:00:00 bash
120696   pts/2      00:00:00 ps
120697   pts/2      00:00:00 grep
```

思考＆动手：统计当前系统中进程的总数

用多个管道把 ps 命令以及其他处理和统计命令连接起来，以此统计当前系统中的进程总数。

（2）top 命令。

功能：以实时的方式报告进程的相关信息。

格式：

top　　　[选项]

重要选项：

- -d（delay）：该选项后面需要给出参数设定刷新进程信息的间隔时间，默认是 3s。
- -n（number）：该选项后面需要给出参数设定总报告次数。

例 11.6 以 10s 的间隔报告系统中的进程活动状态。输入如下命令后将进入报告界面：

```
[root@localhost ~]# top -d 10
```
（进入报告界面）

报告首先显示了系统的基本情况，包括当前已登录用户个数、各种状态下的进程统计总数、CPU 和内存的使用情况等。

```
top - 21:40:29 up 1 day, 14:01,  1 user,  load average: 0.42, 0.27, 0.16
Tasks: 351 total,   1 running, 350 sleeping,   0 stopped,   0 zombie
%Cpu(s): 24.2 us,  6.1 sy,  0.0 ni, 66.7 id,  0.0 wa,  3.0 hi,  0.0 si,  0.0 st
MiB Mem :   1790.3 total,    219.2 free,   1128.8 used,    442.2 buff/cache
MiB Swap:   2048.0 total,   1586.0 free,    462.0 used.    496.5 avail Mem
```

接着是进程列表，各进程默认按 CPU 占比排序。列表中各字段的含义基本与 ps 命令的相同，字段 VIRT、RES 和 SHR 分别表示进程使用虚拟内存、物理内存和共享内存的大小。字段 TIME+ 即为进程实际占用 CPU 的总时间，表示格式为"分钟:秒.百分秒"。

```
  PID USER      PR  NI    VIRT    RES    SHR S  %CPU %MEM     TIME+ COMMAND
```

```
 3708 root      20   0 3373356 143176  49768 S  2.8  7.8  16:13.14 gnome-shell
 4136 root      20   0  949692  50212  30324 S  1.7  2.7   2:11.40 gnome-terminal-
```
（省略部分显示结果，按 Q 键退出）

（3）pstree 命令。

功能：显示进程家族树的信息，默认以 1 号进程为根，可给出某进程的 PID 号并指定查看以其为根的进程家族树。

格式：

```
pstree      [选项]          [进程 PID/用户名]
```

重要选项：

- -p（process）：显示每个进程的 PID 号。
- -u（user）：该选项后面需要给出用户名用于指定只显示属于该用户的进程。

例 11.7 显示当前终端下的进程家族树。按默认以 1 号进程为根的进程家族树规模很大。首先启动一个 vim 进程在后台执行：

```
[root@localhost ~]# vim &           <== 启动一个 vim 进程在后台执行
[1] 123192
```

注意，可能会出现"[1]+ 已停止"的提示，这是因为 vim 不能与用户交互而被停止。查看当前终端的进程：

```
[root@localhost ~]# ps
    PID TTY          TIME CMD
 123133 pts/2    00:00:00 bash       <== 当前终端所启动的 bash 进程
 123192 pts/2    00:00:00 vim
 123261 pts/2    00:00:00 ps
```

查看以当前 bash 进程为根的进程家族树：

```
[root@localhost ~]# pstree 123133    <==pstree 和 vim 的两个进程都是 bash 的子进程
bash─┬─pstree
     └─vim
```

（4）lsof（list open files）命令。

功能：列出由某进程所打开的文件。默认显示所有活动进程所打开的文件。

格式：

```
lsof        [选项] [文件或目录路径]
```

重要选项：

- -p（process）：该选项后面需要给出一组进程 PID，用于指定列出由该组进程所打开的所有文件。
- +d（directory）：该选项后面需要给出目录路径用于指定列出与某目录关联的所有进程。
- -u（user）：该选项后面需要给出用户名参数用于指定列出某用户打开的所有文件。

例 11.8 使用 lsof 命令查看某个进程所打开的文件。为说明这一点，不妨转到 /tmp 目录下试试：

```
[root@localhost ~]# cd  /tmp                        <==转到目录 /tmp 上
[root@localhost tmp]# ps
    PID    TTY       TIME CMD
 1425744  pts/2    00:00:00 bash                    <= 当前使用的 bash shell 进程 PID
 1425819  pts/2    00:00:00 ps
[root@localhost tmp]# lsof  -p  1425744             <==bash 打开的文件中有其进入的目录
COMMAND       PID USER    FD   TYPE       DEVICE SIZE/OFF      NODE NAME
bash       1425744 root   cwd    DIR        253,0     4096  16917798 /tmp
（省略部分显示结果）
```

以上 lsof 命令的返回结果为一个列表，每行对应一个打开的文件。表格中的字段 NAME 表示了这个文件（目录）的名称，而 DEVICE、SIZE、NODE 3 个字段分别表示这个文件所在的存储设备、大小和对应的索引节点编号，字段 FD 和 TYPE 分别表示文件描述符和文件类型。显然表中左边 3 个字段分别表示打开该文件的命令、进程号及用户。

接着退出目录 /tmp 后，就查询不到当前终端 bash 进程打开目录 /tmp 的相关信息了：

```
[root@localhost tmp]# cd
[root@localhost ~]# lsof  -p  1425744 | grep  /tmp
[root@localhost ~]#                                 <== 查不到相关信息
```

思考 & 动手：排查卸载文件系统时"设备忙"问题

在卸载某个文件系统时，即使并没有真正读写过什么文件，也经常会遇到"设备忙"的提示。由以上示例可见，如果遇到了"设备忙"的提示，可以先看看是否有哪个操作终端的当前目录还在挂载点目录之下，退出该目录即可解决问题。

自行挂载 U 盘或光盘，通过终端进入其挂载点之后，尝试卸载该设备，看是否会提示"设备忙"等相关信息。然后通过 lsof 命令找到与该文件系统关联的终端，关闭它们之后再试试是否可以卸载。

11.2.2 进程与信号

1. 信号的定义

前面介绍了一些监视进程的工具。一旦捕捉到进程运行时产生的各种异常，系统管理员需要对异常进程加以控制，从而保证系统的正常运行，而控制进程的常用手段，就是向进程发送某种信号。在 Linux 系统中，用户可通过向进程发送信号来控制进程。可以通过如下命令列出系统中定义的所有信号：

```
[root@localhost ~]# kill  -l
```

```
 1) SIGHUP        2) SIGINT       3) SIGQUIT      4) SIGILL       5) SIGTRAP
 6) SIGABRT       7) SIGBUS       8) SIGFPE       9) SIGKILL     10) SIGUSR1
11) SIGSEGV      12) SIGUSR2     13) SIGPIPE     14) SIGALRM     15) SIGTERM
16) SIGSTKFLT    17) SIGCHLD     18) SIGCONT     19) SIGSTOP     20) SIGTSTP
```
（省略部分显示结果）

在实际操作中较为常用的信号的含义及发送该信号的组合键可参考表 11.1。

表 11.1 Linux 中部分常用的信号

编号	名称	功能	组合键
2	SIGINT	程序终止信号，用于通知前台终止进程	Ctrl+C
3	SIGQUIT	与 SIGINT 相似，进程终止后会生成文件 core	Ctrl+\
9	SIGKILL	强行终止某进程，该信号不能被封锁	—
18	SIGCONT	恢复执行被 SIGSTOP 或 SIGTSTP 信号暂停的进程	—
19	SIGSTOP	通知操作系统停止进程的运行，该信号不可忽略	—
20	SIGTSTP	暂停进程，但该信号可以被处理和忽略	Ctrl+Z

如果进程所收到的信号有对应的处理例程，则该信号将被捕获并被处理。然而这些信号不包括 SIGKILL 及 SIGSTOP，因为当接收到 SIGKILL 信号进程将被杀死，而接收 SIGSTOP 信号进程将被挂起直至接收到 SIGCONT 信号为止。注意，进程终止（terminate）与进程停止（stop）是不一样的，进程被终止后实际就消亡了，但进程被停止（暂停）运行后还能继续被调度执行。

2. 向进程发送信号

用户通过 kill 命令向进程发送信号从而实现对进程的控制。

命令名：kill

功能：向特定进程发送某种信号。

格式：

kill　　　[选项]　　　[- 信号名称 / 编号]　　　[PID 列表]

重要选项：

-l（list）：列出系统中定义的信号。

例 11.9 利用 kill 命令终止进程的运行。首先启动一个 vim 进程在后台执行：

```
[root@localhost ~]# vim &
[1] 140309
```

可以通过 ps 命令查看 vim 进程的 PID：

```
[root@localhost ~]# ps
    PID TTY          TIME CMD
   4882 pts/1    00:00:01 bash
 140309 pts/1    00:00:00 vim
```

```
    140318 pts/1            00:00:00       ps
[1]+  已停止              vim           <==vim 进程并没有退出，只是不在运行状态
```

然后将 vim 进程杀死：

```
[root@localhost ~]# kill -9 140309
[1]+  已杀死              vim
[root@localhost ~]# ps                    <==vim 进程被杀死后不存在
   PID TTY          TIME CMD
  4882 pts/1    00:00:01 bash
 140350 pts/1    00:00:00 ps
```

例 11.10 发送信号停止进程的运行。首先在一个终端利用 top 命令创建一个测试进程（过程略），然后查询运行测试进程的终端设备名：

```
[root@localhost ~]# tty
/dev/pts/0
```

新建另一个终端并查询上述 top 进程的 PID：

```
[root@localhost ~]# ps --tty /dev/pts/0
   PID TTY          TIME CMD
 141401 pts/0    00:00:00 bash
 141563 pts/0    00:00:00 top
```

接着向对应的 top 进程发送信号：

```
[root@localhost ~]# kill -20 141563    <==20 号信号为 SIGTSTP, 暂停进程
```

这时，在运行 top 进程的终端（/dev/pts/0）可见到程序已停止：

```
（省略部分显示结果）
     6 root      0 -20    0    0    0 I  0.0  0.0   0:00.00 kworker+
     9 root      0 -20    0    0    0 I  0.0  0.0   0:00.00 mm_perc+
[1]+  已停止              top
```

注意，这个 top 进程并非已经消亡，而是处于停止状态。可以查询 top 进程的状态，结果中代码 T 表示该进程被控制信号停止：

```
[root@localhost ~]# ps -l 141563    <== 加入 -l 选项查看详细字段信息
F S   UID    PID   PPID  C PRI  NI ADDR SZ WCHAN  TTY        TIME CMD
0 T     0 141563 141401  0  80   0 -  16473 -      pts/0      0:00 top
```

11.2.3 调整进程优先级

1. 谦让度

CPU 时间属于进程间竞争的关键资源，合理调整进程运行优先级能够使一些较为紧迫的进程得到更多的 CPU 时间。Linux 为用户提供了用于调整进程优先级的命令，下面结合具体的案例讨论调整进程优先级将如何影响进程在 CPU 资源竞争中的表现。在基础实训部分先练习一些调整进程优先级的相关命令。

进程的优先级（priority）是操作系统在进程调度时用于判决进程是否能够获取 CPU 的依据之一。进程的优先级越高，则越能在竞争中胜出而获得 CPU 时间。在 Linux 系统中，进程的优先级以一个整数 PRI 表达，数值越低优先级越高。每个普通进程的优先级默认为 80。

```
[root@localhost ~]# ps -l
F S UID   PID    PPID   C  PRI NI  ADDR SZ   WCHAN TTY   TIME     CMD
0 S 0     141401 141392 0  80  0   -    7055  -    pts/0 00:00:00 bash
0 R 0     144245 141401 0  80  0   -    11423 -    pts/0 00:00:00 ps
```

管理员可以根据实际需要通过调整设置进程的谦让度（nice value，NI）来调整某些进程的优先级。顾名思义，一个进程越是"谦让"，则表示它对 CPU 资源的要求越没那么迫切。进程的谦让度是一个取值范围在 -20 ~ 19 的整数值。

（1）谦让度取值为 0，也即不起作用。

（2）谦让度为负数时，反映进程对 CPU 资源的要求较为迫切，其优先级升高（即 PRI 值下降）。

（3）谦让度为正数时，进程的优先级下降（PRI 值升高）。

在 Linux 中，普通用户一般只能调高优先级数值，即让自己的进程"谦让"一点。如果要让某个服务进程能够及时响应请求，管理员可将该进程的谦让度值降低。

2. 相关命令

（1）nice 命令。

功能：设定要启动的进程的谦让度。如果不指定谦让度，则默认设置为 10。

格式：

nice [选项]   启动的命令及其选项和参数

重要选项：

-n（nice）：该选项后面需要给出参数设定谦让度。

例 11.11 启动 vim 进程并设定谦让度。结果显示 vim 进程的优先级值（PRI）为 77，而谦让度（NI）为预设的 -3。

```
[root@localhost ~]# nice -n -3 vim &    <==启动 vim 编辑器作为测试进程
[1] 144638
[root@localhost ~]# ps -l
F S UID   PID    PPID   C  PRI NI  ADDR SZ   WCHAN TTY   TIME     CMD
0 S 0     141401 141392 0  80  0   -    7055  -    pts/0 00:00:00 bash
4 T 0     144638 141401 0  77  -3  -    8500  -    pts/0 00:00:00 vim
0 R 0     145200 141401 0  80  0   -    11423 -    pts/0 00:00:00 ps

[1]+  已停止               nice -n -3 vim
```

（2）renice 命令。

功能：调整进程的优先级，普通用户仅可设置他所拥有的进程的优先级。

格式：

renice [选项]   谦让度   进程 PID 号

例 11.12 调整运行中进程的谦让度。调整例 11.11 中的 vim 进程的谦让度，结果可见由于进程的谦让度由 -3 改为 3，进程优先级（PRI）随之改变为 83，即进程的优先级降低了。

```
[root@localhost ~]# renice -n 3 144638
144638 (process ID) 旧优先级为 -3，新优先级为 3
[root@localhost ~]# ps -l     <== 现在 vim 进程的优先级比其余两个进程还低
F S   UID   PID   PPID  C  PRI  NI  ADDR SZ  WCHAN  TTY     TIME     CMD
0 S     0  141401 141392 0   80   0   -  7055   -    pts/0  00:00:00 bash
4 T     0  144638 141401 0   83   3   -  8500   -    pts/0  00:00:00 vim
0 R     0  145626 141401 0   80   0   -  11423  -    pts/0  00:00:00 ps
```

11.2.4 守护进程

1. 守护进程与系统服务

除用户自己启动的用户级进程外，Linux 还有许多系统级进程提供重要的管理和服务功能，例如前面介绍的 systemd 进程（1 号进程）。这些系统级进程又被称为守护进程（daemon），它们周期性地执行某种任务或等待处理某些事件（如来自网络的客户端服务请求等）。将在本实训对它们做基本的介绍，为后续的实训内容提供必要的知识准备。

守护进程独立于控制终端并运行在后台，也就是说它们并不是通过某个 bash 进程启动的，它们的父进程是 systemd 进程。例如查看守护进程 sshd 的列表信息：

```
[root@localhost ~]# ps -l | sed -n '1p'; ps -el | grep sshd   <== 第一条命令用于显示字段
F S   UID  PID  PPID C  PRI  NI  ADDR SZ  WCHAN    TTY    TIME      CMD
4 S     0  8829    1 0   80   0   -  23087 core_s   ?    00:00:00  sshd
```

sshd 进程（PID 为 8829）的父进程正是 systemd 进程（PID 为 1），而且 TTY 字段处显示为问号，也说明 sshd 进程并不运行在某个终端（不妨与前面一些查询结果对比），而是运行在后台。

表 11.2 列出了一些在后续学习中将会使用到的服务及其守护进程，它们中许多起到网络服务器的角色，如 sshd、httpd、vsftpd 等，需要监听来自特定网络端口的客户端请求。

表 11.2 Linux 系统中的部分守护进程及提供的服务功能

守护进程	提供的服务功能
atd	提供执行临时性作业的服务
crond	提供执行周期性作业的服务

续表

守护进程	提供的服务功能
NetworkManager	提供网络配置管理服务
firewalld	提供网络防火墙管理服务
sshd	提供安全的远程连接服务
vsftpd	提供网络文件传输服务
named	提供域名解析服务
httpd	提供网页内容（WWW）服务

思考&动手：守护进程与 systemd 进程

表 11.2 中所列进程在你的系统里有哪些是正在运行的？有哪些其实并没有启动？指出当前系统中的一些守护进程，列出它们的 PID 以及谦让度。提示：既然守护进程以 systemd 为父进程，用 pstree 命令也许更容易清晰地列出所有的守护进程。

2. 守护进程的启动和关闭

守护进程的生存期较长，常常在系统初始化时启动，在系统关闭时终止。一个守护进程启动或终止实际就意味着一种系统服务的启动和终止。如前所述，进程 systemd（1号进程）负责 RHEL 中的系统服务管理，守护进程以 systemd 为父进程。可以通过命令 systemctl 控制 systemd 并达到启动或关停某个守护进程的目的，其基本格式如下：

  `systemctl  控制命令  服务名称.service`

以上格式中后缀 .service 可省略。其中控制命令主要有 start、stop、restart、reload、status。除了 reload 外，这些控制命令均可从其字面含义知道有何作用。控制命令 reload 的作用是重载服务的配置，而非重启（restart）服务。

此外，旧版本 RHEL 使用命令 service 启动或关闭服务，同样可以使用：

  `service  控制命令  服务名称`

例 11.13 SSH 服务的控制。之前在案例 2.2 其实已介绍过如何查看 SSH 服务的当前状态。这里做更详细地介绍。首先可以查看 SSH 服务当前的状态：

```
[root@localhost ~]# systemctl  status  sshd
● sshd.service - OpenSSH server daemon
   Loaded: loaded (/usr/lib/systemd/system/sshd.service; enabled; vendor preset: enabled)
   Active: active (running) since Sun 2022-06-12 21:37:51 CST; 2s ago
     Docs: man:sshd(8)
           man:sshd_config(5)
```

```
   Main PID: 8829 (sshd)
     Tasks: 1 (limit: 11087)
     Memory: 1.2M
     CGroup: /system.slice/sshd.service
             └─8829 /usr/sbin/sshd -D -oCiphers=aes256-gcm@openssh.com,chacha20- >

6月 12 21:37:51 localhost.localdomain systemd[1]: Starting OpenSSH server daemon...
6月 12 21:37:51 localhost.localdomain sshd[8829]: Server listening on 0.0.0.0 port 22.
6月 12 21:37:51 localhost.localdomain sshd[8829]: Server listening on :: port 22.
6月 12 21:37:51 localhost.localdomain systemd[1]: Started OpenSSH server daemon.
lines 1-15/15（END）                              <== 按 Q 键退出
```

从以上结果可知，进程 sshd 正在监听 22 号端口并提供 SSH 服务。在后面的配置中经常会使用重启的方式调试服务：

```
[root@localhost ~]# systemctl  restart  sshd
[root@localhost ~]# systemctl  status  sshd
● sshd.service - OpenSSH server daemon
    Loaded: loaded (/usr/lib/systemd/system/sshd.service; enabled; vendor preset: enabled)
    Active: active (running) since Sun 2022-06-12 21:39:25 CST; 3s ago
      Docs: man:sshd(8)
            man:sshd_config(5)
   Main PID: 8878 (sshd)
     Tasks: 1 (limit: 11087)
     Memory: 1.1M
     CGroup: /system.slice/sshd.service
             └─8878 /usr/sbin/sshd -D -oCiphers=aes256-gcm@openssh.com,chacha20- >

6月 12 21:39:25 localhost.localdomain systemd[1]: sshd.service: Succeeded.
6月 12 21:39:25 localhost.localdomain systemd[1]: Stopped OpenSSH server daemon.
6月 12 21:39:25 localhost.localdomain systemd[1]: Starting OpenSSH server daemon...
6月 12 21:39:25 localhost.localdomain sshd[8878]: Server listening on 0.0.0.0 port 22.
6月 12 21:39:25 localhost.localdomain sshd[8878]: Server listening on :: port 22.
6月 12 21:39:25 localhost.localdomain systemd[1]: Started OpenSSH server daemon.
lines 1-17/17（END）
```

从以上日志信息可知，SSH 服务首先关停然后再次启动，而且对比进程 sshd 的 PID 可知，重启之后原来的进程已经消亡，并且创建了另一个新进程提供服务。

可以尝试关停 SSH 服务：

```
[root@localhost ~]# systemctl stop sshd
[root@localhost ~]# systemctl status sshd
● sshd.service - OpenSSH server daemon
    Loaded: loaded (/usr/lib/systemd/system/sshd.service; enabled; vendor preset: enabled)
    Active: inactive (dead) since Sun 2022-06-12 21:42:47 CST; 2s ago
      Docs: man:sshd(8)
            man:sshd_config(5)
   Process: 8878 ExecStart=/usr/sbin/sshd -D $OPTIONS $CRYPTO_POLICY (code=exited, status=0/SUCCESS)
  Main PID: 8878 (code=exited, status=0/SUCCESS)

6月 12 21:39:25 localhost.localdomain systemd[1]: sshd.service: Succeeded.
6月 12 21:39:25 localhost.localdomain systemd[1]: Stopped OpenSSH server daemon.
6月 12 21:39:25 localhost.localdomain systemd[1]: Starting OpenSSH server daemon...
6月 12 21:39:25 localhost.localdomain sshd[8878]: Server listening on 0.0.0.0 port 22.
6月 12 21:39:25 localhost.localdomain sshd[8878]: Server listening on :: port 22.
6月 12 21:39:25 localhost.localdomain systemd[1]: Started OpenSSH server daemon.
6月 12 21:42:47 localhost.localdomain systemd[1]: **Stopping OpenSSH server daemon...**
6月 12 21:42:47 localhost.localdomain systemd[1]: sshd.service: Succeeded.
6月 12 21:42:47 localhost.localdomain systemd[1]: **Stopped OpenSSH server daemon.**
```

从日志信息可知服务已关停。由以上操作可知，在控制服务启动、重启或关停后，必须查看实际结果，以确定下一步操作。

11.3 综合实训

案例 11.1 谦让度与进程优先级的调整

1. 案例背景

由于 CPU 资源的有限性造成了进程间需要轮流使用 CPU，而操作系统更倾向于让优先级更高的进程获得 CPU 资源。谦让度反映了进程对 CPU 资源需求的迫切程度，用户可以通过设置进程的谦让度来调整进程的优先级，从而让目标进程在 CPU 资源竞争中更具优势或者相反。

本案例将通过操作演示谦让度是如何调整进程的优先级并以此影响进程在竞争 CPU 资源时的表现。其基本思路是编写一个对 CPU 资源要求较高的脚本，通过同时启动若干关于该程序的测试进程，分别对这些进程设置不同的谦让度，以此观察它们在 CPU 竞争中是处于优势还是劣势。以下是本案例的操作步骤。

2. 操作步骤讲解

第 1 步：编写并执行测试脚本。编写测试脚本的目的是创建一个大量消耗 CPU 时间的进程。测试脚本 process.sh 的代码如下：

```sh
#!/bin/sh

while true
do
   echo $[ $RANDOM * $RANDOM ] > /dev/null
   sleep $1
done
```

该脚本程序将一直执行循环，每次循环会利用环境变量 RANDOM 生成两个 0～32767 的随机数，例如：

```
[root@localhost ~]# echo $RANDOM
14615
[root@localhost ~]# echo $[ $RANDOM * $RANDOM ]
45345210
```

由于并不需要计算结果，因此通过输出重定向送至特殊设备 /dev/null 中。每完成一次计算后，sleep 命令会让进程睡眠一段时间。

第 2 步：设置脚本运行环境和参数。为了突出效果，应在 VMware 中设置虚拟机的 CPU 数量及其核心个数均仅为 1 个，这样能够避免虚拟机有过多的 CPU 资源而导致进程间竞争不明显。具体设置方法是在虚拟机处于关机状态下选择 VMware 菜单 "虚拟机" → "设置"，弹出 "虚拟机设置" 对话框，按图 11.1 所示进行设置。

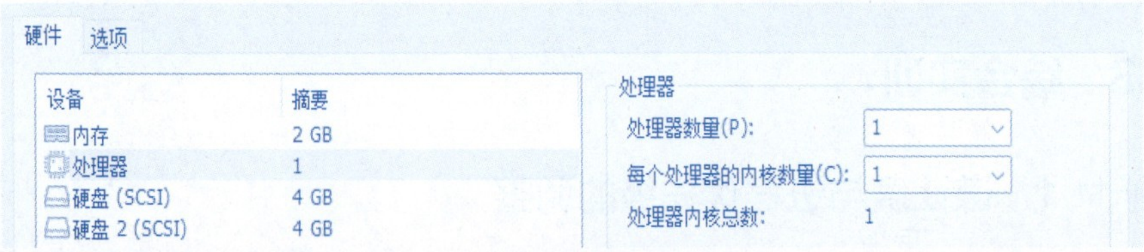

图 11.1 调整处理器数量

此外需要调整脚本 process.sh 每次循环的睡眠时间参数（如初始设置为 0.001s），此参数与进程占用 CPU 的效率有关。可以通过如下统计命令比较一下睡眠时间参数分别为 0.01s 和 0.001s 时进程占用 CPU 的比例。首先检查是否已安装计时工具 time：

```
[root@localhost ~]# which time
/usr/bin/time
```

注意，执行时需给出以上完整路径，以避免执行 bash 内置的 time 命令。如果显示以上结果则说明程序已安装，否则可先跳过该步骤的剩余操作，按初始设置继续第 3 步的操作。下面先按睡眠时间参数为 0.01 执行脚本 process.sh：

```
[root@localhost ~]# /usr/bin/time -v ./process.sh 0.01
^CCommand terminated by signal 2         <== 约 2s 按 Ctrl+C 组合键结束脚本执行
    Command being timed:"./process.sh 0.01"
    User time (seconds): 0.25            <== 用户态下 CPU 占用时间
    System time (seconds): 0.15          <== 内核态下 CPU 占用时间
    Percent of CPU this job got: 18%     <== CPU 使用时间占总时间比
    Elapsed (wall clock) time (h:mm:ss or m:ss): 0:02.25
                                         <== 执行总时间
```
（省略部分显示结果）

结果显示该进程在以上总时间为 2.25s 的执行过程中，共使用的 CPU 时间为 0.4s（0.25s+0.15s），使用 CPU 占总时间比率为 18%。这一结果也能够说明，进程在整个执行过程中不能一直占用 CPU。再按睡眠时间参数为 0.001 执行脚本 process.sh：

```
[root@localhost ~]# /usr/bin/time -v ./process.sh 0.001
^CCommand terminated by signal 2
    Command being timed:"./process.sh 0.001"
    User time (seconds): 0.77
    System time (seconds): 0.40
    Percent of CPU this job got: 48%
    Elapsed (wall clock) time (h:mm:ss or m:ss): 0:02.41
```

对比之前的结果可知，设置更短的睡眠时间参数会使脚本进程更多地占用 CPU。不过，如果睡眠时间参数设置过小，就会让脚本进程占用过多的 CPU 资源，导致系统卡顿而不利于操作。因此，可根据当前系统 CPU 硬件条件自行设置一个合理的参数。根据目前 CPU 使用时间占比结果，这里睡眠时间参数将设置为 0.001。

检查点：脚本 process.sh 使用 CPU 时间的决定因素

脚本 process.sh 的执行时间可长可短，它是 CPU 使用时间占总时间比的决定因素吗？如果不是，那么什么因素决定了该脚本的 CPU 使用时间占比？通过操作回答上述问题。

第 3 步：启动两个测试进程并观察竞争结果。一个进程的谦让度设为 -20，而另一进

程的谦让度设为 19，也即设置两个测试进程之间在谦让度上差异最大。以下是启动进程的命令：

```
[root@localhost ~]# (nice -n -20 ./process.sh 0.001 &);(nice -n 19 ./process.sh 0.001 &)
[root@localhost ~]# ps | grep process.sh   <== 在同一个终端下执行 ps 命令
1247138 pts/2    00:00:01 process.sh
1247140 pts/2    00:00:00 process.sh
```

这两个进程执行一段时间后，启动 top 命令查看它们的竞争结果。为了更好地展示结果，可将一些无关的字段去掉，具体方法是在主界面中按 F 键后通过空格键选中或取消某字段，然后按 Esc 键返回到主界面：

```
[root@localhost ~]# top -d 5 -p 1247138 -p 1247140
（省略部分显示结果）
  PID USER      PR   NI  S    %CPU   TIME+      COMMAND
1247138 root    0   -20  S     6.4   0:41.69    process.sh
1247140 root   39    19  S     2.4   0:18.98    process.sh
```

从 CPU 占用率（字段 %CPU）以及累计使用的 CPU 时间（字段 TIME+）的结果可见，谦让度为 -20 的进程在竞争中明显优于谦让度为 19 的进程。

第 4 步：暂停两个测试进程并调整谦让度。进程执行一段时间后，记录两个测试进程的 PID，在其他终端上向两个测试进程发送 SIGSTOP 信号让它们暂停运行：

```
[root@localhost ~]# kill -SIGSTOP 1247138 1247140   <== 注意在其他终端操作
```

然后缩小两个进程在谦让度上的差距：

```
[root@localhost ~]# renice -n -5 1247138
1247138 (process ID) 旧优先级为 -20，新优先级为 -5
[root@localhost ~]# renice -n 5 1247140
1247140 (process ID) 旧优先级为 19，新优先级为 5
```

再回到执行 top 命令的终端处观察一段时间。可发现两个进程均已停止（S 字段处均为 T），而 %CPU 字段也降为 0.0：

```
  PID USER      PR   NI  S    %CPU   TIME+      COMMAND
1247138 root   15    -5  T     0.0   1:08.84    process.sh
1247140 root   25     5  T     0.0   0:35.76    process.sh
```

第 5 步：恢复执行两个测试进程并观察竞争结果。调整好两个进程的谦让度后，继续输入如下命令：

```
[root@localhost ~]# kill -SIGCONT 1247138 1247140
```

继续观察原来的 top 命令运行情况，经过一段时间后可发现两个进程在 CPU 占比上的差距明显缩小了：

```
  PID USER      PR   NI  S    %CPU   TIME+      COMMAND
```

```
1247138   root    15   -5    R    5.0   1:19.49    process.sh
1247140   root    25    5    S    4.4   0:46.13    process.sh
```

第 6 步：恢复测试进程的谦让度默认值。暂停两个测试进程并在另一个终端上将两者的谦让度调整为 0，然后重新恢复执行进程：

```
[root@localhost ~]# kill -SIGSTOP 1247138 1247140    <== 暂停执行两个进程
[root@localhost ~]# renice -n 0 1247138 1247140
1247138 (process ID) 旧优先级为 -5，新优先级为 0
1247140 (process ID) 旧优先级为 5，新优先级为 0
[root@localhost ~]# kill -SIGCONT 1247138 1247140    <== 重新执行两个进程
```

继续在原来启动测试进程的终端上观察调整后的结果，两者在 CPU% 的差异基本消除：

（省略部分显示结果）
```
  PID USER      PR   NI   S   %CPU   TIME+      COMMAND
1247138  root    20    0   R   4.6   1:39.36    process.sh
1247140  root    20    0   S   4.6   1:05.88    process.sh
```

按照上述操作可反复调整进程谦让度并观察进程在竞争 CPU 时的表现。完成练习后可直接发送信号终止两个进程的运行：

```
[root@localhost ~]# kill -SIGKILL 1247138 1247140
```

检查点：观察 4 个测试进程竞争 CPU 资源

同时启动 4 个进程并分别设置谦让度为 -20、-10、0、19，观察进程间竞争 CPU 的情况。

---

3. 总结

在这个案例的操作中，可以观察到这样一种明显的现象，即当一个进程设置有更低的谦让度时，进程的优先级会被提高（PR 值降低），因此在竞争 CPU 资源中处于优势地位。相反，如果一个进程设置有更高的谦让度，也会影响其进程的优先级，进程在竞争 CPU 时处于劣势。通过观察容易发现，大多数进程的谦让度都设置为 0，但也有部分进程的谦让度设置为 -20。这一设置本身取决于进程对 CPU 时间的迫切程度。也可以根据实际情况和需求，设置某些特定进程的谦让度，以此优化系统服务性能。

案例 11.2 理解平均负载

1. 案例背景

在案例 11.1 的演示过程中，看到 top 命令除了给出进程列表之外，还给出不少统计信息。例如：

```
top - 21:28:35 up  4:40, 1 user,  load average: 0.20, 1.13, 1.49
Tasks:   2 total,   0 running,   0 sleeping,   2 stopped,   0 zombie
%Cpu(s):  2.0 us,  1.8 sy,  0.0 ni, 95.0 id,  0.0 wa,  1.0 hi,  0.2 si,  0.0 st
MiB Mem :   1790.2 total,    155.9 free,   1128.7 used,    505.7 buff/cache
MiB Swap:   2048.0 total,   1877.2 free,    170.8 used.    503.8 avail Mem
```

以上结果中的 load average 称为"平均负载",与之相对也可以看到第三行处 CPU 的空闲时间比率(idle)。

首先,系统的负载是指系统所要承担的计算工作量,而平均负载指的是系统在一段时间内的负载情况。在 Linux 中平均负载被表示为一组 3 个数字,它们分别反映了 5min、10min 和 15min 内的系统负载情况。可以通过查看 /proc/loadavg 获知系统当前的平均负载:

```
[root@localhost ~]# cat  /proc/loadavg
0.03 0.03 0.23 3/558 2356858                <== 前三个数字即为平均负载
```

也可以通过 top 或 uptime 等命令获知系统的平均负载:

```
[root@localhost ~]# uptime
 14:43:16 up 10:40, 1 user,  load average: 0.11, 0.13, 0.24
```

关于 Linux 平均负载的理解有些问题尚待解答。例如,以上三个数字会有怎样的取值?取值越大负载越高吗?负载值可以为 1 或 2 甚至更大吗?具体来说不同的取值区间有何差异?对于这些问题可以通过一些实际操作,从一个侧面去理解和回答。这里利用案例 11.1 中的测试脚本,通过观察结果的变化进行讨论。

2. 操作步骤讲解

第 1 步:准备工作。进行如下操作步骤时需要注意首先设置 VMware 中进行操作的虚拟机具有的 CPU 数量应为 1 个(核心)。

此外,需要使用 top 命令或 uptime 命令查看当前系统负载是否大于 1,如果是则说明当前系统有一些比较活跃的进程。可能是前面练习剩下一些进程(如脚本 process.sh 的进程)并没有撤销,可以自行撤销这些进程,但也有可能是因为一些守护进程在工作,这时就需要稍等至系统服务完成之后再开始如下练习。例如,在 RHEL 8.5 中用于系统调优的守护进程 tuned 会不时运行收集数据并监控系统。可以先把该守护进程停止:

```
[root@localhost ~]# systemctl  stop  tuned
[root@localhost ~]# systemctl  status  tuned         <== 查看是否已经成功关闭服务
● tuned.service - Dynamic System Tuning Daemon
   Loaded: loaded (/usr/lib/systemd/system/tuned.service; enabled; vendor preset:enabled)
   Active: inactive (dead) since Tue 2022-06-14 16:42:58 CST; 11min ago
```
(省略部分显示结果)

此外，其他一些守护进程如 vmtoolsd 等有时也会运行，可把它们也先行暂停。

需要强调的是，此处的准备工作对后面的操作十分重要。由于无法列出可能影响实际结果的所有进程，因此在继续以下步骤的操作时，需确认系统里面是否有较为活跃的进程（CPU 占用率较高），如果有则需暂停或关闭这些进程。

第 2 步：观察启动 1 个测试进程时的系统平均负载。选择一个系统较为空闲的时间进行，如下面这种情况说明系统较为空闲：

```
[root@localhost ~]# uptime
 15:30:10 up 11:27, 1 user, load average: 0.00, 0.06, 0.58
```

然后开启一个测试进程：

```
[root@localhost ~]# ./process.sh 0.001 &
[1] 2699637
```

使用另一个终端启动 top 命令以观察 CPU 使用率的占比和平均负载一段时间。注意，为不影响结果，应设置较长的 top 命令更新时间间隔（如 10s）。经过一段时间之后，能够看到如下结果：

```
[root@localhost ~]# top -d 10 -p 2699637

top - 15:51:36 up 11:49, 1 user, load average: 0.61, 0.56, 0.48
Tasks:   1 total,   0 running,   1 sleeping,   0 stopped,   0 zombie
%Cpu(s): 38.8 us, 23.3 sy, 0.0 ni, 35.9 id, 0.0 wa, 1.2 hi, 0.7 si, 0.0 st
MiB Mem :   1790.2 total,    349.4 free,   1107.5 used,    333.4 buff/cache
MiB Swap:   2048.0 total,   1742.5 free,    305.5 used.    522.3 avail Mem

   PID USER      PR  NI    S    %CPU     TIME+    COMMAND
2699637 root     20   0    S     7.9     0:23.55   process.sh
```

从结果来看当前 CPU 还有一些空闲时间。

接着在启动测试脚本进程的终端处结束该进程：

```
[root@localhost ~]# kill -9 2699637
[1]+  已杀死              ./process.sh 0.001
```

然后同时观察运行 top 命令的终端，可以看到平均负载会不断下降。也可以在另一终端每过一小段时间便执行 uptime 命令，同样能看到平均负载的下降：

```
[root@localhost ~]# uptime
 16:09:05 up 12:06, 1 user, load average: 0.67, 0.60, 0.51
[root@localhost ~]# uptime
 16:09:37 up 12:07, 1 user, load average: 0.56, 0.58, 0.50
[root@localhost ~]# uptime
 16:09:47 up 12:07, 1 user, load average: 0.44, 0.55, 0.49
[root@localhost ~]# uptime
 16:10:09 up 12:07, 1 user, load average: 0.31, 0.51, 0.48
```

```
[root@localhost ~]# uptime
 16:11:12 up 12:08, 1 user, load average: 0.22, 0.48, 0.47
[root@localhost ~]# uptime
 16:11:44 up 12:09, 1 user, load average: 0.15, 0.44, 0.45
```

从以上平均负载下降过程来看，可以知道平均负载应是一个跟进程占用 CPU 有关的指标。而且最先变化且变化较快的是第一个数字，而第二个数字和第三个数字随后变化且变化较慢。

第 3 步：观察启动两个测试进程时的系统平均负载。启动两个测试脚本进程：

```
[root@localhost ~]# (./process.sh 0.001 &); (./process.sh 0.001 &)
```

查看新建进程的 PID（以下命令的第 4 个字段）：

```
[root@localhost ~]# ps -al | grep process.sh
0 S  0 3028048  4793  4  80  0 - 3234 -  pts/0  00:00:02 process.sh
0 S  0 3028051  4793  4  80  0 - 3234 -  pts/0  00:00:02 process.sh
```

观察平均负载的变化，注意需要等待表示平均负载的第 1 个数字逐渐增大并稳定为 1～2：

```
[root@localhost ~]# top -d 10 -p 3028048 -p 3028051

top - 16:58:10 up 12:55, 1 user, load average: 1.39, 0.94, 0.65
Tasks:   2 total,   0 running,   2 sleeping,   0 stopped,   0 zombie
%Cpu(s): 63.0 us, 34.4 sy,  0.0 ni,  0.8 id,  0.0 wa,  1.2 hi,  0.6 si,  0.0 st
MiB Mem :   1790.2 total,    297.4 free,   1109.3 used,    383.5 buff/cache
MiB Swap:   2048.0 total,   1741.5 free,    306.5 used.    506.5 avail Mem

  PID USER      PR  NI    S  %CPU     TIME+    COMMAND
3028051 root    20   0    S   5.3   1:13.37   process.sh
3028048 root    20   0    S   5.1   1:13.06   process.sh
```

此时 CPU 的空闲时间基本已经用完。最后结束该步骤所创建的 2 个进程：

```
[root@localhost ~]# kill -9 3028048 3028051
```

第 4 步：观察启动 4 个测试进程时的系统平均负载。按照前面的操作步骤：

```
[root@localhost ~]# (./process.sh 0.001 &); (./process.sh 0.001 &); (./process.sh 0.001 &); (./process.sh 0.001 &);
[root@localhost ~]# ps -l | grep process.sh
0 S  0 3727646  4793  2  80  0 - 3234 -  pts/0  00:00:00 process.sh
0 S  0 3727648  4793  2  80  0 - 3234 -  pts/0  00:00:00 process.sh
0 S  0 3727651  4793  2  80  0 - 3234 -  pts/0  00:00:00 process.sh
0 S  0 3727655  4793  2  80  0 - 3234 -  pts/0  00:00:00 process.sh
```

经过一段时间然后查询系统负载，可发现负载会不断增加到一个比之前更高的水平，并且稳定为 3～4：

```
[root@localhost ~]# top -d 10 -p 3727646 -p 3727648 -p 3727651
```

```
-p    3727655

top - 17:19:32 up 13:17,  1 user,  load average: 3.38, 2.07, 1.19
Tasks:   4 total,   0 running,   4 sleeping,   0 stopped,   0 zombie
%Cpu(s): 56.2 us, 37.5 sy,  0.0 ni,  0.0 id,  0.0 wa,  6.2 hi,  0.0 si,  0.0 st
MiB Mem :   1790.2 total,    119.0 free,   1136.8 used,    534.5 buff/cache
MiB Swap:   2048.0 total,   1756.0 free,    292.0 used.    479.0 avail Mem

   PID USER      PR  NI    S   %CPU     TIME+   COMMAND
 3727646 root    20   0    S    2.6   0:07.62   process.sh
 3727648 root    20   0    S    2.5   0:07.51   process.sh
 3727651 root    20   0    S    2.5   0:07.63   process.sh
 3727655 root    20   0    S    2.4   0:07.62   process.sh
```

可以看到此时 CPU 已无空闲时间。至此操作结束。注意，需重新开启前面关闭的服务。

3. 总结

从以上结果可以发现，启动越多的测试脚本，系统的负载就会升得越高，当脚本执行结束后系统的负载就会降低。对于只具有一个 CPU 的系统来说，平均负载的 3 个数字与 5min、10min、15min 内处于就绪状态的进程个数有关。数字越大，表明就绪队列（ready queue）中等待 CPU 的进程越多。

例如，当启动 2 个进程时，由于只有一个 CPU 可用，假设此时除两个测试进程外并无其他进程参与竞争 CPU，则只有一个测试进程需要等待 CPU，而另一个进程可以使用 CPU，这就是为什么在第 2 步会看到系统负载上升并稳定为 1～2。同理，当启动 4 个测试脚本进程时，也会引起最多 3 个进程等待 CPU，因此系统负载会上升并稳定为 3～4。

4. 拓展练习：观察磁盘 I/O 负载的变化

本案例所讨论的"负载"，准确来说是关于 CPU 占用情况的衡量。但除此之外，I/O 设备的负载也是一种值得关注的系统状态。之前学习过一些对 CPU 资源和 I/O 资源占用比较明显的命令，如命令 dd 等。参考本次案例训练中的 process.sh 脚本，编写测试脚本 process_disk.sh。

编写测试脚本时可参考如下思路。首先指定命令的循环次数，每次循环执行一次命令。经过若干次循环后测试结束。可以让脚本执行 dd 命令生成 100MB 的文件。注意，应对文件随机命名，并在下一次循环前删除。此外可用错误输出重定向减少屏幕输出的提示信息。

可以通过 iostat 命令观察系统当前磁盘 I/O 负载。以下是测试脚本 process_disk.sh 执行 iostat 命令时的统计结果，由于命令 dd 涉及磁盘写，因此能看到磁盘写入方面的负载显著增加：

```
[root@localhost ~]# iostat -d 1
Linux 4.18.0-348.el8.x86_64 (localhost.localdomain)  2022年06月15日  _x86_64_  (1 CPU)
```
（每隔1s刷新一次）

Device	tps	kB_read/s	kB_wrtn/s	kB_read	kB_wrtn
nvme0n1	229.00	0.00	120644.50	0	120644

（省略部分显示结果）

可以增加一些测试进程的数量以观察磁盘I/O负荷的增加，其中指标tps（transfers per second）即反映了每秒向设备提交的I/O请求数。另外，还可以从该测试过程了解当前系统的磁盘写入性能。

实训 12　日常维护

12.1　知识结构

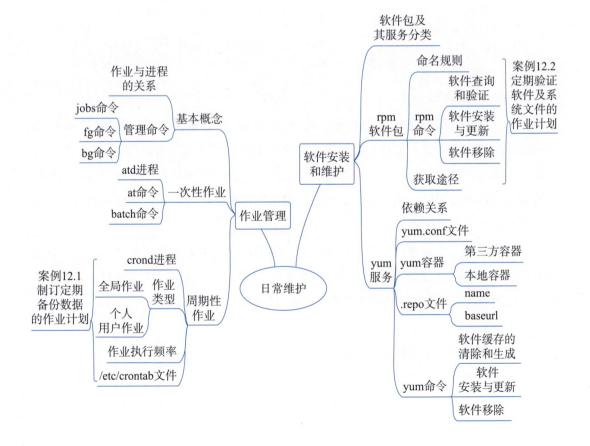

12.2 基础实训

12.2.1 作业管理

1. 作业的基本概念

系统管理中许多任务属于日常维护范畴，它们以作业的形式，特别是以周期性作业的形式完成。与进程（process）不同，作业（job）是指用户向系统提交并请求执行的一个任务，因此用户输入一个 shell 命令实质是向系统提交了一个作业。视作业任务的具体内容而定，一个作业可能需要通过执行一个或多个进程来完成。

例 12.1 作业与进程的关系。用户提交第一条命令"ls -l /etc/ | more &"后系统将其视作第 1 号作业，该作业由两个进程所构成，由于作业提交至后台执行，而 more 命令需要等待用户操作才能继续执行，因此两个进程都处于暂停状态。

```
[root@localhost ~]# ls -l /etc/ | more &
[1] 1653780

[1]+  已停止                  ls --color=auto -l /etc/ | more
[root@localhost ~]# ps -l
F S UID    PID     PPID    C PRI NI ADDR SZ WCHAN  TTY         TIME CMD
0 T 0    1653779 1600274  0  80  0 -  3911 -      pts/2    00:00:00 ls
0 T 0    1653780 1600274  0  80  0 -  2443 -      pts/2    00:00:00 more
（省略部分显示结果）
```

用户在终端提交和执行作业，这里涉及终端的前台（foreground）和后台（background）两个概念。需要注意的是，每个终端都有自己独立的前台和后台。作业可以在前台执行，这时用户可以与作业进行交互。但是前台只可执行一个作业，因此当作业不需要与用户交互时，则可在后台执行。如果用户想在作业启动之初就让其在后台运行，需要在关于该作业的 shell 命令结尾加上"&"。

作业管理的一个重要内容是用户如何通过终端按要求启动并执行某个作业，然后监控和调整作业的执行过程。作业执行时有作业号。通过如下 shell 命令，用户可根据作业号查看作业的状态，以及设置作业在前台或后台运行。

（1）jobs 命令。

功能：查看当前终端中的后台作业。

格式：

```
jobs            [选项]          [作业号]
```

重要选项：

- -l（list）：列出更为详细的作业信息，包括构成作业的进程列表。

- -s（stop）：列出处于停止（暂停）状态的作业。
- -r（running）：列出处于运行状态的作业。

jobs 命令执行后将会返回一个作业列表。作业列表的每行信息以"[n]+"或"[n]-"开头，其中 n 表示该行信息对应于第 n 号作业，而 + 则表示该作业是最近第一个被放置在后台的作业，- 表示该作业是最近第二个被放置在后台的作业。注意，由于不断有作业在前后台切换，因此每次显示的作业列表均有所不同。作业号旁边的是相关进程的 PID 号。

例 12.2 显示当前终端的作业列表。先后启动两个 vim 编辑器和一个 top 命令作为作业。

```
[root@localhost ~]# vim &
[1] 1654717
[root@localhost ~]# top &
[2] 1654732


[1]-  已停止      vim           <==1 号作业是最近第一个被调到后台执行的

[2]+  已停止      top           <==2 号作业变成最近第一个被调到后台执行的
[root@localhost ~]# vim &
[3] 1654742
[root@localhost ~]# jobs -l
[1]    1654717 停止 (tty 输出)  vim
[2]-   1654732 停止（信号）     top    <==2 号作业是最近第二个被调到后台执行的
[3]+   1654742 停止 (tty 输出)  vim    <==3 号作业是最近第一个被调到后台执行的
```

（2）fg 命令。

功能：让作业在终端前台执行。

格式：

```
fg    作业号
```

（3）bg 命令。

功能：让作业在终端后台执行。对于需要与用户交互的进程，如 vim 编辑器、top 命令等，它们将会处于被停止的状态，直到被调到前台执行。

格式：

```
bg 作业号
```

例 12.3 在前台和后台执行作业。本例需要使用到案例 11.1 中的脚本 process.sh。先启动一个 vim 作业和 process.sh 脚本作业然后查看作业列表：

```
[root@localhost ~]# vim &                          <== 启动 vim（1 号作业）
[1] 1696653
[root@localhost ~]# ./process.sh 0.001 &           <== 启动脚本（2 号作业）
```

```
[2]  1697707

[1]+  已停止                       vim
[root@localhost ~]# jobs  -l
[1]+ 1696653     停止（tty 输出） vim                    <==vim暂停执行
[2]- 1697707     运行中            ./process.sh 0.001 & <== 脚本仍在后台执行
```

然后把脚本作业切换至前台执行后又切换至后台。注意与之前脚本作业的状态变化对比：

```
[root@localhost ~]# fg  2                          <== 脚本作业切换至前台执行
./process.sh 0.001
^Z（然后此处按 Ctrl+Z 组合键后脚本将暂停并切换至后台）
[2]+  已停止                    ./process.sh 0.001
[root@localhost ~]# jobs  -l
[1]- 1696653    停止（tty 输出） vim
[2]+ 1697707    停止             ./process.sh 0.001 <== 脚本作业状态为暂停
```

bg 命令可以让脚本作业继续在后台执行：

```
[root@localhost ~]# bg  2                          <== 让脚本作业继续在后台执行
[2]+ ./process.sh 0.001 &
[root@localhost ~]# jobs  -l
[1]+ 1696653 停止（tty 输出）  vim
[2]- 1697707 运行中             ./process.sh 0.001 & <== 脚本作业在后台执行
```

而 fg 命令可以让脚本作业重新又回到前台执行：

```
[root@localhost ~]# fg  2                          <== 再次调脚本在前台执行
./process.sh 0.001
^C（然后此处按 Ctrl+C 组合键终止脚本执行）
[root@localhost ~]# jobs  -l                       <== 只剩下 vim 进程
[1]+ 1696653 停止（tty 输出）    vim
[root@localhost ~]# fg  1                          <== 调 vim 在前台执行
vim
（此处将出现 vim 主界面，正常退出即可）
```

2. 一次性作业

用户向系统提交执行的作业可以是一次性的，也可以是具有周期性的。无论是一次性作业还是周期性作业的执行，用户都需要指定何时开始执行作业，也即制订执行作业的计划。对于一次性作业的执行，需要检查是否已启动 atd 守护进程，它专门负责定时监控作业队列并在用户指定的时间到达时执行作业。

```
[root@localhost ~]# systemctl  status  atd
● atd.service - Job spooling tools
   Loaded: loaded (/usr/lib/systemd/system/atd.service; enabled; vendor preset: enabled)
   Active: active (running) since Thu 2022-06-16 15:30:32 CST; 13min ago
 Main PID: 1547 (atd)
```

```
   Tasks: 1 (limit: 11087)
   Memory: 416.0K
   CGroup: /system.slice/atd.service
       └─1547 /usr/sbin/atd -f
```

6月 16 15:30:32 localhost.localdomain systemd[1]: Started Job spooling tools.

当用户向 atd 进程提交作业计划后，atd 进程将会在 /var/spool/at 目录生成对应于此作业的执行脚本代码。

（1）at 命令。

用户需要使用 at 命令制订作业的执行计划，包括制订执行作业的时间和作业的内容等。

命令名：at

功能：在指定时间一次性地执行作业。

格式：

at　　　[选项]　　作业执行时间

重要选项：

- -l：对于 root 用户，列出所有作业队列中的作业；对于普通用户则列出由该用户制订的作业。该选项相当于执行 atq 命令。
- -c：该选项后面需给出作业号参数，用于查看指定作业的执行内容。
- -f（file）：该选项后面需给出所要执行的作业文件路径。默认情况下 at 命令建立一个环境供用户输入要执行的命令。
- -d（delete）：该选项后面需给出作业号参数，用于删除指定的作业。

利用 at 命令制订作业执行计划需要正确表达作业的计划执行时间。at 命令提供了许多表示时间格式的方法，一般可分为绝对时间和相对时间两种表示方法。

- 绝对时间：如"小时:分钟 月日年""小时:分钟""月日年"等。
- 相对时间：如"base+?min""base+?hour""base+?day"等，其中 base 表示一个基准时间，它可以表示为上述绝对时间，也可以通过 now 表示当前时间，而 ? 表示一个整数。作业计划执行的时间就是基准时间加上若干分钟、小时或天。

例 12.4 设置明天凌晨重启系统。提交一个重启系统的作业：

```
[root@localhost ~]# date                              <== 当前系统时间
2022年 06月 16日 星期四 16:07:51 CST
[root@localhost ~]# at 00:00 06172022                 <== 计划执行时间为明天凌晨
warning: commands will be executed using /bin/sh      <== 提示所用的 shell
at> reboot                                            <== 此处输入 shell 命令
at> <EOT>
job 5 at Fri Jun 17 00:00:00 2022                     <== 第 5 号作业设定在指定时间执行
```

感兴趣者可自行调整系统时间,然后观察系统自动重启。如果重启计划需要取消,也可以把刚创建的作业删除:

```
[root@localhost ~]# at -d 5                <== 删除第 5 号作业
[root@localhost ~]# at -l                  <== 当前作业队列里面并没有作业
[root@localhost ~]#
```

例 12.5 设置从当前时间的 2 min 和 4 min 后记录系统的当前在线用户。如果在示例练习过程中感觉 2 min 或者 4 min 时间太短,可以适当自行调整。首先设定 2min 后的记录计划:

```
[root@localhost ~]# at now+2min
warning: commands will be executed using /bin/sh
at> who >> online                          <== 需抓紧输入命令
at> <EOT>
job 21 at Thu Jun 16 21:08:00 2022         <== 作业执行时间
```

然后设定 4 min 后的记录作业计划:

```
[root@localhost ~]# at now+4min
warning: commands will be executed using /bin/sh
at> echo ==== >> online                    <== 设置记录的分割线
at> who >> online
at> <EOT>
job 22 at Thu Jun 16 21:11:00 2022         <== 作业执行时间
```

等待 2 min 之后,可查看到对应的记录文件:

```
[root@localhost ~]# date
2022年 06月 16日 星期四 21:08:05 CST         <==2 min 之后
[root@localhost ~]# cat online
root     :0           2022-06-16 20:28 (:0)
root     tty3         2022-06-16 20:31
```

然后继续等待 4 min 后的结果,如果这段时间用 SSH 服务远程连接系统,会得到两个不同的记录:

```
[root@localhost ~]# date
2022年 06月 16日 星期四 21:11:12 CST
[root@localhost ~]# cat online
root     :0           2022-06-16 20:28 (:0)
root     tty3         2022-06-16 20:31
====
root     :0           2022-06-16 20:28 (:0)
root     tty3         2022-06-16 20:31
root     pts/1        2022-06-16 21:09 (192.168.114.1)
```

为了防止用户随意向系统提交作业,atd 进程设置有 /etc/at.allow 和 /etc/at.deny 两个文件。/etc/at.allow 文件是"白名单",如果该文件存在,atd 进程将检查提交作业的用户是否在此名单中，如果用户未被列入 at.allow 中则不允许使用 atd 服务。/etc/at.deny 文件是"黑名单"，如果该文件存在，atd 进程将检查提交作业的用户是否在此名单中，如果用户被列入 at.deny 中则同样不允许使用 atd 服务。at.allow 文件比 at.deny 文件更优先读取，也就是说 atd 进程将首先检查 at.allow 文件，如果不能判定再去检查 at.deny 文件。

例 12.6 禁止 study 用户使用 atd 服务。默认情况下系统只有 at.deny 文件，可自行创建 at.allow 文件。

```
[root@localhost ~]# cat  /etc/at.allow
cat:/etc/at.allow: 没有那个文件或目录
[root@localhost ~]# echo  study >> /etc/at.deny
[root@localhost ~]# su  study         <== 将 study 写入 at.deny 中，每行一个账户
[study@localhost root]$ cd
[study@localhost ~]$ at
You do not have permission to use at.
```

（2）batch 命令。

由于用户提交的作业有可能会占用许多系统资源，因此系统可能需要在负载较大时暂缓调度作业。batch 命令能够满足这一方面的需求。batch 命令实际也是调用 at 命令执行作业，但是它在执行某个作业前会先检查系统的负载水平，默认只有低于 0.8 时才能开始执行作业。另一点与 at 命令不同的是，batch 命令并不接受设定作业的指定执行时间，提交作业后如果系统负载过高就会一直等待直到负载降至 0.8 以下才会调度执行，如果系统负载并未超出 0.8 则作业会立即执行。

例 12.7 命令 batch 的使用。这里将会使用到案例 11.1 中的测试脚本 process.sh，目的是让系统负载超过 0.8。

```
[root@localhost ~]# (./process.sh 0.001 &);(./process.sh 0.001 &);
(./process.sh 0.001 &)
[root@localhost ~]# uptime            <== 等待一段时间再查看
 21:20:23 up 52 min, 3 users, load average: 3.31, 1.63, 0.68
```

这时负荷已经较大，如果想让系统查找某些文件但又不希望增加其负担，可以使用 batch 命令设置查找文件的作业执行计划：

```
[root@localhost ~]# batch
warning: commands will be executed using /bin/sh
at> find  /  -name  "online"  >  search_result
at> <EOT>
job 24 at Thu Jun 16 21:19:00 2022
[root@localhost ~]# atq              <== 即使提交作业也只能放置在队列中等待
24 Thu Jun 16 21:19:00 2022 b root   <== 标志 b 表示作业用 batch 命令启动
```

然后终止前面启动的三个测试进程：

```
[root@localhost ~]# ps  -al | grep  process.sh
```

```
0 S   0 11027 3344 3 80 0 - 3234 - pts/2    00:00:07 process.sh
0 S   0 11030 3344 3 80 0 - 3234 - pts/2    00:00:07 process.sh
0 S   0 11033 3344 3 80 0 - 3234 - pts/2    00:00:07 process.sh
[root@localhost ~]# kill -9 11027 11030 11033
```

这时系统负载会逐渐下降，可以不断通过 uptime 命令查看其下降过程：

```
[root@localhost ~]# uptime
 21:21:39 up 53 min, 3 users, load average: 3.08, 2.01, 0.90
[root@localhost ~]# ls search_result
ls: 无法访问'search_result': 没有那个文件或目录
```

这时查找结果还没有出来，需要等待负载降至 0.8 以下，而且 find 命令的执行也需要一点时间，等待一段时间后再次刷新结果就能发现查找结果被记录在文件 search_result 中：

```
[root@localhost ~]# uptime; ls -l search_result
 21:23:24 up 55 min, 3 users, load average: 0.60, 1.43, 0.81
-rw-r--r--. 1 root root 1056 6月  16 21:23 search_result
[root@localhost ~]# cat search_result
/sys/devices/system/cpu/online
```
（省略部分显示结果）
```
/root/online
```

思考 & 动手：定制一次性的备份作业

自行选择一个时间点，定制如下一次性作业：将文件 /root/tmp 备份为 /root/tmpbackup，可自行新建文件 tmp 以作测试，需留意是否已有同名文件，若有则可将文件 tmp 改为其他名字。设置完毕后需要检查作业是否执行以及执行的实际效果。

3. 周期性作业

在系统管理中有许多任务是需要定期执行的，如数据备份、日志的分析和轮转（log rotate）、临时文件清理、软件更新、安全漏洞的排查等。因此有必要制订作业的周期性执行计划。与一次性作业类似，需要检查是否已启动守护进程 crond，该进程负责监控和调度周期性作业：

```
[root@localhost ~]# systemctl status crond
● crond.service - Command Scheduler
   Loaded: loaded (/usr/lib/systemd/system/crond.service; enabled; vendor preset: enabled)
   Active: active (running) since Thu 2022-06-16 20:28:22 CST; 17h ago
 Main PID: 1524 (crond)
    Tasks: 1 (limit: 11087)
   Memory: 3.2M
```

```
   CGroup: /system.slice/crond.service
       └─1524 /usr/sbin/crond -n
```

除了从以上结果中 running 处能得知目前守护进程 crond 正在运行之外，还可以从附带的日志信息了解到该进程正在以 daily、hourly 的频率执行作业：

```
    6月 17 10:01:01 localhost.localdomain CROND[129856]:(root) CMD (run-parts /etc/cron.hourly)
    6月 17 10:01:01 localhost.localdomain anacron[129865]:Anacron started on 2022-06-17
    6月 17 10:01:01 localhost.localdomain anacron[129865]:Will run job `cron.daily' in 13 min.
    6月 17 10:01:01 localhost.localdomain anacron[129865]:Jobs will be executed sequentially
    6月 17 10:14:42 localhost.localdomain anacron[129865]:Job `cron.daily' started
    6月 17 10:33:09 localhost.localdomain anacron[129865]:Job `cron.daily' terminated
    6月 17 10:33:09 localhost.localdomain anacron[129865]:Normal exit (1 job run)
    6月 17 11:01:01 localhost.localdomain CROND[131821]:(root) CMD (run-parts /etc/cron.hourly)
    6月 17 12:01:01 localhost.localdomain CROND[134127]:(root) CMD (run-parts /etc/cron.hourly)
    6月 17 13:01:01 localhost.localdomain CROND[136435]:(root) CMD (run-parts /etc/cron.hourly)
```

与一次性作业不同，由于周期性作业是每隔一段时间重复执行的，因此用户需要指定周期性作业执行的频率，如"每小时的零分""每周一的 1:00""每月 30 号的 17:30"等。

crond 进程将周期性作业分为全局作业和个人用户（individual user）作业两类。全局作业属于系统的例行工作，不属于某个用户而由管理员负责配置和维护。个人用户作业则是由用户自行安排的作业。这里主要介绍与系统日常维护密切相关的全局作业。全局作业的设置记录在 /etc/crontab 配置文件中，初始时它提供了一个制订作业执行计划的模板：

```
[root@localhost ~]# cat  /etc/crontab
SHELL=/bin/bash                              <== 使用的 shell
PATH=/sbin:/bin:/usr/sbin:/usr/bin           <== 程序的默认存放路径
MAILTO=root                                  <== 邮件通知发送至此用户的邮箱

# For details see man 4 crontabs

# Example of job definition:
# .---------------- minute (0 - 59)
# |  .------------- hour (0 - 23)
# |  |  .---------- day of month (1 - 31)
```

```
#  |  |  |  .------- month (1 - 12) OR jan,feb,mar,apr ...
#  |  |  |  |  .---- day of week (0 - 6) (Sunday=0 or 7) OR sun,mon,tue,wed,thu,fri,sat
#  |  |  |  |  |
#  *  *  *  *  *  user-name  command to be executed
```

配置文件 /etc/crontab 首先定义了与执行作业有关的环境变量，在执行作业时系统的环境变量 PATH 等将被改变，因此编写作业脚本时使用这些变量时必须要特别注意这些改变。然后 /etc/crontab 以注释内容告诉如何表示一个周期性作业的执行计划。周期性作业的执行计划包括作业执行的频率和作业执行的内容两部分，作业执行的频率是制订周期性作业执行计划的关键。作业的执行频率表示形式如下：

分钟（0-59）　小时（0-23）　日期（1-31）　月份（1-12）　星期（0-6，星期天 =0 或 7）

结合以下特殊符号就能非常灵活地表达作业执行的周期时间。

- *：用于表示时间取值范围内的任意值，如"01 * * * *"表示"（任意日期下的）每小时 01 分"。
- -：用于表示一个时间范围，如"0 9-17 * * 1-5"表示"每逢星期 1 到星期 5，早上 9 点到下午 5 点"，也即工作时间。
- ,：用于表示若干时间点，如"30 0,12 * * *"表示"每天的凌晨 0 点 30 分和中午 12 点 30 分"。
- /n：可以理解为用于表示每隔 n 个时间单位。例如，如果分钟字段为"*/3"，表示 0min、03min、06min 等，即表达为"每隔 3min"。但是，对应表达的准确含义需在实际操作中进一步明确，这里不再展开讨论。

与一次性作业类似，作业的执行内容需要给出所要执行的命令，它可以是一条简短的 shell 命令，但更常见的情况是根据任务事先编写好 shell 脚本，然后指定该脚本所在的路径。另外，需要注意在作业执行内容前列出执行者身份。下面结合例 12.8 讨论具体如何制订周期性作业的执行计划。

例 12.8 设置每 2min 记录当前在线用户。在前面介绍一次性作业时，给出了一个 2min 后记录在线用户的示例。这里要执行的命令与前面示例类似，需要在 /etc/crontab 最后加入如下行：

```
*/2  *  *  *  *  root  date >> /root/online; who >> /root/online
```

其中，"*/2 * * * *"表示每隔 2min，root 表示执行作业的用户，而"date >> /root/online; who >> /root/online"则是这个作业的具体内容。编辑完毕后保存退出，然后重新查看 crond 的最新活动记录，会发现在保存 /etc/crontab 之后的下一分钟开始时计划会被重新装载：

```
[root@localhost ~]# systemctl  status  crond
```
（省略部分显示结果）

```
6月 17 14:53:01 localhost.localdomain crond[1524]:(*system*) RELOAD (/etc/crontab)
```

然后等待时间点到触发作业的执行，经过一段时间查看文件 online 的内容：

```
[root@localhost ~]# cat  online
root     :0       2022-06-16 20:28 (:0)
root     tty3     2022-06-16 20:31
====
root     :0       2022-06-16 20:28 (:0)
root     tty3     2022-06-16 20:31
root     pts/1    2022-06-16 21:09 (192.168.114.1)
```

（以上是前面一次性作业示例加入的记录）

```
2022年 06月 17日 星期五 14:54:01 CST        <== 可看到每隔2min 更新的记录
root     :0       2022-06-16 20:28 (:0)
root     tty3     2022-06-16 20:31
2022年 06月 17日 星期五 14:56:02 CST
root     :0       2022-06-16 20:28 (:0)
root     tty3     2022-06-16 20:31
2022年 06月 17日 星期五 14:58:01 CST
root     :0       2022-06-16 20:28 (:0)
root     tty3     2022-06-16 20:31
```

完成该示例练习后，注意在配置行加入注释符"#"，使其不再起作用。此外，还要注意执行作业的实际时间跟计划设定的时间相比有时会有所延迟，如果到时间点后发现作业并没有按计划执行，可稍微等一小段时间后再观察一下。

思考 & 动手：以最短周期记录当前系统在线用户情况

利用守护进程 crond 定制周期最短时间可以是多少？仿照以上示例，以被允许的最短周期记录系统当前在线用户。试想一下，如果不利用 crond 定制周期，而是自行编写脚本实现以上功能，那么脚本应该如何编写？

日常系统维护需要成批执行作业。Linux 在 /etc 目录下分别设置了 cron.hourly、cron.daily、cron.weekly 和 cron.monthly4 个子目录，专门用于分别存放每小时、每天、每星期和每月所要执行的作业脚本。既可以使用上述 4 个目录，也可以指定别的目录用于存放计划成批执行的作业，此时需要在设置 /etc/crontab 时利用 Linux 所提供的工具脚本 /usr/bin/run-parts 来指定成批执行的作业的所在目录。

例 12.9 设置每小时成批执行作业。首先在 /root 下新建 cron 目录并创建两个测试脚本 cron1 和 cron2。注意，需自行设置这两个脚本的可执行权限。

```
[root@localhost ~]# ls  -l  /root/cron
总用量 8
-rwxr--r--. 1 root root 34 6月   17 16:53 cron1     <== 留意时间
-rwxr--r--. 1 root root 35 6月   17 16:54 cron2
```

```
[root@localhost ~]# cat  /root/cron/cron1           <==cron1 脚本的内容
#!/bin/sh
touch  /root/cron/cron1

[root@localhost ~]# cat  /root/cron/cron2           <==cron2 脚本的内容
#!/bin/sh
touch  /root/cron/cron2
```

假设当前系统时间为：

```
[root@localhost ~]# date
2022年 06月 17日 星期五 16:55:33 CST
```

为便于观察结果，根据当前时间设置 /etc/crontab，延后几分钟后执行以下计划：

```
0  *  *  *  *  root  run-parts  /root/cron
```

保存 crontab 文件后，等待时间点来临后触发计划作业的执行，然后检查结果：

```
[root@localhost ~]# date
2022年 06月 17日 星期五 17:00:42 CST
[root@localhost ~]# ls  -l  /root/cron
总用量 8
-rwxr--r--. 1 root root 34 6月  17 17:00 cron1      <== 时间已刷新
-rwxr--r--. 1 root root 35 6月  17 17:00 cron2
```

注意，这里定制的作业是让 /root/cron 目录中的两个脚本在每小时刷新一次脚本的访问时间。可以过一段时间之后再回来检查一下，看看作业是否按设定的周期计划执行：

```
[root@localhost ~]# ls  -l  /root/cron
总用量 8
-rwxr--r--. 1 root root 34 6月  17 20:00 cron1
-rwxr--r--. 1 root root 35 6月  17 20:00 cron2
```

12.2.2 软件安装和维护

1. 软件包及其在线安装服务

软件的安装与维护是系统管理中一种较为重要的日常工作，同时它又是许多系统配置工作的起点。例如要配置某个网络服务器，首先就需要安装必要的服务器软件及其配置工具等。一般来说，除了个别软件需要编译源代码安装之外，与在 Windows 中一样在 Linux 中安装软件同样需要找到对应的软件包（software package）。

软件包是指软件提供方已经将软件程序编译好，并且将所有相关文件打包后所形成的一个安装文件。在 Linux 中，软件包需要有专门的软件管理工具负责软件包的安装、更新和删除等，因此不同类型的安装包就需要使用不同的软件包管理工具完成管理工作。在 Linux 业界主要有如下两种形式的软件包。

（1）rpm 软件包。rpm 软件包由 Red Hat 公司提出并使用在 Red Hat、Fedora、CentOS

等 Linux 系统中，对应的软件包管理工具称为 rpm 包管理器（Red Hat Package Manager）。

（2）deb 软件包。deb 软件包由 Debian 社区提出并使用在 Debian 和 Ubuntu 等 Linux 系统中，对应的软件包管理工具称为 dpkg（Debian Packager）。

通过软件包直接安装软件有一个明显的缺点，用户必须自行处理软件包之间的依赖关系，即在安装某个软件包之前，必须先安装它所依赖的软件包。然而如果软件包依赖关系不断递进，安装过程就会变得十分复杂以致用户难以完成。

为了让用户更为简便地获取和使用软件，许多 Linux 发行版本都已经提供了软件的在线安装服务，只要系统能够连接在线软件更新服务器，软件包管理工具就能够根据安装任务分析软件包的依赖关系并从在线软件更新服务器中获取相关软件包，并自动完成软件安装和更新工作。与软件包及其管理工具的类型相对应，主要有两种维护软件的在线服务，分别是 yum（Yellowdog Updater Modified，对应于 .rpm 软件包）服务和 apt（Advanced Packaging Tool，对应于 .deb 软件包）服务。

为便于开展操作和更好地展开讨论，下面将首先介绍 rpm 软件包管理器的使用，然后重点讨论如何利用 yum 服务实现软件在线安装和维护。

2. rpm 软件包管理器简介

（1）rpm 软件包的命名。

针对本书的实训环境，首先以 rpm 软件包的安装、查询、删除等操作为例，介绍 Linux 系统的软件安装和维护工作。要正确安装软件，需要选择合适的 rpm 软件包，然而这又首先需要读懂 rpm 软件包的命名，因为在 rpm 文件的名称中包含了许多与安装有关的重要信息。

rpm 软件包的文件名以 .rpm 为扩展名，它的基本格式如下：

软件名称 - 版本号 - 发布版本次数 . 硬件架构 .rpm

以 nmap-7.70-6.el8.x86_64 为例：nmap 是软件名称。7.70 是版本号，其中 7 是主版本号，70 是次版本号。紧接着的 6 是发布版本次数，在发布版本次数的后面往往会附加该软件使用的系统平台，例如这里的 el8 是指 RHEL 8.x。最后是软件运行的硬件架构。如果是在 64 位 Linux 操作系统中安装软件，则硬件架构应表示为 x86_64。i686 表示该软件包使用的硬件平台为 Intel 686 平台，为有更好的向下兼容性，许多 rpm 包会提供 i386 版本，即硬件架构表示为 i386。

（2）rpm 命令。

如前所述，rpm 软件包需要由 rpm 包管理器负责管理，rpm 包管理器需要由 root 用户使用 rpm 命令执行。

命令名：rpm

功能：安装和维护 rpm 软件包。

格式：

rpm　　　　　　　　　　［选项］　　　　　　［rpm 软件包文件位置 / 软件名称］

重要选项：

- -i(install)：安装指定的软件包文件，选项后面需要给出 rpm 软件包文件路径参数。
- -v（verbose）：显示详细过程信息。
- -h：一般结合 -v 选项用于显示进度。
- -q(query)：需要给出软件名称参数以指定所要查询的软件。该选项可结合 -i(info) 选项获取详细的软件安装信息，或结合 -a 选项列出系统已安装的所有软件。
- -U（upgrade）：升级指定的软件包文件，选项后面需要给出 rpm 文件所在路径参数。
- -V（verify）：根据 rpm 数据库的安装信息检查软件是否被改动过，不仅仅验证可执行文件，配合 -f 选项与该软件相关的配置文件、链接文件等都可以验证。如果不给出软件名称参数指定要检查的软件，那么默认将对 rpm 数据库中所有软件进行校验。
- -e（erase）：需要给出软件名称参数指定所要删除的软件。注意，如果软件 A 被软件 B 所依赖，则只能先将软件 B 删除完毕，才能删除软件 A。
- -K：检查 rpm 软件包的签名，选项后面需要给出 rpm 软件包文件路径参数。

例 12.10　查询某个软件是否已经安装。Nmap 是一款知名的网络安全软件（详细介绍可访问 nmap.org），可以用如下命令检查系统是否已经安装该软件：

```
[root@localhost ~]# rpm -q nmap
nmap-7.70-6.el8.x86_64                <== 显示完整的 rpm 软件包文件名称
```

也可以通过如下方法检查已安装的相关软件：

```
[root@localhost ~]# rpm -qa | grep nmap
nmap-ncat-7.70-6.el8.x86_64           <==Ncat 是 Nmap 项目的另一款网络软件
nmap-7.70-6.el8.x86_64
```

如果想以软件包的方式安装某个软件，那么从哪里可以获得这些 rpm 包文件呢？一般来说有如下几个途径找到 rpm 包。

① Linux 发行版安装光盘。完整的 Linux 安装光盘一般包括了整套系统自带的 rpm 软件包，可以挂载光盘（挂载方法可参考实训 8 相关示例），找到对应的 rpm 包。例如在 RHEL 8.5 安装光盘的挂载目录下，相对路径 BaseOS/Packages 和 AppStream/Packages 等地方可找到大量 rpm 包。例如：

```
[root@localhost Packages]# pwd        <== 系统安装光盘默认自动挂载
/run/media/root/RHEL-8-5-0-BaseOS-x86_64/AppStream/Packages
[root@localhost Packages]# ls | grep nmap
nmap-7.70-6.el8.x86_64.rpm
```

```
nmap-ncat-7.70-6.el8.x86_64.rpm
```

② Linux 发行版官网或第三方网站。仍以 Nmap 为例，centos.org 提供了对应版本的 rpm 包下载：

```
https://vault.centos.org/centos/8/AppStream/x86_64/os/Packages/nmap-7.70-6.el8.x86_64.rpm
```

而以上链接可以通过 pkgs.org 等软件包信息平台找到。此外也可从 rpmfind.net 等网站查找并下载 rpm 软件包。

③ 软件官方网站。例如，从 Nmap 的官方网站（nmap.org/dist/）即可下载最新的 rpm 软件包。但需要注意的是，最好从当前所用 Linux 发行版官方网站或第三方镜像服务处下载与操作系统版本匹配的 rpm 包。

例 12.11 安装 rpm 软件包。这里以重新安装网络探测工具软件 Nmap 为例，可以先删除原已安装的软件（如没有安装则可跳过这一步）：

```
[root@localhost Packages]# rpm  -e  nmap
[root@localhost Packages]# rpm  -q  nmap      <== 查询确认
未安装软件包 nmap
```

然后挂载安装光盘（过程略），重新安装 Nmap 软件：

```
[root@localhost Packages]# pwd                <== 注意跳转到安装包所在目录
/run/media/root/RHEL-8-5-0-BaseOS-x86_64/AppStream/Packages
[root@localhost Packages]# ls | grep  nmap
nmap-7.70-6.el8.x86_64.rpm
nmap-ncat-7.70-6.el8.x86_64.rpm
[root@localhost Packages]# rpm  -ivh  nmap-7.70-6.el8.x86_64.rpm
警 告:nmap-7.70-6.el8.x86_64.rpm: 头V3 RSA/SHA256 Signature, 密 钥 ID fd431d51:NOKEY
Verifying...          ################################# [100%]
准备中 ...            ################################# [100%]
正在升级 / 安装 ...
   1:nmap-2:7.70-6.el8 ################################# [100%]
```

3. 使用 yum 服务

（1）yum 服务简介。

如前所述，使用软件包安装方式的一个最大的问题在于用户难以解决软件包之间的依赖关系问题。如果软件 A 的安装需要依赖于软件 $B_1 \sim B_n$ 先安装，而软件 B_1 又依赖于软件 $C_{11} \sim C_{1k}$，这样递推下去就会形成一个树状的依赖关系结构，对于用户来说要分析和解决这种复杂的结构关系十分耗时耗力也没有必要，更何况实际中软件包依赖关系问题比上述例子甚至更为复杂。为此，许多 Linux 发行版本提供了在线软件安装与维护服务，RHEL 系统使用的是一种称为 yum 的在线服务，该项服务需要 yum 客户端（即 yum

命令）通过访问互联网中的 yum 服务器，获取软件的依赖关系列表，然后据此从服务器下载软件并进行安装和维护。

/etc/yum.conf 文件是 yum 客户端使用 yum 服务的全局配置文件。当前本书操作环境 yum.conf 文件配置内容如下：

```
[root@localhost Packages]# cat  /etc/yum.conf
[main]
gpgcheck=1                           <== 是否检查 rpm 软件包的数字签名
installonly_limit=3                  <== 最大同时可安装软件数目，0 为禁用该项设置
clean_requirements_on_remove=True    <== 删除软件时是否移除不再需要的依赖软件包
best=True                            <== 是否只安装最新版本的软件
skip_if_unavailable=False            <== 如果某 yum 服务不可用是否禁用并继续
plugins=0                            <== 是否允许使用插件，0 为禁用
```

（2）配置客户端连接 yum 容器。

在 yum 服务中，存储软件及其之间依赖性关系元数据的位置称为 yum 容器（repository，也称为 yum 源或 yum 仓库）。yum 容器可以位于网络上的某个服务器中，也可以位于本地。yum 客户端要使用某个 yum 服务，就需要在本地 /etc/yum.repos.d/ 目录下通过 .repo 文件记录对应的 yum 容器的基本信息。/etc/yum.repos.d/ 目录中的每个 .repo 文件均记录了对应于某个 yum 容器的配置信息，yum 客户端正是根据其中的配置信息找到 yum 服务的。

当安装 RHEL 后，默认已经有 Red Hat 公司所提供的 yum 服务，该服务属于商业性质，要求客户安装的 RHEL 系统必须在 RHN（Red Hat Network，红帽网络）中注册。除使用 RHN 提供的 yum 服务之外，也可以通过往 /etc/yum.repos.d/ 目录加入新的 .repo 文件，告诉软件包管理器连接网络上的第三方 yum 容器，或者利用 RHEL 的安装光盘制作本地 yum 容器。下面举例说明如何配置连接第三方 yum 容器和本地 yum 容器。

例 12.12 配置使用第三方 yum 容器。这里选择使用国内阿里云提供的关于 CentOS 的 yum 镜像服务器，首先从以下链接下载 yum 容器的 .repo 文件：

https://mirrors.aliyun.com/repo/Centos-vault-8.5.2111.repo

为避免配置文件之间产生冲突，可将 /etc/yum.repos.d 中已有的 .repo 文件备份转移到其他地方，然后将文件 Centos-vault-8.5.2111.repo 复制至 /etc/yum.repos.d，清除并重新生成 yum 缓存：

```
[root@localhost ~]# cd  /etc/yum.repos.d/
[root@localhost yum.repos.d]# ls
Centos-vault-8.5.2111.repo         <== 其他 .repo 文件先转移到别的地方
[root@localhost ~]# yum  clean  all              <== 清除 yum 缓存
18 文件已删除
[root@localhost ~]# yum  makecache               <== 重新生成 yum 缓存
```

```
CentOS-8.5.2111 - Base - mirrors.aliyun.com        841 kB/s| 4.6 MB  00:05
CentOS-8.5.2111 - Extras - mirrors.aliyun.com       45 kB/s | 10 kB  00:00
CentOS-8.5.2111 - AppStream - mirrors.aliyun.co 602 kB/s| 8.4 MB  00:14
```
元数据缓存已建立。

【注意】由于各种原因，yum 软件包管理器可能在连接某个 yum 服务器时出现失败或拒绝连接的情况。这时需要检查网络是否正常连通，如果网络没问题那么隔一段时间再试。

例 12.13 配置使用本地 yum 容器。这里讨论本地 yum 容器的配置和使用，不仅是为了无须联网即可使用 yum 服务安装软件，更重要的是希望能与前面的例子互相对照，理解 yum 客户端配置和使用的基本原理。

首先需要挂载 RHEL 的安装光盘，简单起见这里只需让系统自动挂载光盘即可，如需手动挂载可回顾实训 8 相关示例。在 /etc/yum.repos.d/ 中创建文件 local.repo，内容如下：

```
[local-BaseOS]
name=local-BaseOS
baseurl=file:///run/media/root/RHEL-8-5-0-BaseOS-x86_64/BaseOS
gpgcheck=1
gpgkey=file:///run/media/root/RHEL-8-5-0-BaseOS-x86_64/RPM-GPG-KEY-redhat-release
enabled=1

[local-AppStream]
name=local-AppStream
baseurl=file:///run/media/root/RHEL-8-5-0-BaseOS-x86_64/AppStream
gpgcheck=1
gpgkey=file:///run/media/root/RHEL-8-5-0-BaseOS-x86_64/RPM-GPG-KEY-redhat-release
enabled=1
```

可以暂时把前面配置的第三方 yum 容器配置文件移出目录 /etc/yum.repos.d/，然后清除并重新生成 yum 缓存：

```
[root@localhost ~]# yum clean all
24 文件已删除
[root@localhost ~]# yum makecache
local-BaseOS              29 MB/s  | 2.4 MB    00:00
local-AppStream          218 MB/s  | 7.2 MB    00:00
```
元数据缓存已建立。

从以上结果来看，本地 yum 服务的优点是速度快，但它不能提供更新的软件。可以重新把文件 Centos-vault-8.5.2111.repo 移入目录 /etc/yum.repos.d 中，下次刷新 yum 元数据缓存时便又可用之前配置好的阿里云 yum 服务了。

如果当前练习的操作环境与本书的相同，那么以上示例能够比较顺利地完成。可是，对于初学者来说，比较令人困惑的地方就是这些下载或编写的 .repo 文件内容到底是什么含义？更重要的是，后面遇到更高版本的 RHEL，或者要使用其他第三方 yum 服务，又该如何灵活配置？

下面简单讲解 yum 客户端配置的基本原理。知道 .repo 文件的编写是配置重点，而其中原理并不复杂，关键是要指出 rpm 软件包的所在位置。.repo 文件分为若干节，每一节属于某一个 yum 容器。以较为简单的 local.repo 文件为例，里面共有两节，它分别对应了光盘中存放 rpm 软件包的两个目录，其中一个是 BaseOS：

```
[root@localhost BaseOS]# pwd
/run/media/root/RHEL-8-5-0-BaseOS-x86_64/BaseOS
[root@localhost BaseOS]# ls                    <== rpm 软件包在 Packages 目录
Packages  repodata
```

另一个是 AppStream：

```
[root@localhost AppStream]# pwd
/run/media/root/RHEL-8-5-0-BaseOS-x86_64/AppStream
[root@localhost AppStream]# ls                 <== rpm 软件包在 Packages 目录
Packages  repodata
```

有了以上基本认识后，再来看看 local.repo 文件中每一节包含的配置变量。

① name：yum 容器的全名。

② baseurl：配置的关键变量，它记录了 yum 容器所在的位置。如果 yum 容器位于本地，则需要以"file:// 绝对路径"表达 yum 容器的位置；如果位于互联网，则需要给出具体的网址。对比文件 Centos-vault-8.5.2111.repo 中 [base] 部分的对应配置：

```
baseurl=http://mirrors.aliyun.com/centos-vault/8.5.2111/BaseOS/$basearch/os/
```
（忽略 baseurl 的第 2、3 行配置）

虽然看起来较为复杂，但还是要定位到服务器之中对应操作系统版本下的 BaseOS 目录，找到真正存放 rpm 软件包的 Packages 目录。以上链接中 $basearch 表示所用架构，这里将被解释为 x86_64。可以通过浏览器访问这些服务器的对应网址（见图 12.1），即

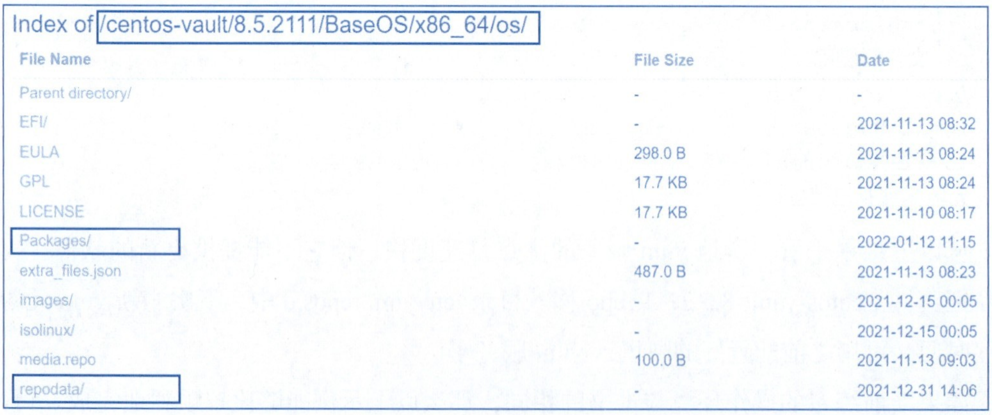

Index of /centos-vault/8.5.2111/BaseOS/x86_64/os/		
File Name	File Size	Date
Parent directory/	-	-
EFI/	-	2021-11-13 08:32
EULA	298.0 B	2021-11-13 08:24
GPL	17.7 KB	2021-11-13 08:24
LICENSE	17.7 KB	2021-11-10 08:17
Packages/	-	2022-01-12 11:15
extra_files.json	487.0 B	2021-11-13 08:23
images/	-	2021-12-15 00:05
isolinux/	-	2021-12-15 00:05
media.repo	100.0 B	2021-11-13 09:03
repodata/	-	2021-12-31 14:06

图 12.1　rpm 软件包存放在服务器的对应位置

https://mirrors.aliyun.com/centos-vault/8.5.2111/BaseOS/x86_64/os/

同样能够找到目录 Packages 和 repodata（用于存放元数据）：

③ gpgcheck：是否检查 rpm 软件包的数字签名。

④ gpgkey：用于验证 rpm 软件包数字签名的公钥文件存放位置。注意，不同的发行版本存放的位置会有所不同。安装光盘里面有公钥文件：

```
[root@localhost RHEL-8-5-0-BaseOS-x86_64]# ls -l RPM-GPG-KEY*
-r--r--r--. 1 root root 1669 10月 13 2021 RPM-GPG-KEY-redhat-beta
-r--r--r--. 1 root root 5135 10月 13 2021 RPM-GPG-KEY-redhat-release
```

同理，文件 Centos-vault-8.5.2111.repo 也告诉了如何找到公钥文件：

```
gpgkey=http://mirrors.aliyun.com/centos/RPM-GPG-KEY-CentOS-Official
```

⑤ enabled=1：该容器是否启用，如果不启用则设置 enabled 的值为 0。

总之，当理解了上述基本设置参数的含义，以后就能够根据自己的需要自行修改 .repo 文件，灵活配置连接那些能够提供服务的 yum 容器。

思考 & 动手：试用另一种第三方 yum 服务

下面不妨试用一下其他第三方 yum 服务。据其官方网站（rockylinux.org）介绍，Rocket Linux 是一款与"RHEL 100% 1∶1 兼容"的操作系统。既然这样可以试用一下该网站提供的 yum 服务。以下是配置文件（命名为 rocket.repo 文件）中的 [base] 部分：

```
[Rocket-Base]
name=rocket - Base
baseurl=http://dl.rockylinux.org/vault/rocky/8.5/BaseOS/$basearch/os/
gpgcheck=1
gpgkey=http://dl.rockylinux.org/vault/rocky/8.5/BaseOS/x86_64/os/RPM-GPG-KEY-rockyofficial
```

模仿以上配置，访问并对照 rockylinux.org 中的对应网址，补充 [AppStream] 部分，然后更新 yum 元数据缓存。注意，该服务器访问速度较慢需耐心等待。操作完毕后自行更换为速度较快的 yum 服务（即把对应的 .repo 文件移入目录 /etc/yum.repos.d/）。

应注意，本书根据编写此题时的实际情况设计了练习任务。如果练习时发现以上第三方服务已经不可用，首先可排查配置文件中的链接是否有所改变，找到可用的链接。如果服务的确不可用，就需要另行了解是否有其他可用服务以供练习。

（3）软件在线安装和更新。

yum 命令是一个基于 rpm 的软件包在线管理器。用户使用 yum 命令能实现自动安装、更新或删除 rpm 软件。与 fdisk 等工具类似，yum 命令内置了一组操作命令，部分重要的命令列举如下：

install [软件名列表]：安装列表中的软件包。

update：更新列表中的软件包。如果 update 命令不加任何参数，那么将会更新所有的已安装软件。如果加入选项 --obsoletes（即在 /etc/yum.conf 中设置 obsoletes=1），则允许安装更低版本。

remove [软件名列表]：移除列表中的软件包。

list [软件名列表]：列出可用软件包的各种信息。

info [软件名列表]：显示可用软件包的描述和总体信息。

provides [特征]：找出所有符合特征信息的软件包。

clean：清除 yum 缓存，一般可以使用 all 以清除所有的缓存。

makecache：重新生成 yum 缓存。

repolist：列出当前所有的容器。

例 12.14 显示 Firefox 浏览器的描述信息。RHEL 桌面系统默认浏览器为 Firefox，它随系统安装时已被安装。配置好第三方 yum 服务后，可以检查一下是否有更新可用：

```
[root@localhost ~]# yum info firefox
上次元数据过期检查: 0:05:41 前，执行于 2022 年 06 月 20 日 星期一 17 时 01 分 12 秒。
已安装的软件包
名称        : firefox
版本        : 91.2.0                              <== 显示安装的软件版本号
发布        : 4.el8_4
架构        : x86_64
大小        : 264 M
源          : firefox-91.2.0-4.el8_4.src.rpm
仓库        : @System
来自仓库    : AppStream
概况        : Mozilla Firefox Web browser
URL         : https://www.mozilla.org/firefox/
协议        : MPLv1.1 or GPLv2+ or LGPLv2+
描述        : Mozilla Firefox is an open-source web browser, designed for
            : standards compliance, performance and portability.

可安装的软件包
名称        : firefox
版本        : 91.4.0                              <== 更高的版本号
发布        : 1.el8_5
架构        : x86_64
大小        : 106 M
源          : firefox-91.4.0-1.el8_5.src.rpm
仓库        : AppStream                           <== 显示从第三方 yum 容器获取更新
概况        : Mozilla Firefox Web browser
URL         : https://www.mozilla.org/firefox/
协议        : MPLv1.1 or GPLv2+ or LGPLv2+
```

描述　　　　:Mozilla Firefox is an open-source web browser, designed for
            : standards compliance, performance and portability.

例 12.15 更新 Firefox 浏览器。

```
[root@localhost ~]# yum update firefox
```
上次元数据过期检查：4:32:50 前，执行于 2022 年 06 月 21 日 星期二 10 时 15 分 58 秒。
依赖关系解决。
==
 软件包   架构   版本   仓库   大小
==
升级：
 firefox   x86_64   91.4.0-1.el8_5   AppStream   106 M

事务概要
==
升级   1 软件包

总下载：106 M
确定吗？[y/N]: y
下载软件包：
firefox-91.4.0-1.el8_5.x86_64.rpm   454 kB/s | 106 MB   03:58

总计   451 kB/s | 106 MB   04:00
运行事务检查
事务检查成功。
运行事务测试
事务测试成功。
运行事务

运行事务的详细过程略，其中将包含"准备中""升级""运行脚本""清理""验证脚本"等阶段。最后能看到如下提示信息：

已升级：
  firefox-91.4.0-1.el8_5.x86_64

完毕！

12.3 综合实训

案例 12.1 制订定期备份数据的作业计划

1. 案例背景

为实现日常维护任务的自动化执行，可以编写脚本然后定期执行该任务。这些日常维护任务包括系统状态监控、重要数据备份、软件更新、安全漏洞扫描等。在案例 5.2 中讨论了如何编写备份文件的脚本。以此为基础本案例将继续讨论如何制订备份文件的周期性作业计划。

首先需分析一下与前面案例的脚本编写任务有什么不同。用于周期性自动执行的脚本不能够在前台获取用户输入的参数，因此应将需要备份的目标文件列表记录在某个文件中。同样，用于周期性自动执行的脚本在执行完毕后一般不将工作结果输出到前台，而是记录在某个日志文件中，或者以邮件的方式告知管理者该作业的执行情况。

据此，本案例将对案例 5.2 的备份脚本做进一步修改，并演示如何制订定期备份数据的作业计划。

2. 操作步骤讲解

第 1 步：编写作业脚本。以案例 5.2 的脚本为基础做进一步修改，使得脚本能够根据备份目标文件列表 baklist 复制文件至备份目录。以下作业脚本名为 cronbackup.sh，存放在目录 /root/cron/ 中并自行添加可执行权限。

```bash
#!/bin/bash
bakfile=/root/cron/baklist          # 备份文件列表存放路径
strdate=`date "+%Y%m%d"`            # 日期标签
logpath="/var/log/baklog"
if [ ! -f $bakfile ]; then          # 检查备份文件列表是否已经存在
   echo "$strdate:error :baklist not exist" >> $logpath
   exit
fi

filelist=`cat $bakfile`             # 读出备份文件列表
backupdir="/root/backup$strdate"    # 设置备份文件夹路径

if [ -e $backupdir ]; then          # 新建备份目录之前检查是否已经存在
   rm -rf $backupdir                # 如果已存在则说明重复备份，将旧备份删除
fi

mkdir $backupdir

# 将备份记录写入日志
echo "`date`:backup start,the directory name is $backupdir" >> $logpath
for filename in $filelist
do
   if [ -e $filename ] ; then
         # 复制过程中的错误不显示在屏幕上，而是记录在 /var/log/baklog 中
         cp $filename "$backupdir/"  2> /dev/null
         # 要记录的是复制哪个文件出错了
         if [ $? -ne 0 ]; then
             echo "$strdate:copy failed:$filename " >> $logpath
         fi
   fi
done
```

第 2 步：配置测试环境。到本实训为止已经学习过一批重要的系统配置文件，以它们作为备份测试，将它们的绝对路径写入文件 baklist 中：

```
[root@localhost cron]# cat  /root/cron/baklist
/etc/passwd
/etc/shadow
/etc/sudoers
/etc/fstab
/etc/crontab
```
（可自行补充添加）

第 3 步：设置一次性作业，测试脚本执行效果。这样不仅能在测试过程中及时发现脚本存在的问题，也可以了解脚本实际是否适合作为自动化作业被执行完成。

```
[root@localhost cron]# chmod  u+x  cronbackup.sh
[root@localhost ~]# at   now+2min
warning: commands will be executed using /bin/sh
at> /root/cron/cronbackup.sh
at> <EOT>
job 27 at Tue Jun 21 17:35:00 2022          <== 作业计划执行时间
```

等待时间点来临后，查看最后一行日志：

```
[root@localhost ~]# tail  -n  1  /var/log/baklog
2022年 06月 21日 星期二 17:35:00 CST: backup start,the directory name is /root/backup20220621                           <== 备份计划已经执行
```

然后查看备份结果，可看到备份文件的创建时间刚好是设定的作业执行时间：

```
[root@localhost ~]# ls  -l  /root/backup20220621/
总用量 24
-rw-r--r--.    1 root root    536     6月  21 17:35 crontab
-rw-r--r--.    1 root root    789     6月  21 17:35 fstab
-rw-r--r--.    1 root root   3123     6月  21 17:35 passwd
----------.    1 root root   2151     6月  21 17:35 shadow
-r--r-----.    1 root root   4328     6月  21 17:35 sudoers
```

第 4 步：设置周期性作业计划。前面已经通过一次性作业测试过脚本没有问题，这时可以考虑让备份作业周期性地执行。先查看当前系统时间：

```
[root@localhost ~]# date                    <== 距离上一次操作已隔一天
2022年 06月 22日 星期三 17:37:41 CST
```

根据以上时间，可以先临时设置一个每天执行的周期计划。注意，把前面练习的配置行注释或删除，在 /etc/crontab 中修改例 12.9 中的配置行：

```
40  17  *  *  *     root    /root/cron/cronbackup.sh
```

注意，在操作时需根据当前系统时间更改上述作业计划配置，一般来说可设置测试时间点为当前系统时间的一小段时间之后。

第 5 步：检查作业是否有效启动。作业在设定的时间点来临时将会被启动执行，可

以查看日志 /var/log/baklog 了解备份作业的执行情况：

```
[root@localhost cron]# date                        <== 等待时间点来临
2022年 06月 22日 星期三 17:40:10 CST
[root@localhost cron]# tail -1 /var/log/baklog
2022年 06月 22日 星期三 17:40:01 CST:backup start, the directory name is
/root/backup20220622
[root@localhost cron]# ls -l /root/backup20220622/
总用量 24
-rw-r--r--.  1 root root  556  6月  22 17:40 crontab
-rw-r--r--.  1 root root  789  6月  22 17:40 fstab
-rw-r--r--.  1 root root 3123  6月  22 17:40 passwd
----------.  1 root root 2151  6月  22 17:40 shadow
-r--r-----.  1 root root 4328  6月  22 17:40 sudoers
```

若以上测试都没有问题，可以根据需要修改 /etc/crontab，设置真实的作业执行周期，例如如下配置行规定每天 18 点执行备份计划：

```
0  18 * * *  root  /root/cron/cronbackup.sh
```

3. 总结

借助强大的 shell 命令及其附加功能，能够编写出具有各种复杂系统管理功能的脚本程序。shell 脚本是提高系统管理工作效率的重要工具，可以说，编写 shell 脚本解决系统管理问题是学习 Linux 操作系统的重要内容之一，也是本书所讲授内容的一条线索。从实训 4 开始，通过一些例子已学习了 shell 脚本的基本编写方法。读者可以在日后的学习和工作中，根据实际需要继续深入学习。

4. 拓展练习：普通用户的自定义周期性作业计划

普通用户也可以制订自己的周期性作业计划。例如 study 用户执行：

```
[study@localhost ~]$ crontab -e
```

即可编辑 study 用户自己的作业计划表，其格式要求跟前面相同。例如：

```
*/2 * * * *  date >> /home/study/online ; who >> /home/study/online
```

而 root 用户可以在 /var/spool/cron/study 查看到该用户制订的作业。

修改本案例的备份脚本，作为 study 用户制订自己的备份计划。study 用户自然不具备复制系统配置文件的权限，他只能备份自己拥有的文件。因此，注意自行设置好测试环境。

案例 12.2　定期验证软件及系统文件的作业计划

1. 案例背景

定期验证软件以及重要的系统配置文件是否存在安全方面的问题是系统日常维护的一个重要工作。在基础实训中介绍了命令 rpm，可以使用该命令的 -V 选项，对所有已安装软件及相关文件进行验证。例如：

```
[root@localhost ~]# touch /etc/crontab            <== 更新的文件修改时间
[root@localhost ~]# rpm -Vf /etc/crontab
S.5....T.  c /etc/crontab
```

/etc/crontab 是一个系统配置文件，所以在上面的命令中还加上 -f 选项去验证系统文件是否被改动过。注意，若软件没有改动过，则不返回任何信息。但这里更新了文件 /etc/crontab 的修改时间（modified time），而且前面许多练习也改动过这个文件，所以会有一些反馈结果。那么如何理解以上结果？ rpm 管理器将会返回改动的标志信息，总共有如下 8 种标志。

S（file Size differs）：文件大小发生改变。

M（Mode differs）：文件访问权限或类型发生改变。

5（MD5 sum differs）：文件内容发生改变，以致文件的 MD5 校验码发生改变。

D（Device major/minor number mismatch）：设备的主次编号发生改变。

L（readLink（2）path mismatch）：符号链接的指向发生改变。

U（User ownership differs）：软件的用户归属关系发生改变。

G（Group ownership differs）：软件的组群归属关系发生改变。

T（mTime differs）：文件的修改时间（modified time）发生改变。

P（caPabilities differ）：软件执行的权限发生改变。

如果对应以上某个标志的内容未发生改变，则返回结果会在相应的地方以"."代替标志。而如果是系统文件，标志信息与文件名之间有一个文件类型标志，它被定义如下。

c（configuration）：配置文件。

d（documentation）：文档。

g（ghost）：不被任何软件包含的文件。

l（license）：授权文件。

r（readme）：自述文件。

据此，可以看到在以上检查结果中，文件 /etc/crontab 的大小发生改变（标志 S），内容发生改变（标志 5），修改时间也发生改变（标志 T），而该文件是系统配置文件，所以附带了标志 c。

软件及系统文件验证工作显然具有周期作业性质。下面通过案例演示如何制订周期性作业，实现该项验证工作的自动化管理。

2. 操作步骤讲解

第 1 步：分析系统软件及其相关系统文件全面检查的过程。命令"rpm -Va"将会全面检查系统所有软件并得出检查结果。然而该命令在执行时将会占用大量的硬件资源，不妨在执行该命令时顺便统计执行时间：

```
[root@localhost ~]# time   rpm   -Va
.......T.  c /etc/selinux/targeted/contexts/customizable_types
遗漏          /run/gluster
S.5....T.  c /etc/sane.d/epsonds.conf
.M....G..   /var/log/gdm
....L....  c /etc/pam.d/fingerprint-auth
....L....  c /etc/pam.d/password-auth
....L....  c /etc/pam.d/postlogin
....L....  c /etc/pam.d/smartcard-auth
....L....  c /etc/pam.d/system-auth
.M....G..  g /var/log/lastlog
....L....  c /etc/nsswitch.conf
.M.......  g /var/lib/plymouth/boot-duration
.M.......    /var/lib/AccountsService/icons
S.5....T.  c /etc/dnf/dnf.conf
S.5....T.  c /etc/pcp/pmcd/pmcd.conf
S.5....T.  c /etc/sysconfig/pmlogger
.....UG..  g /var/run/avahi-daemon
.......T.    /usr/bin/nmap
.M.......  g /var/lib/PackageKit/transactions.db
S.5....T.  c /etc/at.deny
S.5....T.  c /etc/crontab

real         0m40.490s                        <== 实际执行时间
user         0m13.815s
sys          0m9.426s
```

从统计结果可见，检查过程需要一定的 CPU 时间。后面在安排作业计划时还需考虑这一点。

第 2 步：过滤重要的检查结果信息。已知 rpm 的验证结果会按如下字符序列出现：

```
SM5DLUGTP
```

其中，无改变的地方以"."替代标志符。如果想过滤出一些特别关注的检查结果信息，可以通过编写特定正则表达式实现。例如，如果希望检查软件或相关文件有无被改动过，主要关注的是第三个标志位，这时可以进一步改进检查命令：

```
[root@localhost ~]# rpm  -Va  |  sed  -n  '/^..5/p'
S.5....T.   c /etc/sane.d/epsonds.conf
S.5....T.   c /etc/dnf/dnf.conf
S.5....T.   c /etc/pcp/pmcd/pmcd.conf
S.5....T.   c /etc/sysconfig/pmlogger
S.5....T.   c /etc/at.deny
S.5....T.   c /etc/crontab
```

sed 命令已在实训 3 介绍过。这里使用了正则表达式"^..5",其中"^."表示符号串中任意的第一个字符,而紧接着的"."表示任意的第二个字符,随后"5"便是设定的过滤检查结果标志。

第 3 步:设置邮件功能发送检查结果。可检查操作环境是否已安装邮件发送服务软件 sendmail 和客户端软件 mailx:

```
[root@localhost ~]# rpm -q mailx
mailx-12.5-29.el8.x86_64
[root@localhost ~]# rpm -q sendmail
sendmail-8.15.2-34.el8.x86_64
```

如果没有,可通过在基础实训配置的 yum 服务安装以上软件:

```
[root@localhost ~]# yum install mailx
```
(安装过程略)
已安装:
  mailx-12.5-29.el8.x86_64

完毕!
```
[root@localhost ~]# yum install sendmail
```
(安装过程略,还会安装所依赖的软件包)
已安装:
  procmail-3.22-47.el8.x86_64   sendmail-8.15.2-34.el8.x86_64

完毕!

然后可以尝试向 root 用户发信,首先启动 sendmail 服务并检查其状态:

```
[root@localhost ~]# systemctl start sendmail
[root@localhost ~]# systemctl status sendmail
● sendmail.service - Sendmail Mail Transport Agent
   Loaded: loaded (/usr/lib/systemd/system/sendmail.service; disabled; vendor preset: disabled)
   Active: active (running) since Thu 2022-06-23 12:26:25 CST; 30min ago
```

然后使用 mail 命令发送测试邮件,邮箱地址为 root@localhost,这里简化为 root:

```
[root@localhost ~]# mail root
Subject:test                    <== 输入邮件主题
hello                           <== 输入邮件正文
EOT                             <== 按 Ctrl+D 组合键结束输入
```

接着以 root 用户身份检查邮箱:

```
[root@localhost ~]# mail
```
(邮件列表及以上内容略,以下为新发邮件内容)
```
>N  5 root                  Thu Jun 23 12:58  21/838   "test"
& 5
Message 5:
From root@localhost.localdomain  Thu Jun 23 12:58:12 2022
```

（省略部分显示结果）
```
To: root@localhost.localdomain
Subject: test
```
（省略部分显示结果）
```
Status: R

hello

& q                                                          <==q 命令退出
Held 5 messages in /var/spool/mail/root
```

这些都没有问题之后，就可以试试把检查结果作为邮件发送：

```
[root@localhost ~]# rpm -Va | sed -n '/^..5/p' | mail -s VerifyResult root
您在 /var/spool/mail/root 中有邮件
[root@localhost ~]# mail                         <== 查看邮件内容
```
（邮件列表及以上内容略，以下为新发邮件内容）
```
>N  8 root              Thu Jun 23 13:10   26/1035   "VerifyResult"
& 8                                              <== 输入邮件编号查看邮件内容
Message  8:
From root@localhost.localdomain  Thu Jun 23 13:10:00 2022
```
（省略部分显示结果）
```
Subject:VerifyResult
```
（省略部分显示结果）
```
Status: R

S.5....T.   c /etc/sane.d/epsonds.conf
S.5....T.   c /etc/dnf/dnf.conf
S.5....T.   c /etc/pcp/pmcd/pmcd.conf
S.5....T.   c /etc/sysconfig/pmlogger
S.5....T.   c /etc/at.deny
S.5....T.   c /etc/crontab

& q
Held 8 messages in /var/spool/mail/root
```

第 4 步：设置作业由命令 batch 择机执行。如前所述，检查工作消耗了不少 CPU 时间，因此有必要把检查作业安排在系统并不繁忙时进行。可以利用 batch 命令检查当前系统的繁忙程度，让作业等到系统真正空闲时才被执行。首先构造一种系统繁忙的情境进行测试，调用案例 11.1 的测试脚本：

```
[root@localhost ~]# (./process.sh 0.001 &);(./process.sh 0.001 &);
(./process.sh 0.001 &)
```

显然这时系统负载将会过高而让 batch 无法调度。前面构造的命令可记录在文件 rpm_verify 中，并且通过输入重定向发给 batch，让其择机执行：

```
[root@localhost ~]# echo "rpm -Va | sed -n '/^..5/p' | mail -s
```

```
VerifyResult   root" > rpm_verify
[root@localhost ~]# batch < rpm_verify
[root@localhost ~]# atq
40    Fri Jun 24 17:22:00 2022 b root        <== 已进入 batch 队列等待的作业
```

接着可以把以上几个测试进程杀死。然后在另一个终端查看系统负载，确认作业是否可以被执行：

```
[root@localhost 桌面]# uptime
 17:22:52 up 37 min, 1 user, load average: 0.33, 0.66, 0.68
                                                   <== 可以执行
[root@localhost ~]# ps -e | grep rpm    <== 可查询到执行作业的进程
 997543 ?        00:01:41 rpm
```

接着等到作业完成后，就可以查收作业发来的新邮件了。

第 5 步：安排检查作业周期性执行。可把计划安排在每周非繁忙时段（如每天凌晨）执行，因此设定在每周六零时开始执行作业。在文件 /etc/crontab 中加入如下设置：

```
0 0 * * 6   root  batch < rpm_verify
```

然后检查作业是否可以正常启动。可调整系统时间到作业执行时间点之前，测试作业是否按时执行：

```
[root@localhost ~]# date -s "2022-06-24 23:58"  <== 调整至某个周六凌晨来临前
2022 年 06 月 24 日 星期五 23:58:00 CST
```

等待到达执行时间点之后，可查看作业队列：

```
[root@localhost ~]# date
2022 年 06 月 25 日 星期六 00:00:44 CST
您在 /var/spool/mail/root 中有新邮件
[root@localhost ~]# atq
41 Sat Jun 25 00:00:00 2022 = root         <== 该进入队列的 batch 作业已正在执行
```

需要说明的是，上述结果还提示有新邮件，但这不是作业执行完毕的邮件，而是守护进程 crond 把 batch 命令执行开始前的警告信息通过邮件转发：

```
Message 26:
（省略部分显示结果）
From: "(Cron Daemon)" <root@localhost.localdomain>   <== 邮件来自 crond
To: root@localhost.localdomain
（省略部分显示结果）
Status: R

warning: commands will be executed using /bin/sh  <== 之前输出至屏幕的信息
job 41 at Sat Jun 25 00:00:00 2022
```

由于把作业交给 batch 命令调度执行，如果当前系统平均负载较大，未必会马上执行。最后等待作业执行完毕后，会在邮件列表中看到新发来的验证结果邮件：

```
>U  27 root                   Sat Jun 25 00:03  27/1045  "VerifyResult"
```

此外，还可以检查 crond 的日志，能看到作业执行的周期记录：

```
[root@localhost ~]# tail /var/log/cron | grep rpm
Jun 25 00:00:01 localhost CROND[9220]:(root) CMD ( batch < rpm_verify)
```

3. 总结

在这个案例中并没有真正编写脚本，而是通过管道连接 shell 命令，逐步构造了这样一个作业，它能周期性地选择系统的空闲时机来验证软件和系统文件，根据给定条件过滤特定信息，然后生成检查报告并发送至管理员邮箱。而这一作业实际只需要在配置文件 /etc/crontab 中给出如下一行配置：

```
0 0 * * 6    root     batch < rpm_verify
```

假如作业所执行的命令进一步扩展为 shell 脚本，那么这一作业将能实现更为复杂的任务。

可以看到，事实上这一作业程序的构建有赖于 Linux 系统中丰富的软件生态所提供的一整套工具，其中包括了软件包管理器（rpm）、正则表达式处理器（sed）、邮件服务器和客户端（sendmail 和 mail）以及作业调度工具（crond 和 batch）。正因为这些开源软件令 Linux 操作系统获得了强大的生命力。

4. 拓展练习：软件及系统文件验证的脚本实现

对于本案例讨论的作业，如果通过脚本加以扩充，那么可以使功能更加灵活多样。编写一个脚本，实现本案例中的软件检查功能（不包含提交作业至 batch 命令执行部分），检查结果保存在文件 VerifyResult 中。此外，预设一个用户列表文件 maillist，例如：

```
root
study
```

脚本应把文件 VerifyResult 中的验证结果通过 mail 命令以及输入重定向功能向 maillist 中每个用户发送。

写好以上脚本后，把脚本设置为每周日凌晨 5 点送交 batch 命令择机执行。检查脚本是否能够按照设定时间正确执行。

实训 13　网络配置与安全管理

13.1　知识结构

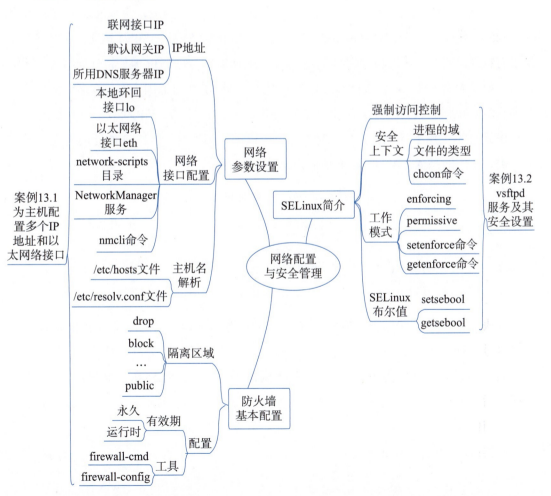

13.2 基础实训

Linux 最为重要的应用之一就是为网络服务器提供一个安全而可靠的操作系统平台。在基于 Linux 学习搭建和维护各种网络服务器之前，需要具备一定的 Linux 网络配置和安全管理知识和技能。为更便于开展训练，会根据实际需要有针对性地回顾一些计算机网络的有关概念。

13.2.1 网络参数设置

1. IP 地址

把连接在网络中的计算机及相关设备称为主机（host），把运行 Windows 或 Linux 系统的主机分别简称为 Windows 主机和 Linux 主机。用户要通过一台主机访问互联网，需要配置三个 IP 地址：联网接口的 IP 地址、默认网关的 IP 地址以及所用 DNS 服务器的 IP 地址。作为准备，首先回顾一些本书重点需要了解的 IP 地址知识。

IP 地址是 TCP/IP 网络中用于识别主机的唯一地址，可分为 IPv4 地址和 IPv6 地址两种。传统的 IPv4 地址更为常用，它由 32 个 0 或 1 的数字构成，每 8 位以十进制数字（0～255）表示并通过点号分隔。例如，IP 地址 192.168.2.5 等属于 IPv4 地址，在本书中如果没有特别说明，所使用和讨论的 IP 地址均为 IPv4 地址。每个 IP 地址将分配给某个网络接口，如以太网卡接口、无线网卡接口等，因此一台计算机可以因为安装有多个网络接口而拥有多个 IP 地址，每个分配有 IP 地址的网络接口即被视为 TCP/IP 网络上的一个节点。

IP 地址不仅用于标识主机，同时本身也可以用于标识网络。IPv4 地址被分为 A～E 共 5 类，常用的是 A、B、C 类 IP 地址，如表 13.1 所示。

表 13.1 A、B、C 类 IP 地址

分 类	起始地址	结束地址	子网掩码
A	0.0.0.0	127.255.255.255	255.0.0.0（/8）
B	128.0.0.0	191.255.255.255	255.255.0.0（/16）
C	192.0.0.0	223.255.255.255	255.255.255.0（/24）

如表 13.1 所示，利用子网掩码对 IP 地址进行逻辑与运算，能够将每个 IP 地址划分为网络号（network number）和主机号（host number）两部分。例如对于一个 C 类网络的 IP 地址，假设它的格式为 192.x.y.z，默认子网编码为 255.255.255.0，两者按位进行逻辑与运算后，可知 192.x.y 是网络号，而 z 则为主机号。需要注意的是，A～C 类地址划分部分区间作为私有 IP 地址，如下面这些地址并不使用在互联网上。

A 类：10.0.0.0～10.255.255.255。

B 类：172.16.0.0～172.31.255.255。

C 类：192.168.0.0～192.168.255.255。

例如在一般小型局域网中使用得最多的 IP 地址格式为 192.168.x.y，它实际属于私有 IP 地址，不同局域网中的计算机分配同一个私有 IP 地址并不会引起冲突。

上述 IP 地址的分类方法实际固定了每个类别的网络所能拥有的 IP 地址。例如，按默认一个 C 类网络的子网掩码是 255.255.225.0，因此 IP 地址范围可以是 192.168.2.0～192.168.2.255，即最多拥有 256 个 IP 地址。为了更为灵活地划分网络以及避免网络划分过细，经常会采取一种称为 CIDR（classless inter-domain routing，无类别域间路由选择）的方法来划分子网。根据 CIDR 方法上述 C 类网络被表示为 192.168.2.0/24，即网络中的每个 IP 地址前 24 位为网络号，剩余 8 位则为主机号，而数字 24 实际对应了子网掩码 255.255.255.0 中的 24 个"1"（见表 13.1）。CIDR 方法打破了原来的按类别来划分网络的方法，例如上述 C 类网络可以重新划分为 192.168.2.0/23，这时网络已不再是 C 类网络，IP 地址的主机号共 9 位，因此该网络拥有 512 个 IP 地址。而如果网络被划分为 192.168.2.0/25，则该网络的 IP 地址范围是 192.168.2.0～192.168.2.127。

关于 IP 地址，还需要回顾如下概念。

网络地址：如果某 IP 地址的主机号全部为 0，则此 IP 地址表示的是对应的整个网络。例如，网络地址 192.168.2.0/24 表示的是网络号为 192.168.2 的整个网络。

环回（loopback）地址：整个 127.0.0.0/8 网络的 IP 地址都被用作环回地址，发往这些地址的信息实际将回送至本机（localhost）接收。按默认在 Linux 系统中使用的环回地址是 127.0.0.1。

广播地址：如果某 IP 地址的主机号全部为 1，则此 IP 地址是其所在网络的广播地址。发往该地址的信息实际将向网络中所有的计算机广播。例如，对于网络 192.168.2.0/24，其广播地址即为 192.168.2.255。

由网络地址和广播地址的概念可知，为某个主机分配的 IP 地址不应是网络地址或广播地址。例如，对于网络 192.168.2.0/24 中的主机，实际能够分配的 IP 地址范围为 192.168.2.1～192.168.2.254。

要让主机能够连通网络，除了需要配置 IP 地址，还需指定该主机所在网络的默认网关（default gateway）的 IP 地址。默认网关是一个网络的出入口，同一个网络中的主机会将发往网络外的数据包送给默认网关，再由它转发到其他网络节点。具体到本书的实训环境，默认网关的设置可分如下两种情况讨论。

桥接模式：Linux 虚拟机需要与 Windows 宿主机配置相同的网关 IP。具体操作方法可回顾实训案例 1.2 及其"检查点"的有关讲解。

NAT 模式：选择 VMware 菜单"编辑"→"虚拟网络编辑器"，选中类型为"NAT 模式"的虚拟网络，并单击"NAT 设置"按钮。在"NAT 设置"对话框中，可看到 NAT 虚拟网络配置的网关 IP，如图 13.1 所示。

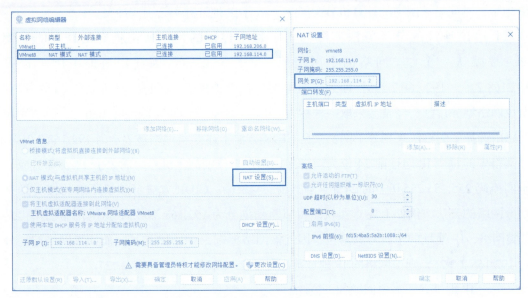

图 13.1 查看 NAT 网络的网关 IP 地址

2. 网络接口配置

Linux 的网络功能直接由内核处理，网络设备并没有在 /dev 目录中有对应的设备文件，而是以网络接口（network interface）的形式供用户使用和管理。针对本书的操作环境，介绍如下两种网络接口。

（1）本地环回接口（local loopback）lo，它是一种虚拟网络设备，默认配置的 IP 地址为 127.0.0.1。本地环回接口主要用于本地计算机的内部通信，它也经常被用于各种网络及服务器功能的内部测试。

（2）以太网络接口，用于提供以太网络（ethernet network）连接功能。在 RHEL/CentOS 6 等旧版本中，以太网络接口以"eth+数字"的方式命名，而在 RHEL 8 之后，命名方式有所不同，视实际配置而会出现 ens160、ens33、enp1s0 等。

这里主要介绍以太网络接口的配置。在 RHEL 中，网络功能主要由服务 NetworkManager 负责管理，因此需要确认对应的守护进程是否正在运行：

```
[root@localhost ~]# systemctl  status  NetworkManager
● NetworkManager.service - Network Manager
     Loaded: loaded (/usr/lib/systemd/system/NetworkManager.service;
enabled; vendor preset: enabled)
    Active: active (running) since Thu 2022-06-30 11:01:36 CST; 49min ago
```
（省略部分显示结果）

NetworkManager 通过读取 /etc/sysconfig/network-scripts/ 中的配置文件来管理以太网络接口，文件命名为 "ifcfg- 网络接口名"：

```
[root@localhost network-scripts]# ls          <== 每个文件对应一个网络接口
ifcfg-ens160
```

以 ifcfg-ens160 为例，如果按前面使用桌面网络配置工具配置静态的 IP 地址，它生成的配置文件中包含如下内容（这里只指出部分重要字段的含义，其余按默认值处理）：

```
[root@localhost network-scripts]# cat  ifcfg-ens160
TYPE=Ethernet
DEVICE=ens160               # 物理设备名称
BOOTPROTO=none              # 地址确定方式，有 none 或 dhcp（自动获取 IP 地址）等
ONBOOT=yes                  # 系统启动时是否也启动该网络接口，可设为 yes
NAME=ens160                 # 网络接口命名
IPADDR=192.168.114.10       #IP 地址
PREFIX=24                   # 子网掩码
GATEWAY=192.168.114.2       # 网关的 IP 地址
```

思考 & 动手：桌面应用如何更改网络接口的配置文件

跟案例 1.2 等相关训练一样，选择桌面菜单 "应用程序" → "系统工具" → "设置"，通过该程序的 "网络" 设置功能，修改系统当前配置的 IP 地址。注意，重新 "关闭" 再 "打开" 网络接口使新的配置被激活生效。配置前后对应的网络接口的配置文件会发生什么变化？

可通过桌面或命令行工具修改网络接口的参数配置，无论哪种方式最终都会改写该接口的配置文件，这是配置接口网络参数的基本原理。下面通过例 13.1 介绍如何使用命令行工具 nmcli（NetworkManager command-line）配置网络接口的 IP 地址。

例 13.1 配置接口 ens160 的 IP 地址。可以直接使用 nmcli 查看网络接口的配置信息，为便于操作，设置当前目录为 /etc/sysconfig/network-scripts/：

```
[root@localhost network-scripts]# nmcli
ens160：已连接 到 ens160
        "VMware VMXNET3"
        ethernet (vmxnet3), 00:0C:29:F9:17:D7, 硬件, mtu 1500
        ip4 默认
        inet4 192.168.114.10/24              <== 查看当前配置的 IP 地址
（省略部分显示结果）
```

通过命令 nmcli connection modify 修改接口的 IP，简单起见可表达为如下形式：

```
[root@localhost network-scripts]# nmcli  c  m  ens160  ipv4.address 192.168.114.11/24
[root@localhost network-scripts]# cat  ifcfg-ens160
TYPE=Ethernet
```

```
DEVICE=ens160
BOOTPROTO=none
ONBOOT=yes
NAME=ens160
IPADDR=192.168.114.11
PREFIX=24
```
（省略部分显示结果）

注意，现在虽然已通过命令修改了配置文件的参数，但实际该参数还没启用，还需要使用如下命令激活配置：

```
[root@localhost network-scripts]# nmcli  c  reload
[root@localhost network-scripts]# nmcli  c  up  ens160
```
连接已成功激活（D-Bus **活动路径**：/org/freedesktop/NetworkManager/ActiveConnection/10）

这时 ens160 的 IP 才会配置为 192.168.114.11/24：

```
[root@localhost network-scripts]# nmcli
ens160: 已连接 到 ens160
        "VMware VMXNET3"
        ethernet (vmxnet3), 00:0C:29:F9:17:D7, 硬件, mtu 1500
        ip4 默认
        inet4 192.168.114.11/24
```
（省略部分显示结果）

如果通过例 13.1 理解了 NetworkManager 修改接口参数的原理，就会知道，其实直接修改配置文件中的参数，并使用以上命令激活配置，同样可以配置网络接口和默认网关的 IP 地址。

3. 主机名解析

主机名（host name）是可用于区分和识别网络上主机的一种标识。例如，可以用如下命令查询本机的主机名：

```
[root@localhost ~]# hostname
localhost.localdomain
```

这是 RHEL 中默认设置的主机全名。就好比以"姓氏 + 名字"的方式表达一个人的全名，完整的主机名也以"主机名.域名"格式表达。例如对于 www.163.com，可以认为它是域 163.com 中某主机的名称。显然对于个人用户来说，主机名易读且方便记忆，而 IP 地址则难于理解且不便记忆。

访问互联网时往往通过主机名（"网址"）访问对应的某台主机，可是并不知道主机名背后的 IP 地址。因此，除了需要为网络接口配置 IP 地址和默认网关外，还需要配置所用 DNS（domain name system，域名系统）服务器的 IP 地址，即指出从何处查询某个主机名对应的 IP 地址。

关于主机名解析涉及两个配置文件：/etc/hosts 和 /etc/resolv.conf。/etc/hosts 文件用于

记录主机名以及相对应的 IP 地址。可将经常访问的部分主机域名存放到该文件中，以获得较快的访问速度。/etc/resolv.conf 文件用于记录系统所要使用的 DNS 服务器的 IP 地址。

例 13.2 将 www.163.com 解释为本机 IP 地址。首先查看当前 /etc/hosts 的默认配置：

```
[root@localhost ~]# cat   /etc/hosts
127.0.0.1   localhost localhost.localdomain localhost4 localhost4.localdomain4
::1         localhost localhost.localdomain localhost6 localhost6.localdomain6
```

然后写入如下映射关系：

```
[root@localhost ~]# echo  "127.0.0.1 www.163.com" >> /etc/hosts
```

然后使用 ping 命令测试：

```
[root@localhost ~]# ping  www.163.com  -c  2    <== 发送两个测试数据包
PING www.163.com (127.0.0.1) 56 (84) bytes of data.
64 bytes from localhost (127.0.0.1): icmp_seq=1 ttl=64 time=0.108 ms
64 bytes from localhost (127.0.0.1): icmp_seq=2 ttl=64 time=0.643 ms

--- www.163.com ping statistics ---
2 packets transmitted, 2 received, 0% packet loss, time 1047ms
rtt min/avg/max/mdev = 0.108/0.375/0.643/0.268 ms
```

结果显示实际数据包发送至 IP 地址为 127.0.0.1 的主机，显然这并非互联网上主机 www.163.com 的真实 IP 地址。

/etc/hosts 文件有助于提高访问速度，但只能记录少量静态的 IP 地址与主机名映射关系。访问互联网之前，还需要在文件 /etc/resolv.conf 中列出所要使用的 DNS 服务器列表，格式如下：

```
nameserver           DNS 服务器 IP 地址
```

最多允许配置三个 DNS 服务器。一般来说，以距离客户端的远近对 DNS 服务器进行罗列。可以从网络服务提供方获取 DNS 服务器的 IP 地址，或者使用一些公用的 DNS 服务器。如果主机的默认网关能够记录 DNS 服务器的 IP 地址并且将域名查询请求转发给 DNS 服务器，则可以直接将默认网关的地址加入 /etc/resolv.conf 文件中。

例 13.3 设置主机的 DNS 服务。如果当前 Linux 虚拟机使用 NAT 模式联网，那么设置 DNS 服务最简单的方式是利用默认网关转发 DNS 请求，即在 /etc/resolv.conf 文件中写入网关 IP 地址：

```
[root@localhost ~]# cat  /etc/resolv.conf
# Generated by NetworkManager
nameserver 192.168.114.2                        <== 根据实际配置为默认网关的 IP 地址
```

命令 host 是一个简单的 DNS 查询工具。这里使用 host 命令查询主机名 www.163.com 对应的 IP 地址。经过层层重新解释后，实际获得的将是一组 IP 地址。

```
[root@localhost ~]# host  www.163.com
```

```
www.163.com is an alias for www.163.com.163jiasu.com.  <==www.163.com 只是别名
www.163.com.163jiasu.com is an alias for www.163.com.bsgslb.cn.
www.163.com.bsgslb.cn is an alias for z163picipv6.v.bsgslb.cn.
z163picipv6.v.bsgslb.cn is an alias for z163picipv6.v.gdcdn.herdcloud.com.
```
（以下是解释得到的 IP 地址，省略部分结果）
```
z163picipv6.v.gdcdn.herdcloud.com has address 117.169.105.30
z163picipv6.v.gdcdn.herdcloud.com has address 117.169.105.34
z163picipv6.v.gdcdn.herdcloud.com has address 117.169.105.39
z163picipv6.v.gdcdn.herdcloud.com has address 117.169.105.36
```

另外，为什么在例 13.3 中看到，主机名称 www.163.com 被解释为 IP 地址 127.0.0.1？这是因为文件 /etc/hosts 在解释主机名时优先于文件 /etc/resolv.conf，因此使用命令 ping 测试时并没有访问互联网上的主机 www.163.com。在本例中，可以在文件 /etc/hosts 的配置行 127.0.0.1 www.163.com 前加入注释符，使该映射关系不起作用：

```
[root@localhost ~]# cat  /etc/hosts
127.0.0.1    localhost localhost.localdomain localhost4 localhost4.localdomain4
::1          localhost localhost.localdomain localhost6 localhost6.localdomain6
#127.0.0.1 www.163.com
```

重新访问该主机，便可发现真正访问的是以上 IP 列表中其中一个 IP 地址：

```
[root@localhost ~]# ping   www.163.com  -c  1
PING z163picipv6.v.gdcdn.herdcloud.com (117.169.105.34) 56 (84) bytes of data.
64 bytes from localhost (117.169.105.34): icmp_seq=1 ttl=128 time=287 ms
```
（省略部分显示结果）

由此可见，当系统需要解释一个主机名时，将首先查询 /etc/hosts 文件中是否有对应的映射，如果没有再将查询提交给 DNS 服务器。

思考 & 动手：配置使用公共 DNS 服务

实训 14 将会详细讨论什么是 DNS 服务器以及如何搭建 DNS 服务器。作为客户端用户，日常上网都离不开 DNS 服务。一般来说接入网络时运营方会提供一个可用的 DNS 服务。而网络上还有不少免费的公共 DNS 服务器，举例并尝试把它们配置在 Linux 主机上使用。注意，可在文件 /etc/resolv.conf 中给出多个名字服务的配置行，排在前面的配置行优先级更高。

13.2.2　防火墙基本配置

1. 网络隔离及其相关概念

Linux 操作系统被广泛应用于各类网络服务环境中。无论需要利用 Linux 提供何种网络服务，必要的前提条件是 Linux 本身应具备安全、可靠的操作系统环境。操作系统的安全主要基于隔离和控制，这两种方式分别对应本实训介绍的防火墙和 SELinux。

Linux 的防火墙功能内置在其内核模块 netfilter 中，负责 IP 数据包过滤、网络地址转换和端口转换等功能。至于防火墙的具体配置和管理，在 RHEL 8 中可以通过守护进程 firewalld 及其命令行或图形化工具加以实现。需要指出的是，在 RHEL 6 中防火墙的配置管理工具为 iptables 服务，而在 RHEL 7 中默认使用 firewalld 管理防火墙功能。相比之下，firewalld 能够不重启防火墙而更改隔离规则，因此更为灵活。而对于初学者来说，学习 firewalld 配置防火墙也更为轻松和友好。

首先检查 firewalld 服务是否已经启动：

```
[root@localhost ~]# systemctl status firewalld
● firewalld.service - firewalld - dynamic firewall daemon
   Loaded: loaded (/usr/lib/systemd/system/firewalld.service; enabled; vendor preset: enabled)
   Active: active (running) since Sat 2022-07-02 09:04:11 CST; 2h 53min ago
     Docs: man:firewalld(1)
 Main PID: 1236 (firewalld)
    Tasks: 2 (limit: 11087)
   Memory: 27.7M
   CGroup: /system.slice/firewalld.service
           └─1236 /usr/libexec/platform-python -s /usr/sbin/firewalld --nofork --nopid
```

为了直观地理解相关概念和原理，可以先安装 firewalld 的图形化管理工具，假设已经配置好 yum 服务，可以使用如下命令安装该软件：

```
[root@localhost ~]# yum install firewalld-config -y
```
（安装过程略）

然后选择桌面菜单"应用程序"→"杂项"→"防火墙"，启动图形化管理工具，如图 13.2 所示。

图 13.2 firewalld 的图形化配置工具

隔离是理解防火墙工作原理的核心概念，它是指将网络区分为内部网和外部网，从而在两者之间构建安全屏障，保护内部网内的系统不受到非法入侵。正如在公共场所都会更注意个人防护，但在家里并不需要如此，因此在家里的一些行为在公共场所是不允许的。所以防火墙需要界定不同的应用场景，这些场景在 firewalld 中对应图 13.2 中的"区域"。图 13.2 中所列均为 firewalld 预先定义的区域，其中已包含一整套防护策略，可以根据需求选取，更重要的是当需求发生改变时切换主机所在区域。

每个网络接口都可能与外网有特定连接，可以设定它们在哪个区域，也即确定它的应用场景。例如从图 13.2 中可知，网络接口 ens160 对应区域为 public。这也是 firewalld 对网络连接配置的默认区域。可以通过 firewalld 的命令行工具查看默认区域设置：

```
[root@localhost ~]# firewall-cmd  --get-default-zone
public
```

另外，网络数据包往往经由特定的服务如 SSH、HTTP 等产生，或者通过特定端口发送或接收，因此需要决定在特定的区域（应用场景）下有什么服务或端口可通过防火墙。以下命令可查看特定服务在如 public 区域中是否被允许：

```
[root@localhost ~]# firewall-cmd  --zone=public --query-service=ssh
yes
[root@localhost ~]# firewall-cmd  --zone=public --query-service=http
no                                      <==HTTP 服务并没有被允许
[root@localhost ~]# firewall-cmd  --zone=public --query-service=https
no
```

当然，也可以通过图形化配置工具查看"服务"列表（见图 13.2）知道哪些服务被允许通过防火墙。

此外为便于管理，firewalld 区分了"运行时"配置和"永久"配置。顾名思义，"运行时"修改的配置并不是永久有效的，在 firewalld 重载配置文件时或重启服务之后便会失效。使用命令 firewall-cmd 时如果不加 --permanent 选项，则默认为"运行时"配置。

```
[root@localhost ~]# firewall-cmd  --zone=public  --add-service=http
                                        <== 允许 HTTP 服务通过
success
[root@localhost ~]# firewall-cmd --zone=public  --query-service=http
yes
[root@localhost ~]# firewall-cmd  --reload       <== 重载配置
success
[root@localhost ~]# firewall-cmd  --zone=public  --query-service=http
                                        <==HTTP 服务不再允许
no
```

2. 设置示例

讲解了以上防火墙配置所需基本概念及原理后，通过一些示例说明如何按需求设置防火墙规则使 Linux 主机与外部网隔离。

在以下示例中，Linux 主机通过网络接口 ens160 连接到 VMware 的 NAT 网络并与 Windows 主机相连，在该网络中 Linux 主机的 IP 地址设置为 192.168.114.11，Windows 主机 IP 为 192.168.114.1。在开始练习之前，自行测试保证两台主机能互相通过 ping 命令测试。注意，简化起见，如果 Windows 主机开启了防火墙（一些杀毒软件也会开启防火墙）可将其关闭。此外，为便于调试，以下命令均设置为"运行时"配置，如果在练习时出现问题需要反复操作，使用命令 firewall-cmd --reload 重载配置即可。

例 13.4 设置防火墙应用区域。如前所述，可以通过切换网络接口所在区域来改变防护策略。例如，默认网络接口 ens160 所在区域为 public，该区域保留了一些服务（如 SSH 服务），也能让主机之间使用 ping 命令连通（允许使用 ICMP）。这些都可以通过前面介绍的图形化配置工具以及实际操作去确认。

如下命令将当前网络接口 ens160 的所在区域改为 drop：

```
[root@localhost ~]# firewall-cmd --zone=drop --change-interface=ens160
success
```

这一区域的防护策略为防火墙将丢掉所有进入的数据包。由于当前 Linux 主机唯一与外界相连的网络接口就是 ens160，因此如果 Windows 主机用 ping 命令测试 Linux 主机则会有如下结果：

```
C:\Users\cybdi>ping 192.168.114.11

正在 Ping 192.168.114.11 具有 32 字节的数据:
请求超时。
(省略部分显示结果)

192.168.114.11 的 Ping 统计信息:
    数据包: 已发送 = 4，已接收 = 0，丢失 = 4 (100% 丢失),
```

注意，发出的数据包都没有回复收到，因此以上结果意味着无法得知 Linux 主机是否连在网络上。但是反过来，Linux 主机可以使用命令 ping 连通 Windows 主机，这说明有来自 Windows 主机的数据包通过了 Linux 主机的防火墙：

```
[root@localhost ~]# ping 192.168.114.1 -c 1
PING 192.168.114.1 (192.168.114.1) 56 (84) bytes of data.
64 bytes from 192.168.114.1: icmp_seq=1 ttl=128 time=0.460 ms

--- 192.168.114.1 ping statistics ---
1 packets transmitted, 1 received, 0% packet loss, time 0ms
rtt min/avg/max/mdev = 0.460/0.460/0.460/0.000 ms
```

可是，为什么以上测试中 Windows 主机应答 Linux 主机的数据包可以通过防火墙？因为这些并非 Windows 主机独自发出的数据包，而是应答返回的数据包，即与前面从 Linux 主机发出的数据包有关，因而能够通过防火墙。操作时要注意理解这一点。

下面修改网络接口所在区域为 block：

```
[root@localhost ~]# firewall-cmd --zone=block --change-interface=ens160
success
```

继续用 Windows 主机测试：

```
C:\Users\cybdi>ping 192.168.114.11

正在 Ping 192.168.114.11 具有 32 字节的数据:
来自 192.168.114.11 的回复: 无法访问目标网。
（省略部分显示结果）

192.168.114.11 的 Ping 统计信息:
    数据包: 已发送 = 4，已接收 = 4，丢失 = 0 (0% 丢失)，
```

这时尽管 Linux 主机还是拒绝接收数据包，但对于 ping 测试会回复发起测试的 Windows 主机。因此区域 drop 比 block 有更严格的隔离策略。

因此，以上三个防火墙区域按隔离的严格程度排序依次为 drop、block、public。综合效率和安全两方面考虑，按默认使用区域 public 便能得到较好的平衡。此外，比区域 public 更为宽松的区域依次还有 work、internal、home、trusted 等。区域 trusted 即表示无限制信任，接受所有的数据包。相反，比区域 public 更严格的区域依次有 external、dmz（demilitarized zone）、block 和 drop。

为方便后面的练习，完成以上示例练习后重载配置：

```
[root@localhost ~]# firewall-cmd --reload
success
```

可以用如下命令查询确认当前活动的区域：

```
[root@localhost ~]# firewall-cmd --get-active-zones
public
  interfaces: ens160
```

再用 Windows 主机执行 ping 命令，可发现 Linux 又可连通。

思考 & 动手：防火墙的"恐慌模式"

比起前面介绍的 block 和 drop 区域，firewalld 还有一种更严格的防护：恐慌模式（panic，也称为应急模式）。可以用以下命令查询恐慌模式的有关使用提示（firewall-cmd 的命令选项都很长，这个方法较为有效）：

```
[root@localhost ~]# firewall-cmd --help | grep panic
```

根据所得提示，开启防火墙的 panic 模式，并且通过 ping、ssh 等命令操作，说明 panic 模式在什么方面体现出比 block 和 drop 区域设置有更严格的隔离防护。

例 13.5 设置拒绝来自某台主机的访问。当前所用接口所在区域为 public。在 Linux 系统添加防火墙规则，拒绝所有来自该主机的访问。

```
[root@localhost ~]# firewall-cmd --zone=public  --add-rich-rule="rule family="ipv4" source address="192.168.114.1" reject"
[root@localhost ~]# firewall-cmd --zone=public --list-rich-rules   <== 再次查询确认
rule family="ipv4" source address="192.168.114.1" reject
```

然后在 Windows 主机使用 ping 命令测试规则是否有效：

```
C:\Users\cybdi>ping  192.168.114.11

正在 Ping 192.168.114.11 具有 32 字节的数据：
来自 192.168.114.11 的回复：无法连到端口。
```
（省略部分显示结果）

不过如果 Windows 主机换成网络（VMnet8）中的另一个 IP 地址 192.168.114.10（参考图 13.3 进行配置。注意，要求该地址此时未被 Linux 主机占用）：

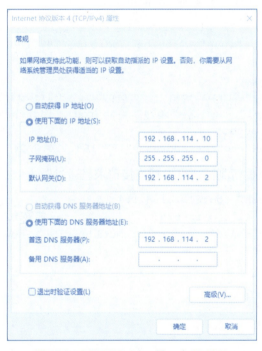

图 13.3　配置 Windows 另一个 IP 地址

便又可在 Windows 主机中用 ping 命令连通 Linux 主机：

```
C:\Users\cybdi>ping  192.168.114.11

Pinging 192.168.114.11 with 32 bytes of data:
Reply from 192.168.114.11:bytes=32 time<1ms TTL=64
```
（省略部分显示结果）

比较彻底的隔离操作是屏蔽网络中来自其他所有 IP 地址的主机：

```
[root@localhost ~]# firewall-cmd  --zone=public  --remove-rich-rule="rule
family="ipv4" source address="192.168.114.1" reject"            <== 移除旧规则
    success
[root@localhost ~]# firewall-cmd --zone=public --add-rich-rule="rule family="ipv4"
source address="192.168.114.0/24" reject"                       <== 加入新规则
    success
[root@localhost ~]# firewall-cmd  -zone=public --list-rich-rule  <== 查询确认
    rule family="ipv4" source address="192.168.114.0/24" reject
```

可以再次在 Windows 主机用 ping 命令连通 Linux 主机，并且可发现这次无论更换网络中的哪个 IP 地址都不能连通 Linux。

然后，试试可否在 Windows 主机使用 SSH 服务连通 Linux 主机：

```
C:\Users\cybdi>ssh  root@192.168.114.11
ssh: connect to host 192.168.114.11 port 22: Connection timed out
```

结果符合防火墙规则要求，并不能使用 SSH 服务连通 Linux 主机。加入一条新的规则，并且让其优先级高于前一条规则（数值更小）：

```
[root@localhost ~]# firewall-cmd --zone=public --add-rich-rule="rule
priority="-1" family="ipv4"  source address="192.168.114.0/24"  service
name="ssh" accept"
    success
[root@localhost ~]# firewall-cmd  --zone=public  --list-rich-rule  <== 按优先级排序
    rule priority="-1" family="ipv4"  source  address="192.168.114.0/24"
service name="ssh" accept
    rule family="ipv4" source address="192.168.114.0/24" reject
```

回到 Windows 主机重新测试，可发现连接请求已通过防火墙：

```
C:\Users\cybdi>ssh  root@192.168.114.11
root@192.168.114.11's password:              <== 能够输入密码即说明已连通
Activate the web console with: systemctl enable --now cockpit.socket
```
（省略部分显示结果）

13.2.3　SELinux 简介

1. 强制访问控制

在 RHEL 中，SELinux（Security-Enhanced Linux）是一个负责安全管理的子系统，其组成原理和配置较为复杂。然而由于网络服务器配置涉及一些 SELinux 知识，因此在这里尽量简单且直观地介绍有关内容，并配以一些实际练习辅助理解，为后面的实训做好准备。如果实际条件受限，可跳过本节前两部分，直接学习 "SELinux 的基本配置" 部分。

要理解 SELinux 的作用和原理，首先需要理解访问控制的机制。系统安全依赖于某种访问控制机制，它保护系统中的各种信息不被非法访问。文件权限就是一种最为基本的访问控制手段。一般来说，访问控制涉及如下三方面的要素。

① 主体（subject，也称为源（source）），即提出访问的用户或进程等。
② 客体（object，也称为目标（target）），即被访问的文件和内存信息等。
③ 控制机制，即描述在什么条件下主体对客体可以实施什么访问行为。

以往大多数的操作系统访问控制机制是自主访问控制（discretionary access control，DAC）机制，其最大的特点是基于主体（用户）及其所属组群的身份来确定对某个客体是否具有某种访问权限，而所谓"自主"是指某个客体的拥有者能自行决定其他主体如何访问该客体。但是，如果基于用户身份实施自主访问控制会带来潜在的安全问题。

例 13.6 无限制的 root 用户权限引发安全问题。容易知道，普通用户无法查看和复制 /etc/shadow 文件，例如对于用户 study，实施如下操作时将会被禁止：

```
[study@localhost ~]$ cp  /etc/shadow  /home/study/
cp: 无法打开"/etc/shadow" 读取数据：权限不够
```

然而假如 root 用户误信了 study 用户，接收 study 发来的脚本并运行它：

```
[root@localhost ~]# ls  -l  permission
-rwxr-xr-x. 1 study study 75 7月   3 17:12 permission
[root@localhost shellscript]# cat  permission
#!/bin/sh

cp /etc/shadow /home/study/shadow
chmod 777 /home/study/shadow
[root@localhost shellscript]# ./permission
```

注意，脚本实际是以 root 用户身份执行的，结果 study 用户窃取了 shadow 文件的内容：

```
[study@localhost ~]$ ls  -l  shadow
-rwxrwxrwx. 1 root root 2196 7月   3 17:13 shadow
```

从以上示例可见，有必要引入一种新的安全机制而不应仅仅依靠基于用户身份角色决定主体如何访问客体。

SELinux 是 Linux 中的一个内核安全模块，它提供了另外一种被称为强制访问控制（mandatory access control，MAC）的安全机制，目的就是消除因单一使用自主访问控制而导致的潜在系统安全隐患。与自主访问控制相比，强制访问控制有如下两个特点。

① 控制的主体是进程而不是用户，特别是提供网络服务的守护进程，因为它们是最有可能发生严重安全性问题的地方。

② 基于控制策略而非用户身份实施访问控制，也就是说即使是某个进程以 root 用户的身份执行一些控制策略所不允许的操作同样会被禁止。

下面的示例说明了即使是作为拥有者的 root 也被 SELinux 禁止随意地在其中增加文件。

例 13.7 root 用户被禁止在 /sys/fs/selinux 中增加文件。整个 SELinux 会作为虚拟文件系统挂载：

```
[root@localhost ~]# mount | grep selinux
selinuxfs on /sys/fs/selinux type selinuxfs (rw,relatime)
```

假设当前 SELinux 已经启动（可通过后面的示例查看 SELinux 的状态以及启动它），注意 root 用户作为拥有者对 SELinux 目录具有权限 rwx：

```
[root@localhost ~]# cd /sys/fs/selinux
[root@localhost selinux]# ls -dl .
drwxr-xr-x. 8 root root 0 7月  2 20:28 .
```

然而 root 用户被禁止在该目录下新建文件：

```
[root@localhost selinux]# touch test
touch: 无法创建 "test"：权限不够
```

这说明除了已知的文件访问权限机制之外，其实还有另外一套访问控制机制，它首先保护了自己不受超级用户的随意更改。例如：

```
[root@localhost selinux]# ls -l user
-rw-rw-rw-. 1 root root 0 7月  2 20:28 user
[root@localhost selinux]# echo test >> user
-bash: echo: 写错误：无效的参数
```

因此，SELinux 提供了一套独立于用户身份的强制访问控制机制保护系统。

2. SELinux 的安全标签

当基于强制访问控制的概念去理解 SELinux 的工作原理时，首先应有如下认识转变：是进程而非用户访问文件，因此应对进程而非用户实施强制访问控制。而最需要实施访问控制的进程其实是那些向外界提供服务的守护进程。毕竟，像前面示例演示的文件 /etc/shadow 被窃取的极端情况不太可能发生，但利用服务器进程的安全漏洞实现非法访问却时有发生。

SELinux 的工作原理如图 13.4 所示。当某个进程作为主体访问某个文件时，它需要将访问请求提交给 SELinux 审核。如果 SELinux 审核通过，则系统再利用既有的文件权限审核方法判断进程是否对文件具有访问权限，如果两种审核都通过了就允许进程对文件实施访问操作，否则将被拒绝。

从图 13.4 可以知道，SELinux 必须把每个进程与它可访问的文件以及可做何种访问关联起来。问题在于，如何有效地关联数量庞大的进程和文件，以此构成安全审核的策略？这时特别需要引入域（domain）和类型（type）这两个概念，它们分别对应进程和文件。无论是域还是类型，其引入目的均是希望通过分类简化管理。利用 ps 命令的 -Z 选项能够查看进程的所属域等与 SELinux 访问控制有关的进程属性，利用 ls 命令和 -Z 选项可查看与 SELinux 访问控制有关的文件属性。

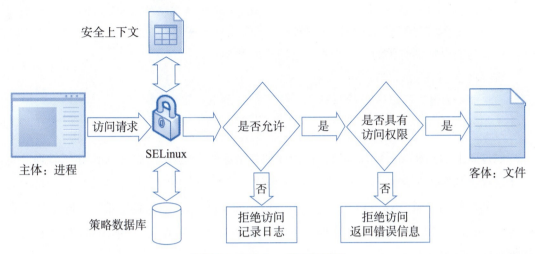

图 13.4　SELinux 的工作原理

例 13.8　查看进程的 SELinux 域和文件的 SELinux 类型。进程方面，例如有如下属于域 kernel_t 的内核级进程/线程：

```
[root@localhost ~]# ps  -eZ | grep  kernel_t | head  -3   <== 只查看前三个
system_u:system_r:kernel_t:s0          2 ?           00:00:00 kthreadd
system_u:system_r:kernel_t:s0          3 ?           00:00:00 rcu_gp
system_u:system_r:kernel_t:s0          4 ?           00:00:00 rcu_par_gp
```

守护进程有其专属的域：

```
[root@localhost ~]# ps  -eZ | grep  init_t
system_u:system_r:init_t:s0            1 ?           00:00:09 systemd
system_u:system_r:init_t:s0         3593 ?           00:00:00 (sd-pam)
[root@localhost ~]# ps  -eZ | grep  sshd_t
system_u:system_r:sshd_t:s0-s0:c0.c1023 1364 ?       00:00:00 sshd
[root@localhost ~]# ps  -eZ | grep  firewalld_t
system_u:system_r:firewalld_t:s0    1193 ?           00:00:09 firewalld
```

至于普通的用户级进程，它们都会归为 unconfined_t 域，顾名思义属于该域的进程受 SELinux 的管制较为宽松：

```
[root@localhost ~]# ps  -eZ | grep  bash | head  -1
unconfined_u:unconfined_r:unconfined_t:s0-s0:c0.c1023 14027 pts/1 00:00:00 bash
```

再看文件方面，例如有 security_t 类型：

```
[root@localhost ~]# ls  -Z  /sys/fs/selinux/user
system_u:object_r:security_t:s0 /sys/fs/selinux/user
```

root 用户的主目录中的文件为 admin_home_t 类型，可以自行找一个文件查看：

```
[root@localhost ~]# ls  -Z  file
unconfined_u:object_r:admin_home_t:s0 file
```

普通用户主目录中的文件为 user_home_t 类型：

```
[root@localhost ~]# ls  -Z  /home/study/file
unconfined_u:object_r:user_home_t:s0 /home/study/file
```

一些与安全特别有关的文件有其自己特定的类型：

```
[root@localhost ~]# ls  -Z  /etc/shadow
system_u:object_r:shadow_t:s0 /etc/shadow
[root@localhost ~]# ls  -Z  /etc/passwd
system_u:object_r:passwd_file_t:s0 /etc/passwd
```

通过以上示例和练习可以知道，借助域和类型这两个概念，SELinux 细化了管理的主体（进程）和客体（文件）。不再只是把进程或文件归为某用户的进程或文件，而是归为某一类的进程或文件。这一概念对于理解 SELinux 和实际管理都特别重要。除了域和类型外，SELinux 还给每个进程和文件贴上了更多的信息"标签"，以上示例所列的进程/文件属性内容正是 SELinux 为管理它们而标记的安全"标签"。

SELinux 给了这些安全标签一个统一的名称：安全上下文（security contexts），共包括了如下字段内容。

- 用户（user）：主要有 root、system_u、user_u 等。注意，它们与 Linux 中的用户并不对应。
- 角色（role）：一般以 _r 结尾，有 system_r、object_r 等。
- 类型（type）/域（domain）：每个进程属于某个域，而每个文件属于某个类型。
- 敏感性（sensitivity）：用于实现更为精细的安全管理，初学者可忽略。

例 13.9 对比进程、文件、用户的安全上下文。用户、角色和类型/域标签一般以 _u、_r、_t 结尾。以守护进程 sshd 为例：

```
[root@localhost ~]# ps  -eZ | grep  sshd_t
system_u:system_r:sshd_t:s0-s0:c0.c1023 1364 ?   00:00:00 sshd
```

该进程的 SELinux 用户为 system_u，而角色为 system_r，可知该进程在 SELinux 内部被认定归属于系统级进程（并不由 root 用户启动）。对比 bash 进程的安全上下文：

```
[root@localhost ~]# ps  -eZ | grep  bash | head  -1
unconfined_u:unconfined_r:unconfined_t:s0-s0:c0.c1023 14027 pts/1 00:00:00 bash
```

可发现在安全管制上 SELinux 对 sshd 要比对 bash 更有针对性。其实，当看到 unconfined 时，意味着该对象并不会受到 SELinux 严格和细致的管制。在 SELinux 的默认设置中，其实 root 用户与普通用户 study 有着相同的安全标签：

```
[root@localhost ~]# id  -Z           <==root 用户的安全上下文
unconfined_u:unconfined_r:unconfined_t:s0-s0:c0.c1023
[root@localhost ~]# su   study
[study@localhost root]$ id -Z
unconfined_u:unconfined_r:unconfined_t:s0-s0:c0.c1023
```

也就是说，在没有特别更精细的设置之前，root 用户和普通用户在 SELinux 中被归在同一类。其实，root 用户连查看 study 用户的安全上下文的权限都没有：

```
[root@localhost ~]# id -Z study
id: 不能显示特定用户的安全环境
```

因此，Linux 用户并不等同于 SELinux 用户。Linux 用户登录后，会映射为某个 SELinux 用户，而每个 SELinux 用户又可以担任多种角色，这些角色分别能够执行某些域中的进程。

修改文件的安全标签可以通过 chcon 命令实施。选项 -t、-r、-u 分别用于设置 SELinux 的用户、角色和类型/域。

例 13.10 修改文件的安全上下文中的类型设置。假设在 /root 中有文件 file，默认它在安全上下文中的类型为 admin_home_t：

```
[root@localhost ~]# ls -Z file
unconfined_u:object_r:admin_home_t:s0 file
```

将其复制到 /home 下，类型变为 home_root_t：

```
[root@localhost ~]# cp file /home/file
[root@localhost ~]# ls -Z /home/file
unconfined_u:object_r:home_root_t:s0 /home/file
```

可以进一步修改类型为 user_home_t，即普通用户创建的文件所具有的安全上下文类型：

```
[root@localhost ~]# chcon -t user_home_t /home/file
[root@localhost ~]# ls -Z /home/file
unconfined_u:object_r:user_home_t:s0 /home/file
```

3. SELinux 的基本配置

（1）工作模式切换。

/etc/selinux/config 是 SELinux 的基本配置文件，它用于控制 SELinux 的状态，内容如下（此处对文件中的注释做了基本的翻译）：

```
[root@localhost ~]# cat /etc/selinux/config

# This file controls the state of SELinux on the system.
# SELINUX= can take one of these three values:（SELINUX 用于设置 SELinux 的
    工作模式）
#     enforcing - SELinux security policy is enforced.（强制模式，必须执行
    SELinux 安全策略）
#     permissive - SELinux prints warnings instead of enforcing.（宽容模式，
    警告但不限制）
#     disabled - No SELinux policy is loaded.（禁用 SELinux）
SELINUX=enforcing                              # 此处设置 SELinux 的工作模式
```

```
# SELINUXTYPE= can take one of these two values:(SELINUXTYPE 用于设置应用
  策略类型)
#     targeted - Targeted processes are protected,(默认只针对目标进程作限制)
#     mls - Multi Level Security protection.(多层次的安全保护)
SELINUXTYPE=targeted                          # 此处设置 SELinux 使用的控制策略
```

文件中的注释已清楚地说明了 SELINUX 和 SELINUXTYPE 两个参数的含义和取值。所谓 targeted 策略,就是指只有特定的目标进程,如 httpd、vsftpd 等一系列的网络服务器进程会受到 SELinux 的限制,而其他进程则不受限制。这是出于性能和安全两方面的平衡而制定的策略。

默认情况下 SELinux 已经启动,如果要关闭 SELinux 服务则需要设置 /etc/selinux/config 文件中的参数 SELINUX 值为 disabled。如果需要重新启动 SELinux,则需要重新设置 SELINUX 值为 enforcing 或 permissive。上述设置均需要重启 Linux 系统才能生效。系统在启动时初始化 SELinux 需要较长的时间,这是因为需要重新构建 SELinux 的安全上下文。

在实际使用中,更常见的是将 SELinux 在强制模式(enforcing)和宽容模式(permissive)之间切换,此时可使用 getenforce 命令查看当前 SELinux 所处工作模式以及使用 setenforce 命令使 SELinux 在上述两种模式间切换。

例 13.11 getenforce 命令和 setenforce 命令的使用。

```
[root@localhost ~]# getenforce            <== 查看当前 SELinux 所处工作模式
Enforcing
[root@localhost ~]# setenforce  0         <== 切换为宽容模式
[root@localhost ~]# getenforce
Permissive
[root@localhost ~]# setenforce  1         <== 切换为强制模式
[root@localhost ~]# getenforce
```

(2) SELinux 布尔值。

回到图 13.4,安全上下文为每个进程和文件贴上标签,而策略数据库记录了每个域(每个进程属于某域)可访问客体类型(每个文件属于某类型)的规则,SELinux 据此判定主体(进程)是否有权访问客体(文件)。为便于管理,SELinux 还引入了一个称为"布尔值"(boolean)的概念。这些布尔值相当于某种功能的开关,它对应于一组策略规则的启用和停用,这让管理工作变得容易。

下面结合一些示例介绍如何通过设置布尔值实现对安全策略的简单配置。在此之前需要准备 SELinux 管理工具包 setools,注意检查并利用 yum 服务安装软件 setools:

```
[root@localhost ~]# yum  install  setools
```
(安装过程略)

命令名：getsebool

功能：获取 SELinux 的布尔值。

格式：

getsebool   [选项]   [SELinux 布尔值]

重要选项：

-a（all）：列出所有 SELinux 布尔值的设置情况。

命令名：setsebool

功能：设置 SELinux 的布尔值。

格式：

setsebool   [选项]   SELinux 布尔值 on/off

重要选项：

-P（policy）：默认不使用该选项将不会把布尔值写入策略文件。

例 13.12 查看并设置 SELinux 的所有与 SSH 服务有关的 SELinux 布尔值。先把开关列出来：

```
[root@localhost ~]# getsebool -a | grep ssh
fenced_can_ssh --> off
selinuxuser_use_ssh_chroot --> off
ssh_chroot_rw_homedirs --> off
ssh_keysign --> off
ssh_sysadm_login --> off
ssh_use_tcpd --> off
```

所有安全开关均为关闭。其中 ssh_sysadm_login=off 是指禁止映射为 SELinux 用户 sysadm_u 的 Linux 用户通过 SSH 服务，这样的默认设置是为了提高安全性。

用 Linux 用户 testuser 做试验，修改该用户让其登录后映射为 SELinux 用户 sysadm_u：

```
[root@localhost ~]# usermod -Z sysadm_u testuser
```

然后像之前练习那样，在 Windows 主机通过 SSH 服务登录 Linux，可发现 testuser 被禁止登录：

```
C:\Users\cybdi>ssh testuser@192.168.114.11
testuser@192.168.114.11's password:          <== 可以连接但不能登录，连接被重置
client_loop: send disconnect: Connection reset
```

接着修改布尔值 ssh_sysadm_login 为 on：

```
[root@localhost ~]# setsebool ssh_sysadm_login on  <== 没有添加 -P 选项，只是临时修改
[root@localhost ~]# getsebool ssh_sysadm_login
ssh_sysadm_login --> on
```

这时可以重新测试 testuser 用户是否可以使用 SSH 服务：

```
C:\Users\cybdi>ssh  testuser@192.168.114.11
testuser@192.168.114.11's password:
Last login:Mon Jul  4 20:51:21 2022
[testuser@localhost ~]$ id -Z         <== 登录后查看用户的安全标签
sysadm_u:sysadm_r:sysadm_t:s0-s0:c0.c1023
```

由以上示例以及前面的介绍可知，SELinux 为 Linux 提供了一整套相对完整的安全策略，为网络服务配置提供了可靠的安全保障。除了以上介绍的 SELinux 布尔值设置命令之外，SELinux 工具包还提供了若干查询 SELinux 信息及策略配置的命令，包括命令 seinfo 和 sesearch，可按兴趣自行尝试使用。

13.3 综合实训

案例 13.1 为主机配置多个 IP 地址和以太网络接口

1. 案例背景

在许多网络应用场合，可能需要主机同时占用两个或两个以上的 IP 地址。例如在同一台主机中分别架设了两个 WWW 网站，如果它们都需要占用主机的 80 端口，这时可以让服务器主机占用两个 IP 地址，然后通过虚拟主机功能将两个 WWW 网站服务分别映射至两个不同的 IP 地址，这样客户端就能访问同一台主机中的两个 WWW 网站了，具体的操作方法将在讨论 WWW 服务器的实训内容中介绍。

现在要解决如何利用一台主机占用多个 IP 地址的问题。第一种方法较为简单，可以让一个网络接口直接绑定多个 IP 地址。第二种方法则是新增一个网络适配器并为其配置 IP 地址等网络参数。完成练习后，可以对比一下这两种方法的差异之处。

2. 操作步骤讲解

先讨论第一种方法，即为已有的网络接口设置多个 IP 地址。假设目前系统只有一个网络接口 ens160，以 NAT 模式与 Windows 主机相连，已有一个 IP 地址为 192.168.114.11。以下是具体的操作步骤。

第 1 步： 在原配置文件 /etc/sysconfig/network-scripts/ifcfg-ens160 中增加如下内容：

```
IPADDR1=192.168.114.12              <== 注意是 IPADDR1，而不是 IPADDR
PREFIX1=24                          <== 注意是 PREFIX1，而不是 PREFIX
```

可以对比原文件中 IP 地址：

```
IPADDR=192.168.114.11
PREFIX=24
```

第 2 步：重新激活网络连接。

```
[root@localhost network-scripts]# nmcli c reload
[root@localhost network-scripts]# nmcli c up ens160
```
连接已成功激活（D-Bus 活动路径：/org/freedesktop/NetworkManager/ActiveConnection/9）

接着可以通过命令 ip 查看：

```
[root@localhost network-scripts]# ip addr
```
（省略部分显示结果）
```
2: ens160: <BROADCAST,MULTICAST,UP,LOWER_UP> mtu 1500 qdisc mq state UP group default qlen 1000
    link/ether 00:0c:29:f9:17:d7 brd ff:ff:ff:ff:ff:ff
    inet 192.168.114.11/24 brd 192.168.114.255 scope global noprefixroute ens160
       valid_lft forever preferred_lft forever
    inet 192.168.114.12/24 brd 192.168.114.255 scope global secondary noprefixroute ens160
       valid_lft forever preferred_lft forever
    inet6 fe80::20c:29ff:fef9:17d7/64 scope link noprefixroute
```

第 3 步：测试新增 IP 地址是否有效。在 Windows 主机利用 ping 命令测试，结果如下：

```
C:\Users\cybdi>ping 192.168.114.11

正在 Ping 192.168.114.11 具有 32 字节的数据：
来自 192.168.114.11 的回复：字节=32 时间<1ms TTL=64
```
（省略部分显示结果）

```
C:\Users\cybdi>ping 192.168.114.12

正在 Ping 192.168.114.12 具有 32 字节的数据：
来自 192.168.114.12 的回复：字节=32 时间<1ms TTL=64
```
（省略部分显示结果）

结果显示测试通过，这时主机已经拥有两个 IP 地址。

检查点：为网络接口继续增加更多 IP 地址

仿照前面的方法，为 Linux 主机增加第三个 IP 地址，然后测试该 IP 地址是否已成功分配给 Linux 主机。

如前所述，让主机拥有多个 IP 地址的另一种方法是添加更多的网络适配器（以太网卡），然后为每个设备分配不同的 IP 地址。注意，网络接口跟网络适配器不一样，后者是指设备（包括由 VMware 创建的虚拟设备）。例如，当前 Windows 主机其实有三个网卡，分别是本地网络的网卡和两个由 VMware 提供的虚拟网卡。不过自案例 1.2 以来，

Linux 只使用了一个网卡（对应接口 ens160）。

本案例将演示如何在 VMware 中新增一个网卡，这样 Linux 主机就可以同时使用桥接模式和 NAT 模式与 Windows 相连。换言之，配置好后 Linux 主机既连接在 Windows 所在的物理网络上，也连接在 VMware 提供的虚拟网络（VMnet8）上。具体操作步骤如下：

第 4 步：增加虚拟网络适配器。方法与之前添加虚拟硬盘类似，在 VMware 的 Linux 虚拟机中选择菜单"虚拟机"→"设置"，然后单击"添加"按钮，在"添加硬件向导"对话框中选择硬件类型为"网络适配器"后单击"完成"按钮即可生成一个新的网络适配器。设置结果如图 13.5 所示，单击"确定"按钮后正式生成网络适配器。

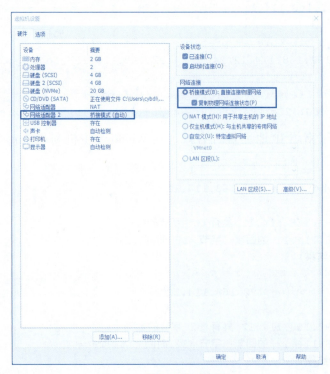

图 13.5　增加网络适配器 2

添加完成之后，可以用如下命令查看新增的网络适配器设备：

```
[root@localhost network-scripts]# nmcli device
DEVICE    TYPE      STATE      CONNECTION
ens160    ethernet  已连接      ens160
ens224    ethernet  已断开      --
lo        loopback  未托管      --
```

第 5 步：配置新增网卡。新网卡设置为桥接模式，如果物理网络条件允许，简单起见可以使用 DHCP 服务为它获取网络设置。第 4 步已查询网络接口名为 ens224，对应地在目录 /etc/sysconfig/network-scripts 下创建文件 ifcfg-ens224，内容如下：

```
[root@localhost network-scripts]# cat ifcfg-ens224
```

```
TYPE=Ethernet
DEVICE=ens224
BOOTPROTO=dhcp
ONBOOT=yes
NAME=ens224
```

按以前的方法激活接口:

```
[root@localhost network-scripts]# nmcli c reload
[root@localhost network-scripts]# nmcli c up ens224
    连接已成功激活（D-Bus 活动路径: /org/freedesktop/NetworkManager/ActiveConnection/3）
```

现在就可以看到设备已经被激活:

```
[root@localhost network-scripts]# nmcli c show
NAME     UUID                                  TYPE      DEVICE
ens160   5066e319-ec68-42bd-b0d7-40653294f739  ethernet  ens160
ens224   e4014630-448b-5ad3-4992-f4678202147c  ethernet  ens224
```

并且可以查到分配给它的 IP 地址等:

```
[root@localhost network-scripts]# ip addr
（省略部分显示结果）
3: ens224: <BROADCAST,MULTICAST,UP,LOWER_UP> mtu 1500 qdisc mq state UP group default qlen 1000
    link/ether 00:0c:29:f9:17:e1 brd ff:ff:ff:ff:ff:ff
    inet 192.168.3.31/24 brd 192.168.3.255 scope global dynamic noprefixroute ens224
       valid_lft 86384sec preferred_lft 86384sec
    inet6 fe80::20c:29ff:fef9:17e1/64 scope link
       valid_lft forever preferred_lft forever
```

而该网卡使用默认网关也可以通过 ip 命令查询得到:

```
[root@localhost network-scripts]# ip route
default via 192.168.114.2 dev ens160 proto static metric 100
default via 192.168.3.1 dev ens224 proto dhcp metric 101
192.168.3.0/24 dev ens224 proto kernel scope link src 192.168.3.31 metric 101
192.168.114.0/24 dev ens160 proto kernel scope link src 192.168.114.11 metric 100
```

最后测试新网卡是否正确接受数据，在 Windows 主机输入如下命令，测试结果说明新增网卡已可用:

```
C:\Users\cybdi>ping 192.168.3.31

正在 Ping 192.168.3.31 具有 32 字节的数据:
来自 192.168.3.31 的回复: 字节=32 时间<1ms TTL=64
```

第 6 步：配置新网络接口的防火墙。与前面不一样的地方是，由于防火墙设置以网络接口为单位，新增的网络接口需要考虑是否使用默认的防火墙设置。这里决定把新网络接口的防护区域由默认的 public 改为 external，即提至更高的隔离等级，但希望物理网络中的其他主机仍然能够通过 SSH 服务访问 Linux 主机。

检查点：为新建网络接口配置静态 IP 地址

针对以上要求，需要重新把新建以太网络接口设置为静态 IP 地址。根据当前的网络配置进行配置。这里的配置结果如下：

```
[root@localhost network-scripts]# ip  addr
（省略部分显示结果）
3: ens224:<BROADCAST,MULTICAST,UP,LOWER_UP> mtu 1500 qdisc mq state UP group default qlen 1000
    link/ether 00:0c:29:f9:17:e1 brd ff:ff:ff:ff:ff:ff
    inet 192.168.3.30/24 brd 192.168.3.255 scope global noprefixroute ens224
       valid_lft forever preferred_lft forever
    inet6 fe80::20c:29ff:fef9:17e1/64 scope link
       valid_lft forever preferred_lft forever
```

完成以上检查点的练习后，就可以把新接口配置在区域 external 中。新接口默认配置在区域 public 中：

```
[root@localhost network-scripts]# firewall-cmd --get-zone-of-interface=ens224
public
```

可以通过如下命令对比当前区域 public 和 external 的可用服务：

```
[root@localhost network-scripts]# firewall-cmd --zone=public --list-services
cockpit dhcpv6-client ssh
[root@localhost network-scripts]# firewall-cmd --zone=external --list-services
ssh
```

也就是说，当把新网络接口配置在区域 external 时，物理网络中的主机除了可以使用 SSH 服务访问主机之外，其他服务均不可用。使用如下命令更改接口的区域配置：

```
[root@localhost network-scripts]# firewall-cmd --zone=external --change-interface=ens224
success
```

这就是当前 Linux 主机的防火墙区域配置：

```
[root@localhost network-scripts]# firewall-cmd --get-active-zones
external
  interfaces:ens224
public
```

```
interfaces: ens160
```

宿主机（Windows 主机）可通过以上两个接口访问 Linux 主机，而物理网络中的其他机器只能通过 ens224 访问 Linux 主机。

如图 13.6 所示，如果练习时有另一台主机（Windows/Linux 主机均可）连在物理网络中，可测试是否能通过 SSH 服务访问这台 Linux 主机。

```
C:\Users\lenovo>ssh study@192.168.3.30
The authenticity of host '192.168.3.30 (192.168.3.30)' can't be established.
ECDSA key fingerprint is SHA256:Ajyx3ArhCG2NYNzXvPzr1piP0oo4IdkeeX1fasbc8U0.
Are you sure you want to continue connecting (yes/no)? yes
Warning: Permanently added '192.168.3.30' (ECDSA) to the list of known hosts.
study@192.168.3.30's password:
```

图 13.6　使用另一台 Windows 主机登录 Linux 主机

第 7 步：防火墙设置持久化。如果以上设置都没有问题，最后可以把新网络接口的所在防火墙区域设置持久化：

```
[root@localhost ~]# firewall-cmd --zone=external --change-interface=ens224 --permanent
The interface is under control of NetworkManager, setting zone to 'external'.
success
```

注意，持久化并不意味着不可以更改，这里再临时修改接口所在区域为 public：

```
[root@localhost ~]# firewall-cmd --zone=public --change-interface=ens224
success
[root@localhost ~]# firewall-cmd --get-active-zones
public
  interfaces: ens160 ens224                                <== 结果显示修改成功
```

重载配置后便可发现新建接口仍会设置在区域 external：

```
[root@localhost ~]# firewall-cmd --reload
success
[root@localhost ~]# firewall-cmd --get-active-zones
external
  interfaces: ens224
public
  interfaces: ens160
```

3. 总结

本案例主要讨论如何为一台 Linux 主机配备多个 IP 地址。一种方法是为一个网络接口配置多个 IP 地址，这种设置方法较为简单。另一种方法是新增网络适配器并配置更多的 IP 地址，这种方法虽然需要额外的设备，但可以根据实际安全需要把各个网络接口配置在不同的 Linux 防火墙区域中，从而让防火墙隔离设置更为简单和灵活。

案例 13.2　vsftpd 服务及其安全设置

1. 案例背景

之前介绍了 SELinux 相关概念和工作原理。如前所述，SELinux 主要针对提供网络服务的守护进程实施访问控制。那么在配置网络服务器时应当注意什么？这是本案例所讨论的主要问题。将以 FTP 服务器为例进行这一问题的讨论。FTP（file transfer protocol）服务器主要用于向公众提供开放式的文件共享服务，默认模式下 FTP 服务器需要监听端口 21，等待客户端连接并传输数据。与 SSH 服务不同，FTP 服务本身安全性较差，因而更需要通过 SELinux 加强安全防护。在以下讲解中可以看到，SELinux 针对 FTP 服务额外提供了一整套防护机制。

2. 操作步骤讲解

第 1 步：检查软件 vsftpd 是否正确安装及启动。vsftpd 是 RHEL 中默认安装的 FTP 服务器软件。首先检查软件是否已经正确安装：

```
[root@localhost ~]# yum  info  vsftpd
上次元数据过期检查：10:59:58 前，执行于 2022 年 07 月 06 日 星期三 21 时 40 分 46 秒。
已安装的软件包
名称          :vsftpd
版本          :3.0.3
发布          :34.el8
架构          :x86_64
大小          :347 k
源            :vsftpd-3.0.3-34.el8.src.rpm
仓库          :@System
来自仓库      :AppStream
概况          :Very Secure Ftp Daemon
URL           :https://security.appspot.com/vsftpd.html
协议          :GPLv2 with exceptions
描述          :vsftpd is a Very Secure FTP daemon. It was written completely
              :from scratch.
```

如果没有安装 vsftpd 软件，则可利用 yum 服务安装该软件：

```
[root@localhost ~]# yum  install  vsftpd
```
（安装过程略）

安装软件后 vsftpd 服务默认并没有开启：

```
[root@localhost ~]# systemctl  status  vsftpd
● vsftpd.service - Vsftpd ftp daemon
   Loaded: loaded (/usr/lib/systemd/system/vsftpd.service; disabled; vendor preset:disabled)
   Active: inactive (dead)
```

因此需要开启该服务并留意启动时是否有异常的日志记录：

```
[root@localhost ~]# systemctl start vsftpd
[root@localhost ~]# systemctl status vsftpd
● vsftpd.service - Vsftpd ftp daemon
   Loaded: loaded (/usr/lib/systemd/system/vsftpd.service; disabled; vendor preset: disabled)
   Active: active (running) since Thu 2022-07-07 10:21:39 CST; 6s ago
（省略部分显示结果）
7月 07 10:21:39 localhost.localdomain systemd[1]: Starting Vsftpd ftp daemon...
7月 07 10:21:39 localhost.localdomain systemd[1]: Started Vsftpd ftp daemon.
```

第 2 步：设置防火墙并检查 SELinux 是否已开启。如果沿着案例 13.1 的练习结果，目前系统中有两个网络接口，分别设置在区域 public 和 external。作为测试，可以先在区域 public 中开放 FTP 服务。默认区域 public 并没有开放 FTP 服务：

```
[root@localhost ~]# firewall-cmd --zone=public --list-services
cockpit dhcpv6-client ssh
```

因此，需要在区域 public 中增加开放 FTP 服务：

```
[root@localhost ~]# firewall-cmd --zone=public --add-service=ftp
success
```

然后检查 SELinux 是否已经设置为 Enforcing 工作模式：

```
[root@localhost ~]# getenforce
Enforcing
```

如果以上结果显示为 Permissive 模式，则需要利用 setenforce 命令设置 SELinux 为 Enforcing 模式：

```
[root@localhost ~]# setenforce 1
```

第 3 步：利用宿主机（Windows 系统）连接虚拟机中的 Linux。在 Windows 主机连接 Linux 主机提供的 FTP 服务。在 cmd 程序中输入如下命令：

```
C:\Users\cybdi>ftp 192.168.114.11          <==Linux 主机 IP 地址
Connected to 192.168.114.11.
220 (vsFTPd 3.0.3)
200 Always in UTF8 mode.
User (192.168.114.11:(none)): study         <== 以普通用户身份登录
331 Please specify the password.
Password:                                    <== 输入密码
230 Login successful.
ftp> help                                    <== 列出所有 FTP 命令
Commands may be abbreviated. Commands are:

!          delete      literal     prompt      send
?          debug       ls          put         status
append     dir         mdelete     pwd         trace
```

```
ascii         disconnect    mdir              quit              type
```
（省略部分显示结果）

许多命令可以从其名称中得知其作用，或者它们与同名 Linux 命令作用类似。

```
ftp> pwd
257 "/home/study" is the current directory
ftp> dir
200 PORT command successful. Consider using PASV.
150 Here comes the directory listing.
drwxr-xr-x     2 1000         1000              6 Jan 28 10:06 下载
drwxr-xr-x     2 1000         1000              6 Jan 28 10:06 公共
```

操作时要注意有时间限制，如果一段时间没有操作连接就会断开，这时可以通过 open 命令重新连接：

```
ftp> pwd
421 Timeout.
Connection closed by remote host.
ftp> open 192.168.114.11
```
（重连过程略）
```
230        login successful.
```

到目前为止，使用的是本地用户登录 vsftpd 服务器，这是 vsftpd 默认允许的。由于本地用户将登录至其主目录，一般来说并不会限制用户上传文件至主目录。另外，管理员也可设置 FTP 服务器允许匿名用户使用。但是，为保证安全性 vsftpd 以及 SELinux 对匿名访问都有着特定的设置。通过如下操作，讨论 SELinux 如何控制匿名用户对 FTP 服务器的访问。

第 4 步：修改配置文件 /etc/vsftpd/vsftpd.conf 为允许匿名登录。vsftpd 默认并不允许匿名用户登录，需要将配置文件 vsftpd.conf 中如下变量值改为 YES：

```
anonymous_enable=YES
```

然后重启服务器让设置生效：

```
[root@localhost ~]# systemctl restart vsftpd
```

可以在 Windows 主机使用匿名用户登录 FTP 服务器：

```
C:\Users\cybdi>ftp  192.168.114.11              <== 留意启动 FTP 客户端的位置
连接到 192.168.114.11。
220 (vsFTPd 3.0.3)
200 Always in UTF8 mode.
用户 (192.168.114.11:(none)): anonymous
331 Please specify the password.
密码：                                           <== 无须输入密码直接按 Enter 键登录
230 Login successful.
```

登录之后实际操作的目录并非如下显示的 "/"，而是 /var/ftp/，里面有一个公共目录 pub：

```
ftp> pwd
257 "/" is the current directory
ftp> dir
200 PORT command successful. Consider using PASV.
150 Here comes the directory listing.
drwxr-xr-x    2 0        0             6 Apr 20  2021 pub
226 Directory send OK.
ftp: 收到 64 字节,用时 0.00 秒 64.00 千字节/秒。
```

可以往 pub 目录中放入可供匿名用户下载的内容:

```
[root@localhost pub]# pwd
/var/ftp/pub
[root@localhost pub]# echo "HELLO" > README.txt
```

然后就可以在 Windows 主机的客户端中下载该文件了:

```
ftp> pwd                                        <== 假设当前在初始目录位置
257 "/" is the current directory
ftp> cd pub                                     <== 下载的文件在目录 pub 中
250 Directory successfully changed.
ftp> ls
200 PORT command successful. Consider using PASV.
150 Here comes the directory listing.
README.txt
226 Directory send OK.
ftp: 收到 15 字节,用时 0.00 秒 7.50 千字节/秒。
ftp> get README.txt                             <== 下载文件
200 PORT command successful. Consider using PASV.
150 Opening BINARY mode data connection for README.txt (6 bytes).
226 Transfer complete.
ftp: 收到 6 字节,用时 0.00 秒 6000.00 千字节/秒。
```

下载的位置就是启动 FTP 客户端命令的位置(当前为 C:\Users\cybdi),但是匿名用户并不允许上传文件。例如在 Windows 的目录 C:\Users\cybdi 下准备一个测试文件 test.txt,尝试将其上传至服务器:

```
ftp> send test.txt
200 PORT command successful. Consider using PASV.
550 Permission denied.
```

显示操作不允许。如果要允许匿名用户上传文件,那么有三个地方需要放松访问限制:一是配置文件 vsftpd.conf;二是上传文件的目录权限;三是 SELinux 的对应布尔值。下面一个个地修改。

第 5 步:修改配置文件 /etc/vsftpd/vsftpd.conf 为允许匿名上传文件。将如下配置行前面的注释符去掉:

```
anon_upload_enable=YES
```

重启服务让设置生效：

```
[root@localhost ~]# systemctl restart vsftpd
```

第 6 步：修改上传文件的目录权限。原来 /var/ftp/pub 的目录权限如下：

```
[root@localhost ~]# ls -dl /var/ftp/pub/
drwxr-xr-x. 2 root root 24 7月  7 17:15 /var/ftp/pub/
```

因此，任何用户都不具有写入权限，可以放松对应的权限限制：

```
[root@localhost ~]# chmod 777 /var/ftp/pub
[root@localhost ~]# ls -dl /var/ftp/pub/
drwxrwxrwx. 2 root root 24 7月  7 17:15 /var/ftp/pub/
```

第 7 步：修改 SELinux 布尔值。可以查询到所有与 FTP 有关的布尔值：

```
[root@localhost ~]# getsebool -a | grep ftp
ftpd_anon_write --> off
ftpd_connect_all_unreserved --> off
ftpd_connect_db --> off
ftpd_full_access --> off
ftpd_use_cifs --> off
ftpd_use_fusefs --> off
ftpd_use_nfs --> off
ftpd_use_passive_mode --> off
httpd_can_connect_ftp --> off
httpd_enable_ftp_server --> off
tftp_anon_write --> off
tftp_home_dir --> off
```

其中，有两项开关与匿名用户上传文件有关，把它们打开：

```
[root@localhost ~]# setsebool ftpd_anon_write on
[root@localhost ~]# getsebool ftpd_anon_write
ftpd_anon_write --> on
[root@localhost ~]# setsebool ftpd_full_access on
[root@localhost ~]# getsebool ftpd_full_access
ftpd_full_access --> on
```

完成以上设置之后，可以重新在 Windows 主机匿名登录 Linux 主机：

```
C:\Users\cybdi>ftp 192.168.114.11
连接到 192.168.114.11。
220 (vsFTPd 3.0.3)
200 Always in UTF8 mode.
用户 (192.168.114.11:(none)): anonymous
331 Please specify the password.
密码：
230 Login successful.
ftp> ls
200 PORT command successful. Consider using PASV.
```

```
150 Here comes the directory listing.
pub
226 Directory send OK.
ftp: 收到 8 字节，用时 0.00 秒 8000.00 千字节 / 秒。
ftp> cd pub
250 Directory successfully changed.
ftp> send test.txt
200 PORT command successful. Consider using PASV.
150 Ok to send data.
226 Transfer complete.
```

3. 总结

通过以上案例讲解可以知道，在安全方面，vsftpd 本身已有一套完整的保护设置机制，因而其软件也自称为 "非常安全的 FTP 守护进程"（very secure ftp daemon），而 SELinux 本身有额外的安全开关（布尔值）。可以说这是一种双重防护。在配置网络服务器和排查问题时，既要注意服务器本身的安全设置，也要注意 SELinux 针对该类服务器的安全审核和控制，特别是相关进程、文件和目录的安全上下文，以及有关的 SELinux 布尔值设置等。此外，还需要关注文件和目录的访问权限设置、所属用户及组群等对服务器守护进程的访问造成的限制。

以上 SELinux 布尔值以及前面的防火墙区域配置结果均为临时设置。重复练习时注意查看设置值是否有变化，可以考虑将这些设置持久化。不过需要指出的是，这里主要是为了演示 SELinux 如何保护 vsftpd 而故意把服务器设置为可匿名上传文件，实际上如果没有特别要求使用，服务器及 SELinux 的默认设置已能够在性能和安全方面取得较好的平衡。

4. 拓展练习：使用 Nmap 工具扫描网络安全漏洞

之前已指出，出于安全考虑服务器本身和 SELinux 均默认禁止匿名访问 FTP 服务器。可是当调试系统及各种服务器时，有时难免有可能出现疏漏或错误，例如误将 FTP 服务器设置为匿名可访问，这样就会埋下安全隐患。另外，如果逐个服务去排查可能存在的问题，即使花费大量的时间和精力也未必能很好地完成工作，况且需要排查的并非一台主机而是整个网络所有主机的问题。

实际可以通过 Nmap 等工具扫描当前系统服务的开放情况。阅读 Nmap 的操作手册（已有中文手册提供），使用 Nmap 看能否把案例中的匿名访问 FTP 服务器的问题排查出来。

实训 14 DNS 服务器

14.1 知识结构

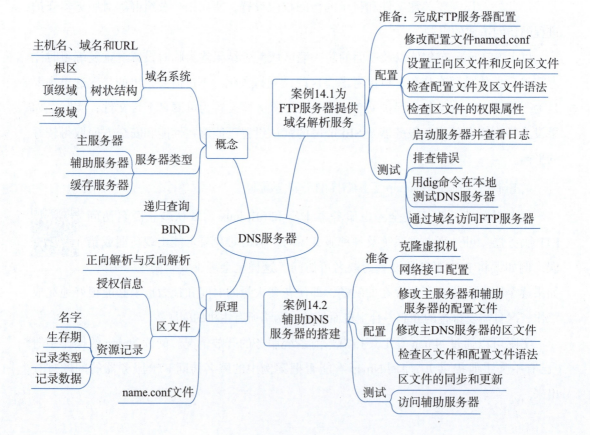

14.2 基础实训

14.2.1 域名系统中的名称查询

DNS 即域名系统。DNS 服务器就是提供某种域名解释服务的主机，更严格地它会被称为名称服务器（name server，NS）。DNS 服务器是互联网上最重要的基础服务。本实训将讲解如何搭建 DNS 服务器，其中涉及较为复杂的配置内容。在此之前，需要掌握一些基本概念以及 DNS 服务器的工作原理，这样才能更好地理解所配置的内容。与前面一样，将通过一些示例以更为具体和生动的方式讲解这些概念和原理。

1. 主机名和域名

访问互联网之前，一个重要步骤就是需要指定所要使用的 DNS 服务器，它把所请求的互联网地址中的主机名解析为 IP 地址。实际上，所输入的网址的正式名称是"统一资源定位符"（uniform resource locator，URL）。举个例子，它一般是这样的：

http://www.example.com/index.html

其中，www.example.com 表示某一主机，而 example.com 是该主机所在域的名称，index.html 则是在主机 www.example.com 中的一个文件。也就是说，给出以上网址，实质提出了如下请求：按照 HTTP，访问域名为 example.com 的网络中名字为 www 的主机站点，并且要求它提供文件 index.html。

实际上此处的主机名和域名只是一种便于区分的说法，把能够对应于某个 IP 地址的域名称为主机名，也就是说主机名和域名其实都可以统称为域名。关于 URL 其余部分的详细解释将安排在实训 15 中详细介绍。顺便指出的是，上面的 example.com（包括 example.net、example.org）是可用的域名，不妨尝试用以下命令访问该网站的以上 URL：

```
[root@localhost ~]# curl   http://www.example.com/index.html
<!doctype html>
<html>
<head>
<title>Example Domain</title>
```
（省略部分显示结果）

另外需要指出的是，当称 www.example.com 为主机时并不是真的意味着它只有一台计算机负责提供服务，特别是对于大型网站，主机名 www.example.com 背后往往有多台服务器主机同时提供服务，因而对应多个 IP 地址，这时 DNS 服务器会返回其中一个 IP 地址作为回答。总之，当给出一个网址时，DNS 需要提供这个网址包含的主机名所对应的那组 IP 地址。

作为准备，需要学习一些用于查询 DNS 记录的命令，前面已介绍过 host 命令，这里介绍功能更为丰富的 dig 命令。

命令名：dig（domain information groper）

功能：查询 DNS 服务器并获取相关结果。

格式：

dig　　　　［@DNS 服务器］　　　　［主机名／域名］　　　［查询类型选项］

注意，如果需要指定某个 DNS 服务器查询主机名或域名，则通过"@IP 地址"的格式指出所要使用的 DNS 服务器，否则 dig 命令将会使用 /etc/resolv.conf 文件中所列的 DNS 服务器。如果不给出选项和参数，dig 命令将按默认执行查询根区的 DNS 服务器的操作。

重要选项：

- -t（type）：用于指定所要查询的资源记录类型。该选项后面需要给出资源记录类型参数，资源记录类型的表示可参见关于资源记录类型的有关列表。
- -x：用于反向查询（即以 IP 地址查询对应主机名），该选项后面需要给出 IP 地址参数。

例 14.1 使用 IP 地址为 208.67.222.222 的 DNS 服务器查询主机名 www.kernel.org。该 DNS 服务器是由 OpenDNS 公司免费提供的公众 DNS 服务器。在该示例以及后面的其他示例中使用 dig 命令练习时要注意实际网络环境可能已经发生变化，因此显示结果会有所不同。

```
[root@localhost ~]# dig  @208.67.222.222  www.kernel.org

; <<>> DiG 9.11.26-RedHat-9.11.26-6.el8 <<>> @208.67.222.222 www.kernel.org
; (1 server found)
;; global options: +cmd
;; Got answer:
;; ->>HEADER<<- opcode: QUERY, status: NOERROR, id: 42364
;; flags: qr rd ra; QUERY: 1, ANSWER: 3, AUTHORITY: 0, ADDITIONAL: 1

;; OPT PSEUDOSECTION:
; EDNS: version: 0, flags:; udp: 4096
;; QUESTION SECTION:                                   <==DNS 查询请求
;www.kernel.org.                IN      A

;; ANSWER SECTION:                                     <== 返回的查询结果
www.kernel.org.         60      IN      CNAME   geo.source.kernel.org.
geo.source.kernel.org.  60      IN      CNAME   sin.source.kernel.org.
sin.source.kernel.org.  3600    IN      A       145.40.73.55

;; Query time: 32 msec
;; SERVER: 208.67.222.222#53 (208.67.222.222)          <== 这里确认所用 DNS 服务
;; WHEN: 五 7月 08 16:15:15 CST 2022
;; MSG SIZE  rcvd: 102
```

需要学习完本实训的内容才能对以上结果做更详细的解读。现在可以知道，当前主机 www.kernel.org 对应的 IP 地址就是 145.40.73.55。注意，通过 host、dig 等命令查询得到的结果并非长期有效，因此练习时可能会得到另外的结果。

2. 域名系统

前面介绍过 Linux 系统中的 DNS 客户端配置，本实训讨论如何搭建 DNS 服务器。什么是 DNS 服务器？它是如何工作的？这些都需要从 DNS 基本概念开始谈起。

从字面上理解域名系统（DNS）就是一个由域名所构成的系统。虽然听起来较为费解，其实现实当中域名系统非常常见，例如"A 校某学院某系某专业三年级一班李四"，就是使用了一种域名系统来特指某个学生。假如有另一名学生也叫李四但他在 B 校，使用了域名系统就不会混淆这两名分别属于不同域的学生。

对于计算机网络中的一台主机来说，它往往并非一个孤立的存在而是属于某个主机的集合，这个主机的集合就可称为域。为了标识不同的主机集合，有必要赋予它们名字，这就是域名的由来。正如现实世界中的许多事物都可以组织成一个具有树状结构的系统一样，同样可以对互联网上的每个域赋予一个特定的域名，并将这些域名组织成为具有树状结构的系统，这个系统就是域名系统。

图 14.1 表示了互联网上的域名系统所具有的树状结构。域名系统的顶端是根区（root zone），它被表示为"."。根区之下的一级域名集被称为顶级域（top-level domain，TLD），其中包括 com、org、edu 等通用顶级域以及 cn、uk 等国家或地区代码顶级域。顶级域之下是二级域乃至三级域，例如 kernel.org 就是一个二级域名，在该域中可以有 www.kernel.org 等提供网络服务的主机。

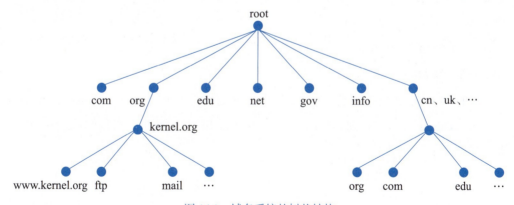

图 14.1　域名系统的树状结构

域名系统的管理也跟其他树状结构系统的管理方式类似。根区和顶级域受一个被称为互联网名称与数字地址分配机构（Internet Corporation for Assigned Names and Numbers，ICANN）的国际组织所管理。二级和三级域名则接受上一级的对应顶级域的管理机构管理，如 tsinghua.edu.cn 是一个三级域名，它受二级域 edu.cn 的相关管理机构管理，而包括 edu.cn 在内的二级域则受 cn 域的国家管理机构管理。每个组织可以通过域名注册商（domain name registrar）申请一个未被注册的二级域名或三级域名。域名注册商是商业的或非营利的组织，它们被上述域管理机构授权负责管理和分配未被注册的域名。

当某个组织申请了一个域名（如 kernel.org、tsinghua.edu.cn）之后，该组织必须通过一个 DNS 服务器去记录它的域中某台主机（如 WWW 服务器）与 IP 地址之间的映射关系，当 DNS 服务器接收到相关查询请求时，它应该能够返回对应的映射关系记录。也就是说，世界上的所有域名实际都是由拥有该域名的组织通过 DNS 服务器来维护域名在互联网上的有效性和权威性。如果一个域的 DNS 服务器停止服务，用户就无法通过网址来访问这个域的主机，可见 DNS 服务器的重要性。

例 14.2 域名维护与 DNS 服务器。以主机名 www.tsinghua.edu.cn 为例，使用 dig 命令能获得如下查询结果（根据 ANSWER SECTION 能马上得知主机 www.tsinghua.edu.cn 的 IP 地址）：

```
[root@localhost ~]# dig  www.tsinghua.edu.cn    <== 此处使用客户端配置的 DNS 服务
（省略部分显示结果）
;; QUESTION SECTION:                             <==DNS 查询请求
;www.tsinghua.edu.cn.       IN    A

;; ANSWER SECTION:                               <== 返回的查询结果

www.tsinghua.edu.cn.   5   IN    A   166.111.4.100  <== 查询获得 IP 地址
```

而且查询结果的 AUTHORITY SECTION 还告诉域 tsinghua.edu.cn 中的主机名由哪些 DNS 服务器维护：

```
;; AUTHORITY SECTION:
tsinghua.edu.cn. 5   IN   NS    dns.tsinghua.edu.cn.  <==NS 就是 name server 的
缩写
（省略部分显示结果）
```

这些 DNS 服务器也有自己的主机名字，它们自然也属于域 tsinghua.edu.cn，例如 dns.tsinghua.edu.cn 等。在查询结果的 ADDITIONAL SECTION 中，可以知道这些 DNS 服务器的 IP 地址：

```
;; ADDITIONAL SECTION:
dns.tsinghua.edu.cn.    5    IN    A    166.111.8.30
（省略部分显示结果）
```

可以直接询问 DNS 服务器 dns.tsinghua.edu.cn 关于主机 www.tsinghua.edu.cn 的 IP 地址，它能告诉同样的答案：

```
[root@localhost ~]# dig  @166.111.8.30  www.tsinghua.edu.cn
（省略部分显示结果）
;; QUESTION SECTION:
```

```
;www.tsinghua.edu.cn.          IN      A

;; ANSWER SECTION:
www.tsinghua.edu.cn.    21600   IN      A       166.111.4.100   <== 获得相同的回复
```

但是如果直接询问 IP 地址为 166.111.4.100 的主机，即主机 www.tsinghua.edu.cn 是否可以自己回答它所用的 IP 地址？答案是否定的，它并不能回答自己名称对应哪个 IP 地址的问题，因为它并非一个 DNS 服务器（而是一个 Web 服务器）：

```
[root@localhost ~]# dig @166.111.4.100 www.tsinghua.edu.cn

; <<>> DiG 9.11.26-RedHat-9.11.26-6.el8 <<>> @166.111.4.100 www.
    tsinghua.edu.cn
; (1 server found)
;; global options: +cmd
;; connection timed out; no servers could be reached
```

那么可以询问 dns.tsinghua.edu.cn 关于其他域的主机的 IP 地址吗？这取决于它是否"愿意"把请求转发至维护该域的 DNS 服务器。以下结果显示它并没有转发：

```
[root@localhost ~]# dig @166.111.8.30 www.163.com

; <<>> DiG 9.11.26-RedHat-9.11.26-6.el8 <<>> @166.111.8.30 www.163.com
; (1 server found)
;; global options: +cmd
;; connection timed out; no servers could be reached
```

思考 & 动手：查询用于维护某个域名的 DNS 服务器

对于 edu.cn 和 kernel.org 这两个域，它们分别用了哪些 DNS 服务器来维护自己的域名？模仿以上示例通过操作加以说明。

结合以上示例，讲解 DNS 服务器的三种类型，具体如下。

① 主服务器（master server）：向外界提供解析本域中主机名的权威性数据。

② 辅助服务器（slave server）：也称为从服务器，其功能基本与主服务器相同，能起到保证本域的 DNS 服务正常工作的作用，同时也能减轻主服务器的负担。为保证 DNS 数据的一致性，辅助服务器需要定期从主服务器中获取数据更新。

例如前面示例会查询到其实不止一个 DNS 服务器，它们会被设置为主 / 辅助服务器：

```
;; ADDITIONAL SECTION:
dns.tsinghua.edu.cn.    5       IN      A       166.111.8.30
dns2.tsinghua.edu.cn.   5       IN      A       166.111.8.31
```

③ 缓存服务器（cache-only server）：这类服务器并没有管理和维护某个域，它实际

通过查询其他 DNS 服务器来获取结果并记录在缓存中供以后再次查询时使用。缓存服务器能起到提高查询速度的作用。

总之，平时上网一旦用到某个网址，所访问主机的 IP 地址需要从主机所在域的 DNS 服务器中获取。然而作为客户端，又如何知道某个域是由哪个 DNS 服务器负责维护的？这就需要了解 DNS 服务器的工作原理。

3. DNS 递归查询的原理

DNS 服务器的作用是将某个主机名称解析为对应的 IP 地址。但每个 DNS 服务器只解释它能解释的请求，如果不能解释，就按照它在域名系统中的所在位置，把请求转发到其他 DNS 服务器中。

例如，在前面介绍过修改 /etc/hosts 文件，建立主机名与 IP 地址映射关系的示例。然而当系统在 hosts 文件中查找不到对应关系时，就需要向记录在 /etc/resolv.conf 文件中的 DNS 服务器提交互联网地址解析请求。这其实就是一种最基本的查询转发。

不过，/etc/resolv.conf 文件中记录的 DNS 服务器也不可能存储所有的网址解析结果，这是因为互联网的域及其主机不仅数量庞大，最重要的是它们分散在世界各地且经常发生变动。没有任何一台 DNS 服务器能够记录互联网中所有域的每台主机与 IP 地址之间的映射关系。

域名系统通过分布式存储的方法来解决上述问题。即每个域名的拥有者必须通过构建或租用 DNS 服务器向外界解释该域中每台主机的名字。现在的问题是，日常所使用的 DNS 服务实际往往是由互联网服务提供商（internet service provider，ISP）提供的，ISP 的 DNS 服务器又是如何找到诸如 kernel.org 的 DNS 服务器？这时同样需要依靠前面介绍的 DNS 树状结构来进行。可以将图 14.1 中从根区开始往下的顶级域、二级域和三级域的每个节点看作一台 DNS 服务器，既然每个域中的主机解析任务由该域的 DNS 服务器来负责，那么根区、顶级域以及二级域节点所对应的 DNS 服务器只需要记录它们下一级域的 DNS 服务器的所在位置，然后从根区开始沿着树状结构一层一层往下查询，最终就能找到某个域的 DNS 服务器。

以查询主机 www.kernel.org 的 IP 地址为例，整个过程是这样的：

① 如果 /etc/hosts 文件中没有对应记录，则向 ISP 的 DNS 服务器提交查询请求。

② 如果 ISP 的 DNS 服务器中有相关缓存记录，则直接向客户端返回该记录，否则将查询请求转交给根区的 DNS 服务器。

③ 根区的 DNS 服务器将向 ISP 的 DNS 服务器返回关于域 org 的 DNS 服务器的 IP 地址。

④ ISP 的 DNS 服务器访问域 org 的 DNS 服务器，该服务器将返回域 kernel.org 的 DNS 服务器的 IP 地址。

⑤ ISP 的 DNS 服务器将查询请求提交给域 kernel.org 的 DNS 服务器，从而获得主机 www.kernel.org 所对应的 IP 地址。

⑥ ISP 的 DNS 服务器将查询最终结果返回给 DNS 客户端。

上述查询过程被称为 DNS 递归（DNS recursion）查询。从以上查询过程也可以看出，一个合法的 DNS 服务器必须在上级 DNS 服务器中被记录，从这个角度来看也可知道关于根区的 DNS 服务器在互联网服务中的重要性。

例 14.3 DNS 递归查询过程的跟踪。由于完整的 DNS 递归查询耗时较长，默认 dig 命令会以最快方式获取查询结果，如果加上跟踪选项"+trace"，能够看到整个递归查询过程：

```
[root@localhost ~]# dig www.tsinghua.edu.cn +trace

; <<>> DiG 9.11.26-RedHat-9.11.26-6.el8 <<>> www.tsinghua.edu.cn +trace
;; global options: +cmd
```

下面解读具体的递归查询过程。注意，已省略了附加的结果信息。首先将请求发送至 /etc/resolv.conf 文件中设定的 DNS 服务器，而这里将经由网关（192.168.114.2）转发至 ISP 的 DNS 服务器中，获得根名字服务器列表：

```
.              5       IN      NS       d.root-servers.net.       <=="." 代表根
;; Received 492 bytes from 192.168.114.2#53 (192.168.114.2) in 82 ms
                                                      <== 从网关获取
```

然后从其中一个根名字服务器（d.root-servers.net）获得域 cn 的 DNS 服务器列表：

```
cn.            172800  IN      NS       ns.cernet.net.
;; Received 710 bytes from 199.7.91.13#53 (d.root-servers.net) in 285 ms
```

而域 cn 的 DNS 服务器（ns.cernet.net）能直接告知域 tsinghua.edu.cn 的 DNS 服务器信息：

```
tsinghua.edu.cn.172800 IN      NS       dns.tsinghua.edu.cn.
;; Received 441 bytes from 202.112.0.44#53 (ns.cernet.net) in 382 ms
```

这使得可以不用再去查询域 edu.cn 的 DNS 服务器。最后，从 DNS 服务器 dns.tsinghua.edu.cn. 处获得主机 www.tsinghua.edu.cn 的 IP 地址：

```
www.tsinghua.edu.cn.   21600   IN      A       166.111.4.100
;; Received 1006 bytes from 166.111.8.30#53 (dns.tsinghua.edu.cn) in 121 ms
```

注意，实际操作结果很可能与上面的结果有所不同，特别是最后从哪个 DNS 服务器中获得主机 www.tsinghua.edu.cn 的 IP 地址。不过，查询过程都会完整地展示"DNS 递归查询过程"，即从根区开始，沿着域名系统的树状结构，一层一层地往下查询，直到获得请求的查询答案。

思考&动手：分析并对比不同主机名称的递归查询过程

模仿以上示例，分析并对比主机 www.tsinghua.edu.cn 和主机 www.kernel.org 的 DNS 递归查询过程。

14.2.2 基本配置工作

1. 准备工作

BIND（Berkeley Internet Name Domain）是互联网中使用最为广泛的 DNS 服务器软件，它由美国加州大学伯克利分校设计。在配置 BIND 服务器之前需要检查是否已经安装了相关软件：

```
[root@localhost ~]# rpm -qa | grep bind
bind-utils-9.11.26-6.el8.x86_64        <== 查询 DNS 服务器的应用软件
bind-9.11.26-6.el8.x86_64              <==BIND 服务器软件
bind-libs-9.11.26-6.el8.x86_64         <==BIND 服务器及其应用软件使用的库文件
bind-chroot-9.11.26-6.el8.x86_64       <== 用于加强 BIND 服务器安全性的软件
```
（省略部分显示结果）

如果没有安装上述软件，可使用 yum 服务安装 BIND 软件包：

```
[root@localhost ~]# yum install bind
[root@localhost ~]# yum install bind-chroot
```
（省略安装过程信息）

BIND 软件有一个守护进程 named，安装完毕后可启动 named 进程：

```
[root@localhost ~]# systemctl start named
[root@localhost ~]# systemctl status named
● named.service - Berkeley Internet Name Domain (DNS)
     Loaded: loaded (/usr/lib/systemd/system/named.service; disabled; vendor preset: disabled)
     Active: active (running) since Sat 2022-07-09 10:50:26 CST; 3h 10min ago
```

【注意】启动守护进程完毕后，要查看其提示结果。如果 named 进程启动失败，则会给出如下提示：

```
[root@localhost ~]# systemctl start named
Job for named.service failed because the control process exited with error code.
See "systemctl status named.service" and "journalctl -xe" for details.
```

这时需要按照上面的提示进一步排查问题所在：

```
[root@localhost ~]# systemctl status named
● named.service - Berkeley Internet Name Domain (DNS)
```

```
       Loaded: loaded (/usr/lib/systemd/system/named.service; disabled;
vendor preset: disabled)
       Active: failed (Result: exit-code) since Mon 2022-07-11 08:02:08 CST; 23s ago
```

即使启动完毕并非表示没有任何问题，如果存在问题也将会记录在 /var/log/messages 中，要注意通过日志排查 DNS 服务器的问题。

【注意】 bind-chroot 是一个加强 BIND 服务器安全性的软件。它用于将 BIND 服务器在访问文件系统时局限在目录 /var/named/chroot 中。需要特别注意的是，在 RHEL 8 中如果希望使用 bind-chroot 软件加强安全性，需要关闭守护进程 named，然后开启另一个守护进程 named-chroot 提供服务，即两个守护进程不可同时运行：

```
[root@localhost ~]# systemctl  stop  named
[root@localhost ~]# systemctl  start  named-chroot
[root@localhost ~]# systemctl  status  named-chroot
● named-chroot.service - Berkeley Internet Name Domain (DNS)
   Loaded: loaded (/usr/lib/systemd/system/named-chroot.service; disabled;
vendor preset: disabled)
   Active: active (running) since Sat 2022-07-09 14:33:45 CST; 5s ago
```

另一个较为特别的地方是目录 /var/named/chroot 中除了有一个模拟的文件系统结构之外，没有一个普通文件在里面。以下命令能帮助用户较好地了解 named 或 named-chroot 所用到的文件结构：

```
[root@localhost ~]# tree  /var/named/chroot/
/var/named/chroot/
├── dev
├── etc
│   ├── crypto-policies
│   │   └── back-ends
│   ├── named
│   └── pki
│       └── dnssec-keys
（省略部分显示结果）
19 directories, 0 files
```

其实 BIND 通过挂载方式实现目录间的映射，启动了守护进程 named-chroot 之后能看到这些映射：

```
[root@localhost ~]# mount | grep  /var/named/chroot
（省略部分显示结果）
/dev/mapper/rhel-root on /var/named/chroot/var/named type xfs
(rw,relatime,seclabel,attr2,inode64,logbufs=8,logbsize=32k,noquota)
```

因此，无须额外在目录 /var/named/chroot/ 中创建配置文件。

此外，需要设置防火墙允许 named 服务通过，考虑后面的实训均要使用 FTP 和 DNS 等服务，把它们设置为永久可访问：

```
    [root@localhost ~]# firewall-cmd  --zone=public  --add-service=ftp
--permanent
    success
    [root@localhost ~]# firewall-cmd  --zone=public  --add-service=dns
--permanent
    success
    [root@localhost ~]# firewall-cmd  --reload <== 把持久化设置装载为运行时设置
    success
    [root@localhost ~]# firewall-cmd  --zone=public  --list-services
    cockpit dhcpv6-client dns ftp ssh
```

延续前面的设置,这里有网络接口 ens160 并配置有 3 个 IP 地址,而该接口配置在防火墙的区域 public 中:

```
    [root@localhost ~]# nmcli
    ens160: 已连接 到 ens160
            "VMware VMXNET3"
            ethernet (vmxnet3), 00:0C:29:F4:6F:07, 硬件, mtu 1500
            ip4 默认
            inet4 192.168.114.11/24
            inet4 192.168.114.12/24
            inet4 192.168.114.13/24
(省略其余显示内容)
    [root@localhost ~]# firewall-cmd  --zone=public  --list-interfaces
    ens160
```

练习时根据以上命令检查自己的网络环境和防火墙设置。

2. 资源记录

(1)基本字段解释。

DNS 服务器中实际就是一个存储主机名与 IP 地址映射关系记录的数据库,因此如何表示和记录这种映射关系是 DNS 服务器首先需要考虑的问题。前面通过 dig 命令查询获得的结果主要由一组资源记录(resource record,RR)构成,它是 DNS 服务器的基本信息单元。一条完整的资源记录包括如下字段。

名字(name):表示了该记录是关于谁的记录,也可以说这条记录属于这个名字所表示的拥有者。可以使用符号 @ 表示当前区的名称,也即表示了当前记录是关于整个区的记录。

记录的生存期(time to live,TTL):表示当客户端持有该记录的时间(单位为秒)超过了记录的生存期时,应该丢弃该记录并重新查询。可以在区文件的一开始定义全局变量 TTL。

记录种类(record class):表示记录所属的名字空间,该字段一般记为 IN,表示 Internet 的意思。

记录类型(record type):被表示为如下一些标志,用以标记下一个字段(记录数据)所存储信息的类型。

- A(address): IPv4 地址。
- AAAA: IPv6 地址。
- NS(name server): DNS 服务器的主机名。
- SOA(start of authority): 授权信息, 用于指出如何管理资源记录。
- MX(mail exchanger): 邮件服务器的主机名。
- CNAME(canonical name): 关于名字字段的另一个表示(别名), 它一般更长而且更为正式。
- PTR(pointer): 用于表示反向解析, 即记录数据为 IP 地址所对应的主机名。

记录数据(record data): 记录数据即为 IP 地址、DNS 服务器主机名等信息, 它可以由多条信息构成。

例 14.4 资源记录的类型。下面从前面的示例中抽取一些记录:

名字	生存期	记录种类	记录类型	记录数据
www.kernel.org.	60	IN	CNAME	geo.source.kernel.org.
www.tsinghua.edu.cn.	5	IN	A	166.111.4.100
tsinghua.edu.cn.	5	IN	NS	dns.tsinghua.edu.cn.
dns.tsinghua.edu.cn.	5	IN	AAAA	2402:f000:1:801::8:30

根据资源记录的字段解释, 以上第一条记录说明了 www.kernel.org 正式名称为 geo.source.kernel.org。第二条记录告诉 www.tsinghua.edu.cn 对应于 IP 地址 166.111.4.100。第三条记录说明域 tsinghua.edu.cn. 中主机 dns.tsinghua.edu.cn. 是 DNS 服务器, 而第四条记录则给出了它的 IPv6 地址。

DNS 服务器的反向解析是指根据 IP 地址反向查询主机名, 这种映射关系也存储为资源记录:

```
[root@localhost ~]# dig  -x  166.111.4.100   <== 根据以上第二条记录的结果反向查询
(省略部分显示结果)
;; QUESTION SECTION:
;100.4.111.166.in-addr.arpa.   IN      PTR

;; ANSWER SECTION:
100.4.111.166.in-addr.arpa.    5      IN      PTR     www.tsinghua.edu.cn.
```

(2) 域名的表示。

细心的读者也许已经发现, 资源记录并非完全以日常形式表示一个域名或主机名。这种名字称为完全限定域名(fully qualified domain name, FQDN)。FQDN 的最大特点是明确表示了域名在 DNS 层级结构中的绝对位置。例如对于主机名 www.kernel.org, 它的 FQDN 应为 "www.kernel.org.", 也即在结尾多加一个点 ".", 这个点表示了 DNS 中的根, 然后沿着 DNS 层级一直往下并从右到左地逐级表示域名就可得到相应的 FQDN。如果资源记录中的名字不以 FQDN 的形式给出, 则 DNS 服务器会自动根据区文件所对应的域名在名字的结尾补充完整。例如，假设在 kernel.org 的 DNS 服务器中这样一条记录：

```
www                     590     IN      A       145.40.73.55
```

则会将其自动补充为"www.kernel.org."，但如果资源记录写为：

```
www.kernel.org          590     IN      A       145.40.73.55
```

也即没有以点结尾，就会出现主机名就被处理为"www.kernel.org.kernel.org."的错误。

例 14.5 完全限定域名的表示方法。之前使用 dig 命令时，都没有用完全限定域名，而是按习惯表示。如果查询一级域 cn，从 QUESTION SECTION 可知使用 dig 命令翻译为这样一个请求：

```
[root@localhost ~]# dig  cn
（省略部分显示结果）
;; QUESTION SECTION:
;cn.                    IN      A              <== 留意记录中多了"."
```

如果输入以下命令，会被认为不是一个合法的名字：

```
[root@localhost ~]# dig  .cn
dig: '.cn' is not a legal name (empty label)
```

而输入如下命令，与前面命令 dig cn 一样其实都是提交同一个请求：

```
[root@localhost ~]# dig  cn.                   <== 所给域名是完全限定域名

;; QUESTION SECTION:
;cn.                    IN      A
```

（3）NS 类型的资源记录。

DNS 服务器也会有自己的主机名，因此它需要维护自己的主机名称与 IP 地址的映射关系，这类资源记录在记录类型字段中被表示为 NS 类型。

例 14.6 查询 DNS 服务器的 IP 地址。使用 dig 命令查询主机名时往往会附加相关的 DNS 服务器信息，可以用如下命令列出某域所有的 DNS 服务器，例如查询域 cn 的 DNS 服务器信息：

```
[root@localhost ~]# dig  -t  NS  cn       <== 选项 -t 可指定查询记录类型
（省略部分显示结果）
;; QUESTION SECTION:
;cn.                    IN      NS

;; ANSWER SECTION:
cn.             5       IN      NS      f.dns.cn.
cn.             5       IN      NS      e.dns.cn.
cn.             5       IN      NS      a.dns.cn.
（省略部分显示结果）

;; ADDITIONAL SECTION:
f.dns.cn.       5       IN      A       195.219.8.90
```

```
e.dns.cn.                    5        IN       A       203.119.29.1
a.dns.cn.                    5        IN       A       203.119.25.1
```
（省略部分显示结果）

（4）SOA 类型的资源记录。

如果一条资源记录的记录类型字段被标记为 SOA，则表示该资源记录为授权信息，它指出了一些如何管理资源记录的参数。可以通过 dig 命令获取某个域的一些授权信息。

例 14.7 查询域的授权信息。为了更好地进行说明，挑选了域 edu.cn 的 SOA 资源记录信息：

```
[root@localhost ~]# dig  edu.cn  -t  SOA  +multiline
```
（省略部分显示结果）
```
;; QUESTION SECTION:
;edu.cn.                    IN   SOA

;; ANSWER SECTION:
edu.cn.          5   IN   SOA  dns.edu.cn.  hostmaster.net.edu.cn. (
                 2022074588     ; serial                <== 序列号
                 7200           ; refresh (2 hours)     <== 更新时间
                 1800           ; retry (30 minutes)    <== 重试时间
                 604800         ; expire (1 week)       <== 过期时间
                 21600          ; minimum (6 hours)     <== 缓存时间
                 )
```

在上面的查询结果记录中，"edu.cn."是资源记录名称，5 表示资源记录的生存期为 5s，IN 表示记录种类为 Internet。授权信息包括如下内容。

主 DNS 服务器的主机名：如"dns.edu.cn."。

域管理员的电子邮件地址：如"hostmaster.net.edu.cn."，即"hostmaster@net.edu.cn."，注意用"."代替"@"。

序列号：用于比较辅助服务器与主服务器之间数据新旧程度，数字越大说明文件越新。数据以主服务器为准。如果辅助服务器发现主服务器的序列号更大，则更新数据。一般习惯可把序列号表示为时间加上更新次数。

更新时间：辅助服务器每隔多长时间更新数据，如每 2h 检查一次更新。

重试时间：如果更新失败需间隔多长时间重试，如 0.5h 后重试。

过期时间：更新失败后经过多长时间辅助服务器的数据失效，如一星期后失效。

缓存时间：资源记录生存期的默认设置值。如 6h。

需要注意的是，上述更新时间等除了以秒为单位表示为一个整数之外，还可以结合 M（分钟）、H（小时）、D（天）、W（星期）等单位表示，如 3H、1W 等。当为自己的 DNS 服务器的设置授权信息时，也可以先参考常用网站的典型设置，然后再根据实际情况做调整。

3. 区和区文件

通过 dig 命令查询到的资源记录，其实都是 DNS 服务器中的区文件内容。区（zone）是用于划分 DNS 树状结构的一个概念，被授权的管理者负责管理区中的域名。区可以包含一个或多个域，一种常见的简化情形是将单独的一个域看作一个区。关于区的一个典型例子是根区，它是最重要的区，位于 DNS 树状结构中的顶端。每个 DNS 服务器有文件 /var/named/named.ca，它指出了根区服务器的 IP 地址。这样 DNS 服务器在遇到自己无法解析的查询要求时，可将查询要求转发给根区的服务器。

例 14.8 查看根区服务器的信息文件。文件路径为 /var/named/named.ca。

```
[root@localhost ~]# cat   /var/named/named.ca
（省略部分显示结果）
;; ADDITIONAL SECTION:
a.root-servers.net.      518400 IN      A        198.41.0.4
（省略部分显示结果）
m.root-servers.net.      518400 IN      AAAA     2001:dc3::35
（省略部分显示结果）
```

也可以通过如下网址获取最新的 named.ca 文件：

```
[root@localhost ~]# curl   http://www.internic.net/domain/named.root
（省略部分显示结果）
; FORMERLY NS.INTERNIC.NET
;
.                        3600000        NS       A.ROOT-SERVERS.NET.
A.ROOT-SERVERS.NET.      3600000        A        198.41.0.4
A.ROOT-SERVERS.NET.      3600000        AAAA     2001:503:ba3e::2:30
（省略部分显示结果）
```

由以上结果可见，文件 named.ca 和 named.root 中主要内容是一样的，均记录了编号 a～m 的根区服务器的对应 IP 地址。

编写区文件自然是构建 DNS 服务器最为重要的工作。区文件由资源记录构成。所熟知的由主机名解析得到 IP 地址的过程被称为正向解析，反之根据 IP 地址解析得到主机名便称为反向解析。正向解析和反向解析结果分别记录在正向区文件和反向区文件中。构建 DNS 服务器的一个重要工作，就是编写正向区文件和反向区文件。

以下两个示例是关于域 example.com 中主机名的正向解析和反向解析的区文件。使用的是实训 13 已设置好的网络环境（NAT 模式）。

例 14.9 正向区文件示例，文件命名为 named.example.com。

```
; 设置默认的生存期（1 天），这样在后面的资源记录中不需要逐个写出它们的 TTL 值
$TTL 86400

; 此处 @ 表示 example.com. 所在的整个区
```

```
@       IN      SOA     dns.example.com. root.example.com. (
                        2022071001; 序列号
                        28800   ; 更新时间（8 小时）
                        14400   ; 重试时间（4 小时）
                        3600000 ; 过期时间（1000 小时）
                        86400   ; 资源记录的生存期
                        )
;NS 类型记录，记录标识一个区的 DNS 服务器
@       IN      NS      dns.example.com.

;DNS 服务器主机的对应 IP 地址
dns.example.com.                IN      A       192.168.114.11
;ftp 是简写，即表示主机 ftp.example.com.
ftp                             IN      A       192.168.114.12
```

例 14.10 反向区文件示例，文件命名为 named.192.168.114。

```
; 默认生存期，SOA 记录以及 NS 记录与正向区文件相同
$TTL 86400
@       IN      SOA     dns.example.com. root.example.com. (
                        2022071001 ; 序列号
                        28800   ; 更新时间（8 小时）
                        14400   ; 重试时间（4 小时）
                        3600000 ; 过期时间（1000 小时）
                        86400   ; 资源记录的生存期
                        )
@       IN      NS      dns.example.com.

;DNS 服务器会根据后面介绍的 named.conf 中的 zone 语句设置补全 IP 地址
; 此处也即表示 192.168.114.11 对应的主机为 dns.example.com.
11      IN      PTR             dns.example.com.
12      IN      PTR             ftp.example.com.
```

正向区文件与反向区文件均保存在 /var/named 目录中，为便于辨认，可以按"named.域名"的格式命名正向区文件，而按"named.IP 网段"的格式命名反向区文件。如前所述，两种区文件的内容实际是一组资源记录。区文件中以分号（;）为注释符，必须包含 SOA 类型的资源记录，可以在开始处设置生存期等默认值。此外，可利用 /var/named 目录中的区文件模板 named.empty 文件来创建区文件。

4. BIND 的基本配置文件

/etc/named.conf 文件是关于 BIND 的基本配置文件。named.conf 文件由 option、logging、zone 等语句（statement）构成，语句中包含了一组子句（clause），并以分号";"作为结束标志。每个语句的子句放置在一对花括号 {} 内，同样也以分号作为结束标志。named.conf 文件采用了类似于 C 语言的注释风格，即采用 // 作为注释符，但它也同时支持使用井号 # 作为注释符。下面对一些较为重要的语句进行介绍。

（1）option 语句。

option 语句包含有许多关于服务器全局设置的子句。以下是安装了 BIND 软件后 option 语句的初始设置，其中一些较为重要的子句已附上了相关注释：

```
options {
// 指定接受 DNS 查询的网络接口及端口。默认监听端口为 53
// 子句 "127.0.0.1;" 表示可接受来自本地的 DNS 查询
// 可以设置为子句 "any"; 以接受来自所有网络接口的查询
    listen-on port 53 { 127.0.0.1; };
        // 指定通过哪个端口监听 IPv6 类型的客户端请求
    listen-on-v6 port 53 { ::1; };
        // 区文件存放位置的起始路径
    directory       "/var/named";
    dump-file       "/var/named/data/cache_dump.db";
        // 统计信息的记录文件
        statistics-file "/var/named/data/named_stats.txt";
    memstatistics-file "/var/named/data/named_mem_stats.txt";
// 允许可以使用 DNS 查询的主机及网络，设置为 "any"; 表示对所有客户端开放
    allow-query     { localhost; };
        // 是否允许递归查询，即当服务器无相关记录时是否将查询请求转发至根区服务器
    recursion yes;
(省略部分内容)
};
```

（2）zone 语句。

zone 语句用于定义与一个区有关的相关设置，主要包括服务器类型以及区文件的所在位置。named.conf 文件中默认已经有关于根区的 zone 语句：

```
zone "." IN {
    type hint;
    file "named.ca";
};
```

上述 zone 语句表示了关于根区（以 . 表示）的设置，其中服务器类型参数 type 设置为 hint，含义是 DNS 服务器将根据下一个参数 file 所指示的 named.ca 文件的提示找到根区服务器。

例 14.11 设置关于域 example.com 的 zone 语句。在 named.conf 文件中加入代码：

```
// 正向解析（主机名→IP 地址）
zone "example.com" IN {
    // 当前服务器为主服务器
    type master;
    // 指出正向区文件
    file "named.example.com";
};

// 反向解析（IP 地址→主机名）
```

```
zone "114.168.192.in-addr.arpa" IN {
    type master;
    // 指出反向区文件
    file "named.192.168.114";
};
```

代码中最特别的是用于反向解析的 zone 语句，它使用的区名 "114.168.192.in-addr.arpa" 同样采用前面介绍的 FQDN 形式来表示，因此应从右到左地理解。用于反向解析的 DNS 数据库的根位于域 arpa，IPv4 地址使用的是子域 in-addr.arpa。前面示例的反向区文件有资源记录：

```
11        IN      PTR         dns.example.com.
```

可知服务器将地址 "11.114.168.192.in-addr.arpa." 指向了主机名 "dns.example.com."。因此，当客户端用 dig 命令反向查询时，便会有如下结果：

```
11.114.168.192.in-addr.arpa.  86400  IN      PTR     dns.example.com.
```

例 14.12 搭建缓存 DNS 服务器。缓存服务器的作用是把查询请求转发给其他 DNS 服务器，而缓存记录能够提高重复查询的速度。缓存服务器本身不存储区文件，因此只需设置文件 named.conf，这里只显示文件中 options 语句中一些需要特别关注的参数：

```
options {
listen-on port 53 { any; };           // 改为 "any;" 监听所有接口的 53 端口，可设置特定 IP
allow-query      { any; };            // 允许任何来源的查询
recursion yes;                        // 默认已设置为 yes
};
```

然后重启 named 守护进程以加载设置，并检查日志是否有报告错误。另外注意参考前面"准备工作"检查防火墙设置，以上过程略。既然是缓存服务器，查询速度是主要关心的问题。假定当前 Linux 主机配置的 IP 地址为 192.168.114.11，启动服务器后发起第一个查询：

```
[root@localhost ~]# dig   @192.168.114.11   www.kernel.org
（查询结果略，仅保留查询统计）
;; Query time: 4567 msec                              <== 查询耗时
;; SERVER: 192.168.114.11#53（192.168.114.11）<== 注意确认是否从指定服务器查询
;; WHEN: 四 7月 21 21:50:14 CST 2022
;; MSG SIZE  rcvd: 536
```

然后马上再次提交相同的查询：

```
[root@localhost ~]# dig   @192.168.114.11   www.kernel.org
（查询结果略，仅保留查询统计）
;; Query time: 0 msec
;; SERVER: 192.168.114.11#53（192.168.114.11）
;; WHEN: 四 7月 21 21:50:22 CST 2022
;; MSG SIZE  rcvd: 536
```

由此可见，缓存 DNS 服务器的确提高了重复查询的速度。

还可以让 Windows 主机使用 Linux 主机的 DNS 服务：

```
C:\Users\cybdi>nslookup    www.kernel.org    192.168.114.11
服务器: UnKnown
Address: 192.168.114.11                <== 确认这里是否为 Linux 主机的 IP 地址

非权威应答:
名称:    sin.source.kernel.org
Addresses: 2604:1380:40e1:4800::1
          145.40.73.55
Aliases: www.kernel.org
         geo.source.kernel.org
```

换言之，现在 Linux 主机就成为 Windows 主机作为客户端的 DNS 服务器了。

思考 & 动手：缓存 DNS 服务器的查询请求转发功能

修改缓存 DNS 服务器的 named.conf 文件，在 options 语句中加入如下两个子句：

```
forward only;
forwarders {208.67.222.222;};
```

其中，forward 子句表示缓存服务器不将查询请求转发给根区 DNS 服务器，而是转发给 forwarders 子句中所列的 DNS 服务器，可以把请求转发给某个公共 DNS 服务器。

然后重启服务并查询以上示例中的主机名，对比示例中的查询时间，启用了 forward 和 forwarders 两项设置后查询速度是提高了还是降低了？为什么？

14.3　综合实训

案例 14.1　为 FTP 服务器提供域名解析服务

1. 案例背景

DNS 服务器的主要功能是为互联网中的各种服务器主机提供了域名解析服务。在本案例中讨论如何搭建基本的 DNS 服务器为 FTP 服务器提供域名解析服务。配置完毕后，就可以不用像前面那样输入特定 IP 地址访问 FTP 服务器，而是像平时上网那样根据主机名称获取服务。

本案例使用一台 Linux 虚拟机完成练习，既运行 DNS 服务器也运行 FTP 服务器。在此之前需要完成案例 13.1 和案例 13.2 的练习。延续前面的配置结果，该主机有一个以太网络接口使用 NAT 模式联网，该接口设置有三个 IP 地址。Linux 主机应已完成前面案例的 FTP 服务器配置。该 Linux 主机将管理和使用域名 example.com，在 example.com 域中将配置有 DNS 服务器 dns.example.com（IP 地址为 192.168.114.11）以及 FTP 服务器 ftp.example.com（IP 地址为 192.168.114.12）。

2. 操作步骤讲解

第 1 步：配置 named.conf 文件。针对本案例的任务，重点关注如下 options 语句中的配置，对照修改：

```
options {
    listen-on port 53 { 192.168.114.11; };    // 监听特定接口
    allow-query     { any; };                 // 允许任意客户端的查询
    recursion no;                             // 只有构造缓存服务器时才应设置为 yes
    //forward only;                           // 不作为缓存服务器后注释 forward 语句
    //forwarders {208.67.222.222;};           // 同上
};
```

named.conf 文件中 logging 语句以及关于根区的 zone 语句按默认设置即可。最后应加入例 14.11 中的两个 zone 语句，相关解释参考前面示例，

```
zone "." IN {
    type hint;
    file "named.ca";
};
zone "example.com" IN {
    type master;
    file "named.example.com";
};
zone "114.168.192.in-addr.arpa" IN {
    type master;
    file "named.192.168.114";
};
```

第 2 步：设置正向区文件和反向区文件。正向区文件 named.example.com 和反向区文件 named.192.168.114 已经在例 14.9 和例 14.10 中给出，可根据例 14.9 和例 14.10 中的文件内容在 /var/named 目录中建立对应的正向区文件和反向区文件。

第 3 步：检查配置文件及区文件。以上配置经常由于误操作而出现错误。因此可以通过 named-checkzone 和 named-checkconf 进行语法检查。注意，named-checkzone 命令的使用需要给出两个参数：第一个参数为区名称，与配置文件 named.conf 中 zone 语句相对应；第二个参数为区文件名称。

```
[root@localhost named]# pwd                <== 注意当前目录位置
/var/named
[root@localhost named]# named-checkzone  example.com  named.example.com
zone example.com/IN: loaded serial 2022071001
OK
[root@localhost named]# named-checkzone  114.168.192.in-addr.arpa
```

```
named.192.168.114
    zone 114.168.192.in-addr.arpa/IN: loaded serial 2022071001
OK
[root@localhost named]# named-checkconf -z    <==-z 选项会按照区语句进行测试
zone example.com/IN: loaded serial 2022071001
zone 114.168.192.in-addr.arpa/IN: loaded serial 2022071001
zone localhost.localdomain/IN: loaded serial 0
zone localhost/IN: loaded serial 0
zone 1.0.0.0.0.0.0.0.0.0.0.0.0.0.0.0.0.0.0.0.0.0.0.0.0.0.0.0.0.0.0.0.ip
6.arpa/IN: loaded serial 0
zone 1.0.0.127.in-addr.arpa/IN: loaded serial 0
zone 0.in-addr.arpa/IN: loaded serial 0
```

需要指出的是，以上检查的只是文件的语法，因此并不意味着设置完全正确或符合需求。

第 4 步：检查区文件的权限属性。不妨先对比一下目前设置的区文件与默认自带的区文件在权限上的区别：

```
[root@localhost named]# ll
总用量 24
drwxr-x---.  7 root   named    61  7月   9  10:27  chroot
drwxrwx---.  2 named  named    23  7月   9  10:36  data
drwxrwx---.  2 named  named    60  7月  11  16:14  dynamic
-rw-r--r--.  1 root   root    536  7月  11  15:01  named.192.168.114
-rw-r-----.  1 root   named  2253  8月  25  2021   named.ca
-rw-r-----.  1 root   named   152  8月  25  2021   named.empty
-rw-r--r--.  1 root   root    614  7月  11  16:13  named.example.com
-rw-r-----.  1 root   named   152  8月  25  2021   named.localhost
-rw-r-----.  1 root   named   168  8月  25  2021   named.loopback
drwxrwx---.  2 named  named     6  8月  25  2021   slaves
```

虽然以上两个区文件可供 root 以外的其他用户读取，但并非是一个较好的权限设置，因为其他普通用户也可读。另外，守护进程 named 是以用户 named 的身份执行的：

```
[root@localhost named]# ps -el | grep named
5 S    25  49575   1  0  80   0 - 84754 -   ?   00:00:00 named
[root@localhost named]# id named
uid=25(named) gid=25(named) 组=25(named)
```

因此参照其他区文件，可以把新建的区文件设置如下：

```
[root@localhost named]# chmod 640 named.example.com named.192.168.114
[root@localhost named]# chown root:named named.example.com named.192.168.114
[root@localhost named]# ll named.example.com named.192.168.114
-rw-r-----. 1 root named 536 7月  11 15:01 named.192.168.114
-rw-r-----. 1 root named 614 7月  11 16:13 named.example.com
```

第 5 步：检查防火墙等相关设置后，重启 named 守护进程。启动完毕后如果提示有错误：

```
[root@localhost named]# systemctl  restart  named
Job for named.service failed because the control process exited with
error code.
See "systemctl status named.service" and "journalctl -xe" for details.
```

那么就必须要查看有关的日志信息来排查问题，更具体的日志记录可以在 /var/log/messages 文件中查阅。

产生错误的原因有很多。这里举一个例子，回看日志如下：

```
[root@localhost named]# systemctl  status  named
```
（省略部分显示结果）
```
7月 11 15:53:50 localhost.localdomain named[46446]: unable to listen on
any configured interfaces
7月 11 15:53:50 localhost.localdomain named[46446]: loading configuration:
failure
7月 11 15:53:50 localhost.localdomain named[46446]: exiting (due to
fatal error)
7月 11 15:53:50 localhost.localdomain systemd[1]: named.service: Control
process exited, code=exited sta>
7月 11 15:53:50 localhost.localdomain systemd[1]: named.service: Failed
with result 'exit-code'.
7月 11 15:53:50 localhost.localdomain systemd[1]: Failed to start
Berkeley Internet Name Domain (DNS).
```

启动日志显示无法监听任何端口。可以先排除端口是否有问题：

```
[root@localhost named]# nmcli
ens160: 已连接 到 ens160
        "VMware VMXNET3"
        ethernet (vmxnet3), 00:0C:29:F9:17:D7, 硬件, mtu 1500
        ip4 默认
        inet4 192.168.114.11/24
```

这时很难推断什么原因导致守护进程不能监听任何端口，不过可以先看看是否有守护进程已监听了该端口，netstat 命令用于查询主机中已建立的网络连接等信息：

```
[root@localhost named]# netstat  -lnp | grep  named
tcp   0   0    192.168.3.30:53        0.0.0.0:*        LISTEN    35370/named
tcp   0   0    192.168.114.13:53      0.0.0.0:*        LISTEN    35370/named
tcp   0   0    192.168.114.12:53      0.0.0.0:*        LISTEN    35370/named
tcp   0   0    192.168.114.11:53      0.0.0.0:*        LISTEN    35370/named
```

可以推断是因为进程号为 35370 的守护进程还在监听 53 端口，但具体原因还不太清楚。先撤销该进程，然后再次启动守护进程 named：

```
[root@localhost named]# kill  -9  35370
[root@localhost named]# netstat  -lnp | grep  named
[root@localhost named]# systemctl  start  named
[root@localhost named]# systemctl  status  named
```

- named.service - Berkeley Internet Name Domain（DNS）
    Loaded: loaded （/usr/lib/systemd/system/named.service; disabled; vendor preset: disabled）
    Active: active （running） since Mon 2022-07-11 16:01:36 CST; 4s ago
（省略部分显示结果）

这一次服务顺利启动了。为找出真正原因，翻查命令记录，有如下操作：

（注意以下并非需要操作的命令，而是翻查所得的历史命令记录）

[root@localhost ~]# systemctl stop named
[root@localhost ~]# systemctl status named
- named.service - Berkeley Internet Name Domain（DNS）
    Loaded: loaded （/usr/lib/systemd/system/named.service; disabled; vendor preset: disabled）
    Active: inactive （dead）

7月 11 10:05:02 localhost.localdomain named[35026]: stopping command channel on ::1#953
7月 11 10:05:02 localhost.localdomain named[35026]: no longer listening on 127.0.0.1#53
7月 11 10:05:02 localhost.localdomain named[35026]: no longer listening on 192.168.114.11#53
（省略部分显示结果）
7月 11 10:05:02 localhost.localdomain named[35026]: exiting
7月 11 10:05:02 localhost.localdomain systemd[1]: named.service: Succeeded.
7月 11 10:05:02 localhost.localdomain systemd[1]: Stopped Berkeley Internet Name Domain （DNS）.
[root@localhost ~]# systemctl start named-chroot   <== 原来启动了 named-chroot 导致错误

原来之前为测试服务器由 named-chroot 守护进程接管后是否可用，关停了守护进程 named 并启动守护进程 named-chroot，但在进行新的操作时，忽略了这一点。

由此可见，很难避免在操作过程中不出差错，只能通过日志信息和经验逐步排查问题。

第 6 步：利用 dig 命令在本地测试 DNS 服务器。首先测试正向解析功能：

[root@localhost named]# dig @192.168.114.11 ftp.example.com

（省略部分显示结果）
;; QUESTION SECTION:
;ftp.example.com.   IN   A

;; ANSWER SECTION:
ftp.example.com.   86400   IN   A   192.168.114.12

;; AUTHORITY SECTION:
example.com.   86400   IN   NS   dns.example.com.

;; ADDITIONAL SECTION:

```
dns.example.com.         86400         IN      A       192.168.114.11
```
（省略部分显示结果）

然后测试反向解析功能：
```
[root@localhost named]# dig  @192.168.114.11  -x  192.168.114.12
```
（省略部分显示结果）
```
;; QUESTION SECTION:
;12.114.168.192.in-addr.arpa.              IN      PTR

;; ANSWER SECTION:
12.114.168.192.in-addr.arpa.   86400      IN      PTR     ftp.example.com.

;; AUTHORITY SECTION:
114.168.192.in-addr.arpa.      86400      IN      NS      dns.example.com.

;; ADDITIONAL SECTION:
dns.example.com.               86400      IN      A       192.168.114.11
```
（省略部分显示结果）

第7步：通过域名访问 FTP 服务器。可以在 Windows 主机机器（以 NAT 模式与 Linux 主机相连）进行测试。首先设置 Windows 主机连接 NAT 网络（默认为 VMnet8）的网卡使用 Linux 主机提供的 DNS 服务器（见图 14.2）。此外测试之前可禁用其他网络连接。

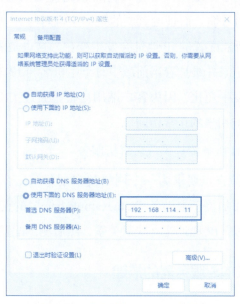

图 14.2　指定所用 DNS 服务器

接着刷新 DNS 解析缓存并做测试：
```
C:\Users\cybdi>ipconfig  /flushdns             <== 刷新 DNS 服务设置

Windows IP 配置
```

```
已成功刷新 DNS 解析缓存。
C:\Users\cybdi>nslookup ftp.example.com
服务器: dns.example.com
Address: 192.168.114.11            <== 确认所用 DNS 服务器为本地 Linux 主机

名称:    ftp.example.com
Address: 192.168.114.12            <== 查询到的 FTP 服务器的 IP 地址
```

然后通过域名访问 Linux 主机上的 FTP 服务器：

```
C:\Users\cybdi>ftp  ftp.example.com
连接到 ftp.example.com。
220 (vsFTPd 3.0.3)
200 Always in UTF8 mode.
用户 (ftp.example.com:(none)): anonymous
331 Please specify the password.
密码:
230 Login successful.
ftp>
```

3. 总结

通过该案例练习，可以从中了解 DNS 服务器在互联网服务中的基础性作用。在本案例中，使用 FTP 服务器的客户端不再通过 IP 地址而是使用主机名称访问服务器，显然这种方式更符合用户的使用习惯。而且更重要的是，主机名与 IP 地址之间的对应关系总会发生变动，即一个主机所能配置的 IP 地址会发生变化。这也是需要为资源记录设置有效期的原因。DNS 服务器记录并维护着当前域中每个主机名与 IP 地址的最新映射关系，而主机名称往往不会轻易发生变化，因为客户端用户正是通过主机名称访问服务器的，背后的 IP 地址变动不会影响用户的正常访问。

4. 拓展练习：为 SSH 服务器提供域名解析服务

案例 13.1 中第一个检查点要求为一个网络接口配置第三个 IP 地址。修改 DNS 服务器的区文件，添加关于主机名"ssh.example.com"的正向及反向解析，要求将以上主机名与第三个 IP 地址建立映射关系，然后测试配置是否成功。

案例 14.2 辅助 DNS 服务器的搭建

1. 案例背景

现在已经了解了 DNS 服务器的重要性。许多组织为了保证本域的 DNS 服务正常工作，都会配备辅助 DNS 服务器。一方面辅助 DNS 服务器能够保证在主 DNS 服务器需要停止服务时，继续保持域中的各主机名称仍然被使用；另一方面，辅助 DNS 服务器也能减轻主 DNS 服务器的负担。

本案例将在案例 14.1 的基础上，演示如何搭建辅助 DNS 服务器，从而提供更为可靠的 DNS 服务。练习之前注意应先备份案例 14.1 已完成的 named.conf 文件以及区文件。本案例需要两台 Linux 主机，分别称为 Linux-Master 和 Linux-Slave。Linux-Master 就是完成案例 14.1 练习后的 Linux 主机，克隆该主机得到另一台主机作为 Linux-Slave，这样就省去复杂的重复配置工作。以下是具体的操作步骤。

2. 操作步骤讲解

第 1 步：克隆 Linux 主机。首先关闭主机 Linux-Maste。注意，是完全关闭而非挂起或暂停。选择 VMware 菜单"虚拟机"→"管理"→"克隆"，如图 14.3 所示，在"克隆虚拟机向导"对话框中单击"下一页"按钮，选择克隆源为"虚拟机中的当前状态"，然后继续按照向导完成克隆过程。

图 14.3 "克隆虚拟机向导"对话框

设置过程中需要注意两点：一是"克隆类型"应选择"创建完整克隆"；二是"虚拟机名称"应设置为 Linux-Slave。为便于区分两台 Linux 主机，可以修改主机 Linux-Master 的虚拟机名称，方法是在"虚拟机设置"对话框中，选择"选项"选项卡进行修改（见图 14.4）。

图 14.4 修改原主机名称为 Linux-Master

Linux-Slave 克隆完毕后启动,Linux-Master 暂不启动。由于 Linux-Master 的网络设备及其参数也克隆至 Linux-Slave,因此首先应当重新进行配置。沿着前面的网络配置结果,按如下参数进行简单配置:

```
[root@localhost ~]# cat  /etc/sysconfig/network-scripts/ifcfg-ens160
TYPE=Ethernet
DEVICE=ens160
BOOTPROTO=none
ONBOOT=yes
NAME=ens160
IPADDR=192.168.114.21
PREFIX=24
GATEWAY=192.168.114.2
```

在案例 13.1 中为 Linux-Master 新增了另一个以太网络接口,该接口在 Linux-Slave 中需要停用:

```
[root@localhost ~]# nmcli  c  down ens224
成功停用连接 "ens224"(D-Bus 活动路径:/org/freedesktop/NetworkManager/ActiveConnection/2)
```

启用新的网络配置:

```
[root@localhost ~]# nmcli  c  reload
[root@localhost ~]# nmcli  c  up  ens160
连接已成功激活 (D-Bus 活动路径:/org/freedesktop/NetworkManager/ActiveConnection/4)
```

如下是 Linux-Slave 重新配置后的结果,确认没有与 Linux-Master 冲突后便可启动 Linux-Master 了。

```
[root@localhost ~]# nmcli
ens160: 已连接 到 ens160
        "VMware VMXNET3"
        ethernet (vmxnet3), 00:0C:29:7A:85:B7, 硬件, mtu 1500
        ip4 默认
        inet4 192.168.114.21/24
        route4 192.168.114.0/24
```

(省略部分显示结果)

```
ens224: 已断开
        "VMware VMXNET3"
        1 连接可用
        ethernet (vmxnet3), 00:0C:29:7A:85:C1, 硬件, mtu 1500
```

第 2 步:修改两台 DNS 服务器的 named.conf 文件。以案例 14.1 为基础,Linux-Master 的 named.conf 文件内容修改如下:

```
//===== 只给出 example.com 的两个 zone 语句,其余内容与前一案例的相同 ======
// 正向解析(主机名→ IP 地址)
```

```
zone "example.com" IN {
    type master;
    file "named.example.com";
    // 指出辅助 DNS 服务器的位置，允许把区文件传输给它
    allow-transfer {192.168.114.21;};
};

// 反向解析（IP 地址→主机名）
zone "2.168.192.in-addr.arpa" IN {
    type master;
    file "named.192.168.2";
    allow-transfer {192.168.114.21;};
};
```

Linux-Slave 的 named.conf 文件内容如下，这里只列出需要重点关注的设置：

```
options {
    // 监听接口要改为本机 IP 地址，其余设置与主服务器相同
    listen-on port 53 { 192.168.114.21; };
};

// 正向解析（主机名→IP 地址）
zone "example.com" IN {
    // 当前服务器为辅助服务器
    type slave;
    // 指出正向区文件 (/var/named/slaves/named.example.com)
    file "slaves/named.example.com";
    // 指出主服务器的位置，注意写为 masters
    masters {192.168.114.11;};
};

// 反向解析（IP 地址→主机名）
zone "114.168.192.in-addr.arpa" IN {
    type slave;
    // 同理指出反向区文件
    file "slaves/named.192.168.114";
    masters { 192.168.114.11;};
};
```

注意，编写两台服务器的 named.conf 配置文件时可互相对照，以防出错。

第 3 步：修改主 DNS 服务器的区文件。注意，辅助服务器只需从主服务器获取区文件，无须手动编写，这样才能保证数据的一致性。主服务器的正向区文件修改如下：

```
[root@localhost ~]# cat /var/named/named.example.com
; 设置默认的生存期（1 天），这样在后面的资源记录中无须逐个写出它们的 TTL 值
$TTL 86400

; 此处 @ 表示 example.com. 所在的整个区
```

```
@       IN      SOA     dns.example.com. root.example.com. (
                        2022071101  ; 序列号修改为比案例 14.1 中的更大
                        28800       ; 更新时间（8 小时）
                        14400       ; 重试时间（4 小时）
                        3600000     ; 过期时间（1000 小时）
                        86400       ; 资源记录的生存期
                        )
;NS 类型记录，记录标识一个区的 DNS 服务器
@       IN      NS      masterdns.example.com.      ;主服务器
@       IN      NS      slavedns.example.com.       ;辅助服务器

;DNS 服务器主机的对应 IP 地址
masterdns.example.com.          IN      A       192.168.114.11
slavedns.example.com.           IN      A       192.168.114.21
;ftp 是简写，即表示主机 ftp.example.com.
ftp                             IN      A       192.168.114.12
```

反向区文件内容修改如下：

```
86400
@       IN      SOA     dns.example.com. root.example.com. (
                        2022071101  ; 序列号
                        28800       ; 更新时间（8 小时）
                        14400       ; 重试时间（4 小时）
                        3600000     ; 过期时间（1000 小时）
                        86400       ; 资源记录的生存期
                        )
@       IN      NS      masterdns.example.com.
@       IN      NS      slavedns.example.com.


;DNS 服务器会根据后面介绍的 named.conf 中的 zone 语句设置补全 IP 地址
;此处也即表示 192.168.114.11 对应的主机为 masterdns.example.com.
11      IN      PTR     masterdns.example.com.
21      IN      PTR     slavedns.example.com.
12      IN      PTR     ftp.example.com.
```

第 4 步：检查配置文件及区文件的语法。首先检查主服务器 Linux-Master：

```
[root@localhost ~]# named-checkconf -z
zone example.com/IN: loaded serial 2022071101
zone 114.168.192.in-addr.arpa/IN: loaded serial 2022071101
zone localhost.localdomain/IN: loaded serial 0
zone localhost/IN: loaded serial 0
zone 1.0.0.0.0.0.0.0.0.0.0.0.0.0.0.0.0.0.0.0.0.0.0.0.0.0.0.0.0.0.0.ip6.arpa/IN: loaded serial 0
zone 1.0.0.127.in-addr.arpa/IN: loaded serial 0
zone 0.in-addr.arpa/IN: loaded serial 0
[root@localhost ~]# cd /var/named
```

```
[root@localhost named]# named-checkzone  example.com  named.example.com
zone example.com/IN: loaded serial 2022071101
[root@localhost named]# named-checkzone  114.168.192.in-addr.arpa
named.192.168.114
zone 114.168.192.in-addr.arpa/IN: loaded serial 2022071101
OK
```

然后检查 Linux-Slave 的配置，只需检查配置文件：

```
[root@localhost ~]# named-checkconf  -z
zone localhost.localdomain/IN: loaded serial 0
zone localhost/IN: loaded serial 0
zone 1.0.0.0.0.0.0.0.0.0.0.0.0.0.0.0.0.0.0.0.0.0.0.0.0.0.0.0.0.0.0.0.ip6.arpa/IN: loaded serial 0
zone 1.0.0.127.in-addr.arpa/IN: loaded serial 0
zone 0.in-addr.arpa/IN: loaded serial 0
```

第 5 步：辅助服务器从主服务器中下载区域文件。先启动 Linux-Master 的守护进程 named。然后查看 Linux-Master 的 /var/log/messages 文件的最新日志记录（建议用 gedit 等工具查看，可利用 Ctrl+End 组合键快速定位到日志尾部），可发现有如下内容：

```
Jul 12 16:49:54 localhost named[7213]: all zones loaded
Jul 12 16:49:54 localhost named[7213]: running
Jul 12 16:49:54 localhost named[7213]: zone example.com/IN: sending notifies (serial 2022071101)
Jul 12 16:49:54 localhost systemd[1]: Started Berkeley Internet Name Domain (DNS).
Jul 12 16:49:54 localhost named[7213]: zone 114.168.192.in-addr.arpa/IN: sending notifies (serial 2022071101)
```

以上信息说明，主服务器开始向外通知辅助服务器当前的区文件版本。

然后启动 Linux-Slave 的守护进程 named 并查看 Linux-Slave 的日志 /var/log/messages，如果显示如下信息则说明辅助 DNS 服务器已经成功从主 DNS 服务器中下载了区文件，一些日志是关于正向区文件下载的：

```
Jul 12 17:17:15 localhost named[13732]: zone example.com/IN: Transfer started.
Jul 12 17:17:15 localhost named[13732]: transfer of 'example.com/IN' from 192.168.114.11#53: connected using 192.168.114.21#55435
Jul 12 17:17:15 localhost named[13732]: zone example.com/IN: transferred serial 2022071101
Jul 12 17:17:15 localhost named[13732]: transfer of 'example.com/IN' from 192.168.114.11#53: Transfer status: success
Jul 12 17:17:15 localhost named[13732]: transfer of 'example.com/IN' from 192.168.114.11#53: Transfer completed: 1 messages, 7 records, 209 bytes, 0.005 secs (41800 bytes/sec)
```

另一些日志则是关于反向区文件下载的：

```
    Jul 12 17:17:14 localhost named[13732]: zone 114.168.192.in-addr.arpa/
IN: Transfer started.
    Jul 12 17:17:14 localhost named[13732]: transfer of '114.168.192.in-
addr.arpa/IN' from 192.168.114.11#53: connected using 192.168.114.21#44863
    Jul 12 17:17:14 localhost named[13732]: zone 114.168.192.in-addr.arpa/
IN: transferred serial 2022071101
    Jul 12 17:17:14 localhost named[13732]: transfer of '114.168.192.in-
addr.arpa/IN' from 192.168.114.11#53: Transfer status: success
    Jul 12 17:17:14 localhost named[13732]: transfer of '114.168.192.in-
addr.arpa/IN' from 192.168.114.11#53: Transfer completed: 1 messages, 7
records, 236 bytes, 0.004 secs (59000 bytes/sec)
```

注意，这些日志未必连续。此外，在 Linux-Slave 的 /var/named/slaves 目录中也能发现多了两个区文件：

```
[root@localhost ~]# cd /var/named/slaves/
[root@localhost slaves]# ll
总用量 8
-rw-r--r--. 1 named named 437 7月  12 17:17 named.192.168.114
-rw-r--r--. 1 named named 336 7月  12 17:17 named.example.com
```

第 6 步：利用 dig 命令测试辅助 DNS 服务器。可在 Windows 主机查询 ftp.example. com 的 IP 地址：

```
C:\Users\cybdi>nslookup  ftp.example.com  192.168.114.21
服务器: slavedns.example.com
Address: 192.168.114.21

名称:    ftp.example.com
Address: 192.168.114.12
```

第 7 步：测试同步更新功能。修改 Linux-Master 中的两个区文件，增大 SOA 记录中的序列号，如 "2022071102"。然后重载或重启 Linux-Master：

```
[root@localhost named]# systemctl  reload  named
```

能够在 Linux-Master 的日志文件 /var/log/messages 中看到相关的重载和同步区文件的记录，这里取部分具有标志意义的记录，可看到 Linux-Master 又发送同步通知：

```
    Jul 12 20:47:26 localhost systemd[1]: Reloaded Berkeley Internet Name
Domain (DNS).
    Jul 12 20:47:26 localhost named[7213]: zone example.com/IN: sending
notifies (serial 2022071102)
    Jul 12 20:47:26 localhost named[7213]: zone 114.168.192.in-addr.arpa/IN:
sending notifies (serial 2022071102)
```

Linux-Slave 无须任何服务器配置工作，只需查看它的日志记录（/var/log/messages）表明它收到通知并且完成数据更新，这里取部分标志性记录：

```
    Jul 12 20:47:26 localhost named[13732]: client @0x7f272403a250
```

```
192.168.114.11#38709: received notify for zone 'example.com'
    Jul 12 20:47:26 localhost named[13732]:zone example.com/IN:notify from
192.168.114.11#38709: serial 2022071102
    Jul 12 20:47:26 localhost named[13732]:transfer of 'example.com/IN'
from 192.168.114.11#53: Transfer completed: 1 messages, 7 records, 209 bytes,
0.002 secs (104500 bytes/sec)
    Jul 12 20:47:27 localhost named[13732]:client @0x7f272403a250
192.168.114.11#54432: received notify for zone '114.168.192.in-addr.arpa'
    Jul 12 20:47:27 localhost named[13732]:zone 114.168.192.in-addr.arpa/
IN:notify from 192.168.114.11#54432: serial 2022071102
    Jul 12 20:47:27 localhost named[13732]:transfer of '114.168.192.in-
addr.arpa/IN' from 192.168.114.11#53: Transfer completed: 1 messages, 7
records, 236 bytes, 0.001 secs (236000 bytes/sec)
```

查看 Linux-Slave 中的区文件，可发现两个区文件同时也更新了：

```
[root@localhost slaves]# ll
总用量 8
-rw-r--r--. 1 named named 437 7月  12 20:47 named.192.168.114
-rw-r--r--. 1 named named 336 7月  12 20:47 named.example.com
```

3. 总结

本案例讲解了如何搭建一个辅助 DNS 服务器。从练习的结果中可以看到，为保证 DNS 服务器中数据的一致性，辅助 DNS 服务器需要定期从主 DNS 服务器中获取更新的数据，然而这依赖于主 DNS 服务器与辅助 DNS 服务器之间能有效地通信。服务器中的 SOA 类型资源记录设置了一系列的参数，包括序列号、更新时间、重试时间、过期时间等，就是为了当辅助 DNS 服务器未能同步更新数据时，有一个相对较为固定且可靠的机制来保证网络服务的安全性。

4. 拓展练习：辅助 DNS 服务器与资源记录的有效期

在前面的练习中对资源记录设置了一个较长的生存期（TTL）。为了更好地完成以下练习，把配置好的主 DNS 服务器中的资源记录设置为较短的时间（如 10s），并且把更新时间、重试时间和过期时间也分别设置为一个较短的时间（如 10s、30s 和 60s）。

完成以上设置后，首先让主 DNS 服务器重载，以此更新辅助 DNS 服务器的数据。然后关停主 DNS 服务器，这时 Windows 主机可以访问辅助 DNS 服务器吗？再过一段时间之后呢？查看辅助 DNS 服务器何时因为无法确认资源记录是否有效而停止服务。

实训 15 WWW 服务器

15.1 知识结构

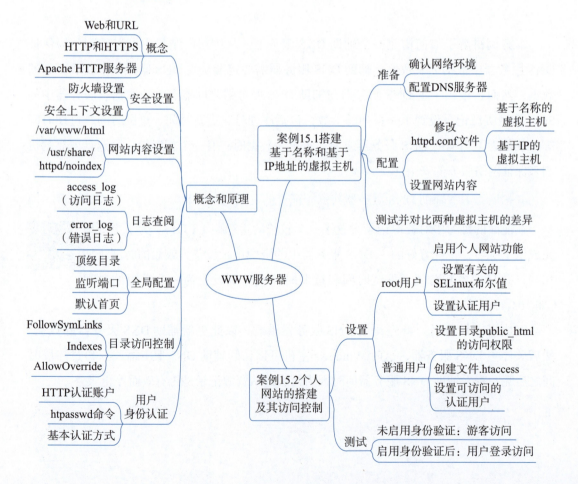

15.2 基础实训

15.2.1 WWW 简介

1. 基本概念

WWW 是 World Wide Web 的缩写，意指一张全球范围的无所不包的网，也称"万维网"。WWW 有时也被直接称为 Web，它实际是指一张由各种网页所构成的、网页间互相通过链接组织而成的"网"。也就是说，WWW 中的网络概念指的是由信息内容所构成的网络。经常与 WWW 放在一起讨论，需要加以区分的另一个概念是互联网。互联网是指由各种网络主机和设备组成，并且通过 TCP/IP 通信的计算机网络。物理硬件上 WWW 服务器通过互联网相连，而用户在 WWW 中通过链接从一个网页跳转访问至另一个网页。

WWW 中最基本的组织节点是承载内容信息的网页（web page），它实际是一种具有 HTML（hypertext markup language）格式的文本，因此能够在浏览器中呈现包括图片、视频等在内的网络资源。网页中包含了许多超链接（hyperlink），通过超链接能够把 WWW 中的网页联系在一起。例如以下超链接：

`<a href="http://www.w3.org">W3C Organization </a>`

它包含了一条俗称为"网址"的 URL（统一资源定位符）。

URL 对于 WWW 来说特别重要，这是因为 WWW 中的网页以及其他网络资源均通过 URL 定位和访问，而 WWW 服务器也是根据客户端所提交的 URL 提供服务。平常所讲的网站（website），指的是一组在 URL 中具有同一个域名的网页及相关的网络资源。URL 的格式定义如下：

协议://主机名或 IP 地址:端口/访问路径?查询字符串#片段名

- 协议：可以是 HTTP、HTTPS 等。
- 主机名或 IP 地址：表示要访问的主机在互联网中的位置。
- 端口：服务器软件监听的端口，对于 WWW 服务器，它的默认服务端口是 80。
- 访问路径：指的是目标资源在服务器中的具体路径位置。它一般表示为服务器所使用的文件系统的相对路径。例如在 Linux 中 WWW 服务器用于存放网页的默认目录是 /var/www/html。如果在来访的 URL 中没有给出具体的访问路径，WWW 服务器将默认提供文件 /var/www/html/index.html，也即网站的默认首页内容。
- 查询字符串（可选）：一般以"?参数1=值1&参数2=值2…"的形式出现，用于客户端向服务器提交数据。
- 片段名（fragment，可选）：一般用于对网页中段落标题的定位。

2. WWW 服务器的工作原理

WWW 服务器（Apache HTTP 服务器）在 Linux 中有对应的 httpd 守护进程。在启动了 httpd 进程的情况下，使用如下命令能列出 httpd 守护进程监听的端口：

```
[root@localhost html]# netstat -lpn | grep httpd
tcp        0      0 :::80           :::*          LISTEN      22128/httpd
tcp        0      0 :::443          :::*          LISTEN      22128/httpd
```

httpd 进程分别监听 80 端口和 443 端口，其中 80 端口用于 HTTP 通信，而 443 端口用于 HTTPS 通信。

HTTP（hypertext transfer protocol）是 WWW 服务器与客户端之间进行通信的主要协议。HTTPS（HTTP over SSL）则是一种基于 SSL（secure sockets layer）加密协议的 HTTP 通信协议，其主要目的是保护通信内容不被篡改和泄露，同时防范伪造网站的欺诈问题。HTTP 的工作方式是"请求 – 响应"机制，即客户端向服务器提交请求消息，而服务器程序向客户端返回响应消息。消息可分为头（head）和主体（body）两部分。客户端应用程序，例如浏览器程序向 WWW 服务器发送 HTTP 请求消息，WWW 服务器获取请求消息后将会向客户端返回响应消息，其中包含了关于请求消息的完整状态信息以及客户端所要请求的内容。

那么客户端又是怎样向服务器发送请求的？作为客户端，它向 WWW 服务器发送请求时常用的方法主要有 GET 和 POST 两种。

- GET 方法：主要用于客户端从服务器中获取数据。客户端为明确所要获取的数据，往往需要向服务器提交一些参数值，例如在使用搜索引擎时的关键词等，这些参数值通过 URL 中的查询字符串提交至服务器。由于 URL 长度的限制，GET 方法只适合客户端向服务器提交少量的数据。
- POST 方法：主要用于客户端向服务器提交大量的数据，这些数据将存储在请求消息的主体中。

例 15.1 利用 tcpdump 观察 HTTP 的通信过程。tcpdump 是一个强大的网络数据抓取工具，可以利用它来了解 HTTP 的具体工作过程。打开 Linux 系统的默认浏览器 Firefox，输入网址（如 www.kernel.org）后先不提交，然后执行如下命令：

```
[root@localhost named]# tcpdump | grep http
dropped privs to tcpdump
tcpdump: verbose output suppressed, use -v or -vv for full protocol decode
listening on ens160, link-type EN10MB (Ethernet), capture size 262144 bytes
```

（程序处于监听状态）

回到浏览器提交网址，此时 tcpdump 会捕捉到浏览器提交请求而服务器对此回应：

```
 16:57:33.557962 IP localhost.localdomain.39754 > sin.source.kernel.org.https: Flags [S], seq 1521185160, win 29200, options [mss 1460,sackOK,TS val 1833209597 ecr 0,nop,wscale 7], length 0
 16:57:33.762438 IP sin.source.kernel.org.https > localhost.localdomain.39754: Flags [S.], seq 1962899077, ack 1521185161, win 64240, options [mss 1460], length 0
 16:57:33.762578 IP localhost.localdomain.39754 > sin.source.kernel.org.https: Flags [.], ack 1, win 29200, length 0
```

（只显示部分结果，按 Ctrl+C 组合键结束监听）

15.2.2 基本配置工作

1. 软件安装及安全设置

Apache HTTP 服务器是一款被广泛使用的 WWW 服务器，也是大多数 Linux 发行版本默认安装的 WWW 服务器。Apache HTTP 服务器同样是自由软件的代表作品，但它遵循的是由 Apache 软件基金会所提出的 Apache 许可证，而非在实训 1 中介绍的通用公共许可证（GPL），两者相比 Apache 许可证对带有商业目的使用源代码的行为更为友好，并不强制要求在修改软件并再发布时公开其修改后的源代码。此外，Apache HTTP 服务器的模块化设计是一个十分突出的特性，它允许使用者根据应用环境条件在运行或编译服务器时指定加载哪些模块，从而使服务器的运行更有效率。

运行 Apache HTTP 服务器需要安装如下软件：

```
redhat-logos-httpd-84.5-1.el8.noarch
httpd-tools-2.4.37-41.module+el8.5.0+11772+c8e0c271.x86_64    <== 服务器工具包
httpd-2.4.37-41.module+el8.5.0+11772+c8e0c271.x86_64          <== 服务器软件
httpd-filesystem-2.4.37-41.module+el8.5.0+11772+c8e0c271.noarch <== 服务器目录布局
httpd-manual-2.4.37-41.module+el8.5.0+11772+c8e0c271.noarch   <== 完整的手册指引
```

可以通过 yum 服务在线安装上述软件。其中 httpd-manual 是服务器手册和参考指引，并不一定需要安装，可以通过访问如下网址获取最新资料：

https://httpd.apache.org/docs/2.4/

在后面许多与服务器设置有关的内容中，将结合本实训的实际要求讨论较为重要的指令及其参数，其余内容可自行查阅上述网址中的手册内容。如果已经安装了 httpd-manual，也可利用浏览器输入以下 URL 查看：

file:///usr/share/httpd/manual/index.html

开启 HTTPD 服务之前需要设置 HTTP 和 HTTPS 服务的数据包能够通过防火墙。延续前面练习的设置结果，在 public 区开通这两个服务：

```
[root@localhost ~]# firewall-cmd  --zone=public  --add-service=http
```

```
--permanent
success
[root@localhost ~]# firewall-cmd  --zone=public  --add-service=https
--permanent
success
[root@localhost ~]# firewall-cmd  --reload
success
[root@localhost ~]# firewall-cmd  --zone=public  --list-services
cockpit dhcpv6-client dns ftp http https ssh
```

除设置防火墙规则外，另一个准备工作是关于 SELinux 的设置。具体的设置将在相关功能介绍时讨论。此处首先指出的是，当为网站创建一些测试文件时，一定要注意这些文件的安全上下文类型的设置。

例 15.2 网站文件的安全上下文设置。/var/www/html 目录是默认存放服务器网站内容的地方。可以在其中创建测试页面：

```
[root@localhost ~]# cd  /var/www/html/
[root@localhost html]# echo  hello >index.html   <== 在 /var/www/html 创建测试页面
[root@localhost html]# ls  -Z  index.html        <== 查看该页面的安全上下文
unconfined_u:object_r:httpd_sys_content_t:s0 index.html
```

但是如果在其他目录，如在 root 用户的主目录中创建测试页面，然后移动到 /var/www/html 目录下，页面文件的安全上下文类型并非 httpd_sys_content_t：

```
[root@localhost html]# cd
[root@localhost ~]# echo  hello > index.html   <== 注意在 /root 创建测试页面
[root@localhost ~]# mv  index.html  /var/www/html/index.html  <== 用 mv 而非 cp 命令
mv: 是否覆盖 '/var/www/html/index.html' ?  y
[root@localhost ~]# ls -Z /var/www/html/index.html
unconfined_u:object_r:admin_home_t:s0 /var/www/html/index.html
```

这时可以尝试启动 HTTPD 服务：

```
[root@localhost ~]# systemctl  start  httpd
```

然后通过本地浏览器（默认为 Firefox）输入网址，注意按图 15.1 所示输入完整地址，可见被拒绝访问。

究其原因，正在于守护进程 httpd 处于 SELinux 的访问控制之下，而 admin_home_t 并非可访问类型。因此当浏览器请求网页 index.html 后，httpd 试图访问该网页文件而被禁止。

可以修改该网页的安全上下文：

```
[root@localhost ~]# chcon  -t  httpd_sys_content_t  /var/www/html/index.html
[root@localhost ~]# ls  -Z  /var/www/html/index.html
unconfined_u:object_r:httpd_sys_content_t:s0 /var/www/html/index.html
```

httpd_sys_content_t 是进程 httpd 可访问的类型，这时重新用浏览器访问页面便可看到一个最简单的"网页",如图 15.2 所示。按 F12 键查看源代码,可见到服务器把原文本文件转换为真正的 HTML 文件。

图 15.1　因 SELinux 安全上下文设置不正确而导致访问被禁止

图 15.2　一个最简单的"网页"

【注意】使用浏览器测试 WWW 服务器时一定要注意浏览器中的缓存记录可能会影响测试结果,特别是对于后面介绍的用户身份认证方面的测试,缓存记录将会使得服务器不再反复验证用户身份。为此,有必要关闭浏览器所有页面后重启浏览器然后再开始新一轮服务器测试,或者在测试阶段使用浏览器的隐私浏览模式。

2. 一些重要的目录及文件

与 Apache HTTP 服务器有关的目录及其文件主要分为三类:配置管理类、网站内容类以及日志类。为辅助理解以下内容,可以在浏览器地址栏中输入"file:// 绝对路径",如:

file:///usr/share/httpd/noindex/

进入某个目录并选择文件查看其内容,也可根据提示跳转到上一层目录。

(1)配置管理类。

该类文件主要放置在 /etc/httpd/ 目录。/etc/httpd/conf/httpd.conf 文件是 Apache HTTP 服务器的主要配置文件。此外,/etc/httpd/conf.d 目录放置了一些与服务器应用有关的配置文件,如用于配置 HTTPS 服务的 ssl.conf 文件等。

(2)网站内容类。

它包括如下子目录。

/var/www/html/:默认网站内容的根位置。

/usr/share/httpd/noindex/:当网站没有设置首页(如 index.html)时,服务器将会显示该目录中的 index.html 文件,一个标题为"RHEL Test Page"的测试页面,可以通过浏览器查看。

/usr/share/httpd/error/:错误提示信息合集。当客户端访问服务器出现某种错误时,服务器可据此以及客户端语言设置生成错误提示页面。

/usr/share/httpd/icons/：放置一些服务器自有网页所需图标。

/usr/share/httpd/manual/：如前所述，是服务器手册的所在目录。

/var/www/cgi-bin/：CGI（common gateway interface）是一种运行在服务器的程序，该目录专门用于存放 CGI 程序。

（3）日志类。

与 Apache HTTP 服务器运行有关的日志默认放置在 /var/log/httpd/ 目录中，对于 HTTP 和 HTTPS 服务，分别均有访问日志和错误日志两种文件。

access_log/ssl_access_log：访问日志，用于记录所有由服务器处理的 HTTP/HTTPS 请求。

error_log/ssl_access_log：错误日志，记录所有在服务器处理 HTTP/HTTPS 请求过程中所遇到的错误。

服务器的日志类文件由于会不断增长，需要每隔一段时间把现有的日志文件转储到其他文件，因此在 /var/log/httpd/ 目录中可以见到有多个上述文件。其中在文件名中没有附加日期信息的是当前最新的日志文件，而附有日期信息的则是经过转储的日志文件。

例 15.3 查看错误日志。例 15.2 "制造"了一个安全方面的错误，可以用浏览器查看如下位置的内容：

```
file:///var/log/httpd/error_log
```

可以看到服务器进程启动时的记录：

```
[Thu Jul 14 08:20:59.082580 2022] [core:notice] [pid 57062:tid 140589508213056] SELinux policy enabled; httpd running as context system_u:system_r:httpd_t:s0
```

这一关键信息再次解释了例 15.2 中服务器拒绝页面访问的原因，因为在 httpd 进程的安全上下文中其所属域为 httpd_t。

接着可查看日志文件中拒绝访问的记录：

```
[Thu Jul 14 10:40:36.938381 2022] [core:error] [pid 57070:tid 140588724754176] (13) Permission denied:[client 127.0.0.1:44094] AH00035: access to /index.html denied (filesystem path '/var/www/html/index.html') because search permissions are missing on a component of the path
```

实际工作时当然并不会预先知道错误的原因，这时就很需要查看错误日志并根据其提示的原因排查问题所在。

3. 全局配置

如前所述，/etc/httpd/conf/httpd.conf 文件是 Apache HTTP 服务器的主要配置文件，用于记录一些与全局有关的配置指令及其参数。指令格式是"指令名 参数值"。一些 httpd.

conf 文件中关于全局配置的重要指令及其默认设置的含义如下（如果没有特别需求一般按默认使用这些配置指令即可）。

ServerRoot "/etc/httpd"：服务器的顶级目录。服务器的配置管理类文件等存放于该目录下的二级目录，例如，httpd.conf 文件即存放在 /etc/httpd/ 下的 conf 子目录中。

Listen 80：默认的服务器监听端口。

Include conf.d/*.conf：指定读入 /etc/httpd/conf.d 目录中的所有配置文件（扩展名为 .conf 的文件）。

User apache 以及 Group apache：服务器子进程的所属用户以及所属组群。

全局配置还包括所谓的"主服务器配置"（main server configuration）。httpd.conf 文件的主服务器配置和虚拟主机部分是与网站运行有关的设置内容。默认情形下 Apache HTTP 服务器只提供一个 WWW 服务内容，但通过设置虚拟主机（VirtualHost），也可以在同一个服务器中提供多个 WWW 服务内容。httpd.conf 文件中的主服务器配置实际是指默认的、非虚拟主机式网站设置。这些设置可以为虚拟主机式网站提供默认设置值。下面介绍一些主服务器配置中较为重要的指令及其默认参数值。

ServerAdmin root@localhost：服务器管理员的邮件地址。

DocumentRoot "/var/www/html"：网站内容的根位置，也即从参数所表示的目录开始放置网站内容。

DirectoryIndex index.html：设置每个目录默认显示的文件内容。可以在后面继续加入其他文件名，例如 index.htm 等。

例 15.4 DirectoryIndex 指令的应用。可以在目录 /var/www/html 下建立一个 二级目录并在此目录下新建一个网页 home.html：

```
[root@localhost html]# mkdir  subdir
[root@localhost html]# cd  subdir/
[root@localhost subdir]# echo  hello  in  subdir > home.html
```

然后用浏览器访问目录（见图 15.3），得到如下结果：

也就是说并没有显示该目录的默认页面。这是因为当前 httpd.conf 中 DirectoryIndex 指令设置了默认页面为 index.html：

```
[root@localhost subdir]# grep DirectoryIndex /etc/httpd/conf/httpd.conf
# DirectoryIndex: sets the file that Apache will serve if a directory
    DirectoryIndex index.html
```

如果执行如下命令把 home.html 改名为 index.html：

```
[root@localhost subdir]# mv  home.html  index.html
```

重新刷新页面便可见到目录 subdir 以 home.html 为默认页面（见图 15.4）。

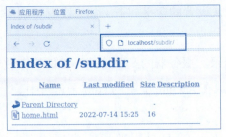
图 15.3　访问网站的一个目录

图 15.4　访问网站目录时显示默认页面

思考＆动手：为网站的子目录设置默认首页

修改 httpd.conf 的 DirectoryIndex 设置，加入 home.html 也作为默认首页。修改好后，把目录 subdir 中的文件 index.html 重新命名为 home.html，然后重载 httpd 并测试配置是否生效。

---

4. 针对目录的访问控制

httpd.conf 文件中的主服务器配置除了给出上述一些与网站运行有关的指令参数设置外，最重要的作用是设置服务器进程对于 Linux 系统的各个目录的访问权限，其中也包括用于放置网站内容的 /var/www/html 等目录的访问权限。具体设置按以下格式：

```
<Directory 目录路径>　访问控制指令 </Directory>
```

其中，目录路径指出需要设置访问权限的目录，而访问控制指令只对目录路径所指出的目录及其中的文件和子目录有效。主要的访问控制指令有如下几种。

Options：用于设定一些访问功能是否开放。主要选项有：

- FollowSymLinks：可以使用符号链接文件。
- Indexes：如果当前目录中并没有 DirectoryIndex 参数所指出的文件（如 index.html），则显示整个目录列表。

其余选项以及更多的解释可参考：

http://httpd.apache.org/docs/2.4/mod/core.html#options

AllowOverride：用于设定是否允许覆盖当前的访问权限设置。主要选项有：

- None：不允许覆盖。
- AuthConfig：允许通过身份认证后覆盖。
- All：总是允许被覆盖。

Require：常见有 Require all denied、Require all granted 等，表示全部拒绝或允许。也可针对特定 IP 范围或主机设定是否允许访问。

例 15.5　网站目录的访问控制。首先来看看 httpd.conf 文件中关于目录访问控制的默认设置。在 httpd.conf 中，控制访问的目录从大到小，从严格到宽松。首先是对整个服务器的根文件系统进行控制：

```
<Directory />
    # 不允许覆盖该设置
    AllowOverride none
    # 设置为全部拒绝访问
    Require all denied
</Directory>
```

因为所有目录都归属于根目录，所以相当于为所有目录设置了拒绝访问。事实上由于配置文件中默认设置有：

```
DocumentRoot  "/var/www/html"
```

因此，访问的起点总从目录 /var/www/html 出发。例如，如果在根目录下新建一个目录：

```
[root@localhost /]# mkdir  testdir                <== 注意在根目录下新建
```

是否能够通过网址 http://localhost/testdir 访问呢？答案是否定的（见图 15.5）。

注意，提示信息并非之前看到的 Forbidden，而是 Not Found，区别在于这里前者找到了但不被访问，但后者是找不到，因为找的位置其实是 /var/www/html/testdir。然后把目录 testdir 复制（注意与前面示例的操作区别）至目录 /var/www/html 下面：

```
[root@localhost /]# cp  -r  testdir  /var/www/html/testdir
[root@localhost /]# ls  -Zd  /var/www/html/testdir/  <== 复制操作能自动改变安全上下文
unconfined_u:object_r:httpd_sys_content_t:s0 /var/www/html/testdir/
```

重新刷新便可见到目录列表（列表为空），如图 15.6 所示。

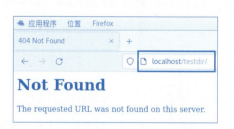 

图 15.5　访问根目录下的一个子目录被拒绝　　图 15.6　目录 /testdir 是指 /var/www/html/testdir

httpd.conf 文件中除了对根目录有访问控制设置之外，另有专门针对某个目录的访问控制设置。例如，对目录 /var/www/html 的访问控制更为宽松：

```
<Directory "/var/www/html">
    # 可以显示整个目录列表，还可以使用符号链接
Options Indexes FollowSymLinks
# 不允许覆盖该设置
AllowOverride None
# 允许任意访问
```

```
    Require all granted
</Directory>
```

其中，Indexes 选项的效果已经看到，它会使在没有设置默认页面时，列出目录结构。

不过，可以对 Indexes 和 FollowSymLinks 做更深入的讨论，以此达到对这两个选项的真正理解。可以说，之前对 Indexes 和 FollowSymLinks 的解释其实仅仅是对 Apache HTPP 手册的翻译。要真正理解它们的作用，需要一个实际可操作练习的例子。

例 15.6 Indexes 和 FollowSymLinks 的实际作用举例。首先回顾一下 yum 服务配置，其中在目录 /etc/yum.repo.d 的 .repo 文件中给出了一组网址链接（配以参数），例如：

http://mirrors.aliyun.com/centos-vault/8.5.2111/BaseOS/x86_64/os/Packages/

如果用浏览器直接访问，就会看到如图 15.7 所示的效果。

现在也可以使用本地安装光盘来构造类似网站。假设安装光盘已设置好，光驱设备名为 /dev/sr0，可以把它挂载在 /var/www/html/ 的某个目录上：

```
[root@localhost ~]# cd  /var/www/html/           <== 注意先转到网站目录中
[root@localhost html]# mkdir  cdrom
[root@localhost html]# mount  -t  iso9660  /dev/sr0  cdrom
mount: /var/www/html/cdrom: WARNING: device write-protected, mounted read-only.
```

按默认的目录访问权限就可以得到如图 15.8 所示的网站效果，所访问的网址为：

http://localhost/cdrom/BaseOS/Packages/

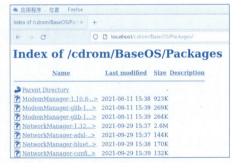

图 15.7　一个 yum 源网站的目录列表　　　　图 15.8　构造本地 yum 源网站

思考＆动手：在 WWW 服务器中应用符号链接

FollowSymLinks 选项允许在网站目录结构中使用符号链接。延续前面示例，完成如下操作：

（1）转至目录 /var/www/html 并新建指向 /var/www/html/cdrom/BaseOS/Packages/ 的符号链接。

（2）按照符号链接构造的链接访问光盘内容（见图 15.9）。

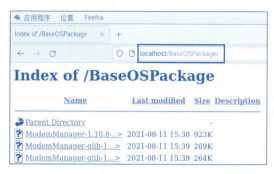

图 15.9　基于符号链接的更简短网页链接

注意对比前面的网址，这里构造了一条更简短的网页链接。当然也可以通过这个方法把其他一些内容放到网站上。

也就是说，在不改变文件系统限制（注意网站的根为 /var/www/html）的前提下，通过符号链接可以把分散存放的文件内容有效地组织在网站中。其实，这也是符号链接的本来作用。这可以解释为何 Indexes 和 FollowSymLinks 默认会放在一起使用。

5. 用户身份认证

用户身份认证是指如果用户要访问某个目录的内容，就需要首先验证身份是否符合限制条件。例如，前面讨论 httpd.conf 文件中的目录访问控制指令时，解释了如下设置：

```
AllowOverride    AuthConfig
```

是指允许以用户身份验证方式覆盖（override）原来的访问控制设置。设置好后，用户访问此目录的内容之前需提供服务器的认证账户及其密码。

不过，这里还没有解释什么是"覆盖原设置"。为帮助理解用户身份认证的概念以及"覆盖原设置"的具体意义，这里同样提供示例供读者练习。

首先注意 Apache HTTP 服务器的认证账户不需要有对应的 Linux 用户账户，而是利用 htpasswd 命令为用户建立专门的认证账户和密码，账户和密码将保存在指定密码文件中。

命令名：htpasswd

功能：管理用于基本身份认证的相关文件。

格式：

```
htpasswd  [选项]  密码文件路径    用户账户名
```

重要选项：

- -c（create）：创建密码文件，如果密码文件已经存在，则将会覆盖原有的内容。
- -m（md5）：指定要求使用 MD5 算法加密密码。默认调用系统功能 crypt（）加密密码。
- -D（delete）：删除命令中指定的用户账户。

例 15.7 创建 Apache HTTP 服务器的基本认证用户。下面创建用户 apache1：

```
[root@localhost ~]# mkdir -p /usr/local/etc/apache/
[root@localhost ~]# htpasswd -c /usr/local/etc/apache/.htpasswd-users apache1
New password:                              <== 输入的是用于登录服务器的密码
Re-type new password:
Adding password for user apache1
[root@localhost ~]# cat /usr/local/etc/apache/.htpasswd-users
                                           <== 查看用户账户和加密密码
apache1:$apr1$KPZ9JnM5$W2CoGSpYprkwUX552KZPR0
```

注意，由于利用 htpasswd 命令创建的密码文件只是一个普通文件，不应将文件放置在存放网站内容的目录中。

Apache HTTP 服务器常见的认证方式是基本（Basic）认证。对于基本认证方式来说，关于身份验证的指令主要有如下几个。

- AuthType：用于确定验证类型，对于基本认证方式应设置值为 Basic。此外还有摘要方式（Digest）。
- AuthName：用于标识和区分所验证的内容。
- AuthUserFile：用于确定密码文件的所在位置。
- Require user：用于确定哪些认证用户能够访问目录资源。如果设置为 valid-user 则所有密码文件内的用户均可访问到。

例 15.8 对访问受限目录设置的覆盖。延续前面示例的操作结果，在 httpd.conf 中找到设置段 "<Directory "/var/www/html" >…</Directory>"，在其之后加入如下代码：

```
<Directory "/var/www/html/subdir">
    Options Indexes FollowSymLinks
    AllowOverride AuthConfig
# 验证方式
    AuthType Basic
# 提示信息
    AuthName "Test User"
# 认证信息存储位置
    AuthUserFile /usr/local/etc/apache/.htpasswd-users
# 指定用户
    Require user apache1
</Directory>
```

保存配置文件后重新加载：

```
[root@localhost html]# systemctl reload httpd
```

然后像前面的示例那样，通过浏览器访问网站目录 subdir，这时会被提示要求验证用户身份，如图 15.10 所示。

图 15.10 网站要求身份认证

如果验证不通过，则会一直弹出图 15.10 中的对话框。如果取消验证，会显示未被授权的提示信息，而如果验证通过，就会显示之前配置好的网页。

由于原设置段 "<Directory "/var/www/html ">…</Directory>" 其实已经涵盖了目录 /var/www/html/subdir 本身，因此如果没有上面额外指出的设置并且对原设置加以覆盖，对子目录 subdir 的访问就是按原设置段的方式进行控制，即任意用户均可访问。这就是指令"AllowOverride AuthConfig"的具体意义：以用户身份验证方式覆盖原设置。

思考 & 动手：为网站目录新增可访问用户

如果需要为目录 /var/www/html/subdir 增加一个认证用户，例如 apache2，应该如何操作？完成服务器配置并测试是否正确。

15.3 综合实训

案例 15.1 搭建基于名称和基于 IP 地址的虚拟主机

1. 案例背景

前面演示的 Web 服务器只能提供一个网站的内容，即一个 Linux 主机上只运行了一个 Web 网站。那么是否可以让一个 Linux 主机运行多个网站？利用 Apache HTTP 服务器的虚拟主机（virtual host）功能，可实现由一个 Linux 主机提供多个网站的内容服务。客户端通过 URL 访问虚拟主机，而每个虚拟主机像独立的 Linux 主机那样运行一个网站。

为实现虚拟主机功能，服务器需要根据某种信息区分客户端请求的是哪台虚拟主机。Apache HTTP 服务器提供了如下两种设置方式。

（1）基于名称（name-based）的虚拟主机：服务器根据主机名区分虚拟主机。

这时只需用一个 IP 地址，而 DNS 服务器将虚拟主机名解析为同一个 IP 地址。服务器是通过客户端发来的请求信息中的主机名分辨它要访问的是哪个虚拟主机。

（2）基于 IP 地址（IP-based）的虚拟主机：服务器根据不同的 IP 地址区分虚拟主机。

客户端通过 URL 访问某个网站时，其中的主机名被 DNS 服务器解析为对应于该网站的虚拟主机的 IP 地址。这样 Web 服务器便能知道客户端要访问的是哪个网站。也可以使用同一个 IP 地址的不同端口来绑定每台虚拟主机，而客户端需要在请求的 URL 中指定访问的端口号。

延续前面案例 13.1 和案例 14.1 的结果，本案例将演示如何通过借助 DNS 服务器实现基于名称和基于 IP 地址的虚拟主机功能，并且对比这两种虚拟主机搭建方式的差异。

2. 操作步骤讲解

假设当前需要搭建的虚拟主机名为 a.example.com 以及 b.example.com，它们将共同使用一台 Linux 主机。此外 DNS 服务器实际也与 WWW 服务器使用同一个 Linux 主机。为更好地理解下面操作所在的网络配置环境（已在案例 13.1 配置完毕），重新列出如下：

```
[root@localhost ~]# nmcli
ens160: 已连接 到 ens160                      <== 网卡以 NAT 模式联网
        "VMware VMXNET3"
        ethernet (vmxnet3), 00:0C:29:F4:6F:07, 硬件, mtu 1500
        ip4 默认
        inet4 192.168.114.11/24                <== 用于 DNS 服务器
        inet4 192.168.114.12/24                <== 用于 VSFTPD 服务器
        inet4 192.168.114.13/24
        route4 192.168.114.0/24
        route4 192.168.114.0/24
        route4 192.168.114.0/24
```

（省略部分显示结果）

另外网关为 192.168.114.2，在开始练习前也确认一下自己的网络环境，并根据实际环境进行配置。

第 1 步：配置 DNS 服务器解析虚拟主机名。以案例 14.1 的练习结果为基础，在 DNS 服务器中为上述两个主机名添加对应的资源记录。/etc/named.conf 文件的内容不变，直接使用原案例中的 named.conf 文件。然后需要修改关于 example.com 的正向区文件和反向区文件，在正向区文件的最后加入如下两行资源记录：

```
a       IN      A       192.168.114.13
b       IN      A       192.168.114.13         <== 共同映射至同一个 IP 地址
```

然后在反向区文件的最后加入如下两行资源记录：

```
       13         IN       PTR         a.example.com.
       13         IN       PTR         b.example.com.
```

重启 named 服务后使用 dig 命令测试 DNS 服务器设置是否生效：

```
[root@localhost ~]# dig  @192.168.114.11  a.example.com  b.example.com +short
192.168.114.13                            <== 检查这里能否显示对应的 IP 地址
192.168.114.13
[root@localhost ~]# dig  @192.168.114.11  -x  192.168.114.13  +short
b.example.com.                            <== 检查这里能否显示对应的主机名
a.example.com.
```

第 2 步：修改 /etc/httpd/conf/httpd.conf 文件。在 httpd.conf 文件的末尾关于虚拟主机的设置部分加入如下设置并保存退出：

```
# 实现基于名字的虚拟主机
<VirtualHost *:80>
    # 设置虚拟主机名
    ServerName a.example.com
    # 主机 a 的网页存放位置
    DocumentRoot /var/www/a
</VirtualHost>
<VirtualHost *:80>
    ServerName b.example.com
    # 主机 b 的网页存放位置
     DocumentRoot /var/www/b
</VirtualHost>
```

第 3 步：设置网站内容。

```
[root@localhost ~]# cd   /var/www
[root@localhost www]# mkdir   a   b
[root@localhost www]# echo   a-hello >  a/index.html
[root@localhost www]# echo   b-hello >  b/index.html
[root@localhost www]# ls  -Zl  a/index.html  b/index.html
-rw-r--r--. 1 root root unconfined_u:object_r:httpd_sys_content_t:s0 8 7
月 16 15:13 a/index.html
-rw-r--r--. 1 root root unconfined_u:object_r:httpd_sys_content_t:s0 8 7
月 16 15:13 b/index.html
```

第 4 步：测试两台基于名称的虚拟主机。重新启动 HTTPD 服务器：

```
[root@localhost html]# systemctl   restart   httpd
```

如果启动有问题将会提示错误，也可查阅 /var/log/httpd/error_log 日志文件中有否报告错误。

注意，检查 /etc/resolv.conf 文件中第一行是否已经设置为前面构建的 DNS 服务器的 IP 地址：

```
[root@localhost ~]# cat  /etc/resolv.conf
# Generated by NetworkManager
nameserver  192.168.114.11              <== 本地解析 example.com 的 DNS 服务器
nameserver  192.168.114.2
```

然后在浏览器地址栏中通过输入主机名分别访问这两个虚拟主机，结果如图 15.11 所示。

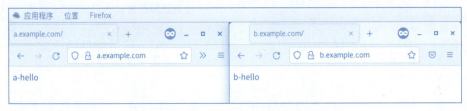

图 15.11　利用域名分别访问两个虚拟主机

进一步可通过 Windows 主机访问 Linux 主机中的两个虚拟主机，但要注意设置好 Windows 主机所使用的 DNS 服务器为当前 Linux 主机提供的 DNS 服务器，相关配置过程略。

基于 IP 地址的虚拟主机搭建方式与基于域名的方式相类似。首先需要为主机配备多个 IP 地址（参考案例 13.1）。现在继续搭建基于 IP 地址的虚拟主机。

第 5 步：令两个网站对应不同的 IP 地址。修改关于 example.com 的正向区文件和反向区文件。将正向区文件中关于主机 a.example.com 的资源记录修改为：

```
a             IN        A          192.168.114.12
```

而将反向区文件中关于 b.example.com 的资源记录修改为：

```
12            IN        PTR        a.example.com.
```

然后重启 named 服务，并且检查 DNS 服务器设置是否正确：

```
[root@localhost ~]# systemctl  restart  named
[root@localhost b]# dig  @192.168.114.11  a.example.com  b.example.com  +short
192.168.114.12
192.168.114.13
[root@localhost ~]# dig   @192.168.114.11  -x  192.168.114.12  +short
ftp.example.com.
a.example.com.
[root@localhost ~]# dig   @192.168.114.11  -x  192.168.114.13  +short
b.example.com.
```

第 6 步：修改 httpd.conf 文件。可将前面基于名称的虚拟主机设置注释，然后添加如下配置：

```
<VirtualHost 192.168.114.12:80>
    DocumentRoot /var/www/a
    ServerName a.example.com
</VirtualHost>

<VirtualHost 192.168.114.13:80>
```

```
    DocumentRoot /var/www/b
    ServerName b.example.com
</VirtualHost>
```

修改完毕后保存文件 httpd.conf。

第 7 步：测试基于 IP 地址的两个虚拟主机。重启 HTTPD 服务器：

```
[root@localhost html]# systemctl restart httpd
```

然后按照前面的步骤通过浏览器分别访问两个网站，查看是否能够获得相同的测试效果。

从服务器的访问日志 /var/httpd/access_log 能获取更多的信息：

```
192.168.114.11 - - [16/Jul/2022:17:08:37 +0800] "GET /favicon.ico HTTP/1.1" 404 196 "http://a.example.com/" "Mozilla/5.0 (X11; Linux x86_64; rv:91.0) Gecko/20100101 Firefox/91.0"
192.168.114.11 - - [16/Jul/2022:17:08:45 +0800] "GET /favicon.ico HTTP/1.1" 404 196 "http://b.example.com/" "Mozilla/5.0 (X11; Linux x86_64; rv:91.0) Gecko/20100101 Firefox/91.0"
```

可以证实两台主机已成功连接。如果发现配置有问题，应进一步通过日志文件 /var/log/httpd/error_log 排查错误。

3. 总结

对比基于名称与基于 IP 地址的两种虚拟主机设置方式，其最终效果是一样的。但是基于 IP 地址的虚拟主机要求服务器拥有两个以上的 IP 地址。如果客户端仅通过主机名访问服务器，显然基于名称的虚拟主机设置方式会比基于 IP 地址的设置方式更方便。但是如果条件所限不能为虚拟主机提供 DNS 服务，则客户端就需要通过 IP 地址访问虚拟主机，那么基于 IP 地址的虚拟主机设置方式就是一种必要的选择。

4. 拓展练习：一个虚拟主机对应多个名称

基于名称的虚拟主机还有一个优点，就是可以通过指令，使得一个虚拟主机对应多个名称，例如：

```
ServerAlias  example.com  www.example.com
```

将以上指令加入本案例基于名称配置虚拟主机 a.example.com 部分。这样客户端无论是通过 a.example.com 还是 example.com、www.example.com 等名称进行访问，默认都会返回网站 a.example.com 的内容。

注意，除了加入以上指令外，还需要让 DNS 服务器能够解析 example.com 和 www.example.com 等名称。编写资源记录时应注意 example.com 的完全限定域名并表示为 "example.com."。

案例 15.2 个人网站的搭建及其访问控制

1. 案例背景

普通用户可以通过 Apache HTTP 服务器来建立个人网站。客户端通过网址 "http://主机名/～Linux 用户名" 即可访问某个 Linux 用户的个人网站。用户对自己的个人网站内容拥有全部权限，即可自行增加、编辑或删除网页内容，因此特别适合于作为展示个人形象的窗口。

普通用户的个人网站默认向所有访客开放，但可以设置为只允许部分有效用户访问他的个人网站。本案例将演示管理员如何开通个人网站功能，以及普通用户如何对自己的个人网站实施访问控制。这种访问控制与在基础实训中所讲的访问控制有所不同，后者属于全局设置，而个人网站的访问控制由普通用户自行完成。

2. 操作步骤讲解

具体设置和操作步骤如下，注意需要按操作步骤中声明的用户身份执行操作。此外，这里使用本地 Web 服务器进行测试，因此将案例 15.1 的虚拟主机设置全部注释，这样也可避免出现其他与本案例无关的问题而增加调试困难。

第 1 步：以 root 用户身份修改配置文件并启用个人网站功能。个人网站功能默认并没有开通，而且在文件 httpd.conf 中也没有对应的设置。不妨先列出并了解一下 httpd 的配置文件结构：

```
[root@localhost ～]# tree  /etc/httpd
/etc/httpd
├── conf
│   ├── httpd.conf                    <== 全局配置文件
│   └── magic
├── conf.d
│   ├── autoindex.conf
（省略部分显示结果）
│   ├── userdir.conf                  <== 个人网站功能的配置文件
│   └── welcome.conf
├── conf.modules.d
│   ├── 00-base.conf
（省略部分显示结果）
│   └── README
├── logs -> ../../var/log/httpd
├── modules -> ../../usr/lib64/httpd/modules
├── run -> /run/httpd
└── state -> ../../var/lib/httpd
```

由结果可见，其他配置文件分别放置在目录 conf.d 或 conf.modules.d 中。作为全局配置文件，httpd.conf 有如下指令，它有点像编程时用的 Include 语句，把相对路径为 conf.d/

的所有配置文件包含进来：

```
# Supplemental configuration
#
# Load config files in the "/etc/httpd/conf.d" directory, if any.
IncludeOptional conf.d/*.conf
```

由于在 httpd.conf 的一开始便有指令：

```
ServerRoot  "/etc/httpd"
```

因此以上 IncludeOptional 指令实际就是引入所有 /etc/httpd/conf.d 中的配置文件。了解以上功能配置的基本机制，在以后的实际操作中就可以举一反三。

为开通个人网站功能，需要对 /etc/httpd/conf.d/userdir.conf 中对应部分修改为如下结果：

```
<IfModule mod_userdir.c>
    #UserDir disabled           <== 默认禁用个人网站功能，注释该行以启用
    UserDir public_html         <== 默认未开启，需要开启
</IfModule>
```

该配置文件还有另一部分用于控制访问个人网站的目录，即用户主目录下的子目录 public_html：

```
<Directory "/home/*/public_html">
    AllowOverride FileInfo AuthConfig Limit Indexes
    Options MultiViews Indexes SymLinksIfOwnerMatch IncludesNoExec
    Require method GET POST OPTIONS
</Directory>
```

按默认设置即可，有些指令的参数后面再做解释。

第 2 步：以 root 用户身份设置有关的 SELinux 布尔值。检查布尔值 httpd_enable_homedirs 是否已经设置为 on。该布尔值控制 httpd 进程是否允许访问用户主目录：

```
[root@localhost ~]# setsebool  httpd_enable_homedirs  on  -P
                                      <== 便于练习设置为永久生效
[root@localhost ~]# getsebool  httpd_enable_homedirs
httpd_enable_homedirs --> on
```

第 3 步：普通用户自行设置个人网站目录 public_html 的访问权限。配置文件 userdir.conf 对此已有详细介绍，应该认真阅读并理解：

```
# The path to the end user account 'public_html' directory must be
# accessible to the webserver userid.  This usually means that ~userid
# must have permissions of 711,  ~ userid/public_html must have
  permissions
# of 755, and documents contained therein must be world-readable.
# Otherwise, the client will only receive a "403 Forbidden" message.
```

根据以上指引，以 testuser 用户的身份在其主目录下新建 public_html 子目录：

```
[testuser@localhost ~]$ mkdir  public_html
```

"~ userid must have permissions of 711"就是指用户主目录至少是可进入的（权限 --x）：

```
[testuser@localhost ~]$ chmod  711  /home/testuser/
[testuser@localhost ~]$ ls  -dl  /home/testuser/
drwx--x--x. 5 testuser testuser 164 7月  17 15:03 /home/testuser
```

并且还要允许访客读取 public_html 目录的文件列表（权限 r-x），即 "~ userid/public_html must have permissions of 755"：

```
[testuser@localhost ~]$ chmod  755  /home/testuser/public_html/
[testuser@localhost ~]$ ls  -dl  /home/testuser/public_html/
drwxr-xr-x. 2 testuser testuser 6 7月  17 15:03 /home/testuser/public_html/
```

然后在 public_html 目录中建立测试页面：

```
[testuser@localhost ~]$ echo  testuser-hello > /home/testuser/public_html/index.html
```

index.html 默认设置的权限已符合指引中的要求："documents contained therein must be world-readable."，并且要注意文件的安全上下文为 httpd_user_content_t。

```
[testuser@localhost public_html]$ ls  -Zl  /home/testuser/public_html/index.html
-rw-rw-r--. 1 testuser testuser unconfined_u:object_r:httpd_user_content_t:s0 15 7月  17 15:32 /home/testuser/public_html/index.html
```

第 4 步：初步测试个人网站功能。到此为止已经构建好 testuser 的个人网站，重启 HTTPD 服务之后，可以先测试能否访问网站"http://localhost/~testuser/"，效果如图 15.12 所示。

图 15.12　testuser 的个人网站

第 5 步：身份验证设置。如前所述，个人网站默认向所有访客开放。如果需要限定只有认证用户才能访问网站，则需要有两部分的额外设置。首先，以管理员身份设置 WWW 服务器的身份验证账户，具体方法可参考例 15.5，以下是完成该示例之后"思考 & 练习"的结果：

```
[root@localhost apache]# pwd
/usr/local/etc/apache
[root@localhost apache]# cat  .htpasswd-users
apache1:$apr1$d/40uON5$UIopurfydNGF1xW8w7rl6.
apache2:$apr1$MNxBGieb$3NhBr0YinBUom8mvOrHIn/
```

另外，普通用户可以自行决定哪些 Apache HTTP 账户能访问其个人网站。仍以用户 testuser 为例，需要用户 testuser 在目录 /home/testuser/public_html 下创建文件 .htaccess。假设用户 testuser 允许使用账户 apache1 访问他的个人网站，则 .htaccess 文件内容设置如下：

```
[testuser@localhost public_html]$ cat  .htaccess
AuthType Basic
AuthName "homepage of usertest"
AuthUserFile /usr/local/etc/apache/.htpasswd-users
Require user apache1
```

而且最好检查一下 .htaccess 文件的权限，一是要确认对于其他用户它的读取权限，二是还需确认它的安全上下文类型，否则在后面的测试中会被拒绝访问。

```
[testuser@localhost public_html]$ ls  -Zl  .htaccess
-rw-rw-r--. 1 testuser testuser unconfined_u:object_r:httpd_user_htaccess_t:s0 133 7月  17 16:51 .htaccess
```

第 6 步：测试个人网站的访问控制功能。注意，需关闭原来的浏览器页面并再次访问 testuser 的个人网站，效果如图 15.13 所示。有效用户 apache1 通过身份验证后即可访问 testuser 用户的个人网站内容。

图 15.13　通过身份验证访问普通用户的个人网站

3. 总结

由于 httpd.conf 文件的拥有者为 root 用户，因此默认情况下普通用户无法修改该文件的内容。然而普通用户可以通过设置 .htaccess 文件自行控制个人网站目录的访问。普通用户利用文件 .htaccess 自行控制其个人网站的访问显得更方便和灵活，因为不需要 root 用户的干预。如果要设置全局的网站目录访问控制，则需要 root 用户直接在 httpd.conf 文件中进行设置。

4. 拓展练习：文件 .htaccess 的作用范围

如果已完成前面的"思考 & 动手"练习，那么现在应有两个 Apache HTTP

认证账户：apache1 和 apache2。在 testuser 的个人网站目录 public_html 中新建一个子目录 subdir，并在其中放置另一个文件 .htaccess，其内容与之前放置在目录 public_html 中的同名文件相比，只有如下配置不同：

```
Require user apache2
```

配置好后，测试访问如下网址：

http://localhost/ ~ testuser/subdir/

这时验证用户身份依据的是哪一个 .htaccess 文件？为什么？如果之后把子目录 subdir 中的文件 .htaccess 删除，那么再次访问以上链接时，还会要求身份验证吗？如果要的话要用哪个账户登录？

图书资源支持

感谢您一直以来对清华版图书的支持和爱护。为了配合本书的使用,本书提供配套的资源,有需求的读者请扫描下方的"书圈"微信公众号二维码,在图书专区下载,也可以拨打电话或发送电子邮件咨询。

如果您在使用本书的过程中遇到了什么问题,或者有相关图书出版计划,也请您发邮件告诉我们,以便我们更好地为您服务。

我们的联系方式:

地　　址: 北京市海淀区双清路学研大厦 A 座 714

邮　　编: 100084

电　　话: 010-83470236　010-83470237

客服邮箱: 2301891038@qq.com

QQ: 2301891038(请写明您的单位和姓名)

资源下载: 关注公众号"书圈"下载配套资源。

资源下载、样书申请

书圈

图书案例

清华计算机学堂

观看课程直播